21世纪普通高等院校规划教材——土木工程类

精编工程力学

陈国平　陶俊林　主编

西南交通大学出版社
·成　都·

内 容 提 要

本书分 3 个部分，共计 11 章内容。其中第 1 部分 2 个章节主要阐述了力学的基本概念和基本理论，以及物体的受力及其分析计算方法；第 2 部分 6 个章节的内容阐述了杆件的基本变形规律和内力、变形的分析计算方法；第 3 部分的 3 个章节阐述了较为复杂的杆件组合变形和压杆稳定的分析计算方法。为了便于学生对所学内容的把握，在每章内容后面都有小结、思考题和一定数量的习题，该书还配有习题解答和学习辅导书。本书可作为普通高等院校工科类专业的教材和教学参考书，并可供工程技术人员参考。

图书在版编目（CIP）数据

精编工程力学 / 陈国平，陶俊林主编. —成都：西南交通大学出版社，2014.1（2022.1重印）
21 世纪普通高等院校规划教材. 土木工程类
ISBN 978-7-5643-2586-2

Ⅰ. ①精… Ⅱ. ①陈… ②陶… Ⅲ. ①工程力学－高等学校－教材 Ⅳ. ①TB12

中国版本图书馆CIP数据核字（2013）第196349号

21世纪普通高等院校规划教材 —— 土木工程类

精 编 工 程 力 学

陈国平　陶俊林　主编

*

责任编辑　孟苏成
封面设计　墨创设计
西南交通大学出版社出版发行
四川省成都市金牛区二环路北一段111号西南交通大学创新大厦21楼
邮政编码：610031　发行部电话：028-87600564
http://www.xnjdcbs.com
成都市书林印刷厂印刷

*

成品尺寸：185 mm × 260 mm　　印张：18.75
字数：467 千字
2014 年 1 月第 1 版　　2022 年 1 月第 7 次印刷
ISBN 978-7-5643-2586-2
定价：46.00 元

前　言

本书是由陈国平、陶俊林主编的“21世纪普通高等院校规划教材”系列教材之一《工程力学》的精编版，该书的编写工作由西南科技大学土木工程与建筑学院的工程力学系承担并完成。在编写过程中，工程力学系组织了有多年教学和丰富实践经验的教师，参考了大量国内相关的教材，针对培养应用型人才教学的需要，结合目前学生的状况，以及培养人才的规格等诸多因素，进行了广泛的调研和认真、充分地研讨。在基础理论知识的选择上，本着以够用为度，不过多地强调理论推导过程的原则，通过典型例题的分析，帮助学生理解和掌握知识，并结合一定的工程实际，着重培养学生对知识的综合运用能力。

本书共有11章的内容，较前书（《工程力学》，陈国平、陶俊林主编）做了较大幅度的修改，内容有较多的删减，主要减少了动力学部分和空间力系的章节，同时有针对性地增加了一些工程实际的图片和内容。其中朱国权编写了第1章、第2章、第3章；陶俊林编写了第4章、第5章；赵明波编写了第6章、第7章、第8章；韩志型编写了第9章、第10章、第11章。全书内容提要、前言和审稿、修改工作由陈国平最后完成。

由于编写时间仓促和编者水平所限，书中难免有不当和欠妥之处，恳请读者批评指正。

编　者

2013 年 11 月

前言

目　录

第 3 部分　杆件的组合变形与压杆稳定

绪 论

工程力学涉及众多的力学学科分支与广泛的工程技术领域。作为高等院校的一门专业(基础)课程，本书主要讨论刚体的静力学平衡问题和对变形体的内力、应力及变形进行分析和研究。该门课程与工程密切相关，因此，书中结合了大量的工程实例进行分析说明。

1. 工程力学与工程密切相关

现代化建设中的各个领域如土木工程(见图1)、机械工程(见图2)、航空航天工程(见图3)、水利水电工程(见图4)等，都和工程力学密切相关。这些工程都是在工程力学指导下得以实现、发展和完善的。

图1　北京奥运会“鸟巢”

图2　全自动钢带箱钢带机械设备生产线

图3　神舟8号

图4　三峡水利枢纽工程

在工程中，一旦处理不好，就会产生严重的工程事故。在20世纪，世界上发生了很多重大的工程事故。如1917年加拿大魁北克大桥的崩塌，导致19 000 t钢材和86名工人掉入水中，其中只有11人得以生还(见图5)；1981年美国堪萨斯城饭店凉台的断裂，造成113人死亡，200人重伤(见图6)。

在我国，也发生了不少工程事故。如 2013 年 2 月 1 日河南省连霍高速路上，一辆运输鞭炮的货车发生爆炸，引起桥面断裂，造成 26 人遇难（见图 7）；又如 2013 年 3 月 21 日，安徽省桐城市的盛源广场工程，在浇筑主楼中庭 5 层屋面的梁柱混凝土过程中，由于模板支撑系统失稳坍塌，造成 8 人死亡，6 人受伤（见图 8）。

图 5　魁北克大桥

图 6　堪萨斯城饭店

图 7　鞭炮货车爆炸引起桥面断裂

图 8　桐城市“3.21”事故

2. 工程力学研究的内容

该门课程分为 3 大部分进行分析研究，第一部分研究刚体的受力分析与计算；第二部分研究杆件的基本变形；第三部分研究杆件的组合变形及压杆的稳定性。

第一部分主要研究 3 方面的问题：刚体的受力分析、平面力系的等效简化以及平面力系的平衡条件及其应用。刚体是指在外载荷的作用下不发生变形的物体，当然这种物体实际是不存在的，只是在研究物体的外部效应时，不考虑这种微小变形对平衡的影响。刚体的受力分析与方法，不仅是工程构件分析设计的基础，而且在解决许多工程技术问题中有着广泛的应用。

第二部分主要研究变形体的内力、应力和变形以及相关的强度和刚度问题。变形体是相对刚体而言的，也就是考虑在外界的作用下，形状和大小发生改变的物体。物体在外载荷的作用下，其内部将产生相应的附加内力，这种内力，使得物体发生变形。该部分主要研究三类杆件，即轴向拉（压）杆、扭转变形的轴和弯曲变形的梁。

第三部分主要对组合变形和压杆稳定进行研究和讨论。包括应力状态、强度理论、组合变形以及压杆稳定。实际工程的构件，发生的不仅仅是简单的变形，而是两种甚至三种基本变形的组合。如在拉伸的时候伴随着弯曲变形，或者在扭转的时候伴随着弯曲变形。对实际的工程问题，不同的强度准则有着不同的适用范围。

3. 对工程构件的要求

工程构件或机械的各组成部分，如建筑物的梁和柱、机床的轴等，统称为**构件**。当工程结构或机械工作时，构件一般都承受一定的外力或重物的重量，即载荷的作用。如车床主轴受齿轮啮合力和切削力的作用，建筑物的梁受到自身重力和其他物体重力的作用。如果车床主轴因载荷过大而发生断裂时，显然整个机床将无法使用。但是，如果仅仅保证车床主轴不发生断裂破坏，并不一定能保证机床的正常工作。如果主轴发生过大的变形，将会影响机床的加工精度，产生噪声及振动等现象。再有，房屋中受压的柱子，如果过细过长，在压力超过一定限度后，将发生显著的弯曲变形，甚至可能使房屋倒塌。

可见，要保证工程结构或机械的正常工作，应让构件有足够的能力负担起应当承受的载荷。为此，构件应当满足以下要求：

（1）**强度要求**。在载荷作用下，构件应不至于发生破坏（断裂）的现象，即构件应具有足够的强度；强度要求就是指构件应具有足够的抵抗破坏的能力。

（2）**刚度要求**。在载荷作用下，构件所产生的变形应不超过工程上允许的范围，即构件应具有足够的刚度；刚度要求就是指构件应具有足够的抵抗变形的能力。

（3）**稳定性要求**。在载荷作用下，构件在其原有形态下的平衡应保持为稳定的平衡，即构件应具有足够的稳定性；稳定性要求就是指构件应具有足够的保持原有平衡形态的能力。

在设计构件时，不但要考虑满足上述强度、刚度和稳定性要求，还必须尽可能地合理选用材料和降低材料的消耗量，以节约资金或减轻构件的自身重量。也就是应合理考虑安全与经济之间的矛盾问题。材料力学的任务之一就是合理地解决这种矛盾。在不断解决新矛盾的同时，也促进了材料力学的发展。

4. 工程构件的基本假设

固体因载荷作用而变形，故称为**变形固体**或可变形固体。这种变形包括固体尺寸的改变和形状的改变。如果变形体在载荷卸载之后能够恢复原来的尺寸和形状，这种变形称之为**弹性变形**；如果变形体在载荷卸载之后只能部分恢复而残留一部分变形，这种变形称之为**塑性变形**。

工程中实际材料的物质结构是各不相同的。例如金属具有晶体结构，塑料由长链分子组成，玻璃、陶瓷由按某种规律排列的硅原子和氧原子组成。不同材料的物质结构具有不同程度的空隙，并存在气孔、杂质等缺陷。但是这种空隙的大小和构件的尺寸相比，显得极其微小，因此可以认为物体的结构是紧密的。

在研究构件的强度、刚度和稳定性时，为了抽象出力学模型，掌握与问题有关的主要属性，略去一些次要属性，可对变形固体作下列假设：

（1）**连续性假设**。认为组成固体的物质不留空隙地充满了固体的体积。根据这一假设，就可以在受力分析构件内任意一点处截取一体积单元来进行研究。并且在正常工作条件下，变形后的固体仍应满足连续性，即变形后满足协调一致，不产生空隙，也不产生重叠现象。

（2）**均匀性假设**。认为在固体内到处都具有相同的力学性能。由于材料力学考察的物体几何尺寸都足够大，而且考察物体上的点都是宏观尺度上的点，所以可以假设物体内任意一点的力学性能都能代表整个物体的力学性能。

（3）**各向同性假设**。认为无论沿任何方向，固体的力学性能都是相同的。就金属来说，其单一晶体，在不同的方向上，其力学性能并不一样。但金属构件内包含数量极多的晶体，且杂乱无章地排列，这样从宏观上来看，表现出来的力学性能接近相同，因此认为是各向同性材料。但对于木材、胶合板来说，其整体的力学性能具有明显的方向性，属于各向异性材料。

工程力学研究的变形固体，发生的变形在大多数场合下局限于弹性变形范围内。也就是说，假设变形固体在卸载后，能够完全恢复其原有形状和几何尺寸，没有残余变形，且力与变形成正比关系。该假设称为**完全弹性和线弹性假设**。

另外，我们还假定变形固体在载荷作用下发生变形时，其位移和形变都是微小的。也就是说，假定在外力作用下，固体所有各点的位移都远远小于固体本身的几何尺寸，该假设称为**小变形假设**。根据这一假设，在考察变形固体的平衡问题时，一般可以略去变形的影响，直接用变形前的尺寸来代替变形后的尺寸，建立起相应的平衡方程，其误差很小。小变形假设在今后分析变形几何关系等问题方面，将使问题大大简化。

5. 杆件变形的基本形式

工程构件的种类很多，有杆、板、壳和块体之分。材料力学研究的主要构件从几何上多抽象为**杆**，即构件纵向尺寸远比横向尺寸要大得多。杆件按轴线形状又可分为直杆、曲杆和折杆，按横截面大小又分为等截面杆和变截面杆。材料力学主要研究的是直杆，其中以等截面直杆为主。

杆件在不同的外力作用下，其产生的变形形式各不相同，但变形的基本形式不外乎以下4种：

（1）**轴向拉伸或压缩**。在一对其作用线与直杆轴线重合的外力 $\boldsymbol{F}$ 作用下，直杆的主要变形是长度的改变。如图 9（a),（b）所示。

（2）**剪切**。在一对相距很近、方向相反的横向力作用下，杆件的横截面沿外力方向发生相对错动，如图 9（c）所示。

（3）**扭转**。在一对大小相等、方向相反、位于垂直杆件轴线的两平面内的力偶作用下，杆件的任意二横截面发生绕轴线的相对转动，杆件表面纵向线将成为螺旋线，如图 9（d）所示。

（4）**弯曲**。在一对大小相等、转向相反、位于杆件纵向平面内的力偶作用下，杆件的任意二横截面发生相对转动，此时杆件的轴线变为曲线，如图 9（e）所示。

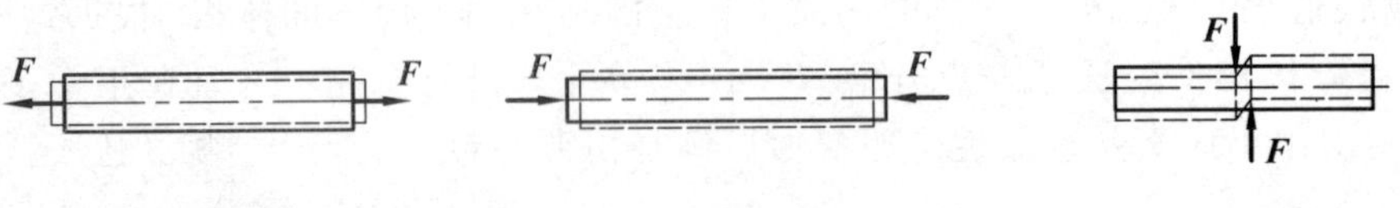

（a）拉伸　　（b）压缩　　（c）剪切

（d）扭转　　（e）弯曲

图 9　杆件的基本变形

工程中杆件在不同载荷作用下的变形情况可能比较复杂，但大多为上述 4 种基本变形形式的组合。

第 1 部分　刚体受力分析与计算

该部分主要对刚体进行受力分析以及研究刚体处于平衡状态时的力学问题。在研究物体时，由于忽略了因外载荷作用而产生的变形，所以把它看成是刚体，也就是研究的对象是刚体。主要研究 3 方面的内容：刚体的受力分析、力系的等效简化、力系的平衡条件及其应用。刚体的受力分析与方法在实际工程中应用得非常广泛。

第 1 章　刚体受力分析

1.1　力学基本概念

刚体的受力分析研究的是在力系作用下处于平衡状态的物体系统。这里的**力系**指作用在同一物体或同一物体系统上的一组力。而**力**是物体间的相互作用，这种作用使物体的运动状态发生变化——**运动效应**，或使物体发生变形——**变形效应**。**平衡状态**指相对于惯性参考系静止或作匀速直线运动的状态。**物体系统**在力学中往往首先简化为各种力学模型，如质点、刚体、刚体系统、变形体及一般质点系。所谓**模型**指对实际物体与实际问题的合理抽象与简化，包括 3 个方面的内容：物体的合理抽象与简化、受力的合理抽象与简化、接触与连接方式的合理抽象与简化。

在实际工程构件受力后，几何形状和几何尺寸都要发生改变，这种改变称为**变形**，这些构件都称为**变形体**。当研究构件的受力时，在很多情况下，变形都比较小，对构件的运动和平衡影响甚微，因此在研究构件的外部效应时，可以忽略这种微小变形，将变形体抽象简化为不变形的**刚体**。如果变形体在某一力系作用下处于平衡，则忽略变形，将实际变形体抽象为刚体，其平衡不变，这一论断称为**刚化原理**。刚体是一个理想化的模型。

物体受力一般是通过物体间直接或间接接触进行的。按作用方式可分为超距力和接触力两类，如通过场起作用的重力和电磁力等为超距力，而通过物体间相互接触而起作用的摩擦力和压力等为接触力。按作用位置可分为**分布力**和**集中力**两类，分布力又可分为体积力和表面力。体积力作用于物体内部的各个质点，如重力；表面力作用于物体表面，如压力。分布力的分布强度可以用单位体积和单位面积所受力的大小来度量，称为**载荷集度**，常用单位为

MN/m^3 和 MN/m^2（MPa）。在接触处，一般不是一个点，而是具有一定面积的一个面，因此无论是施力体还是受力体，在接触面受到的力都是作用在接触面积上的分布力。如果分布力的作用区域远小于物体的尺寸，例如汽车轮胎对路面的压力，凳子的 4 条腿对地面的压力等，虽然力的作用范围是一个面，但是从整体上考虑，为了方便计算，可以简化为作用于一点，称为**集中力**，常用单位有 N，kN，MN。如果表面力作用在一个很狭窄的区域内，则可简化为**线载荷**，其单位有 N/m，kN/m，MN/m 等。按力作用的性质，还可以分为**静载荷**和**动载荷**。静载荷是缓慢地施加于物体上，由零逐渐增加至某一确定的值并不再改变的力，如将铁锤轻放于玻璃表面上，此时施加的力就是静载荷；动载荷又可分为冲击载荷和交变载荷，前者是在短时间内力从零快速增加至最大值，如钉锤砸东西施加的力；后者的大小或方向随时间作周期性的改变，并多次重复地作用在物体上，如内燃机中连杆因活塞往复运动而受到的力。在本课程中，主要讨论静载荷问题。

1.2　力学公理

公理指的是人们在生活和生产实践中长期积累的经验总结，又经过实践反复检验，被确认是符合客观实际的最普遍、最一般的规律。

公理 1：力的平行四边形法则

力是**矢量**，其量纲为牛顿（N）。作用在物体上同一点的两个力，可以合成为一个**合力**。合力的作用点也在该点，合力的大小和方向，由这两个力为边构成的平行四边形的对角线来确定，如图 1.1（a）所示。或者说，合力矢等于这两个力矢的几何和，即

$$\boldsymbol{F}_{\mathrm{R}} = \boldsymbol{F}_1 + \boldsymbol{F}_2 \tag{1.1}$$

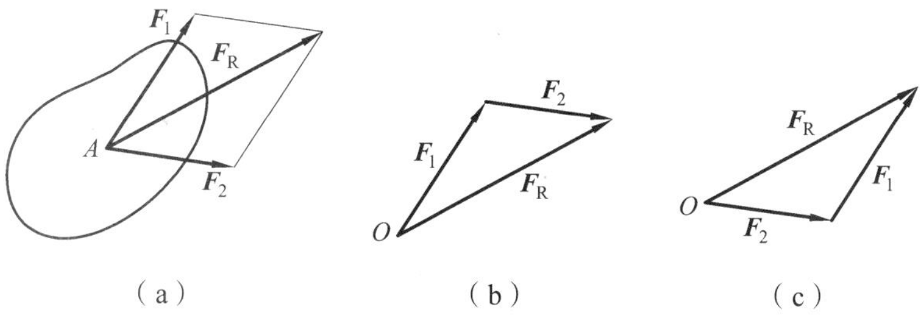

图 1.1　力的合成

也可作一个力三角形，来求两汇交力合力的大小和方向，如图 1.1（b）、（c）所示。该公理是复杂力系简化的基础。

公理 2：二力平衡原理

不计自重的刚体在二力作用下平衡的必要和充分条件是：二力沿着同一作用线，大小相等，方向相反，称为二力平衡原理，即

$$\boldsymbol{F}_1 = -\boldsymbol{F}_2 \tag{1.2}$$

作用有二力的刚体称为**二力构件**或**二力杆**，如图 1.2 所示即为二力平衡构件。

该公理表明了作用于刚体上最简单力系平衡时所必须满足的条件。

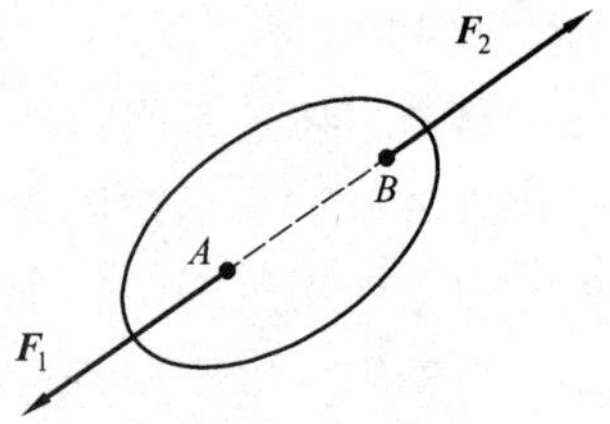

图 1.2　二力平衡

公理 3： 加减平衡力系原理

作用于刚体的力系中，加上或减去任意个平衡力系，不改变原力系对刚体的作用效应，称为加减平衡力系原理。

该原理是力系简化的重要依据之一。

根据上述公理可以导出下列推理：

推理 1： 力的可传性定理

作用于刚体上某点的力，可以沿着它的作用线滑移到刚体内任意一点，并不改变该力对刚体的作用。

设 $\boldsymbol{F}$ 为作用于刚体上 A 点的已知力，如图 1.3（a）所示，在力的作用线上任意一点 B 增加一对大小均为 $\boldsymbol{F}$ 的平衡力 $\boldsymbol{F}_1$、$\boldsymbol{F}_2$，如图 1.3（b）所示，根据加减平衡力系原理，新力系（$\boldsymbol{F}$，$\boldsymbol{F}_1$，$\boldsymbol{F}_2$）与原来的力 $\boldsymbol{F}$ 等效。而 $\boldsymbol{F}$ 和 $\boldsymbol{F}_1$ 为平衡力系，减去后不改变力系的作用效应，如图 1.3（c）所示。于是力 $\boldsymbol{F}_2$ 与原力系 $\boldsymbol{F}$ 等效，即相当于原来的力 $\boldsymbol{F}$ 沿其作用线滑移到了 B 点。

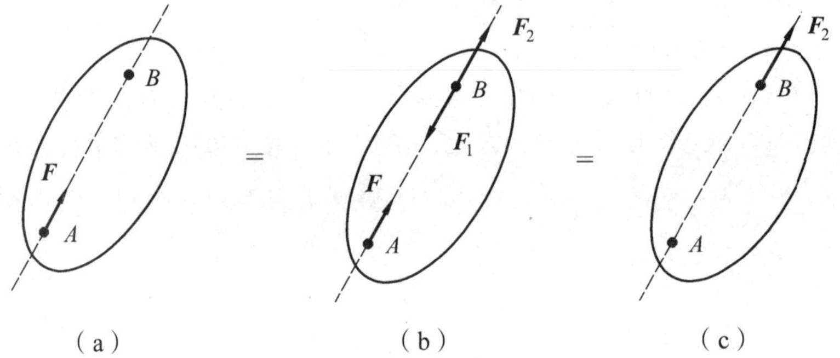

图 1.3　力的可传性

可见，对于刚体来说，力的作用点已不是决定力的作用效应的要素，而是作用线。因此作用于刚体上的**力的三要素为：力的大小、方向和作用线**。

作用于刚体上的力可以沿着作用线移动，这种矢量称为**滑动矢量**。

推理 2： 三力平衡汇交定理

作用于刚体上的 3 个力，若构成平衡力系，且其中两个力的作用线汇交于一点，则第三个力必在同一平面内，且其作用线必通过汇交点，如图 1.4 所示。

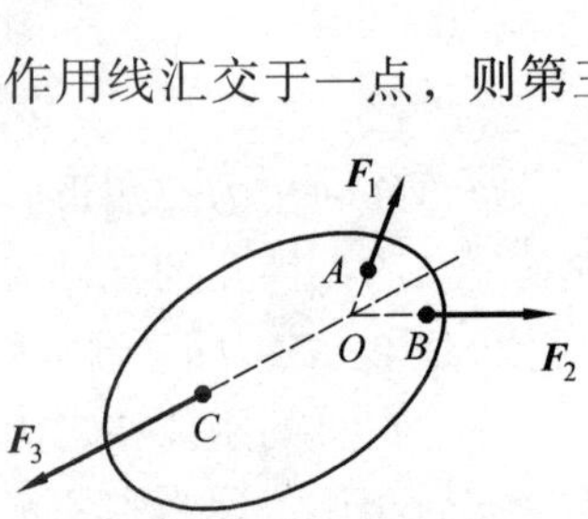

图 1.4　三力汇交

图 1.5（a）所示吊车结构的 BC 杆和 AB 梁为二力平衡和三力汇交的实例。其中的直杆 BC，如果是平衡的，杆两端的约束力 $\boldsymbol{F}'_{RC}$ 和 $\boldsymbol{F}'_{RB}$ 必然大小相等、方向相反，并且同时沿着同一直线作用，如图 1.5（b）所示。梁 AB 在 3 个力的作用下保持平衡，且 $\boldsymbol{F}_{RB}$ 和 $\boldsymbol{W}$ 的延长线必然会汇交于一点，因此满足三力汇交的条件，如图 1.5（c）所示。

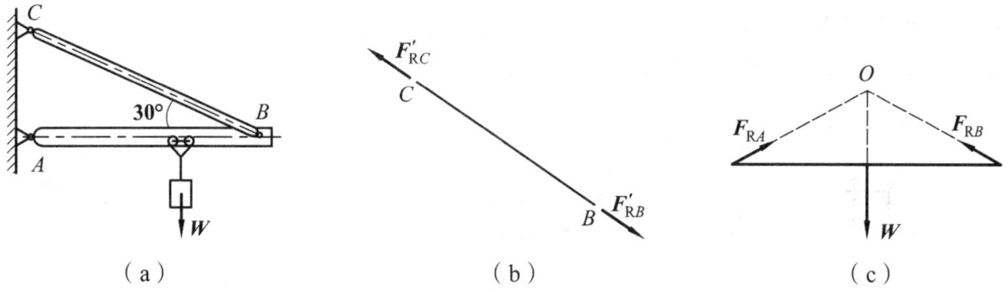

图 1.5　三力汇交例子

需要注意一点，对于只能受拉不能受压的柔性体，上述二力平衡的充要条件是不成立的，如图 1.6（a）所示的绳索，当两端受拉时，如果保持平衡，则 $\boldsymbol{F}_1=-\boldsymbol{F}_2$；如果两端受压时，如图 1.6（b）所示，即使 $\boldsymbol{F}_1=-\boldsymbol{F}_2$，绳索并不能保持平衡。

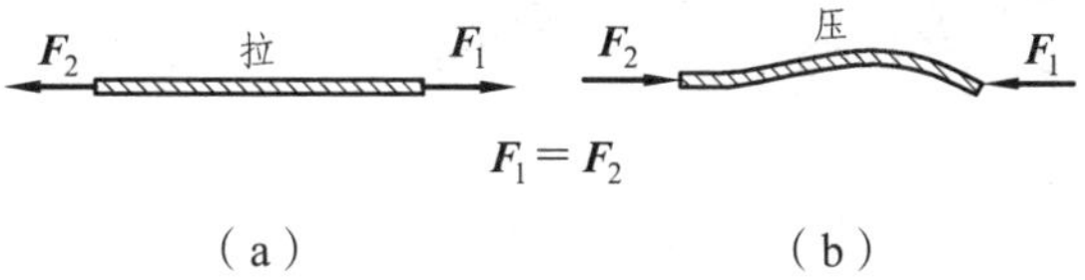

图 1.6　受拉（压）绳索

1.3　约束与约束力

对于空中飞行的飞机、子弹和火箭等，它们在空间的位移不受任何限制，这种位移不受限制的物体称为**自由体**。对于某些物体，如机车，其运动受铁轨的限制，只能沿轨道运动；再如被吊起的重物，只能由钢索吊住，不能下落。这类位移受到限制的物体称为**非自由体**或**受约束体**。对非自由体的某些位移起限制作用的周围物体称为**约束**。例如铁轨对机车，钢索对重物等，都是约束。

约束是接触和连接方式的简化模型，其作用是对与之连接物体的运动施加一定的限制条件。如地面限制车辆在地面运动；桥墩限制桥梁的运动，使之保持固定的位置。从力学角度来看，约束对物体的作用实际上就是力，这种力称为**约束力**，因此约束力的方向必与该约束所能阻碍的位移方向相反。应用这个准则，可以确定约束力的方向或作用线的位置。对于约束力的大小，在静力学中可通过和其他已知力组成平衡力系，通过平衡方程进行求解。

作用在物体上的力大致可分为两大类，即主动力和约束力。约束力为约束施加给物体的力，约束力之外的力称为**主动力**或**载荷**。如重力、风力、弹簧力、电磁力等均属于载荷。

下面介绍几种在工程中常见的约束类型和确定约束力方向的方法。

1.3.1　刚性光滑面约束

约束体与被约束体都是刚体，因而二者之间为刚性接触，这种约束称为**刚性约束**。如果两个物体的接触面处光滑无摩擦时，约束物体只能限制被约束物体沿二者接触面公法线方向的运动，而不能限制沿接触面切线方向的运动。这种约束称为**光滑面约束**。

例如，支持物体的固定面（见图 1.7），啮合齿轮的齿面（见图 1.8），滑槽与销钉（见图 1.9）等，如摩擦忽略不计时，都属于这类约束。

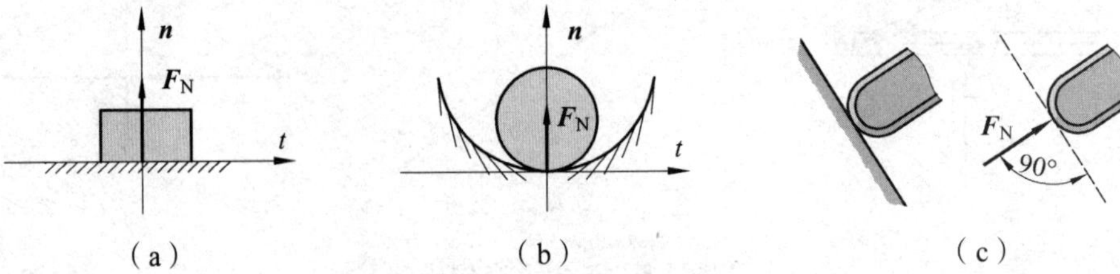

图 1.7　固定面的约束

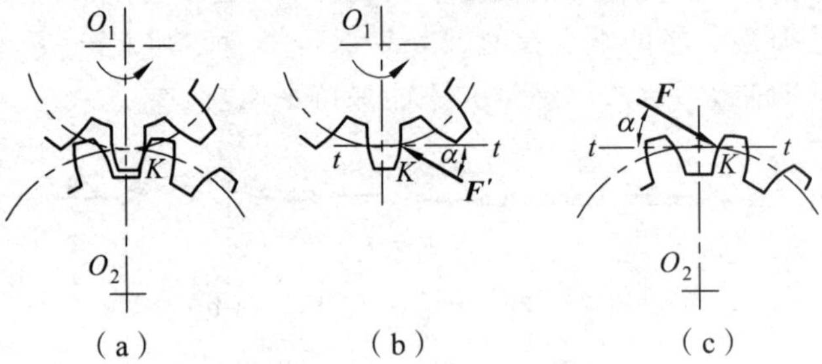

图 1.8　啮合齿轮的齿面约束

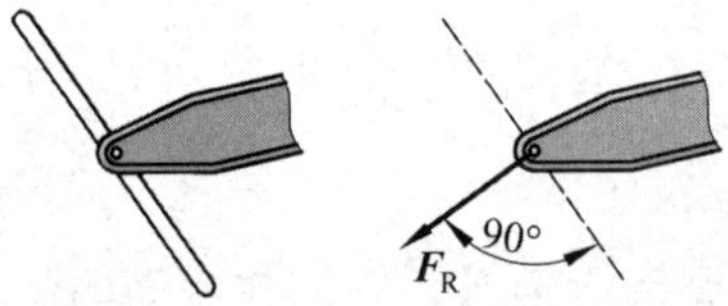

图 1.9　滑槽与销钉约束

对这类约束，其约束力作用在接触点处，其方向只能沿接触面的公法线方向，并指向被约束物体（单侧约束）。

对于桥梁、屋架结构中采用的辊轴支承（又称为辊轴支座）也是一种光滑面约束，如图 1.10（a）所示。采用这种约束，主要考虑到温度的改变会对桥梁的长度有一定量的伸长或缩短，为了使这种伸缩自由，辊轴可以沿伸缩方向前后作微小的滚动。当不考虑辊轴与接触面之间的摩擦时，辊轴支承实际上是光滑面约束。其简图和约束力方向如图 1.10（b）、（c）所示。

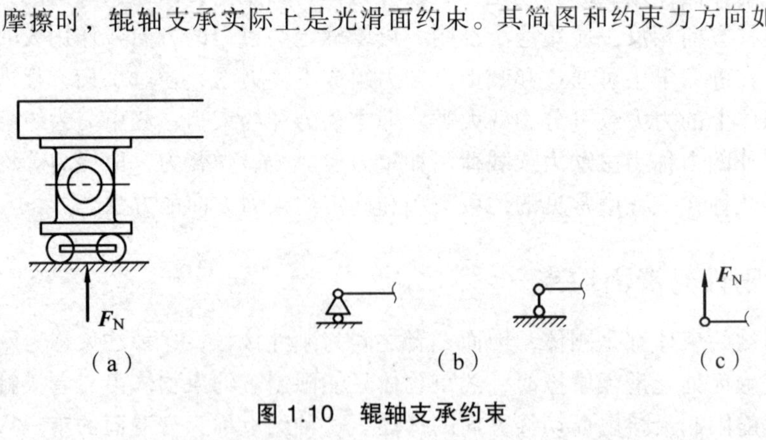

图 1.10　辊轴支承约束

1.3.2 绳索、链条及胶带约束

绳索吊住重物时，由于柔软的绳索本身只能承受拉力，所以它给物体的约束力也只可能是拉力，如图 1.11 所示，其作用点在接触点，方向沿着绳索背离物体。对链条或胶带，同样是只能承受拉力的柔索，当它们绕在轮子上，对轮子的约束力沿轮缘的切线方向，如图 1.12 所示。

（a）　　（b）

图 1.11　绳索约束

（a）　　（b）

图 1.12　链条约束

1.3.3 刚性光滑铰链约束

这类约束有光滑圆柱铰链约束、球形铰链约束、向心轴承约束、止推轴承约束等。

1. 光滑圆柱铰链约束

光滑圆柱铰链又称为**柱铰**，或者简称为铰链，若约束物体为固定支座，则又称为**固定铰（链）支座**，如图 1.13（a）所示。其结构简图如图 1.13（b）所示：约束与被约束物体通过销钉连成一体。这种连接方式的特点是被约束物体只能绕销钉轴转动，而不能移动。

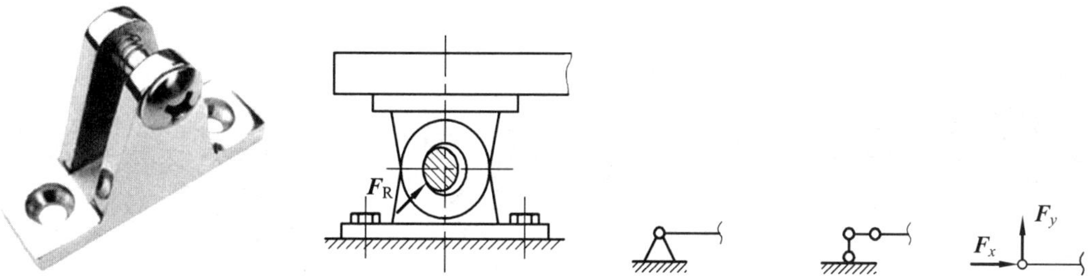

（a）　　（b）　　（c）　　（d）

图 1.13　光滑圆柱铰链约束

若将销钉与被约束物体视为一整体，则与其约束物体（固定支座）之间为线（销钉圆柱体的母线）接触，在平面图形上则为一点。接触线（或点）的位置随载荷的方向而改变，因此在光滑接触的情况下，这种约束的约束力通过圆孔中心，其大小和方向均不确定，通常用分量表示。在平面问题中，这些分量分别为 $\boldsymbol{F}_x$、$\boldsymbol{F}_y$，即 $\boldsymbol{F}_R=(\boldsymbol{F}_x,\ \boldsymbol{F}_y)$。这种约束的符号如图 1.13（c）所示，其约束力如图 1.13（d）所示。

支承传动轴的向心轴承，如图 1.14（a）所示，也是一种固定铰支座约束，其结构示意图如图 1.14（b）所示，力学符号如图 1.14（c）所示。

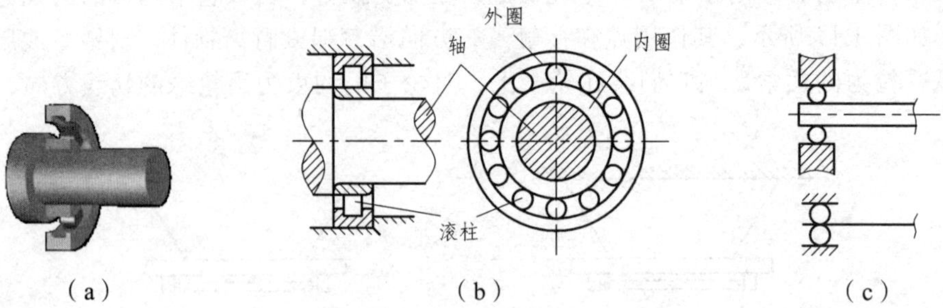

图 1.14 向心轴承约束

还有一种铰支座，约束物体并没有和地面固定在一起，而是可以在接触面上移动，若不考虑摩擦，这类铰支座称为**可动（活动）铰支座**，如图 1.15（a）所示，其力学符号及约束力方向如图 1.15（b）及 1.15（c）所示。

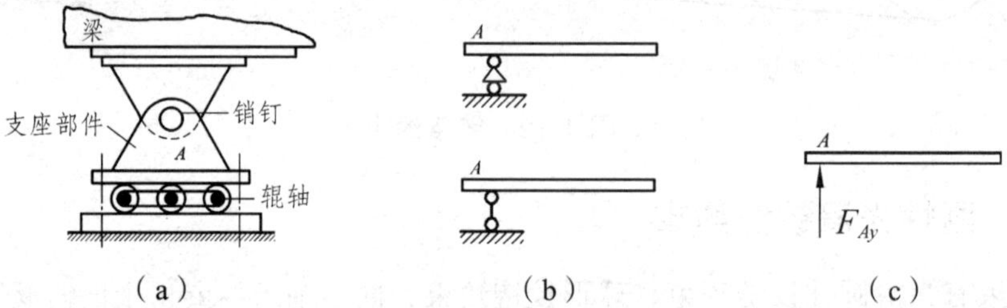

图 1.15　活动铰支座

在实际工程结构中，经常有两个构件通过铰链连接起来，这种铰链称为活动铰链，如图 1.16（a）所示。其结构连接示意图如图 1.16（b）所示，这时两个相连的构件互为约束与被约束物体，其约束力与固定铰支座相似，如图 1.16（c）所示，图 1.16（d）所示为该铰链的力学符号。

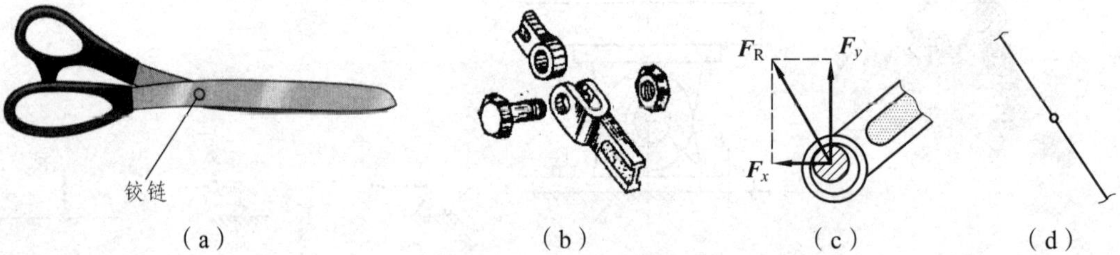

图 1.16 活动铰链约束

2. 球形铰链约束

球形铰链简称球铰，它通过圆球和球壳将两个构件连接在一起，如图 1.17（a）所示。它使构件的球心不能有任何位移，但可绕球心任意转动。若忽略摩擦，其约束力应是通过接触点与球心，但方向不能预先确定的一个空间法向约束力，可用 3 个正交分力 $\boldsymbol{F}_{Rx}$、$\boldsymbol{F}_{Ry}$、$\boldsymbol{F}_{Rz}$ 表示，如图 1.17（b）所示。其力学符号如图 1.17（c）所示。

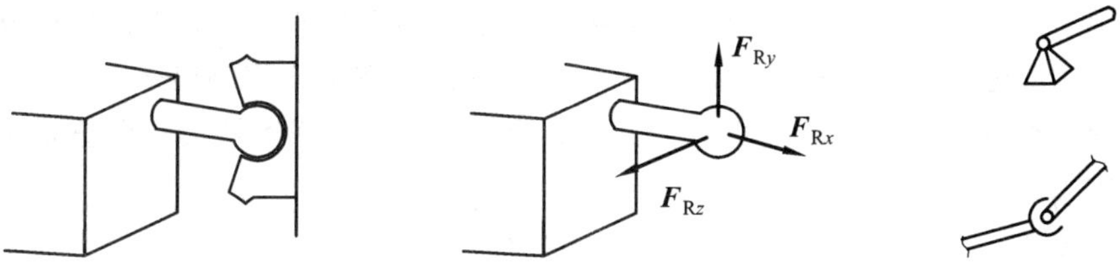

(a)　　　　(b)　　　　(c)

图 1.17　球形铰链约束

1.3.4　止推轴承约束

图 1.18（a）中所示的止推轴承，除了与向心轴承一样具有作用线不定的径向约束力外，由于限制了轴的轴向运动，因而还有沿轴线方向的约束力，如图 1.18（c）所示。其力学符号如图 1.18（d）所示。

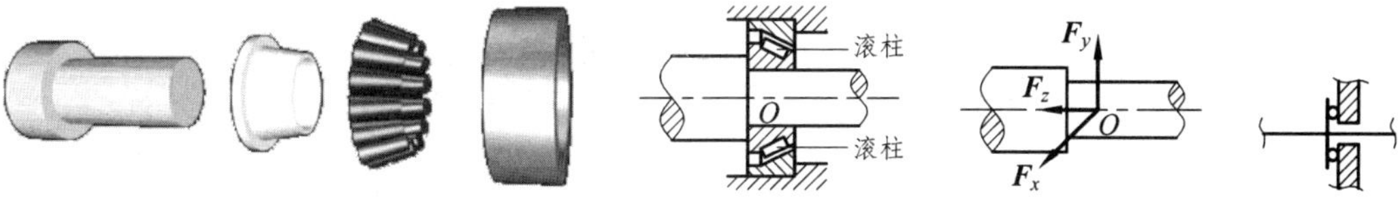

(a)　　　　(b)　　　　(c)　　　　(d)

图 1.18　止推轴承约束

1.3.5　固定端约束

工程中还有一种常见的固定端约束，如图 1.19（a）所示，其约束力分布比较复杂，一般加以简化，如图 1.19（b）所示。除了分解成水平方向和竖直方向上的约束力，同时还受到一个约束力偶的作用。

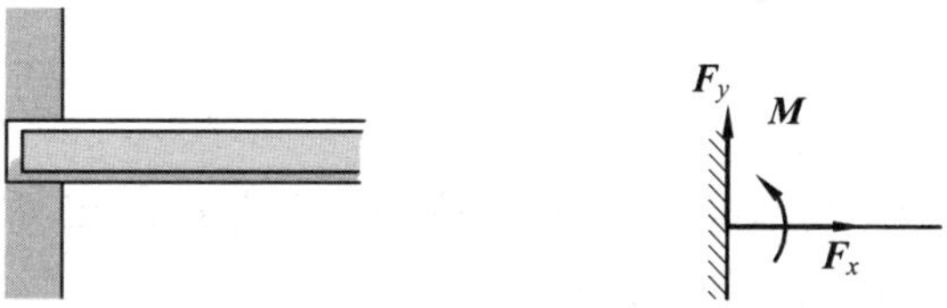

(a)　　　　(b)

图 1.19　固定端约束

1.4　物体的受力分析

在工程实际中，为了求出未知的约束力，需要根据已知力，应用平衡条件求解。为此，首先要确定构件受了几个力，每个力的作用位置和力的作用方向，这种分析过程称为物体的受力分析。

进行受力分析时，一般先选择某一物体（或几个物体组成的系统）作为分析研究对象，并假想将所研究的物体从与之接触或连接的物体中分离出来，即解除其所受到的约束而用相应的约束力来代替。

解除约束后的物体，称为研究对象或**分离体**。单独画出分离体的简图，然后分析分离体上受到的作用力（包括主动力和约束力），并在分离体的简图上全部画出来。这种表示物体受力的简明图形，称为**受力图**。该过程即为受力分析，是解决力学问题的一个重要步骤。

具体过程如下：

（1）根据需要，选定合适的研究对象，确定分离体。

（2）画出所有作用在分离体上的主动力（一般为已知力）。

（3）在分离体的所有约束处，分析约束的性质，画出相应的约束力。

例题 1.1 由杆件 *AB* 和 *CD* 组成的起吊架起吊重量为 *W* 的重物，如图 1.20（a）所示。不计杆件自重，试作杆件 *AB* 的受力分析。

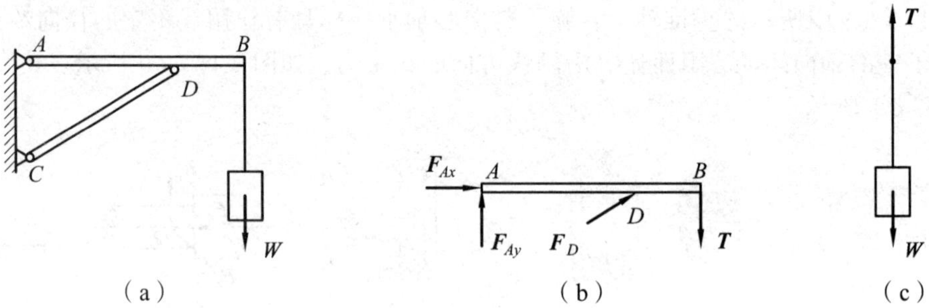

图 1.20 例题 1.1 图

解：取杆件 *AB* 为分离体，示于图 1.20（b）。

杆 *AB* 上没有主动力。

A 点为固定铰支座，约束力可分解为二垂直分力 $\boldsymbol{F}_{Ax}$、$\boldsymbol{F}_{Ay}$，二力的指向是假定的。

D 点为铰链连接，因 *CD* 杆是二力杆，故铰 *D* 处的约束力作用线沿杆 *CD*，其指向显然向右上方向。

B 处为柔索约束，约束力为绳索的拉力 $\boldsymbol{T}$。从重物的受力图上，由二力平衡条件及作用力与反作用力可知 $T=W$，如图 1.20（c）所示。

杆 *AB* 的受力图如图 1.20（b）所示。

例题 1.2 如图 1.21（a）所示的结构中，构件 *AB* 重为 $\boldsymbol{F}_1$，*BC* 重 $\boldsymbol{F}_2$，*BC* 上受载荷 $\boldsymbol{F}$ 的作用，试画出 *AB*、*BC* 及整体结构的受力图。

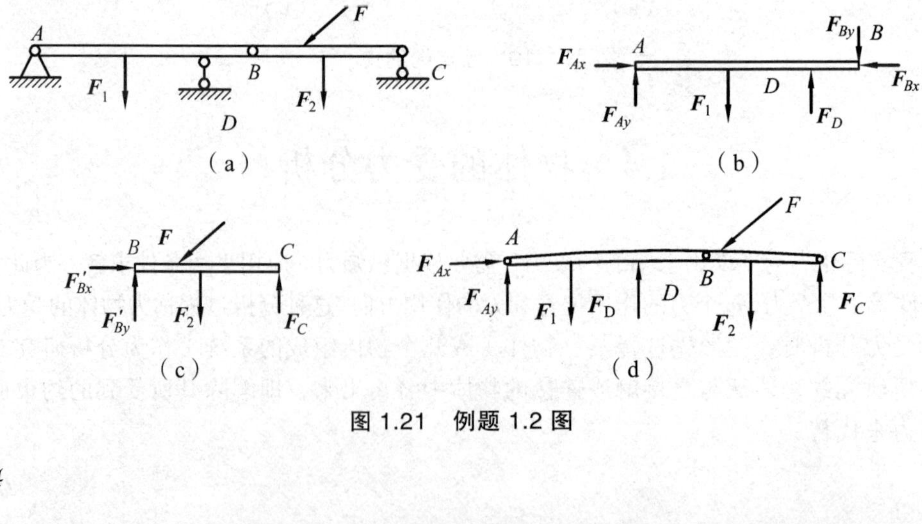

图 1.21 例题 1.2 图

解：先取 AB 为分离体，所受主动力是重力 $\boldsymbol{F}_1$。在固定铰支座 A 处受到约束力 $\boldsymbol{F}_{Ax}$、$\boldsymbol{F}_{Ay}$。在链杆支座 D 处受到的约束力是 $\boldsymbol{F}_D$，杆 BC 通过铰 B 和 BC 连接，因此在铰 B 处受到 BC 杆对其的约束力 $\boldsymbol{F}_{Bx}$、$\boldsymbol{F}_{By}$。受力图如图 1.21（b）所示，图中各约束力方向的指向都是假定的。

再取 BC 为分离体，所受主动力为载荷 $\boldsymbol{F}$ 和自身重力 $\boldsymbol{F}_2$。所受约束力有滚动支座 C 对其的约束力 $\boldsymbol{F}_C$；杆 AB 通过铰 B 对杆 BC 施加的约束力为 $\boldsymbol{F}'_{Bx}$ 和 $\boldsymbol{F}'_{By}$，它们分别是 $\boldsymbol{F}_{Bx}$ 和 $\boldsymbol{F}_{By}$ 的反作用力，其方向分别与 $\boldsymbol{F}_{Bx}$ 和 $\boldsymbol{F}_{By}$ 相反。受力图如图 1.21（c）所示。

最后取整体为分离体，同样的方法进行分析，画出受力图如图 1.21（d）所示。

注意，在整体的受力图中，铰 B 处的力并未在受力图中画出。此时铰 B 处受到的力属于内力，是两杆之间的相互作用力、大小相等、方向相反，故在整体受力图中不必画出。

分离体内各部分之间的相互作用力，称为内力。分离体外的其他物体对分离体的作用力，称为外力。受力图上只画外力，不画内力。内力与外力的区分是相对的，根据研究对象选择的不同而改变。

在进行受力分析时，需要注意以下几点：

（1）必须明确研究对象，是由单个还是多个组成，不同对象的受力图不同。

（2）正确确定研究对象受力的数目。先画主动力再画约束力。

（3）正确画出约束力。凡是研究对象和外界接触的地方，都可能存在约束力。

（4）当分析的物体之间有相互的作用力时，应遵循作用力与反作用力的关系。

本章小结

1. 力和刚体的概念是最基本的力学概念，它们是概括了一般事物的某种本质特征而抽象化形成的。

2. 力学公理是力学的基本常识。

公理 1 给出了力合成的几何法。

公理 2 给出了一物体上两个力应满足的平衡条件。

公理 3 给出了刚体上力系等效变换的一种基本形式。

3. 约束是对物体间的相互作用的形式的归纳和抽象化。

4. 物体的受力分析是本课程中重要的第一个基本训练。

思 考 题

1.1　以下说法对吗？为什么？

（1）处于平衡状态的物体就可视为刚体。

（2）变形微小的物体就可视为刚体。

1.2　为什么说二力平衡条件、加减平衡力系原理合力的可传性等都只能适用于刚体？

1.3　观察日常生活和工程实际中的各种约束，并分析其约束力的特征。它们分别可归为哪种约束类型？

1.4 凡两端用铰链连接的杆都是二力杆吗？凡不计自重的刚性杆都是二力杆吗？

1.5 试指出思考题 1.5 图各受力图中的错误或不妥之处。

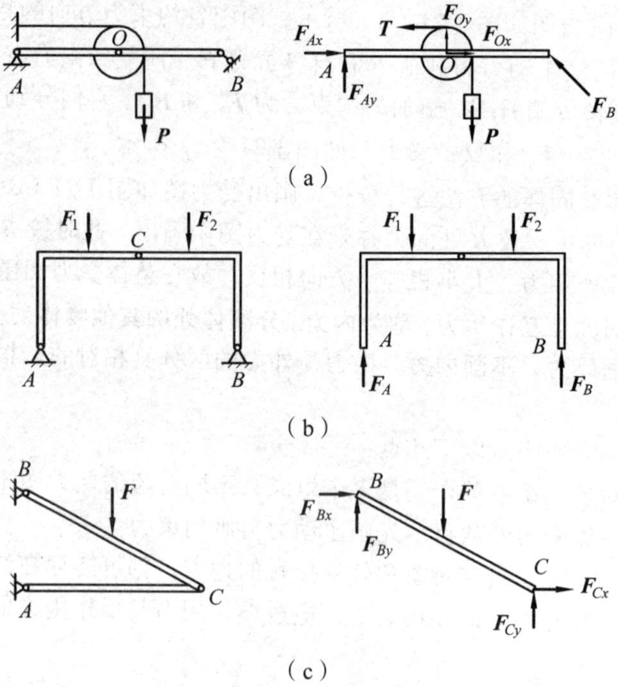

思考题 1.5 图

习　题

1.1 画出图中物体 A，ABC 或构件 AB，AC 的受力图。未画重力的各物体的重力不计，所有接触面均为光滑接触。

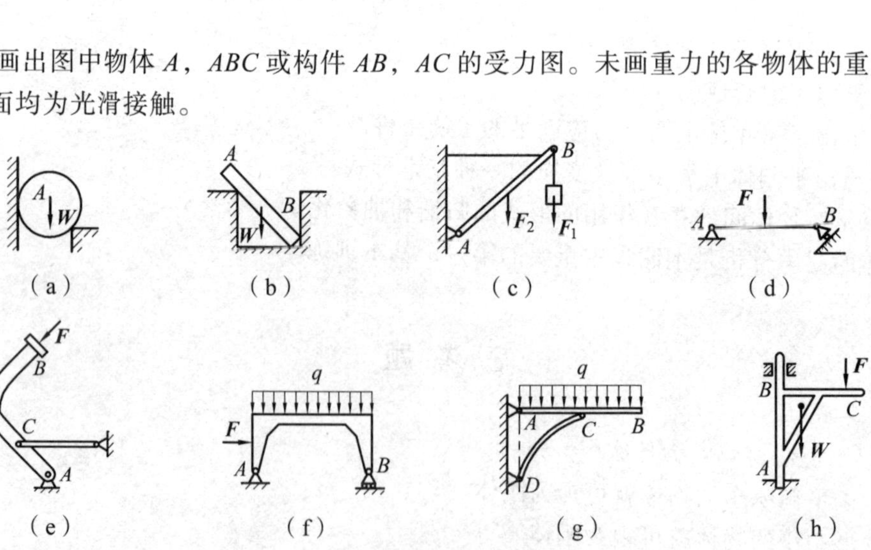

题 1.1 图

1.2 画出图中杆件 AB 的受力图。

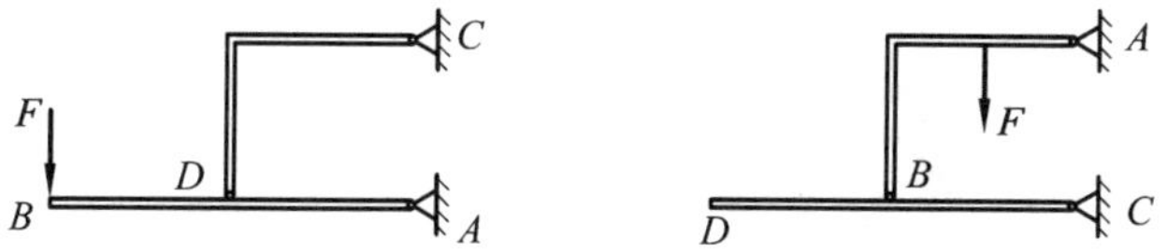

（a）　　（b）

题 1.2 图

1.3　画图中杆 *AB* 及系统的受力图，各接触面均为光滑面。

1.4　题 1.4 图中，试以杆 *BC*、轮 *O*、绳索及重物 *M* 作为分离体，画此系统的受力图。再画杆 *AB* 的受力图。

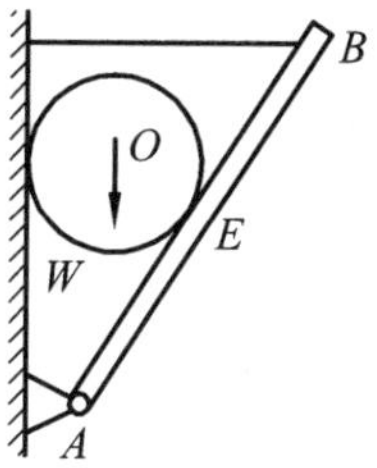

题 1.3 图

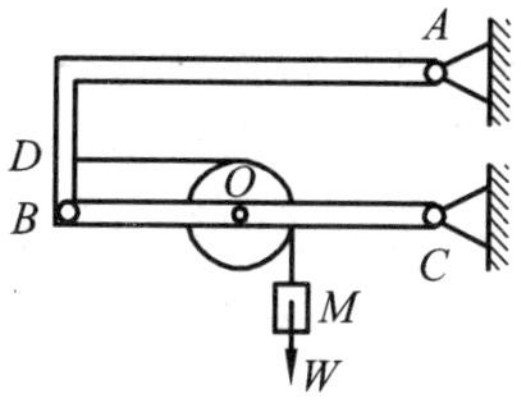

题 1.4 图

1.5　试画出图中连续梁 *AC* 杆和 *CD* 杆的受力图。

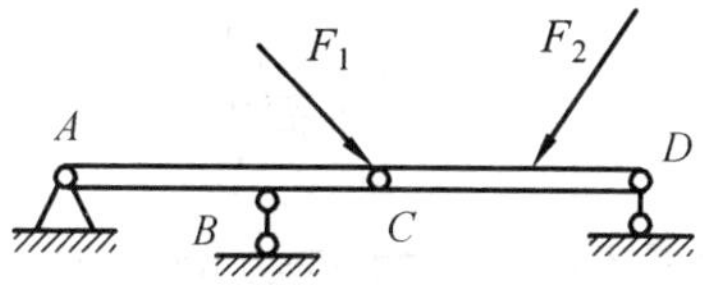

题 1.5 图

1.6　按图中给定的结构和载荷，试画：

（1）结构整体的受力图。

（2）杆 *AC* 的受力图

（3）由杆 *AC*、*AE*、*EF* 所组成的系统的受力图。

1.7　按图中给定的结构和载荷，试画：

（1）结构整体的受力图。

（2）杆 *AB* 的受力图。

（3）杆 *CD* 的受力图。

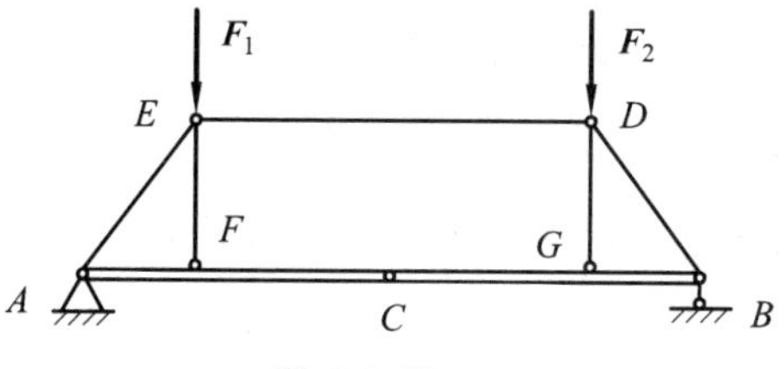

题 1.6 图

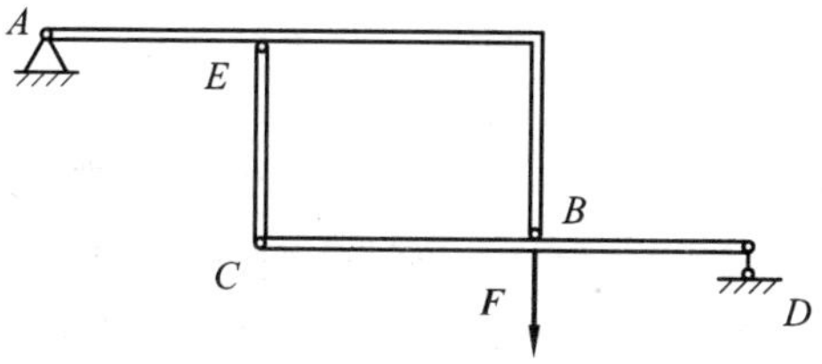

题 1.7 图

第 2 章　力系的分析与计算

力是物体相互间的机械作用，其作用结果使物体的形状和运动状态发生改变。作用在物体上的力往往有多个。我们把作用在同一物体或同一物体系统上的一组力，称之为力系。

作用在实际物体上的力系是各式各样的，但都可以归为两大类：一是力系中所有力的作用线都位于同一平面内，这类力系称为**平面力系**；另一类是力系中所有力的作用线位于不同的平面内，称为**空间力系**。

本章首先介绍平面汇交力系的合成与平衡问题，再介绍力偶的性质及平面力偶系的合成与平衡问题，最后介绍平面一般力系的合成及平衡问题，以及工程中的平面力系问题。

2.1　平面汇交力系

平面汇交力系是指各力的作用线都在同一平面内且汇交于一点的力系。

2.1.1　平面力系合成的几何法、力多边形法则

设一刚体受到平面汇交力系 $\boldsymbol{F}_1$, $\boldsymbol{F}_2$, $\boldsymbol{F}_3$, $\boldsymbol{F}_4$ 的作用，各力作用线汇交于点 A，根据刚体内部力的可传性，可将各力沿其作用线移至汇交点 A，如图 2.1（a）所示。

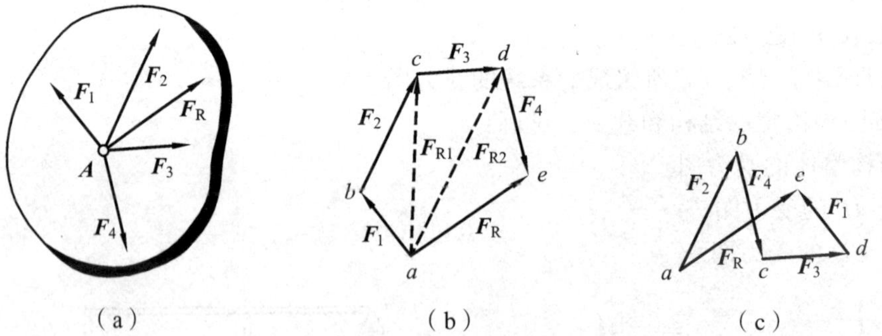

图 2.1　力多边形

要合成此力系，可根据力的平行四边形法则，选择任意两个力合成一个力，然后再和其他的一个力合成一个合力，如此进行下去，最后求得一个通过汇交点 A 的合力 $\boldsymbol{F}_R$；也可根据力多边形法则来确定该合力的大小和方向，即任取一点 a 将各分力的矢量依次首尾相连，由此组成一个不封闭的力多边形 $abcde$，如图 2.1（b）所示。图中的封闭边 ae 矢量即为该力系的合力 $\boldsymbol{F}_R$。

根据矢量相加的交换律，任意变换各分力力矢的作图次序，可得到形状不同的力多边形，但其合力矢仍然不变，合力的作用线仍然通过原汇交点，如图 2.1（c）所示。

空间共点力系和平面情形类似，在理论上也可以用力多边形来合成。但空间力系的力多边形为空间图形，给实际作图带来困难。

总之，平面汇交力系可简化为一合力，其合力的大小与方向等于各分力的矢量和（几何和），合力的作用线通过汇交点。设平面汇交力系包括 n 个力，以 F_R 表示它们的合力矢，则有

$$\boldsymbol{F}_R=\boldsymbol{F}_1+\boldsymbol{F}_2+\cdots+\boldsymbol{F}_n=\sum_{i=1}^{n}\boldsymbol{F}_i \tag{2.1}$$

合力对刚体的作用与原力系对该刚体的作用等效。如果一力与某一力系等效，则此力称为该力系的**合力**。

如果力系中各力的作用线在同一直线上，则该力系称为**共线力系**，这是平面汇交力系的特殊情况，它的力多边形在同一直线上。若沿直线的某一指向为正，相反为负，则共线力系合力的大小与方向取决于各分力的代数和，即

$$F_R=\sum_{i=1}^{n}F_i \tag{2.2}$$

2.1.2　平面汇交力系平衡的几何条件

由于平面汇交力系可用其合力来代替，显然，**平面汇交力系平衡的必要和充分条件是：该力系的合力等于零**。即力系中各力的矢量和等于零

$$\sum_{i=1}^{n}\boldsymbol{F}_i=0 \tag{2.3}$$

在平衡情况下，力多边形最后一力的终点与第一力的起点重合，此时的力多边形称为封闭的力多边形。于是，**平面汇交力系平衡的几何条件是：该力系的力多边形自行封闭**。

2.1.3　平面汇交力系合成的解析法

对平面汇交力系的合成求解方法有两种，一种是几何法，一种是解析法。前者是通过图解法，首先按比例画出封闭的力多边形，然后量出所要求的未知量，或者通过图形的几何关系，用三角公式计算出所要求的未知量；后者是通过建立直角坐标系，然后把各分力在坐标轴上进行投影，通过平衡方程来求解未知量。

几何法求解平面汇交力系合成与平衡的主要步骤如下：

（1）选取研究对象。根据题意，选取适当的研究对象，并画出其简图。

（2）画受力图。在研究对象的简图上，画出它所受到的全部已知力和未知力（包括约束力）。

（3）作力多边形或力三角形。选择适当的比例尺，做出该力系的封闭力多边形或封闭力三角形。

（4）求出未知量。按比例确定未知量，或者用三角公式计算。

由于几何法求解需要画比例，存在一定的误差，在计算中很少采用。下面根据图形的几何关系，来求解平面汇交力系的合成问题。

例题 2.1　如图 2.2 所示，三角支架用两个无重杆铰接组成，悬挂重量为 $\boldsymbol{W}$ 的重物，求杆 AC 和 BC 所受到的力。

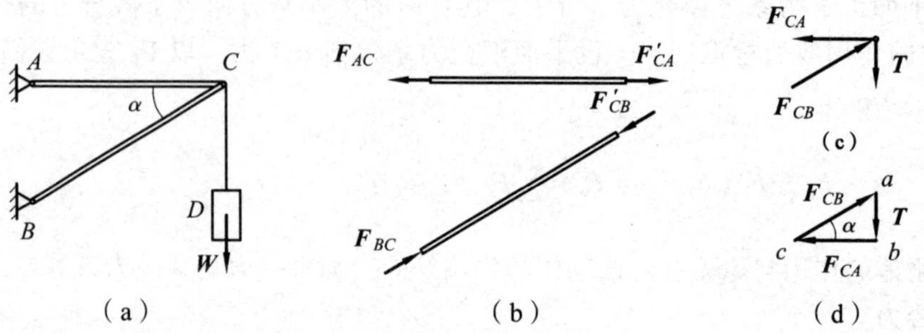

图 2.2　例题 2.1 图

解:（1）取分离体，画受力图。

取铰链 C 作为分离体（也可取整个三角支架为分离体）。

分离体上受到已知力为绳索的拉力 $\boldsymbol{T}$，其值为 $T=W$。未知力是杆 AC 和杆 BC 对铰链的约束力 $\boldsymbol{F}_{CA}$ 和 $\boldsymbol{F}_{CB}$。由于杆 AC 和杆 BC 都是二力杆，故以上二约束力方向分别在铰 A、C 及铰 B、C 中心的连线上，如图 2.2（c）所示。用平衡的几何条件解题时，对受力图上未知力的指向不作假定，只需先画出其作用线。

（2）作封闭力多边形，定未知力指向，并求其值。

按平衡的几何条件，受力图上的 3 个力所组成的力三角形应是自身封闭的。作出封闭力三角形 abc，并按各力首尾相连的条件，定出未知力 $\boldsymbol{F}_{CA}$、$\boldsymbol{F}_{CB}$ 的指向，如图 2.2（d）所示。

从力三角形 abc 中解得

$$F_{CB}=\frac{T}{\sin\alpha}=\frac{W}{\sin\alpha}$$
$$F_{CA}=T\cot\alpha=W\cot\alpha$$

杆 AC 为二力杆，杆两端所受的力为 $\boldsymbol{F}_{AC}$、$\boldsymbol{F}'_{CA}$。根据二力平衡条件，此二力共线、等值、反向。又力 $\boldsymbol{F}'_{CA}$ 是力 $\boldsymbol{F}_{CA}$ 的反作用力，根据作用力与反作用力，$\boldsymbol{F}'_{CA}$ 与 $\boldsymbol{F}_{CA}$ 共线、等值、反向。由此确定杆 AC 所受力的值为

$$F_{AC}=F'_{CA}=F_{CA}=W\cot\alpha$$

同理，杆 BC 所受力的值为

$$F_{BC}=F'_{BC}=F_{CB}=\frac{W}{\sin\alpha}$$

二杆所受力的指向如图 2.2（b）所示。杆 AC 受拉，杆 BC 受压。

下面再来分析平面汇交力系合成的解析法。

有作用于 O 点的平面汇交力系（$\boldsymbol{F}_1$，$\boldsymbol{F}_2$，…，$\boldsymbol{F}_n$），求其合力矢量 $\boldsymbol{F}_{\mathrm{R}}$。

以汇交点 O 为原点建立直角坐标系 Oxy，如图 2.3（a）所示。此汇交力系的合力 $\boldsymbol{F}_{\mathrm{R}}$ 的解析表达式为

$$\boldsymbol{F}_{\mathrm{R}} = \boldsymbol{F}_{\mathrm{R}x} + \boldsymbol{F}_{\mathrm{R}y} = F_x\boldsymbol{i} + F_y\boldsymbol{j} \tag{2.4}$$

式中，F_x，F_y 为合力 F_{R} 在 x，y 轴上的投影。如图 2.3（b）所示，则有

$$F_x = F_{\mathrm{R}}\cos\theta,\ F_y = F_{\mathrm{R}}\cos\beta \tag{2.5}$$

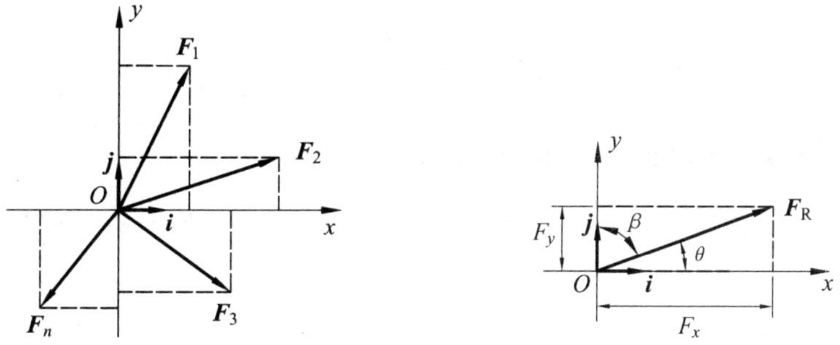

（a）　　　　　　　　（b）

图 2.3　力在直角坐标系中的投影

根据合矢量投影定理:合矢量在某一轴上的投影等于各分矢量在同一轴上投影的代数和，将式（2.1）向 x，y 轴投影，可得

$$\left.\begin{aligned} F_x &= F_{x1} + F_{x2} + \cdots + F_{xn} = \sum_{i=1}^{n} F_{xi} \\ F_y &= F_{y1} + F_{y2} + \cdots + F_{yn} = \sum_{i=1}^{n} F_{yi} \end{aligned}\right\} \tag{2.6}$$

式中，F_{x1} 和 F_{y1}，F_{x2} 和 F_{y2}，…，F_{xn} 和 F_{yn} 分别为各力在 x 和 y 轴上的投影。

合力矢的大小和方向余弦为

$$\left.\begin{aligned} &F_{\mathrm{R}} = \sqrt{F_x^2 + F_y^2} = \sqrt{(\sum F_{xi})^2 + (\sum F_{yi})^2} \\ &\cos(\boldsymbol{F}_{\mathrm{R}},\ \boldsymbol{i}) = \frac{F_x}{F_{\mathrm{R}}} = \frac{\sum F_{xi}}{F_{\mathrm{R}}},\ \cos(\boldsymbol{F}_{\mathrm{R}},\ \boldsymbol{j}) = \frac{F_y}{F_{\mathrm{R}}} = \frac{\sum F_{yi}}{F_{\mathrm{R}}} \end{aligned}\right\} \tag{2.7}$$

例题 2.2　在图 2.4 所示的平面汇交力系中，$F_1 = 30\ \mathrm{N}$、$F_2 = 100\ \mathrm{N}$、$F_3 = 20\ \mathrm{N}$。O 点为力系汇交点，求该力系的合力。

解：取力系汇交点 O 为坐标原点，建立坐标系如图 2.4 所示。根据式（2.6），合力在轴上的投影分别为

$$F_x = F_1\cos 30° - F_2\cos 60° + F_3\cos 45° = -9.87\ \mathrm{N}$$
$$F_y = F_1\sin 30° + F_2\sin 60° - F_3\sin 45° = 87.46\ \mathrm{N}$$

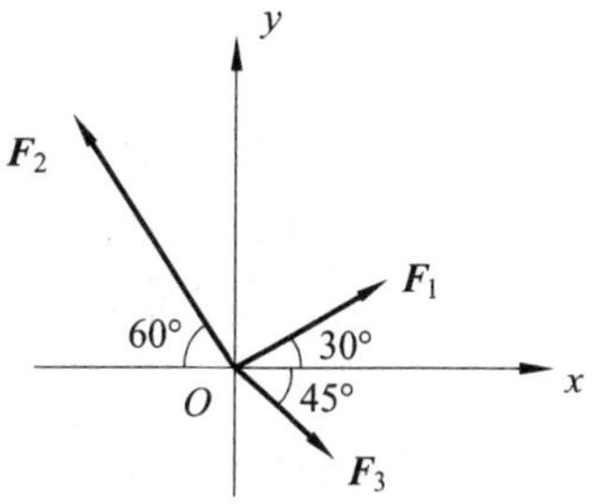

图 2.4　例题 2.2 图

按式（2.7）计算合力的大小和方向

$$F_{\mathrm{R}} = \sqrt{F_x^2 + F_y^2} = 88.02\ \mathrm{N}$$

$$\cos(\boldsymbol{F}_{\mathrm{R}},\boldsymbol{i})=\frac{F_x}{F_R}=-0.112$$

$$\cos(\boldsymbol{F}_{\mathrm{R}},\boldsymbol{j})=\frac{F_y}{F_{\mathrm{R}}}=0.994$$

则合力 $\boldsymbol{F}_{\mathrm{R}}$ 与 x，y 轴夹角分别为

$$(\boldsymbol{F}_{\mathrm{R}},\ \boldsymbol{i})=96.5^\circ,\ (\boldsymbol{F}_{\mathrm{R}},\ \boldsymbol{j})=6.5^\circ$$

合力作用线通过 O 点，位于第二象限内。

2.1.4　平面汇交力系的平衡方程

平面汇交力系平衡的必要和充分条件是该力系的合力 $\boldsymbol{F}_{\mathrm{R}}$ 等于零。由式（2.7）可知，合力 $\boldsymbol{F}_{\mathrm{R}}$ 等于零等价于

$$\sum F_{xi}=0,\ \ \sum F_{yi}=0 \tag{2.8}$$

于是，**平面汇交力系平衡的必要与充分条件可解析地表达为：力系中所有各力在两个坐标轴上投影的代数和分别为零**。式（2.8）称为平面汇交力系的平衡方程。这是两个独立方程，可以求解两个未知量。

例题 2.3　小滑轮 C 连接在铰接三脚架 ABC 上，绳索绕过滑轮，一端缠绕在绞车 D 上，另一端悬挂重 $W=100$ kN 的重物，如图 2.5（a）所示。不计各构件自重和滑轮 C 的尺寸，求杆 AC 和 BC 所受的力。

解：（1）取分离体，画受力图。

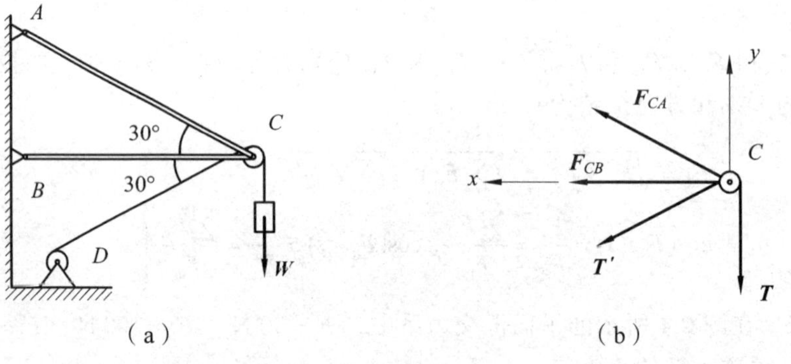

图 2.5　例题 2.3 图

取滑轮 C 和绕在它上面的一小段绳索为分离体。

绳索两端的拉力分别为 $\boldsymbol{T}$ 和 $\boldsymbol{T}'$，滑轮 C 平衡时有 $T=T'$，且拉力 $\boldsymbol{T}$ 的大小等于重物的重力 $\boldsymbol{W}$。杆 AC 和 BC 都是二力杆，它们对轮 C 的约束力 $\boldsymbol{F}_{CA}$ 和 $\boldsymbol{F}_{CB}$ 的作用线分别沿直线 AC 和 BC，指向未知。

在进行力的投影时，受力分析中需要事先假定未知力的指向。对于二力杆，一般假定杆件受拉，当然也可以根据实际受力情况分析其受力的指向。

分离体受力图如图 2.5（b）所示。

（2）列平衡方程，求解未知量。

选力系汇交点 C 为坐标原点，坐标轴如图 2.5（b）所示。列平衡方程

$$\sum F_x = 0: \ F_{CB} + F_{CA}\cos 30° + T'\cos 30° = 0 \quad \text{(a)}$$

$$\sum F_y = 0: \ F_{CA}\sin 30° - T'\sin 30° - T = 0 \quad \text{(b)}$$

由式（b）可解得 $F_{CA} = 300\ \text{N}$，将此值代入（a）式，得 $F_{CB} = -389.7\ \text{N}$。

$F_{CA} = 300\ \text{N}$，为正值，表明实际受力和受力图中假定的方向一致；$F_{CB} = -389.7\ \text{N}$ 为负值，表明实际受力和受力图中假定方向相反，即杆 BC 受压。

2.2　平面力偶系

2.2.1　平面力对点之矩

一个力作用在自由刚体上时，一般可同时产生两种基本的运动效应：平移和转动。力对刚体的转动效应可用力对点的矩（简称力矩）来度量，即力矩是度量力对刚体转动效应的物理量。

例如用扳手拧螺母时，在扳手上施加一个力 $\boldsymbol{F}$，扳手以螺母的轴线 O 为轴旋转，如图 2.6 所示。经验证明，力 $\boldsymbol{F}$ 使扳手产生的转动效果与 3 个因素有关：力 $\boldsymbol{F}$ 的大小；力 $\boldsymbol{F}$ 到转动中心 O 的距离 h；力 $\boldsymbol{F}$ 使扳手转动的方向。

设力 $\boldsymbol{F}$ 与点 O 位于同一平面内，点 O 称为**力矩中心**，简称**矩心**。点 O 到力的作用线的垂直距离 h 称为**力臂**，如图 2.7 所示。在平面问题中，力对点之矩定义如下：

力对点之矩是一个代数量，其绝对值等于力的大小与力臂的乘积；力使物体绕矩心逆时针转向时，力对点之矩为正，反之为负。

用 $M_O(\boldsymbol{F})$ 来表示力 $\boldsymbol{F}$ 对点 O 的矩，则

$$M_O(\boldsymbol{F}) = \pm Fh = \pm 2A_{\Delta OAB} \quad (2.9)$$

式中，$A_{\Delta OAB}$ 为三角形 OAB 的面积，如图 2.7 所示。这个代数量唯一的确定（度量）力 $\boldsymbol{F}$ 使物体绕 O 点转动的效果。

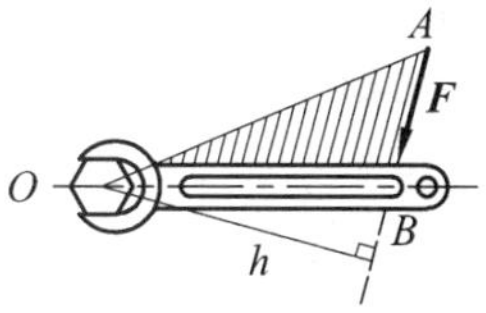

图 2.6　用扳手拧螺母

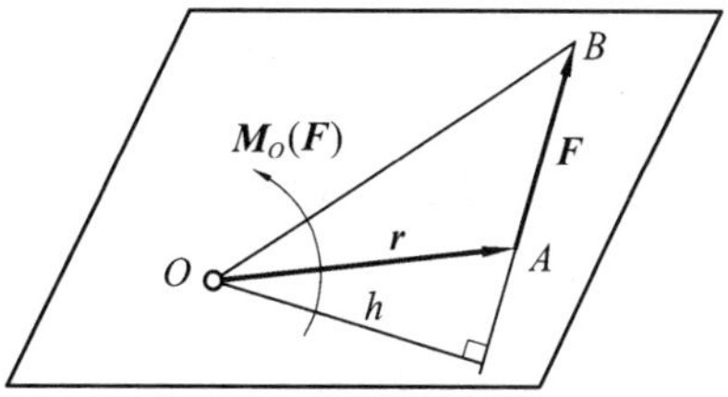

图 2.7　力对点之矩

显然，当力的作用线通过矩心时，力臂为零，它对矩心的力矩等于零。力矩单位常用 N·m 或 kN·m。

2.2.2 合力矩定理与力矩的解析表达式

若力系存在合力，由力系等效原理不难理解：**平面汇交力系的合力对于平面内任一点之矩等于所有各分力对于该点之矩的代数和**，这就是**合力矩定理**。

$$M_O(\boldsymbol{F}_{\mathrm{R}})=\sum_{i=1}^{n}M_O(\boldsymbol{F}_i) \tag{2.10}$$

式中 $\boldsymbol{F}_{\mathrm{R}}=\sum_{i=1}^{n}\boldsymbol{F}_i$

式（2.10）适用于任何有合力存在的力系。

例题 2.4 支架受力 $\boldsymbol{F}$，如图 2.8 所示，图中 l_1、l_2、l_3 与 α 角均已知。求：$M_O(\boldsymbol{F})$。

解：若直接由力 $\boldsymbol{F}$ 对 O 点取矩，即 $|M_O(\boldsymbol{F})|=Fd$，其中 d 为力臂，现在在此情况下确定 d，其过程比较麻烦。

若先将力 $\boldsymbol{F}$ 分解成两个分力 $\boldsymbol{F}_x=(F\sin\alpha)\boldsymbol{i}$ 和 $\boldsymbol{F}_y=(F\cos\alpha)\boldsymbol{j}$，再应用合力矩定理，则方便了许多。于是，有

$$\begin{aligned}M_O(\boldsymbol{F})&=M_O(\boldsymbol{F}_x)+M_O(\boldsymbol{F}_y)=(F\cos\alpha)(l_1-l_3)-(F\sin\alpha)l_2\\&=\boldsymbol{F}[(l_1-l_3)\cos\alpha-l_2\sin\alpha]\end{aligned}$$

显然，根据这一结果，可以得知力 $\boldsymbol{F}$ 对 O 点的力臂为

$$d=|(l_1-l_3)\cos\alpha-l_2\sin\alpha|$$

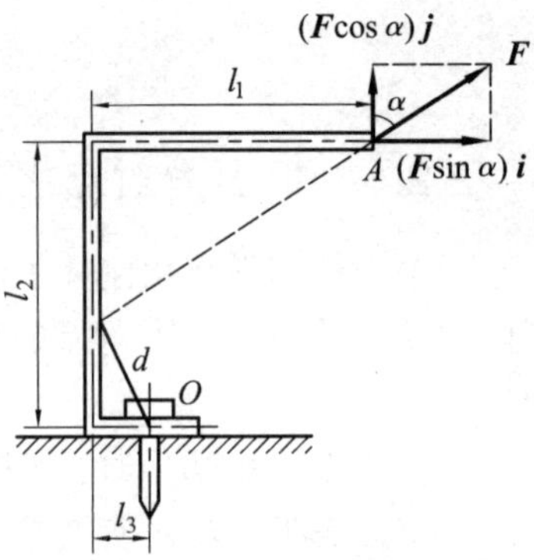

图 2.8 例题 2.4 图

2.2.3 平面力偶

实践中，我们常常看见这样一些例子，如用两个手指拧动水龙头，如图 2.9 所示；汽车司机用双手转动驾驶盘，如图 2.10 所示；钳工用双手通过铰杠丝锥攻制螺纹，如图 2.11 所示；制动器闸瓦通过一对摩擦力作用于制动鼓，如图 2.12 所示。这种**由两个大小相等、方向相反且不共线的平行力组成的力系，称为力偶**。

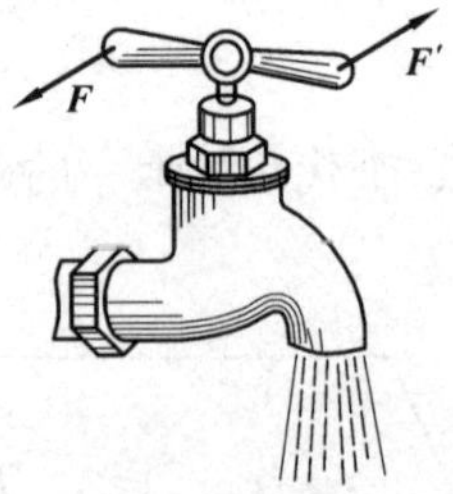

图 2.9 拧水龙头

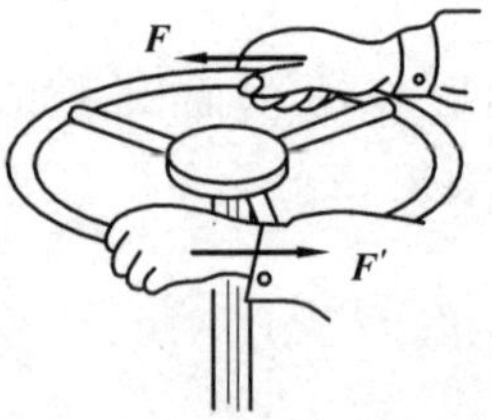

图 2.10 转动驾驶盘

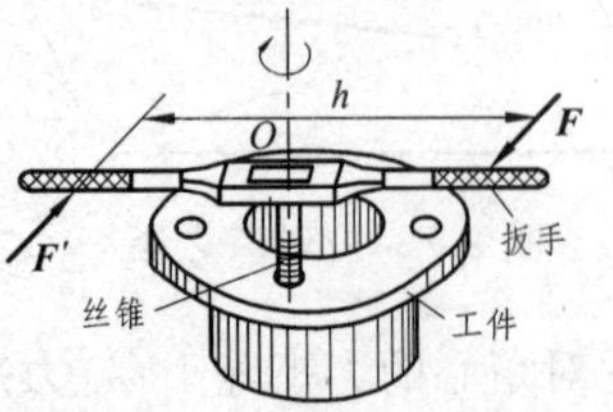

图 2.11 丝锥攻制螺纹

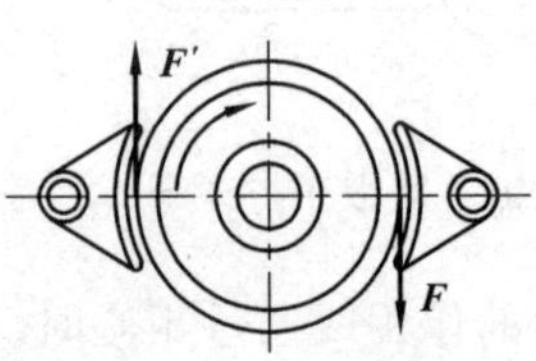

图 2.12 制动器制动鼓

力偶是最简单、最基本的力系，可以用记号（ $\boldsymbol{F}$, $\boldsymbol{F}'$ ）表示，其中 $\boldsymbol{F}=-\boldsymbol{F}'$ 。组成力偶的两个力作用线所在的平面称为**力偶作用面**；两个力作用线之间的垂直距离 h 称为**力偶臂**，如图 2.13 所示。

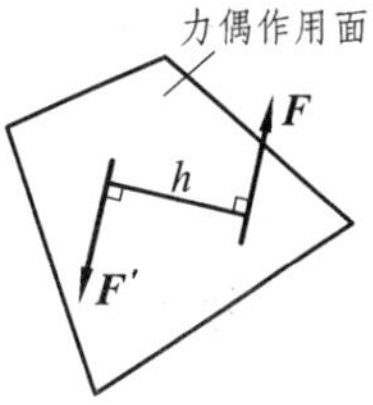

图 2.13　力偶

力偶是由两个力组成的特殊力系，其作用是使自由体绕质心转动。力偶对物体的转动效应，可以用**力偶矩**来度量。力偶矩的大小为力偶中的两个力对其作用面内某点的矩的代数和，其值等于力与力偶臂的乘积，即 Fd，力偶矩的大小与矩心的位置无关。

力偶在平面内的转向不同，其作用效应也不相同。因此，平面力偶对物体的作用效应，除了和力偶矩的大小有关，还和力偶在作用面内的转向有关。一般以逆时针转向为正，反之则为负。力偶矩的单位与力矩相同，也是 N · m。

根据力偶的定义，可以证明，力偶具有如下性质：

性质 1：力偶不能与一个力等效（即力偶无合力），也不能与一个力平衡。

性质 2：只要保持力偶的转向和力偶矩的大小不变，可以同时改变力和力偶臂的大小，或在其作用平面内任意移动或转动，不会改变力偶对物体的作用效应，如图 2.14 所示。

根据力偶的这一性质，力偶作用的效应不单独取决于力偶中力的大小和力偶臂的大小，而是取决于它们的乘积大小和力偶的转向。因此，可以用力偶作用面内的一个圆弧箭头来表示力偶，圆弧箭头的方向表示力偶的转向，如图 2.14（c）所示。

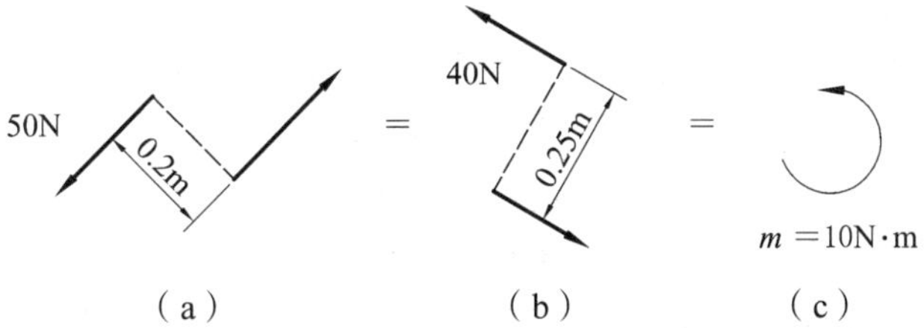

图 2.14　力偶的等效

2.2.4　力偶系合成及平衡条件

1. 平面力偶系的合成

由两个以上的力偶所组成的系统，称为**力偶系**。

设在刚体的同一平面内作用 n 个力偶 $(\boldsymbol{F}_1, \boldsymbol{F}_1')$, $(\boldsymbol{F}_2, \boldsymbol{F}_2')$, …, $(\boldsymbol{F}_i, \boldsymbol{F}_i')$, …, $(\boldsymbol{F}_n, \boldsymbol{F}_n')$，其力偶矩分别为 m_1，m_2，…，m_i，…，m_n。应用力偶的等效变换，可将 n 个力偶合成为一个合力偶，合力偶矩记为 M。合力偶的作用效果等于力偶系中各力偶的作用效果之和，由此得合力偶矩为

$$M=\sum_{i=1}^{n} m_i \tag{2.11}$$

于是可得结论如下：

平面力偶系可以合成一个合力偶，此合力偶的力偶矩等于力偶系中各分力偶的力偶矩的代数和。

2. 平面力偶系的平衡条件

由合成结果可知，力偶系平衡时，其合力偶的矩等于零。因此，**平面力偶系平衡的必要和充分条件是：力偶系中所有各力偶的力偶矩的代数和等于零**。即

$$\sum_{i=1}^{n} m_i = 0 \tag{2.12}$$

例题 2.5 三铰刚架如图 2.15（a）所示。求在力偶矩为 m 的力偶的作用下，支座 A 和 B 的约束力。

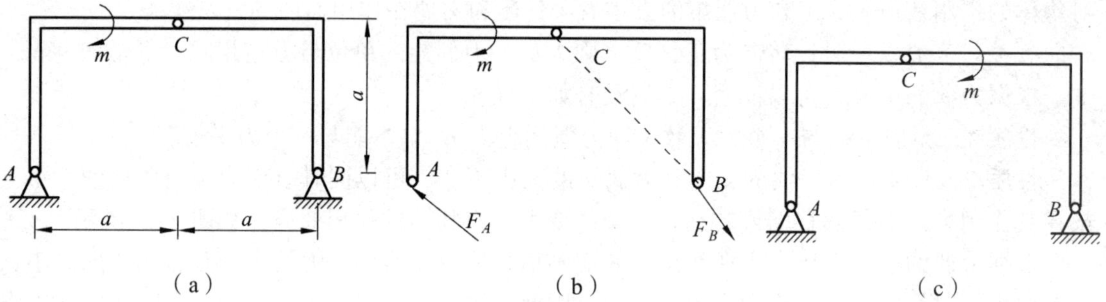

图 2.15 例题 2.5 图

解：（1）取分离体，画受力图。

取三铰刚架为分离体。其上受给定力偶的作用，还受固定铰支座 A 和 B 所施加的约束力的作用。由于杆 BC 是二力杆，支座 B 处的约束力 $\boldsymbol{F}_B$ 应在铰 B 和铰 C 的连线上，其指向可随意假定，如图 2.15（b）所示。支座 A 处的约束力作用线是未知的，考虑到力偶只能用力偶与之平衡，断定支座 A 的约束力 $\boldsymbol{F}_A$ 与 $\boldsymbol{F}_B$ 必然组成一力偶，即 $\boldsymbol{F}_A$ 与 $\boldsymbol{F}_B$ 平行，大小相等，方向相反。

（2）列平衡方程，求解未知量。

分离体受两个力偶的作用，处于平衡状态，由力偶系的平衡方程式（2.12），有

$$\sum_{i=1}^{n} m_i = 0：\ -m - \sqrt{2}aF_B = 0$$

解得

$$F_A = F_B = \frac{-m}{\sqrt{2}a}$$

式中，负号表明所假定的约束力方向与实际指向相反。

（3）讨论。

将给定力偶从杆 AC 上移动到杆 BC 上，如图 2.15（c）所示，根据前面所述力偶的等效变换，是否会改变研究对象的受力情况和所得计算结果？为什么？

例题 2.6 在如图 2.16（a）所示的结构中，A 点为光滑接触面。求在力偶矩为 m 的力偶作用下，支座 D 处的约束力。

解：解题思路分析：

整体结构上所受的力系既不是平面汇交力系，也不是平面力偶系。不宜取整体结构作为研究对象进行求解。

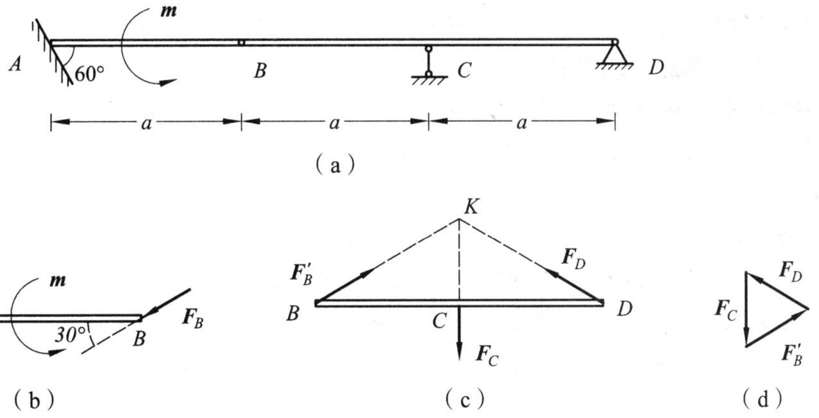

图 2.16 例题 2.6 图

取杆 AB 为分离体，其上 A，B 处所受的约束力必然组成一力偶，与给定的力偶相平衡，如图 2.16（b）所示。此二约束力可由力偶系的平衡条件求解。

杆件 BD 受 $\boldsymbol{F}'_B$、$\boldsymbol{F}_C$、$\boldsymbol{F}_D$ 三力作用下处于平衡状态，按三力平衡原理，约束力 $\boldsymbol{F}_D$ 的作用线通过力 $\boldsymbol{F}'_B$ 和 $\boldsymbol{F}_C$ 的交点 K，如图 2.16（c）所示。求得 $\boldsymbol{F}'_B$ 后，可按平面汇交力系的平衡条件求约束力 $\boldsymbol{F}_D$。

综上分析，本题解题过程如下：

（1）取杆 AB 为分离体，受力图如图 2.16（b）所示，其中 $\boldsymbol{F}_A=-\boldsymbol{F}_B$。

由力偶系的平衡条件，有

$$\sum_{i=1}^{n} m_i = 0:\quad m - F_B a\sin 30^\circ = 0$$

解得

$$F_A = F_B = \frac{2m}{a}$$

（2）取杆 BD 为分离体，受力图如图 2.16（c）所示，其中 $\boldsymbol{F}'_B$ 为 $\boldsymbol{F}_B$ 的反作用力。

用平面汇交力系平衡的几何条件求解。作封闭力三角形，确定未知力 $\boldsymbol{F}_C$ 和 $\boldsymbol{F}_D$ 的指向，如图 2.16（d）所示，并求解得

$$F_D = F_B = \frac{2m}{a}$$

2.3 平面一般力系

2.3.1 力向一点平移定理

根据力的可传性，作用在刚体上的力，可以沿其作用线移动，而不会改变力对刚体的作用效应。但是，如果将作用在刚体上的力，从一点平行移动到另一点，则力对刚体的作用效应将发生变化。

能不能把作用在刚体上的力平移到力的作用线以外的任意点，而不改变原有力对刚体的作用效应呢？答案是肯定的。

力向一点平移定理：可以把作用在刚体上点 A 的力 $\boldsymbol{F}$ 平行移动到任一点 B，如果不改变原有力对刚体的作用效应，则必须同时附加一个力偶，这个附加力偶的矩等于原来的力 $\boldsymbol{F}$ 对新作用点 B 的矩。

证明：刚体上的点 A 作用一力 $\boldsymbol{F}$，如图 2.17（a）所示。在刚体上任取一点 B，并在 B 点加上一对平衡力 $\boldsymbol{F}'$ 和 $\boldsymbol{F}''$，令 $\boldsymbol{F}'=\boldsymbol{F}=-\boldsymbol{F}''$，如图 2.17（b）所示。显然，这 3 个力与原力 $\boldsymbol{F}$ 等效，这 3 个力又可视为一个作用在 B 点的力 $\boldsymbol{F}'$ 和一个力偶 $(\boldsymbol{F}', \boldsymbol{F}'')$，这力偶称为附加力偶，如图 2.17（c）所示。显然，附加力偶的矩为

$$M = Fd = M_B(\boldsymbol{F})$$

于是定理得证。

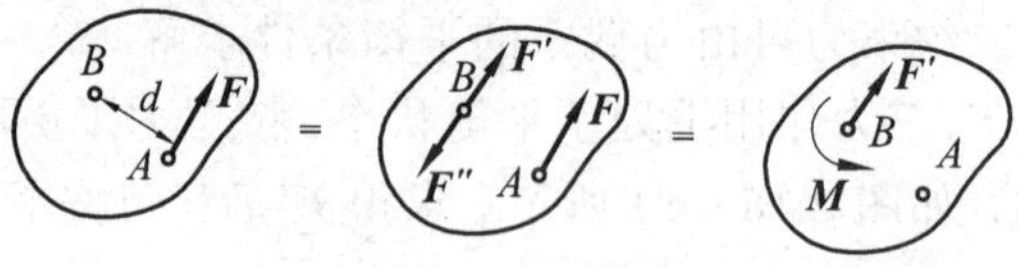

（a）　　　　（b）　　　　（c）

图 2.17　力向一点平移

力的平移定理是力系简化的基础，在日常生活和工程实际中，许多现象都可以用力的平移定理来解释。如乒乓球在运动中旋转球的产生，厂房立柱偏心受压而发生弯曲，齿轮受周向力作用使齿轮轴发生弯曲和扭转组合变形，如图 2.18 所示。

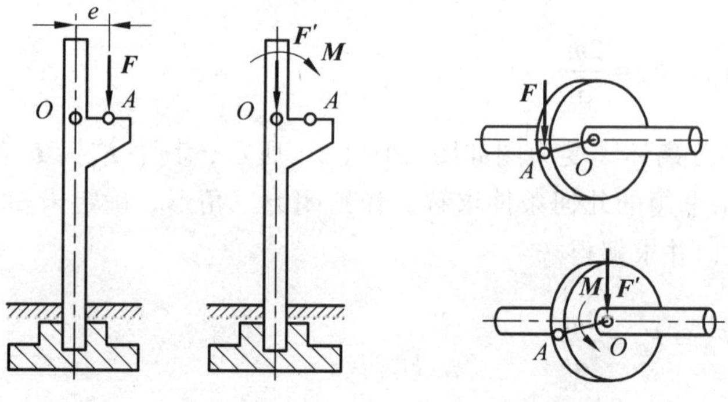

（a）　　　　　　　　（b）

图 2.18　力的平移实例

2.3.2　平面一般力系向一点简化

设刚体上作用有任意多个力所组成的平面力系 $(\boldsymbol{F}_1, \boldsymbol{F}_2, \cdots, \boldsymbol{F}_n)$，如图 2.19（a）所示。现将力系向其作用平面内任一点 O 简化，这一点称为**简化中心**。

简化的方法是：将力系中所有的力逐个向简化中心 O 点平移，每平移一个力，便得到一个力和一个附加力偶，如图 2.19（b）所示。

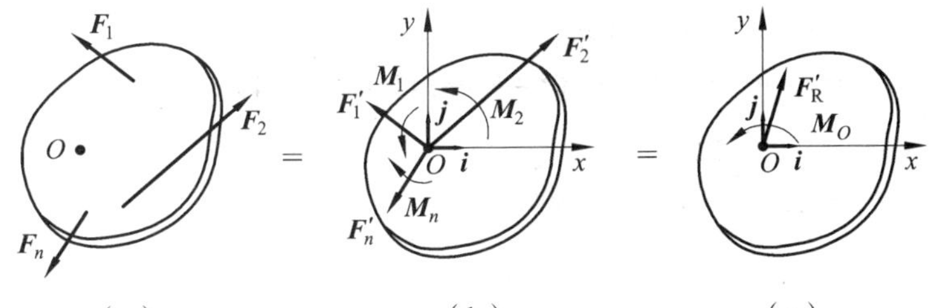

图 2.19　平面一般力系向一点简化

最后简化的结果是，得到一个作用线都通过 O 点的平面汇交力系 ($\boldsymbol{F}_1'$, $\boldsymbol{F}_2'$, …, $\boldsymbol{F}_n'$) 和平面力偶系 (M_1, M_2, …, M_n)，如图 2.19（c）所示。然后，再分别合成这两个力系。

平面汇交力系可合成为作用线通过点 O 的一个力 $\boldsymbol{F}_R'$，如图 2.19（c）所示。因为各力矢 $\boldsymbol{F}_i' = F_i\ (i = 1, 2, \cdots, n)$，所以

$$\boldsymbol{F}_R' = \boldsymbol{F}_1' + \boldsymbol{F}_2' + \cdots + \boldsymbol{F}_n' = \sum_{i=1}^{n}(\boldsymbol{F}_i) \tag{2.13}$$

即力矢 $\boldsymbol{F}_R'$ 等于原来各力的矢量和。该矢量和 $\boldsymbol{F}_R'$ 称为该力系的**主矢**。

平面力偶系可以合成为一个力偶，这个力偶的矩 M_O 等于各附加力偶矩的代数和，又等于原来各力对点 O 的矩的代数和。即

$$M_O = M_1 + M_2 + \cdots + M_n = \sum_{i=1}^{n} M_O(\boldsymbol{F}_i) \tag{2.14}$$

该力偶矩 M_O 称为该力系对简化中心的**主矩**。

上述分析表明：**平面一般力系向作用面内任意一点简化，一般情况下，得到一个力和一个力偶。这个力等于该力系的主矢，作用线通过简化中心 *O*。这个力偶的矩等于该力系对于点 *O* 的主矩。**

力系的主矢可以用解析法求得，力系的主矩可直接由式（2.14）计算。

需要注意的是：主矢与简化中心无关，而主矩一般与简化中心有关，故必须指明力系是对于哪一点的主矩。主矢与合力是两个不同的概念，主矢只有大小和方向两个要素，并不涉及作用点，可在任意点画出；而合力有三要素，除了大小和方向之外，还必须指明其作用点。

例题 2.7　在边长为 $a = 1\ \mathrm{m}$ 的正方形的 4 个顶点上，作用有 $\boldsymbol{F}_1$, $\boldsymbol{F}_2$, $\boldsymbol{F}_3$, $\boldsymbol{F}_4$ 等 4 个力，如图 2.20 所示。已知 $F_1 = 40\ \mathrm{N}$，$F_2 = 60\ \mathrm{N}$，$F_3 = 60\ \mathrm{N}$，$F_4 = 80\ \mathrm{N}$。求该力系向 A 点简化的结果。

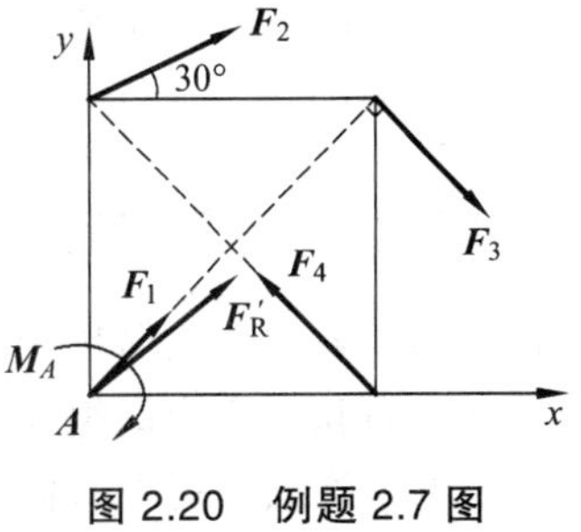

图 2.20　例题 2.7 图

解：（1）计算主矢的大小。选坐标系如图 2.20 所示。按解析法计算力系的主矢

$$\begin{aligned} F_x' &= F_{x1} + F_{x2} + F_{x3} + F_{x4} \\ &= F_1\cos 45° + F_2\cos 30° + F_3\sin 45° - F_4\cos 45° \\ &= 66.10\ \mathrm{N} \end{aligned}$$

$$\begin{aligned}F'_y &= F_{y1}+F_{y2}+F_{y3}+F_{y4}\\ &= F_1\sin 45°+F_2\sin 30°-F_3\cos 45°+F_4\sin 45°\\ &= 72.42\ \text{N}\end{aligned}$$

$$F'_R=\sqrt{F'^2_x+F'^2_y}=98.05\ \text{N}$$

（2）确定主矢的方向。

$$\cos\alpha=\frac{F'_x}{F'_R}=0.67$$

$$\cos\beta=\frac{F'_y}{F'_R}=0.74$$

解得主矢 $\boldsymbol{F}'_R$ 与 x 轴和 y 轴的正向夹角分别为

$$\alpha=42.39°;\ \beta=47.21°$$

（3）计算主矩。力系相对简化中心 A 的主矩按式（2.14）计算为

$$\begin{aligned}M_A &= \sum_{i=1}^{4}m_A(\boldsymbol{F}_i)=-F_2a\cos 30°-\frac{F_3a}{\cos 45°}+F_4a\sin 45°\\ &= -80.24\ \text{N}\cdot\text{m}\end{aligned}$$

负号表明主矩 M_A 为顺时针转向。

以前提到的固定端约束，其约束力分布较复杂，在平面问题中，如果主动力为平面力系，则这一分布约束力系也是平面力系，如图 2.21（a）所示。将这一分布力系向被约束构件根部（如 A 点）简化，可得到一约束力 F_A 和一约束力偶 M_A 的作用，约束力 F_A 和约束力偶 M_A 的转向均不确定，如图 2.21（b）所示。约束力 $\boldsymbol{F}_A$ 也可以用两个互相垂直的分力 $\boldsymbol{F}_{Ax}$ 和 $\boldsymbol{F}_{Ay}$ 来表示，如图 2.21（c）所示。

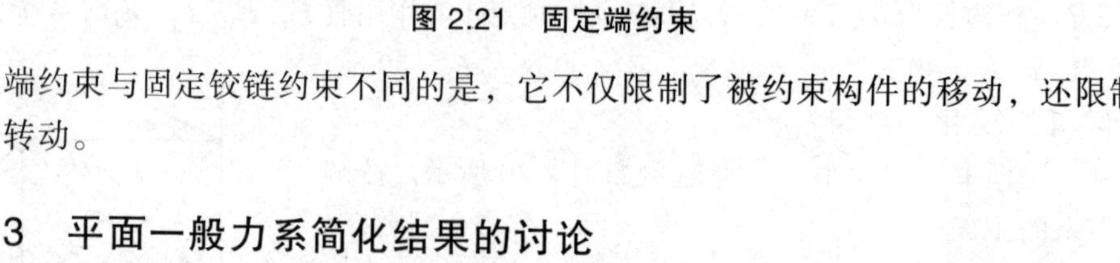

图 2.21　固定端约束

固定端约束与固定铰链约束不同的是，它不仅限制了被约束构件的移动，还限制了被约束构件的转动。

2.3.3　平面一般力系简化结果的讨论

平面一般力系向简化中心简化，一般得到一个力和一个力偶。由于研究的力系不同，也由于一个力和一个力偶组成的力系不是最简单的力系，因此还可以进一步简化，平面一般力系简化的最终结果可能有以下 3 种情况：

1. 平衡力系

当力系向简化中心 O 简化，主矢 $\boldsymbol{F}_{\mathrm{R}}'=0$，主矩 $M_O=0$ 时，力系向其他点简化，主矢和主矩也为零。这时力系对刚体的作用效果为零，力系为平衡力系。

2. 合力偶

当力系向简化中心 O 简化，主矢 $\boldsymbol{F}_{\mathrm{R}}'=0$，主矩 $M_O\neq 0$ 时，表明力系向 O 点等效平移后，所得到的汇交力系是平衡力系，即原力系与附加力偶系等效。所以原力系可简化为一力偶，此力偶称为原力系的合力偶，合力偶的矩就是原力系相对简化中心 O 的主矩 M_O。

这时，力系等效于合力偶，所以，力系向任何点简化的主矩都等于合力偶矩。**即当主矢 $\boldsymbol{F}_{\mathrm{R}}'=0$ 时，主矩与简化中心的位置无关。**

3. 合　力

当力系向简化中心 O 简化，主矢 $\boldsymbol{F}_{\mathrm{R}}'\neq 0$，主矩 $M_O=0$ 时，表明力系向 O 点等效平移后，所得到的附加力偶系是平衡力系，即原力系与汇交点为 O 点的汇交力系等效，该汇交力系的合力 $\boldsymbol{F}_{\mathrm{R}}'$ 也就是平面一般力系的合力 $\boldsymbol{F}_{\mathrm{R}}$。所以原力系可简化为一合力 $\boldsymbol{F}_{\mathrm{R}}$，合力作用线通过简化中心 O，合力矢量即等于主矢：$\boldsymbol{F}_{\mathrm{R}}=\boldsymbol{F}_{\mathrm{R}}'$。

当力系向简化中心 O 简化，主矢 $\boldsymbol{F}_{\mathrm{R}}'\neq 0$，主矩 $M_O\neq 0$ 时，力系也可简化为一合力 $\boldsymbol{F}_{\mathrm{R}}$，且合力矢量即等于主矢：$\boldsymbol{F}_{\mathrm{R}}=\boldsymbol{F}_{\mathrm{R}}'$。所不同的是，此情况下合力作用线不通过简化中心 O。由力的平移定理可知，一个力可以等效地平移，但需附加一力偶，按这一变换的逆过程，也可将一力和一力偶等效地变化为一个力。

例题 2.8　重力坝受力情形如图 2.22（a）所示。OAC 为其横向对称面。$W_1=450\ \mathrm{kN}$，$W_2=200\ \mathrm{kN}$，水压力 $F_1=300\ \mathrm{kN}$，$F_2=70\ \mathrm{kN}$。求：

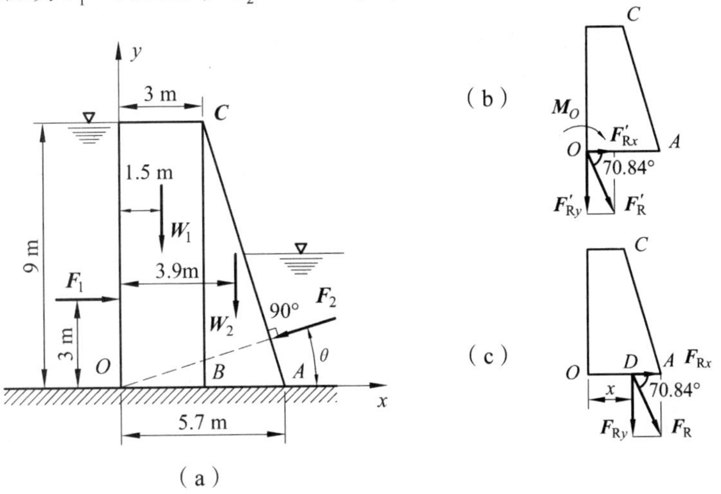

图 2.22　例题 2.8 图

（1）力系向 O 点简化的结果；

（2）力系简化的最终结果。

解： 重力坝所受的力系可简化为其横向对称面内的一个平面力系。建立坐标系 Oxy 如图 2.22（a）所示。先求力系的主矢。

$$F_{Rx} = \sum F_x = F_1 - F_2\cos\theta = 232.9\ \text{kN}$$
$$F_{Ry} = \sum F_y = -W_1 - W_2 - F_2\sin\theta = -670.1\ \text{kN}$$
$$\tan\theta = AB/BC = 0.3,\ \ \theta = 16.7°$$

主矢大小　$F'_R = \sqrt{F_{Rx}^2 + F_{Ry}^2} = 709.4\ \text{kN}$

主矢方向　$\cos\alpha = F_{Rx}/F'_R = 0.3283,\ \ \alpha = -70.84°$

再求力系对 O 点的主矩

$$M_O = \sum M_O(\boldsymbol{F}_i) = -3F_1 - 1.5W_1 - 3.9W_2 = -2\ 355\ \text{kN}\cdot\text{m}$$

力系向 O 点简化的结果如图 2.22（b）所示。由于 $\boldsymbol{F}'_R \neq 0$，故力系存在合力。合力作用线的位置可由力的平移定理确定

$$F_{Ry}\cdot x = M_O,\ \ x = M_O/F_{Ry} = 3.514\ \text{m}$$

即力系最终可简化为通过点 D 的一个力 $\boldsymbol{F}_R$，如图 2.22（c）所示。

2.4　工程中的平面力系问题

2.4.1　平面一般力系的平衡条件与平衡方程

当力系的主矢和对于任意一点的主矩同时等于零时，力系既不能使物体发生移动，也不能使物体发生转动，即物体处于平衡状态。

因此，**力系平衡的必要和充分条件**是力系的主矢和对任意一点的主矩同时等于零。这一条件简称为**平衡条件**。

满足平衡条件的力系称为平衡力系。

对于平面力系，根据主矢表达式（2.13）和主矩的表达式（2.14），力系的平衡条件可以写成

$$\left.\begin{aligned} \boldsymbol{F}'_R &= \sum_{i=1}^{n} \boldsymbol{F}'_i = 0 \\ M_O &= \sum_{i=1}^{n} M_O(\boldsymbol{F}_i) = 0 \end{aligned}\right\} \tag{2.15}$$

将式（2.15）的矢量形式，写成力的投影形式，得

$$\left.\begin{aligned} &\sum_{i=1}^{n} F_{ix} = 0 \\ &\sum_{i=1}^{n} F_{iy} = 0 \\ &\sum M_O(\boldsymbol{F}) = 0 \end{aligned}\right\} \tag{2.16}$$

这一组方程称为平面力系的平衡方程。通常将上述平衡方程的第 1、2 两式称为力平衡投影方程；第 3 式称为力矩平衡方程。

为了书写方便，通常将平面力系的平衡方程写成

$$\left.\begin{aligned}&\sum F_x=0\\&\sum F_y=0\\&\sum M_O(\boldsymbol{F})=0\end{aligned}\right\}\tag{2.17}$$

上述平衡方程表明，**平面力系平衡的必要和充分条件是：力系中所有的力在直角坐标系 Oxy 的各坐标轴上的投影的代数和以及所有的力对任意点之矩的代数和同时等于零。**

对于平面汇交力系，因为其对于平面内任意点的主矩等于零，所以式（2.17）的力矩平衡方程自然满足。于是，平面汇交力系的平衡方程为

$$\left.\begin{aligned}&\sum F_x=0\\&\sum F_y=0\end{aligned}\right\}\tag{2.18}$$

例题 2.9 起重机重 $W_1=10\text{ kN}$，可绕铅直轴 AB 转动；起重机的挂钩上挂重为 $W_2=40\text{ kN}$ 的重物，如图 2.23 所示。起重机的重心 C 到转动轴的距离为 1.5 m，其他尺寸如图 2.23 所示。求在止推轴承 A 和轴承 B 处的约束力。

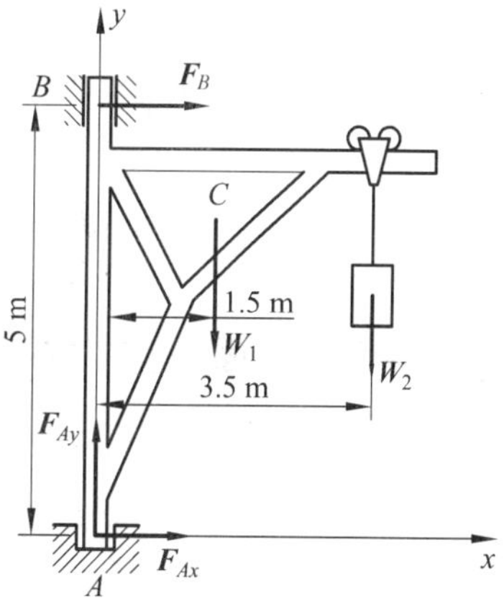

图 2.23 例题 2.9 图

解：（1）分析研究对象。以起重机为研究对象，它所受到的主动力有 $\boldsymbol{W}_1$ 和 $\boldsymbol{W}_2$。由于对称性，约束力和主动力都位于同一平面内。止推轴承 A 处的约束力可分解成 $\boldsymbol{F}_{Ax}$，$\boldsymbol{F}_{Ay}$，轴承 B 处只有一个与转轴垂直的约束力 $\boldsymbol{F}_B$。约束力方向假定如图 2.23 所示。

（2）列平衡方程求解。

建立坐标系如图 2.23 所示，由平面一般力系的平衡方程，得

$$\begin{aligned}&\sum F_x=0,\ F_{Ax}+F_B=0\\&\sum F_y=0,\ F_{Ay}-W_1-W_2=0\\&\sum M_A(\boldsymbol{F})=0,\ -F_B\cdot 5-W_1\cdot 1.5-W_2\cdot 3.5=0\end{aligned}$$

求解以上方程可得

$$\begin{aligned}&F_{Ay}=W_1+W_2=50\text{ kN}\\&F_B=-0.3W_1-0.7W_2=-31\text{ kN}\\&F_{Ax}=-F_B=31\text{ kN}\end{aligned}$$

$\boldsymbol{F}_B$ 为负值，说明实际方向与假设方向相反。

例题 2.10 A 端为固定端的悬臂梁 AB 受力如图 2.24 所示。梁的全长上作用有集度为 q 的均布载荷；自由端 B 处受一集中力 $\boldsymbol{F}$ 和一力偶 M 的作用。已知 $F=ql$，$M=ql^2$；l 为梁的长度。试求固定端处的约束力。

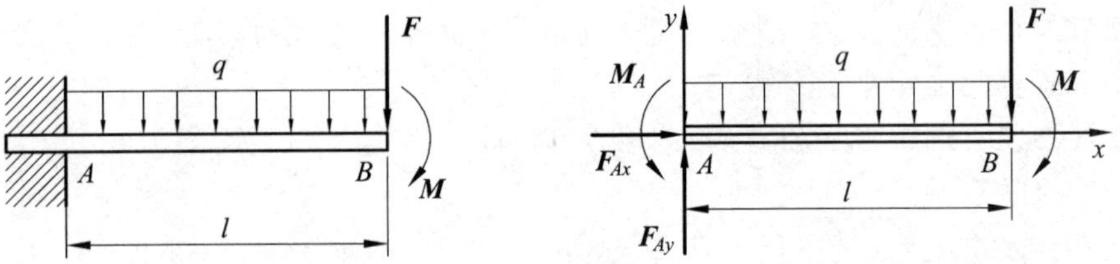

（a）　　　　　　　　　　（b）

图 2.24　例题 2.10 图

解：（1）选取分离体，画受力图。

本例只有梁一个构件，以梁 AB 为研究对象，主动力有集中力 $\boldsymbol{F}$，均布载荷 q 和力偶 M，A 端是固定端约束，梁 AB 在 A 端受到的约束力有 $\boldsymbol{F}_{Ax}$、$\boldsymbol{F}_{Ay}$ 和约束力偶 M_A，受力图如图 2.24（b）所示。约束力的指向及约束力偶的转向任意假定。

（2）将均布载荷简化为集中力。

作用在梁上的均布载荷的合力大小等于载荷集度与作用长度的乘积，即 ql；合力的方向与均布载荷的方向相同，合力作用线通过均布载荷作用段的中点。

（3）建立平衡方程，求解未知约束力。

根据平面一般力系的平衡方程，得

$$\sum F_x = 0,\ F_{Ax} = 0$$
$$\sum F_y = 0,\ F_{Ay} - ql - F = 0,\ F_{Ay} = 2ql$$
$$\sum M_A(\boldsymbol{F}) = 0,\ M_A - ql\cdot\frac{l}{2} - F\cdot l - M = 0,\ M_A = \frac{5}{2}ql^2$$

2.4.2　平面一般力系平衡方程的其他形式

根据平衡方程的充分和必要条件，可以证明，平衡方程除了式（2.17）的形式外，还有以下两种形式

$$\text{二力矩形式}\quad \left.\begin{array}{l}\sum F_x = 0\\ \sum M_A(\boldsymbol{F}) = 0\\ \sum M_B(\boldsymbol{F}) = 0\end{array}\right\} \qquad (2.19)$$

其中 A、B 两点的连线不能垂直于 x 轴；

$$\text{三力矩形式}\quad \left.\begin{array}{l}\sum M_A(\boldsymbol{F}) = 0\\ \sum M_B(\boldsymbol{F}) = 0\\ \sum M_C(\boldsymbol{F}) = 0\end{array}\right\} \qquad (2.20)$$

式中，A，B，C 3 点不能位于同一条直线上。

很多情况下，如果选用二矩式或三矩式，可以使一个平衡方程只包含一个未知力，从而减少求解联立方程的麻烦。

需要说明的是，对于平衡的平面力系，只有 3 个平衡方程是独立的，3 个独立的平衡方

程以外的其他平衡方程便不再是独立的。不独立的平衡方程可以用来验证由独立方程所得结果的正确性。

例题 2.11 如图 2.25（a）所示的结构中，A，C，D 3 处均为铰链约束。横梁 AB 在 B 处受到集中力 $\boldsymbol{F}$ 的作用。结构各部分尺寸均示于图中，若已知 F 和 l，试求撑杆 CD 的受力以及 A 处的约束力。

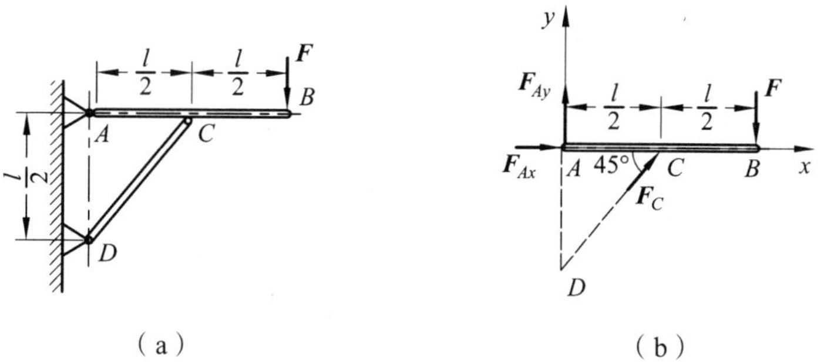

图 2.25 例题 2.11 图

解：（1）杆件受力分析。

由于 A、D 处均为固定铰支座，共有 4 个未知约束力，如果从整体上考虑，只能列出 3 个独立的平衡方程，无法求解 4 个未知力。因此需要单独考虑每根杆的受力情况。

撑杆 CD 显然是二力杆，可以确定其两端约束力大小相等，方向相反，但不能确定其大小等于多少。再分析横梁 ACB 的受力情况，除了受到主动力 $\boldsymbol{F}$ 的作用，其余皆为约束力。由于撑杆 CD 是二力杆，故 C 点受到的约束力指向可以确定，A 点的约束力可以通过三力汇交来确定其指向，也可以分解成水平方向的约束力 $\boldsymbol{F}_{Ax}$ 和竖直方向的约束力 $\boldsymbol{F}_{Ay}$，考虑到 A，C，D 3 点不在同一条直线上，因此可以用式（2.20）即三矩式的平衡方程来进行计算。

（2）求解未知力。

分别以 A，C，D 3 点为矩心，根据式（2.20）得

$$\sum M_A(\boldsymbol{F})=0,\quad -F\cdot l+F_C\cdot\frac{l}{2}\sin 45°=0$$

$$\sum M_C(\boldsymbol{F})=0,\quad -F_{Ay}\cdot\frac{l}{2}-F\cdot\frac{l}{2}=0$$

$$\sum M_D(\boldsymbol{F})=0,\quad -F_{Ax}\cdot\frac{l}{2}-F\cdot l=0$$

由此解出

$$F_C=2\sqrt{2}F$$
$$F_{Ax}=-2F$$
$$F_{Ay}=-F$$

结果中负号表示实际约束力方向和假定方向相反。

在本例中，可以用平面一般力系平衡方程的一般形式来验证计算的正确性。

2.4.3 简单的刚体系统平衡问题

实际工程结构大都是由两个或两个以上构件通过一定约束方式连接起来的系统，因为在工程力学研究系统外部效应时，系统中的构件都看成是刚体，所以，这种系统称为**刚体系统**。

分析刚体系统平衡问题的基本原则与处理单个刚体的平衡问题是一致的，但是有一点需要注意，就是应正确判断刚体系统的静定性质，并选择合适的研究对象。

1. 刚体系统静定与静不定问题

在前面研究的问题中，作用在刚体上的未知力的数目正好等于独立的平衡方程数目。因此，应用平衡方程，可以解出全部未知量。这类问题称为**静定问题**。相应的结构称为**静定结构**。

实际工程结构中，为了提高结构的强度和刚度，或者为了其他工程要求，常常需要在静定结构上，再加上一些构件或者约束，从而使作用在刚体上未知约束力的数目多于独立的平衡方程数目，因而仅仅依靠刚体平衡条件不能求出全部未知量。这类问题称为**静不定问题**。相应的结构称为**静不定结构**或**超静定结构**。

对于静不定问题，必须考虑物体因受力而产生的变形，补充某些方程，才能使方程的数目等于未知量的数目。求解静不定问题将在第二部分中加以介绍。

下面举出一些静定和静不定问题的例子。

图 2.26（a）、（b）所示，重物分别用绳子悬挂，均受平面汇交力系的作用，平衡方程有两个。在图 2.26（a）中，有两个未知约束力，可以用两个平衡方程求解，是静定的；图 2.26（b）中，有 3 个未知约束力，无法用两个平衡方程求解，因为是静不定的。

图 2.26（c）、（d）所示，轴分别由轴承支承，均受平面平行力系作用，均有两个平衡方程。图 2.26（c）有两个未知约束力，是静定结构，图 2.26（d）有 3 个未知约束力，是静不定结构。

同样，在图 2.26（e）、（f）中，结构受力是平面一般力系，均有 3 个平衡方程。图 2.26（e）中有 3 个未知约束力，是静定的，图 2.26（f）有 4 个未知约束力，是静不定的。

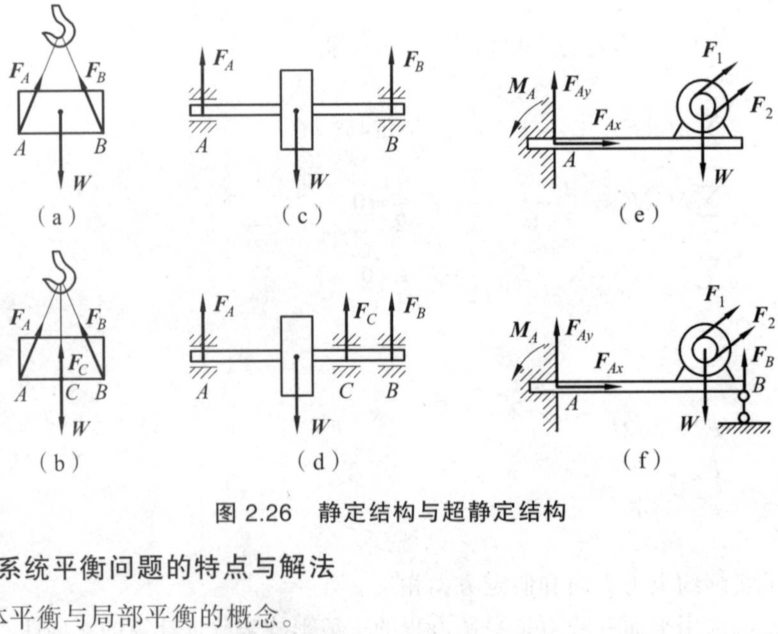

图 2.26 静定结构与超静定结构

2. 刚体系统平衡问题的特点与解法

（1）整体平衡与局部平衡的概念。

某些刚体系统的平衡问题中，若仅考虑整体平衡，其未知约束力的数目多于平衡方程的数目，但是，如果将刚体系统中的构件分开，依次考虑每个构件的平衡，则可以求出全部未知约束力。这种情形下的刚体系统依然是静定的。

求解刚体系统的平衡问题需要将平衡的概念加以扩展，即系统如果整体是平衡的，则组成系统的每一个局部以及每一个刚体也必然是平衡的。这就是整体平衡与局部平衡的概念。

（2）研究对象有多种选择。

由于刚体系统是由多个刚体组合而成的，因此，研究对象的选择对能否求解以及求解过程的繁简有很大关系。一般先选择受力简单的研究对象，从而求出其中一个或几个未知力，然后再选择其他合适的研究对象。

（3）对刚体系统作受力分析时，要分清内力和外力。

内力和外力是相对的，需视选择的研究对象而定。研究对象以外的物体作用于研究对象上的力称为**外力**，研究对象内部各部分之间的相互作用力称为**内力**。内力总是成对出现的，它们大小相等、方向相反、作用线在同一直线上，分别作用在两个相连接的物体上。

考虑以整体为研究对象的平衡时，内力不必考虑。但是如果将系统拆开，以局部或单个刚体作为研究对象时，在拆开处，原来的内力变成外力，建立平衡方程时必须考虑。

例题 2.12　如图 2.27（a）所示的结构，由杆 AB 与 BC 在 B 处铰接而成。结构 A 处为固定端，C 处为活动铰支座。结构在 DE 段承受载荷集度为 q 的均布载荷作用；E 处作用有力偶为 M 的外力偶。若 q，M，l 均已知，试求 A，C 二处的约束力。

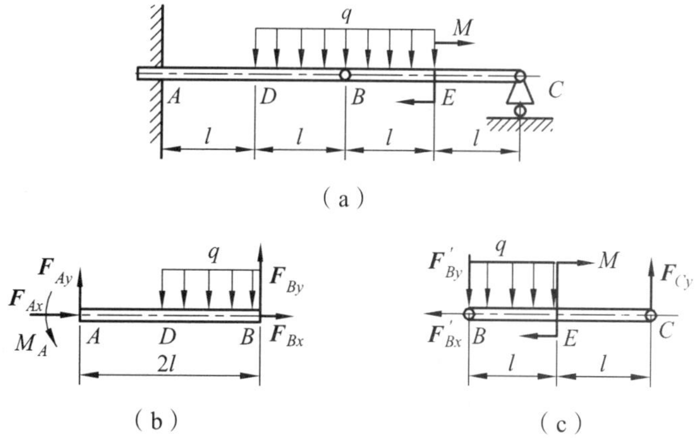

图 2.27　例题 2.12 图

解：（1）受力分析，选择合适的研究对象。

如果从整体上来考虑，受到的约束力有固定端 A 处的 $\boldsymbol{F}_{Ax}$，$\boldsymbol{F}_{Ay}$ 及约束力偶 M_A，还有 C 处的约束力 $\boldsymbol{F}_{Cy}$。该结构受到平面一般力系的作用，可以列 3 个独立的平衡方程，但无法求解 4 个未知约束力。

因此，可以单独考虑每根杆件的受力情况。对于 B 处的铰链，属于系统内部的约束，在单独考虑杆 AB 或杆 BC 的受力情况时，如果不是二力杆，可以用两个互相垂直的分量来表示其约束力。对杆 AB 和杆 BC，其受力图分别如图 2.27（b）和图 2.27（c）所示。

（2）求解未知约束力，取 BC 杆为研究对象。

由于 BC 杆受力相对简单，因此首先分析 BC 杆，显然由水平方向的平衡方程

$$\sum F_x = 0$$

可以求解出

$$F'_{Bx} = 0$$

再对铰 B 列力矩的平衡方程

$$\sum M_B(\boldsymbol{F}) = 0, \qquad F_{Cy} \cdot 2l - M - ql \cdot \frac{l}{2} = 0$$

可解出

$$F_{Cy} = \frac{M}{2l} + \frac{ql}{4}$$

又由平衡方程

$$\sum F_y = 0,\ F_{Cy} - ql - F'_{By} = 0$$

解得

$$F'_{By} = \frac{M}{2l} - \frac{3ql}{4}$$

（3）再取 AB 杆为研究对象，求未知约束力。

由作用力与反作用力可知

$$F_{Bx} = F'_{Bx} = 0,\ F_{By} = F'_{By} = \frac{M}{2l} - \frac{3ql}{4}$$

根据 AB 杆的受力图［图 2.27（b）］，可列出 3 个独立的平衡方程

$$\sum F_x = 0,\ F_{Ax} + F_{Bx} = 0$$
$$\sum F_y = 0,\ F_{Ay} + F_{By} - ql = 0$$
$$\sum M_A = 0,\ M_A - ql \cdot \frac{3l}{2} + F_{By} \cdot 2l = 0$$

分别可解得

$$F_{Ax} = 0;\ F_{Ay} = \frac{7}{4}ql - \frac{M}{2l};\ M_A = 3ql^2 - M$$

所以 A 点的约束力

$$F_{Ax} = 0;\ F_{Ay} = \frac{7}{4}ql - \frac{M}{2l};\ M_A = 3ql^2 - M$$

C 点的约束力

$$F_{Cy} = \frac{M}{2l} + \frac{ql}{4}$$

例题 2.13　图 2.28（a）所示的结构由杆件 AB，BC，CD，圆轮 O，软绳和重物 E 所组成。圆轮与杆 CD 用铰链连接，圆轮半径 $r = l/2$。重物 E 重 $\boldsymbol{W}$，其他杆件不计自重。求固定端 A 的约束力。

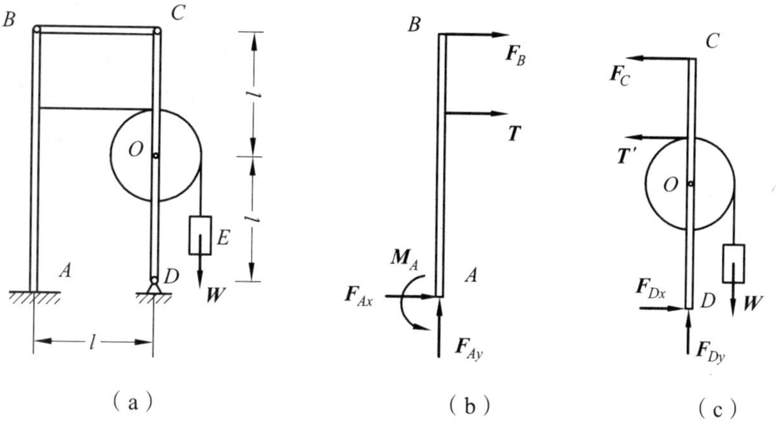

图 2.28　例题 2.13 图

解：（1）解题思路分析。

首先从整体上分析，从 A 点和 D 点的约束性质可知，未知约束力共有 5 个，而独立平衡方程只有 3 个，显然无法直接求解未知约束力。

再分析杆件 AB，其受力图如图 2.28（b）所示，未知约束力有 4 个，也不能直接求解，但是观察发现，如果能知道 F_B 的大小，则其余未知约束力可全部解出。

要知道 $\boldsymbol{F}_B$ 的大小，自然想到分析由杆 CD、圆轮、绳索和重物所构成的系统，其受力图如图 2.28（c）所示。由于杆 BC 是二力杆，故求解 $\boldsymbol{F}_B$ 就转换成求解 $\boldsymbol{F}_C$，从图 2.28（c）上可以看出，已知的有绳索的拉力 $\boldsymbol{T}'$ 和物重 $\boldsymbol{W}$，且 $T' = W$，如果对点 D 列力矩的平衡方程，则 $\boldsymbol{F}_C$ 可解出。

（2）列平衡方程，求解未知约束力。

对受力图 2.28（c），列平衡方程

$$\sum M_D(\boldsymbol{F}) = 0,\ \ 2l \cdot F_C + 1.5l \cdot T' - 0.5l \cdot W = 0$$

其中 $T' = W$，解得

$$F_C = -0.5W$$

对受力图 2.28（b），列平衡方程

$$\sum F_x = 0,\ F_B + T + F_{Ax} = 0$$
$$\sum F_y = 0,\ F_{Ay} = 0$$
$$\sum M_A(\boldsymbol{F}) = 0,\ M_A - 2l \cdot F_B - 1.5l \cdot T = 0$$

其中，根据二力杆性质及作用力与相互作用力可知，$T = T' = W,\ F_B = F_C = -0.5W$，代入上式可解得

$$F_{Ax} = -0.5W,\ F_{Ay} = 0,\ M_A = 0.5lW$$

说明：对于此类问题的计算，首先观察整个系统所受到的外力，再观察约束的情况。然后从整体上进行受力分析，观察平衡方程，或许能求解出某个未知约束力，接着考虑每根构件的受力情况，画受力图，分析平衡方程，看如何简便地计算出未知约束力。若不能全部计算出未知约束力，再回到整体的受力情况，通过求解出的约束力来求解余下的未知约束力。在分析计算的过程当中，注意作用力与反作用力，二力杆，三力汇交等原理，灵活应用。

本章小结

第一节主要介绍平面汇交力系的合成及平衡方程。

（1）平面汇交力系合成的结果是一合力，该合力多作用于力系的汇交点，其大小和方向可以通过几何法或解析法得到。

（2）平面汇交力系的平衡条件是力系的合力为零。其平衡条件有两种不同的表达形式：

a. 平衡的几何条件——力多边形是自身封闭的力多边形。

b. 平衡的解析条件——合力在两个坐标轴上的投影分别为零。

（3）平面汇交力系的平衡方程有两个，即 $\sum F_x = 0, \sum F_y = 0$。

第二节主要介绍平面力偶系的合成及平衡条件。

（1）力偶与力都是物体相互间的机械作用，力偶能改变物体的转动状态。力偶没有合力，不能用一个力来等效代换，即一个力不能与一个力偶相互平衡。

（2）力偶矩和力对点之矩都是机械作用效果的度量。力偶矩度量力偶的转动效果，力对点之矩度量力的转动效果。力的转动效果不仅取决于力，还取决于力臂，力偶的转动效果则由力偶矩唯一确定。

（3）力偶的性质揭示了刚体上同一平面内两个力偶等效的条件。力偶的等效变换只能在同一个刚体上进行。

（4）平面力偶系可以合成为一合力偶，合力偶矩等于各分力偶矩的代数和。和力偶矩 $M = \sum M_i = 0$ 是平面力偶系平衡条件（平衡方程）。

第三节主要介绍平面一般力系的简化方法及其简化结果。

（1）在同一刚体内，力可以沿其作用线滑移，不改变该力对刚体的作用效果；力也可以平移到刚体内的某一点，同时附加一个力偶，也不会改变该力对刚体的作用效果。

（2）平面一般力系向一点简化的实质是：以力的平移定理为工具，将平面内一般力系分解为平面汇交力系和平面力偶系，使得平面一般力系的简化问题转化为平面汇交力系和平面力偶系的简化问题。因此，平面一般力系向一点简化的结果必然是简化中心上的一个力和一

个力偶，该力的矢量等于力系中各力的矢量和，称为平面一般力系的主矢，该力偶矩等于力系中各力对简化中心的矩的代数和，称为平面一般力系相对简化中心的主矩。

（3）主矢和合力是两个不同的概念，要注意加以区分。

（4）平面一般力系向一点简化的最终结果有 3 种：平衡力系、合力偶、合力。

第四节主要介绍平面一般力系的平衡问题。

（1）平面一般力系平衡的平衡条件是力系的主矢和对任意一点的主矩同时等于零。

（2）平面一般力系有 3 个独立的平衡方程，可用于求解 3 个未知量。其平衡方程有一矩式、二矩式、三矩式 3 种形式，后两种形式的方程是有附加条件的。

（3）物体系的平衡问题是本章中最难掌握的内容。不同的问题解法不一样，大家应该熟悉平面一般力系的平衡方程，解题时仔细分析其受力情况，约束情况，恰当地选择分离体，恰当地选择平衡方程，恰当地选择矩心，这是化繁为简，化难为易的关键。多多练习，注意灵活应用平衡方程。

思 考 题

2.1　某平面汇交力系满足条件 $\sum F_x = 0$，试问此力系合成后可能是什么结果。

2.2　力沿坐标轴的分解和投影是否完全一样？如果坐标系不是直角坐标系，分解和投影的结果是否相同？

2.3　试比较力矩与力偶矩二者的异同。

2.4　能否说“力偶的合力为零”？为什么？

2.5　大小相等、方向相反的两个力，在什么情况下组成：

（1）一对平衡力；

（2）一对作用力反作用力；

（3）一个力偶？

2.6　力系的主矢和主矩与合力和合力偶的概念有什么不同？有什么联系？

2.7　在刚体的 A，B，C，D 4 点作用有 4 个大小相等的力，此 4 力沿 4 个边恰好组成封闭的力多边形，如图 2.29 所示。此刚体是否平衡？若 $\boldsymbol{F}_1$ 和 $\boldsymbol{F}_1'$ 都改变方向，此刚体是否平衡？

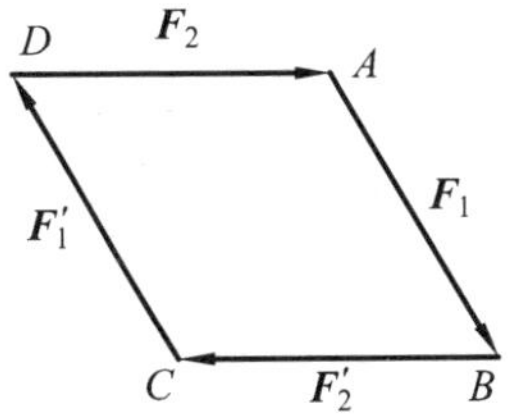

图 2.29

2.8　在图 2.30 各图中，力或力偶对点 A 的矩都相等，它们引起的支座约束力是否相同？

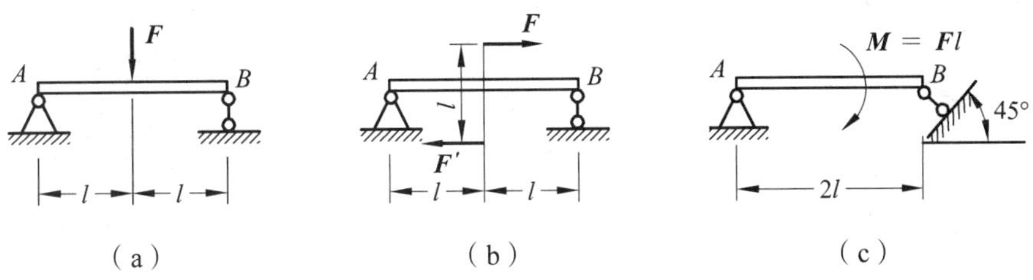

图 2.30

2.9 已知平面一般力系向 A 点简化的主矢为 $\boldsymbol{F}_R'$，主矩为 M_A。在以下 4 种情况下：

（1）$\boldsymbol{F}_R' \neq 0$，$M_A \neq 0$；

（2）$\boldsymbol{F}_R' = 0$，$M_A \neq 0$；

（3）$\boldsymbol{F}_R' \neq 0$，$M_A = 0$；

（4）$\boldsymbol{F}_R' = 0$，$M_A = 0$；

该力系向任意点 B 简化的结果可能如何？

2.10 试判断图 2.31 各结构哪个是静定的，哪个是静不定的。

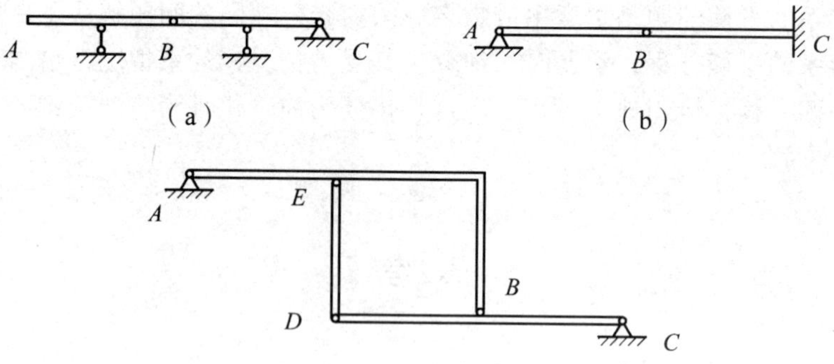

图 2.31

习 题

2.1 平面汇交力系如图所示。已知 $F_1 = 2\ \text{kN}$，$F_2 = 2.5\ \text{kN}$，$F_3 = 1.5\ \text{kN}$，求力系合力。

2.2 平面汇交力系如图所示。已知 $F_1 = 600\ \text{N}$，$F_2 = 300\ \text{N}$，$F_3 = 400\ \text{N}$，求力系合力。

2.3 物体重 $W = 20\ \text{kN}$，用绳子挂在支架的滑轮 B 上，绳子的另一端接在铰 D 上，如图所示。转动铰，物体便能升起。设滑轮的大小、AB 与 CB 杆自重及摩擦略去不计，A，B，C 3 处均为铰链连接。当物体处于平衡状态时，求拉杆 AB 和支杆 CB 所受的力。

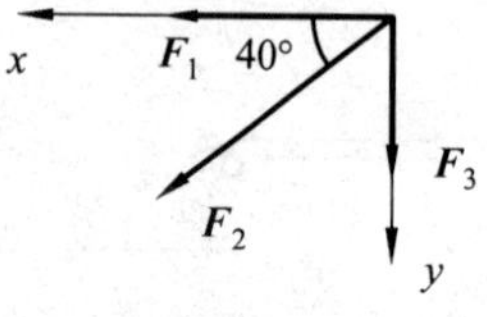

题 2.1 图

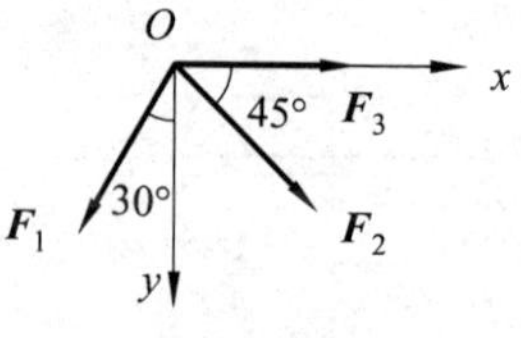

题 2.2 图

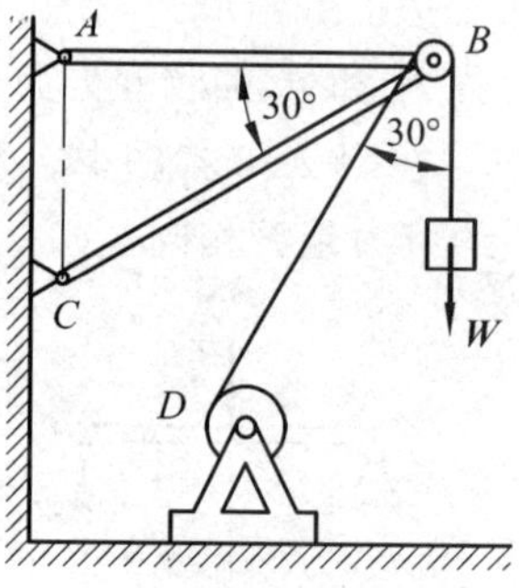

题 2.3 图

2.4 如图所示，试计算图中 $\boldsymbol{F}$ 对点 O 之矩。

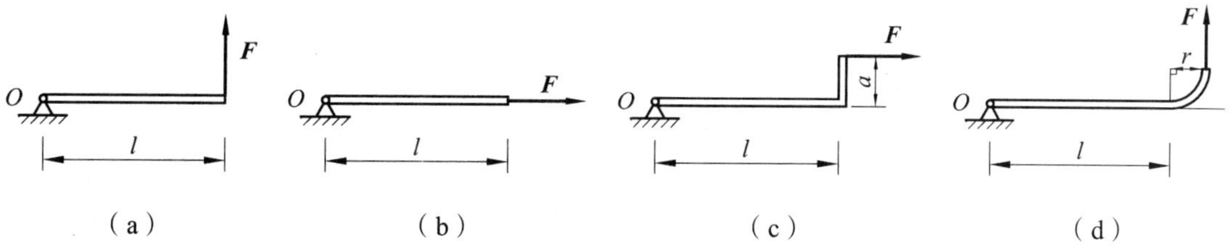

题 2.4 图

2.5　如图所示，结构受力偶矩为 m 的力偶作用，求支座 A 的约束力。

2.6　如图所示，机构中的曲柄 OA 和 O_1B 上各自作用一已知的力偶，使机构处以平衡状态。设 $O_1B=r$，求支座 O_1 的约束力及曲柄 OA 的长度。

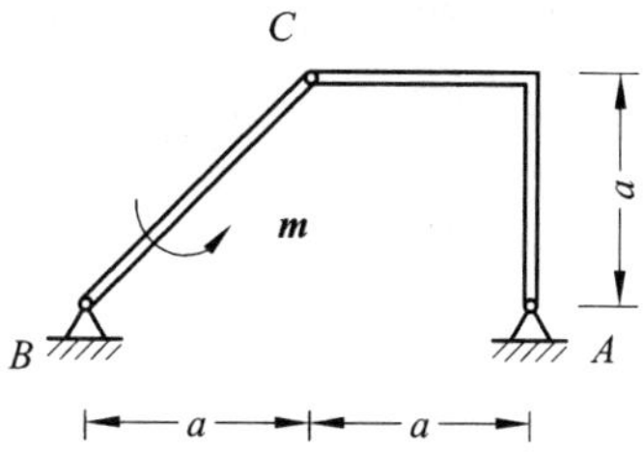

题 2.5 图

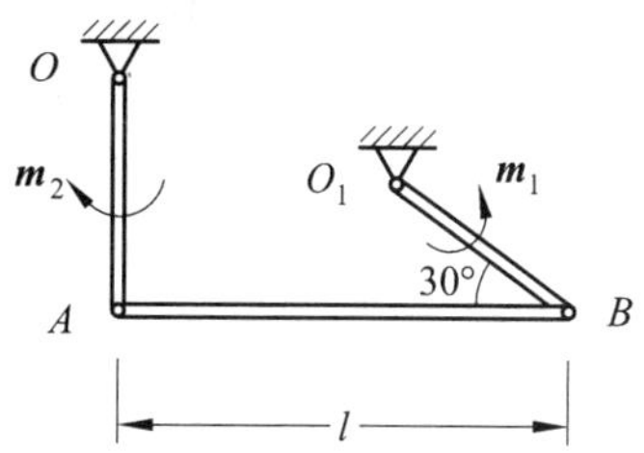

题 2.6 图

2.7　如图所示，结构受给定力偶的作用。求支座 A 和铰 C 的约束力。

2.8　在如图所示结构中，各构件的自重略去不计。在构件 AB 上作用一力偶矩为 M 的力偶，求支座 A 和支座 C 的约束力。

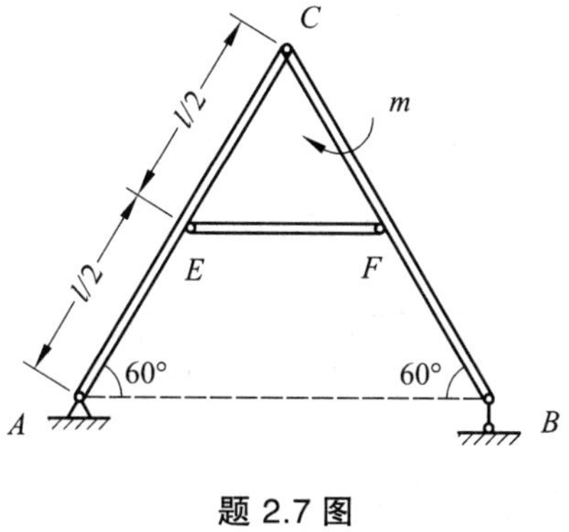

题 2.7 图

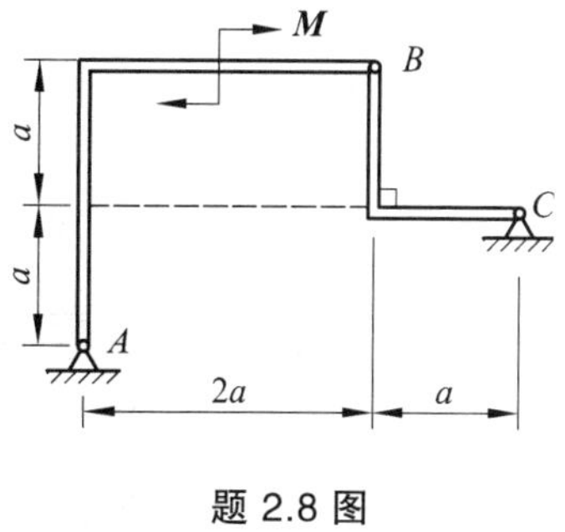

题 2.8 图

2.9　直角弯杆 $ABCD$ 与直杆 DE 及 EC 铰接如图所示，作用在杆上力偶的力偶矩 $M=40\ \mathrm{kN\cdot m}$，不计各构件自重，不考虑摩擦，尺寸如图。求支座 A，B 处的约束力以及杆 EC 的受力。

2.10　在如图所示机构中，曲柄 OA 上作用一力偶，其矩为 M；另在滑块 D 上作用水平力 $\boldsymbol{F}$。机构尺寸如图所示，各杆自重不计。求当机构平衡时，力 $\boldsymbol{F}$ 与力偶矩 M 的关系。

2.11　如图所示，已知 $F_1=150\ \mathrm{N}$，$F_2=200\ \mathrm{N}$，$F_3=300\ \mathrm{N}$，$F=F'=200\ \mathrm{N}$。求力系向点 O 的简化结果，并求力系合力的大小及其与原点 O 的距离 d。

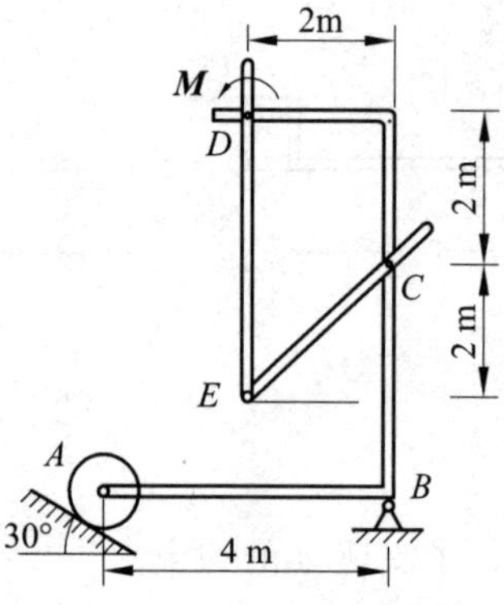

题 2.9 图

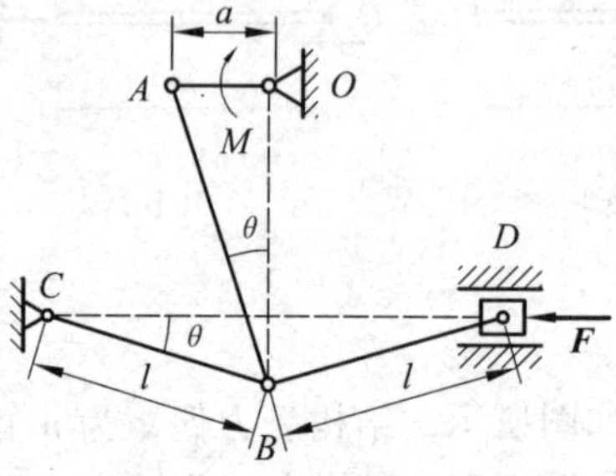

题 2.10 图

2.12　如图所示，平面一般力系中 $F_1 = 40\sqrt{2}$ N，$F_2 = 80$ N，$F_3 = 40$ N，$F_4 = 110$ N，$M = 2\ 000$ N·mm。各力作用线位置如图所示。求：（1）力系向点 O 简化的结果；（2）力系的合力的大小、方向及合力作用线方程。

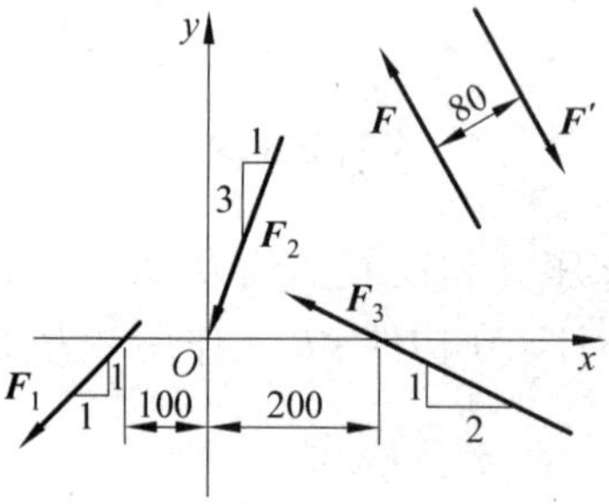

题 2.11 图

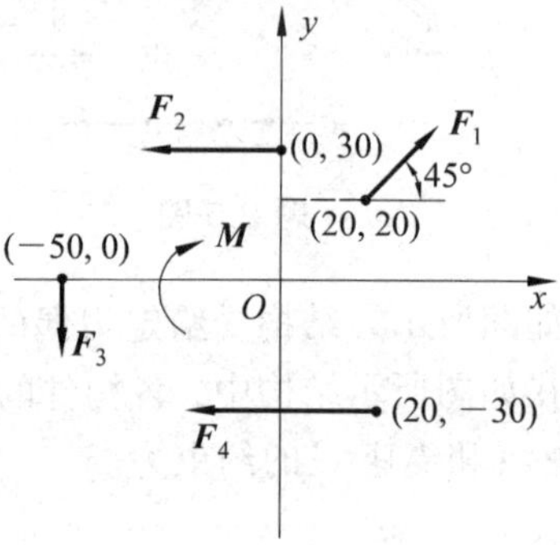

题 2.12 图

2.13　如图所示，挡土墙自重 $W = 400$ kN，土压力 $F = 320$ kN，水压力 $H = 176$ kN。试求上述各力组成的力系向底边中心简化的结果，并求力系合力作用线的位置。

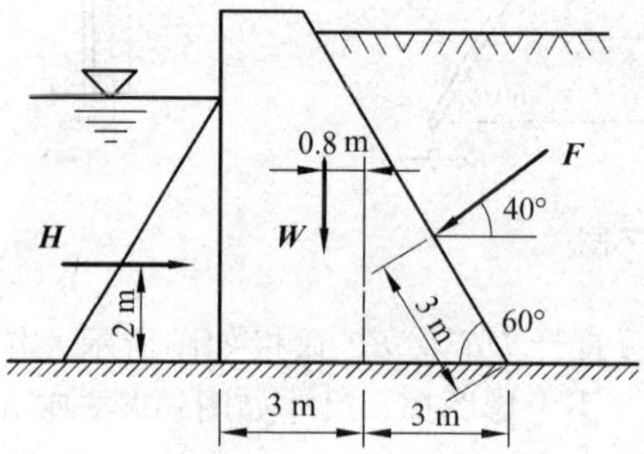

题 2.13 图

2.14　如图所示，外伸梁受力 $\boldsymbol{F}$ 和力偶矩为 m 的力偶作用。已知 $F = 2$ kN，$m = 2$kN·m，求支座 A 和 B 的反力。

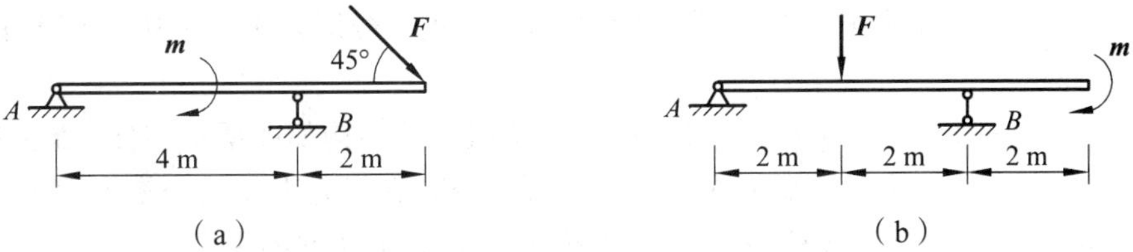

题 2.14 图

2.15 无重水平梁的支承和载荷如图所示。已知力 **F**、力偶矩为 M 的力偶和载荷集度为 q 的均布载荷。求支座 A 和 B 处的约束力。

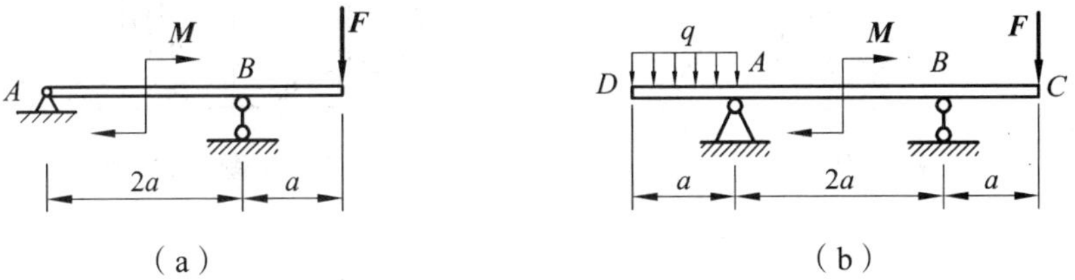

题 2.15 图

2.16 如图所示三铰拱，各部分尺寸如图所示。拱的顶面承受集度为 q 的均布载荷。若已知 q，l，h，且不计拱结构的自重，试求 A，B 二处的约束力。

2.17 如图所示结构，AB，BC 和 CD 杆通过铰相互连接。在 CD 杆上受一水平集中力 **F** 作用。当结构处于平衡时，需要在 E 处施加多大的力偶 M 作用？并求 A 点的约束力。

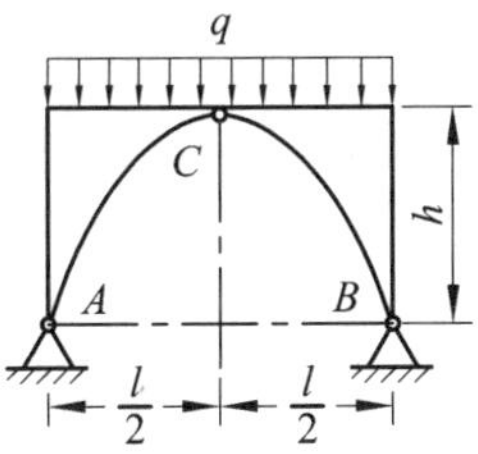

题 2.16 图

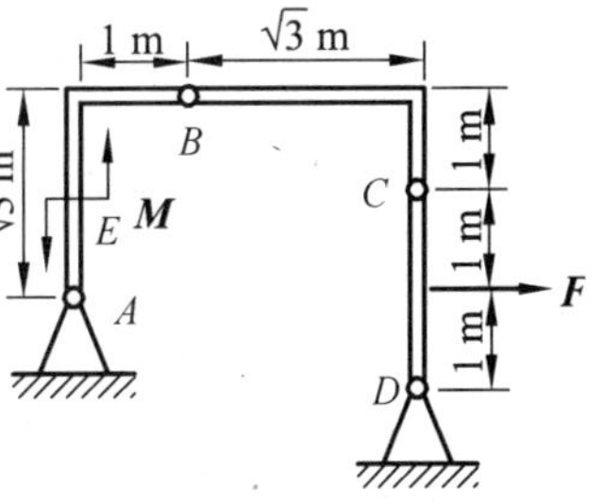

题 2.17 图

2.18 如图所示结构由 AB，CD，DE，BF 4 个杆件铰接组成。求支座 A，C 的约束力。

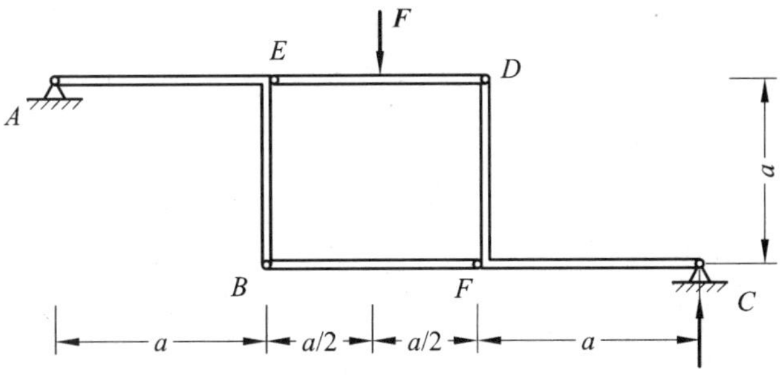

题 2.18 图

2.19 如图所示为汽车台秤简图，BCF 为整体台面，杠杆 AB 可绕轴 O 转动，B，C，D 3

处均为铰链，杆 DC 处于水平位置。假设砝码和汽车的重量分别为 $\boldsymbol{W}_1$ 和 $\boldsymbol{W}_2$。试求平衡时 $\boldsymbol{W}_1$ 和 $\boldsymbol{W}_2$ 之间的关系。

2.20　由直角曲杆 ABC，DE，直杆 CD 及滑轮组成的结构如图所示。杆 AB 上作用有水平均布载荷 q。不计各杆重量，在 D 处作用一铅垂力 $\boldsymbol{F}$，在滑轮上悬吊一重为 $\boldsymbol{W}$ 的重物，滑轮的半径 $r=a$，且 $W=2F$，$CO=OD$。求支座 E 及固定端 A 的约束力。

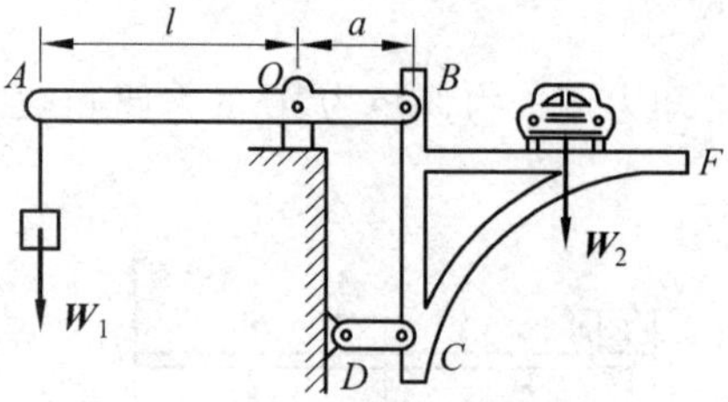

题 2.19 图

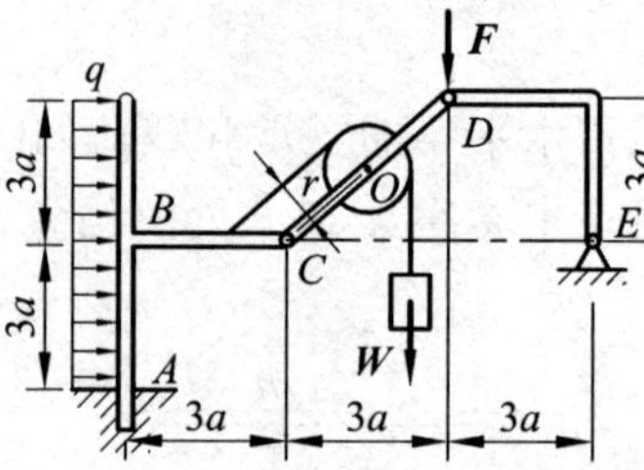

题 2.20 图

第 2 部分　杆件的基本变形

杆件的基本变形包括拉伸（压缩）、剪切、扭转和弯曲 4 种基本形式。对变形体来说，除了要考虑平衡问题之外，还需要考虑变形体在外载荷作用下产生的附加的内力以及相应的应力和变形。此外，由于杆件发生变形，为了考虑安全，应对杆件进行强度校核和刚度校核。

第 3 章　轴向拉伸和压缩

3.1　轴向拉（压）杆的内力、轴力图

工程中受拉或受压的杆件比较常见，如房屋的屋架（图 3.1a）、起重设备中的吊索（图 3.1b），内燃机的连杆（图 3.1c），以及千斤顶的螺杆（图 3.1d）等。

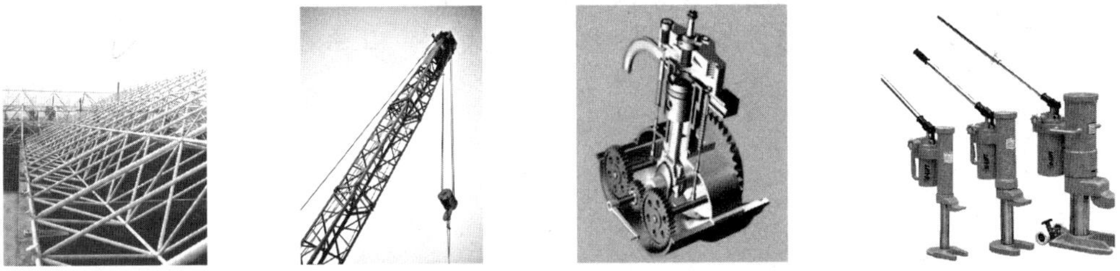

（a）　（b）　（c）　（d）

图 3.1　拉（压）杆的例子

这些受拉或受压杆件虽然外形各不相同，加载方式也并不相同，但它们的共同的特点是：作用在杆件上的外力合力的作用线与杆件轴线重合，杆件变形是沿轴线方向的伸长或缩短。所以把这些杆件的形状和受力情况进行简化，可以得到如图 3.2 所示的受力简图。图中虚线表示变形后的形状。

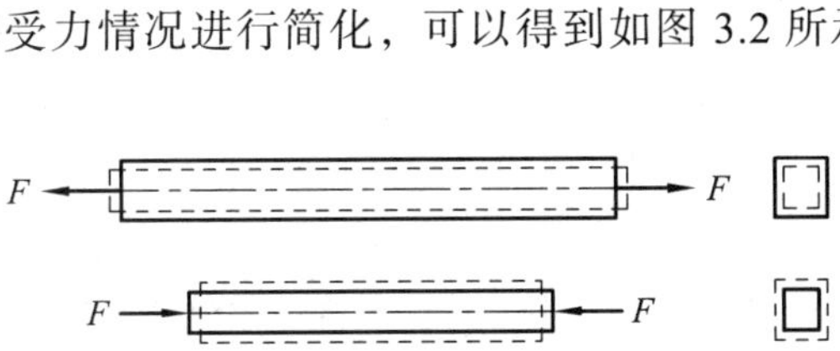

图 3.2　拉（压）杆受力简图

3.1.1 内力及其求法

杆件在外力作用下将发生变形，与此同时，杆件内部各部分之间将产生相互作用力，此相互作用力称为**内力**。内力随外力的变化而变化，外力去掉后，内力将随之消失。

杆件的强度、刚度等问题均与内力这个因素有关，在分析这些问题时，常常需要知道杆件在外力作用下某一横截面上的内力值。求杆件任一横截面上的内力，通常采用下述的截面法。

现分析最简单的情况，设一等直杆在两端轴向拉力 $\boldsymbol{F}$ 的作用下保持平衡，如图 3.3（a）所示，为求杆件横截面 $m—m$ 上的内力，可以假想有一平面沿横截面 $m—m$ 将杆件截分为Ⅰ、Ⅱ两部分，任取其中一部分（如部分Ⅰ）作为分离体来分析，而另一部分（如部分Ⅱ）对第一部分（如部分Ⅰ）的作用可用截开横截面上的内力来代替。由于杆件是连续体，内力在横截面上的分布也是连续的，通常将横截面上的分布内力用位于截面形心处的合力 $\boldsymbol{F}_{\mathrm{N}}$ 来代替。$\boldsymbol{F}_{\mathrm{N}}$ 即为横截面 $m—m$ 上的内力。如图 3.3（b）所示。

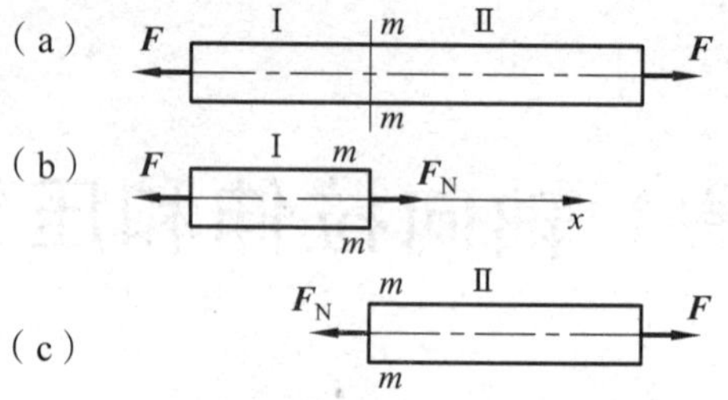

图 3.3　受拉直杆的内力

需要说明的是，如果变形体在外力作用下保持平衡，则从其上截取的任一部分也是平衡的。这个任一部分可以是截开的两部分中的任一部分，也可以是无限接近的两个截面所截出的一微段，还可以是围绕某一点截取的微元或微元的局部等等。

因此图 3.3（b）所示的第Ⅰ部分也应该是保持平衡的。由平衡方程

$$\sum F_x = 0,\ F_{\mathrm{N}} - F = 0$$

得

$$F_{\mathrm{N}} = F$$

式中，$\boldsymbol{F}_{\mathrm{N}}$ 为杆件任一横截面 $m—m$ 上的内力，其作用线与杆的轴线重合，这种内力称为**轴力**，并规定用符号 $\boldsymbol{F}_{\mathrm{N}}$ 来表示。

同样的，如果保留第Ⅱ部分来考虑，也可根据平衡方程计算出 $m—m$ 横截面上的轴力。其实根据作用力与反作用力的原理可知，部分Ⅱ横截面上的轴力应与部分Ⅰ横截面上的轴力大小相等，方向相反，如图 3.3（c）所示。

为了区分拉伸与压缩，对轴力的正负号作如下规定：引起纵向伸长变形的轴力为正，称为拉力（$\boldsymbol{F}_{\mathrm{N}}$ 指向其所在截面的外法线方向），引起纵向缩短变形的轴力为负，称为压力（$\boldsymbol{F}_{\mathrm{N}}$ 指向其所在的截面）。

上述分析轴力的方法称为**截面法**，用截面法求内力的方法可归纳为：

（1）**截**：在需要计算内力的横截面处，用一假想的平面将杆件截开。

（2）**代**：任取其中一部分，将丢弃部分对保留部分的作用以内力来代替，并假设内力为正。

（3）**平**：对保留部分建立平衡方程，计算出内力值。

需要注意的是，根据静力学中力的可传性定理，在计算横截面的内力时，是否可以将外力沿作用线移动到杆件的任意位置？请读者自行思考，如图 3.4 所示。

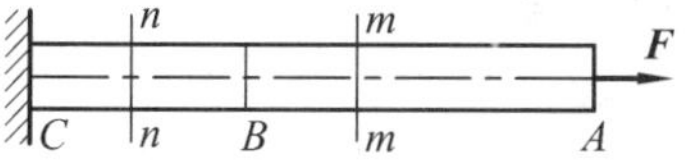

图 3.4　某受力拉杆

3.1.2　轴力图

当杆件受到多个轴向外力作用时，在杆的不同横截面上的轴力将各不相同。为了表现横截面上的轴力随横截面位置变化的情况，可用轴力图来表示其变化规律。根据轴力图，便可确定某段是受拉还是受压，以及整个杆件上最大轴力的数值及其所在横截面的位置。

例题 3.1　一等直杆及其受力情况如图 3.5（a）所示，试作杆的轴力图。

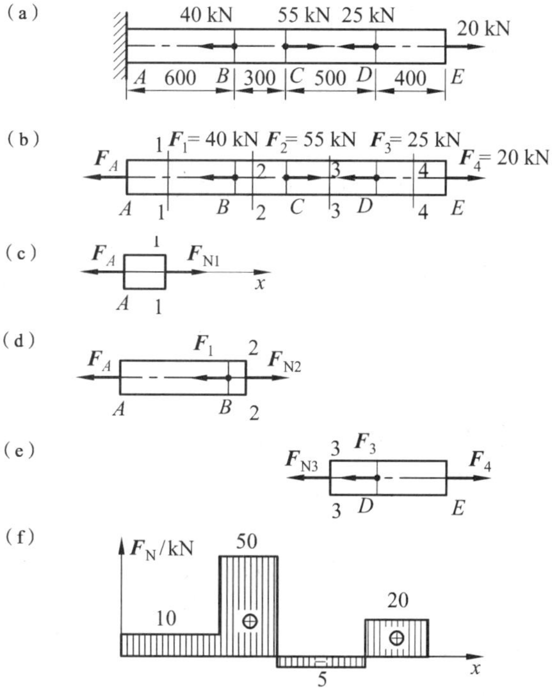

图 3.5　例题 3.1 图

解：（1）求约束力。为运算方便，首先计算约束力 F_A［图 3.5（b）］。由平衡方程

$$\sum F_x = 0,\quad -F_A - F_1 + F_2 - F_3 + F_4 = 0$$

得

$$F_A = 10\ \text{kN}$$

（2）计算各段轴力。由于 AB 段内外力无变化，故 AB 段内任一横截面的内力均相等。以假想平面从 1—1 横截面处截开，取左部分来考虑并假设横截面上轴力为正［图 3.5（c）］。由平衡方程

$$\sum F_x = 0,\ -F_A + F_{N1} = 0$$

得

$$F_{N1} = F_A = 10\ \text{kN}$$

计算结果为正，说明和假设方向一致，F_{N1} 为拉力。

同理，可计算 BC 段内任一横截面上的轴力［图 3.5（d）］为

$$F_{N2} = F_A + F_1 = 50\ \text{kN}$$

CD 段内任一横截面上的轴力（此时取右部分考虑更简单，如图 3.5（e）为

$$F_{N3} = -F_3 + F_4 = -5\ \text{kN}$$

计算结果为负值，说明和假设的方向相反，为压力。

DE 段内任一横截面上的轴力为

$$F_{N4} = F_4 = 20\ \text{kN}$$

（3）画轴力图。计算出所有段的轴力后，便可根据轴力大小，作出轴力图，如图 3.5（f）所示。

从图中可以看出，AB、BC 和 DE 段受拉，CD 段受压，并且 $F_{N,\ max}$ 发生在 BC 段内的任一横截面上，其值为 50 kN。

例题 3.2 一杆件承受轴向均布载荷如图 3.6（a）所示，q 为轴向均布载荷的集度。试画出该杆的轴力图。

解：（1）计算轴力。此杆在 q 作用下各截面上的轴力值均不同，需要先找出轴力沿杆长变化规律，再依规律画出轴力图。

在距左端 x 处用假想平面将杆截开，取左部分为研究对象，在截面上的内力用 $F_{N(x)}$ 表示，如图 3.6（b）所示。考虑该研究对象的平衡，由平衡方程

$$\sum F_x = 0,\ F_{N(x)} - qx = 0$$

得

$$F_{N(x)} = qx$$

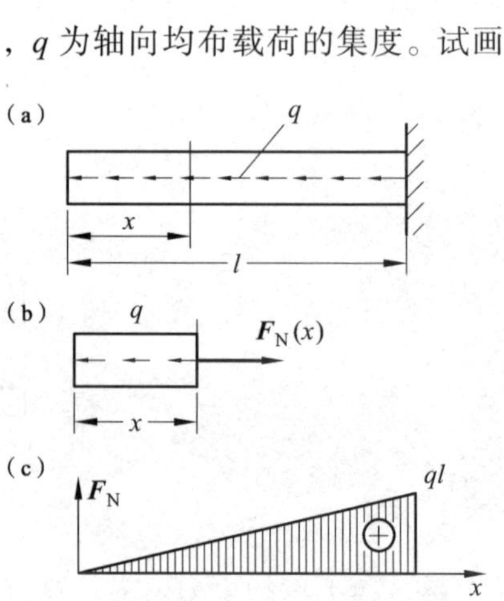

图 3.6 例题 3.2 图

（2）画轴力图。由轴力方程可知，该杆的轴力是 x 的线性函数。当 $x=0$ 时，$F_{N(x)}=0$，当 $x=l$ 时，$F_{N(x)}=ql$，杆的轴力图如图 3.6（c）所示。

3.2 轴向拉（压）杆的应力

3.2.1 应力的概念

为了解决杆件的强度问题，不仅要知道当外力达到一定值时杆件可能沿哪个截面破坏，而且还要知道该截面上哪个点首先开始破坏。因而仅仅知道杆件截面上内力的合力是不够的，还需要进一步研究截面上内力的分布情况，从而引入了应力的概念。**应力**就是杆件截面上分布内力的集度。

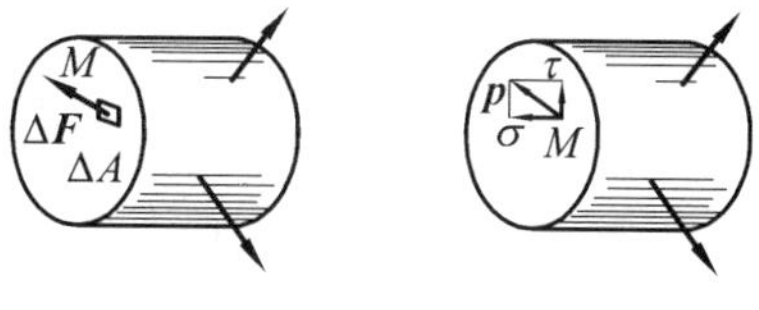

（a）　（b）

图 3.7 一点的应力

若考察某受力杆截面 *m*—*m* 上 *M* 点处的应力，如图 3.7 所示。

在 M 点周围取一很小的面积 ΔA，设 ΔA 面积上分布内力的合力为 ΔF，则面积 ΔA 上内力 ΔF 的平均集度为

$$p_{\mathrm{m}}=\frac{\Delta F}{\Delta A} \tag{3.1}$$

式中，p_{m} 称为面积 ΔA 上的**平均应力**。当微小面积 ΔA 趋近于零时，就得到截面上 M 点处的**总应力**，即

$$P=\lim_{\Delta A\to 0}\frac{\Delta F}{\Delta A}=\frac{\mathrm{d}F}{\mathrm{d}A} \tag{3.2}$$

由于 $\boldsymbol{F}$ 是矢量，故 $\boldsymbol{P}$ 也是矢量，其方向一般不与截面垂直或平行，因此可以分解成与截面垂直的法向分量**正应力** σ 和与截面向切的切向分量**切应力**（剪应力）τ。

从应力的定义可知，应力是与“截面”和“点”这两个因素分不开的。一般地说，杆件在外力作用下，任一截面上不同点的应力值是不同的，同一点位于不同截面上的应力值也是不同的。因此在谈内力时，应明确是哪个截面哪个点处的应力。应力的量纲为$\left[\dfrac{\text{力}}{\text{长度}^2}\right]$，其国际单位为 Pa（帕斯卡），$1\ \mathrm{Pa}=1\ \mathrm{N/m^2}$。工程中常用 MPa，GPa。$1\mathrm{MPa}=10^6\mathrm{Pa}$，$1\mathrm{GPa}=10^9\mathrm{Pa}$。

3.2.2 拉（压）杆横截面上的应力

对于拉（压）杆，横截面上的内力为轴力 $\boldsymbol{F}_{\mathrm{N}}$，与轴力对应的应力为正应力 σ。

观察受拉等直杆［图 3.8（a）］的变形情况。首先在等直杆侧面作两条横向线 *ab* 和 *cd*，代表其横截面，然后在杆的两端施加一对轴向拉力 $\boldsymbol{F}$ 使杆发生变形。可以观察到，横向线 *ab* 和 *cd* 移动到 *a'b'* 和 *c'd'* 的位置了，如图 3.8（b）所示。对于压杆，同样可以观察到该现象。根据这一现象，可以假设原为平面的横截面在杆变形后仍为平面，即**平面假设**。根据这一假设，拉（压）杆变形后两横截面将沿杆轴线方向作相对平移，也就是说，拉（压）杆在其任意两个横截面之间纵向线段的伸长变形是均匀的。从而可推知，横截面上的内力是均匀分布的，即横截面上的内力的集度为常量，如图 3.8（c），3.8（d）所示。

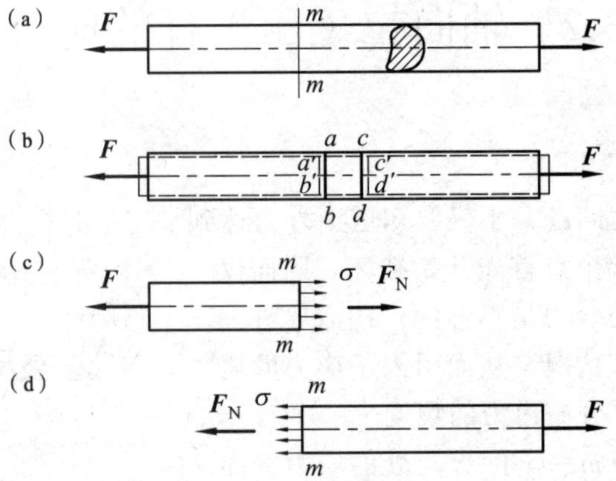

图 3.8　受拉等直杆的应力

用静力学的方法求合力，可得轴力

$$F_{\mathrm{N}}=\int_A \sigma \mathrm{d}A=\sigma\int_a \mathrm{d}A=\sigma A$$

由此得到拉（压）杆横截面上的正应力 σ 的计算公式

$$\sigma=\frac{F_{\mathrm{N}}}{A} \tag{3.3}$$

式中，F_{N} 为轴力；A 为杆的横截面面积。当 F_{N} 为拉力时，σ 为拉应力，F_{N} 为压力时，σ 为压应力。σ 的正负号与 F_{N} 的正负号一致。

式（3.3）是根据杆横截面上内力集度为常量的结论导出的。需要说明一点的是，该公式实际上只在杆上离外力作用点稍远的部分才正确，在外力作用点附近，由于杆端连接方式的不同，其应力的分布是复杂的。但实验已证实正确的**圣维南**（Saint-Venant）**原理**指出："力作用在杆端方式的不同，只会使与杆端距离不大于杆的横向尺寸的范围内受到影响"。故在拉（压）杆的应力计算中，都以式（3.3）进行计算。

例题 3.3　求图示阶梯直杆横截面 1-1、2-2 和 3-3 上的轴力，如横截面面积 $A_1=200\ \mathrm{mm}^2$，$A_2=300\ \mathrm{mm}^2$，$A_3=400\ \mathrm{mm}^2$，求各横截面上的应力。

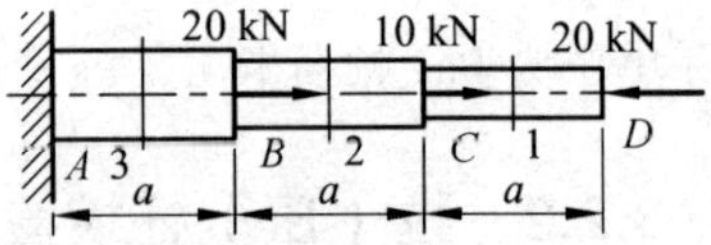

图 3.9　例题 3.3 图

解：（1）计算各段轴力。通过截面法可以计算出各截面的轴力，分别为

$$F_{\mathrm{N}1}=-20\ \mathrm{kN},\quad F_{\mathrm{N}2}=-10\ \mathrm{kN},\quad F_{\mathrm{N}3}=10\ \mathrm{kN}$$

（2）计算各段应力。对应各截面的应力分别为

$$\sigma_{CD}=\frac{F_{\mathrm{N}1}}{A_1}=\frac{-20\times10^3}{200\times10^{-6}}=-100\times10^6\ \mathrm{Pa}=-100\ \mathrm{MPa}$$

$$\sigma_{BC}=\frac{F_{\mathrm{N}2}}{A_2}=\frac{-10\times10^3}{300\times10^{-6}}\approx-33.3\times10^6\ \mathrm{Pa}=-33.3\ \mathrm{MPa}$$

$$\sigma_{AB}=\frac{F_{\mathrm{N}3}}{A_3}=\frac{10\times10^3}{400\times10^{-6}}=25\times10^6\ \mathrm{Pa}=25\ \mathrm{MPa}$$

3.2.3 拉（压）杆斜面上的应力

轴向拉（压）杆不仅横截面上存在应力，其斜截面上也存在应力。

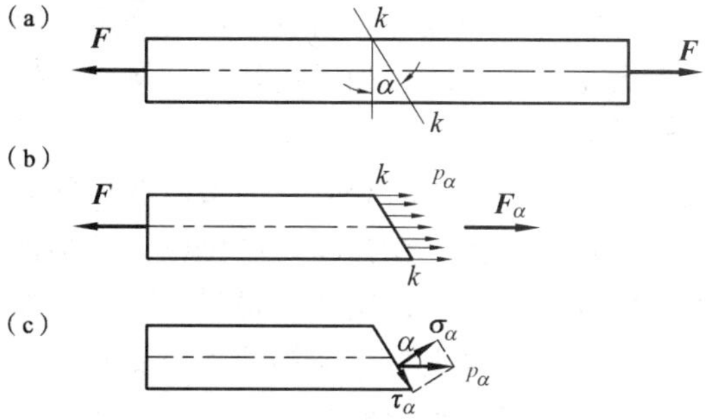

图 3.10 拉（压）杆斜面上的应力

如图 3.10（a）所示，在等直拉杆中，欲分析与横截面成 α 角度的斜截面 k—k 上的应力，可以假想的用一斜截面 k—k 将杆截分为二，考虑左段的平衡，如图 3.10（b）所示。可以计算出斜截面上的内力

$$F_\alpha = F \qquad \text{(a)}$$

同计算横截面上正应力的分析方法一样，可以得到斜截面上各点处的总应力 p_a 相等的结论。于是有

$$p_\alpha = \frac{F_\alpha}{A_\alpha} \qquad \text{(b)}$$

式中，A_α 是斜截面的面积。如果横截面的面积为 A，则 $A_\alpha = A/\cos\alpha$，代入式（b），并利用式（a），即得

$$p_\alpha = \frac{F}{A}\cos\alpha = \sigma_0\cos\alpha \qquad (3.4)$$

式中，$\sigma_0 = \dfrac{F}{A}$ 为横截面（$\alpha = 0$）上的正应力。

通常将总应力 P_α 沿斜截面法向和切向分解为正应力 σ_α 和切应力 τ_α，如图 3.10（c）所示。上述两个应力分量可表示为

$$\sigma_\alpha = p_\alpha\cos\alpha = \sigma_0\cos^2\alpha \qquad (3.5)$$

$$\tau_\alpha = p_\alpha\sin\alpha = \frac{\sigma_0}{2}\sin 2\alpha \qquad (3.6)$$

式（3.5）和式（3.6）表达了不同斜截面上正应力和切应力的变化规律。由式（3.5）和式（3.6）可知：当 $a = 0$ 时，$\sigma_\alpha = \sigma_0$，是 σ_α 中的最大值；当 $\alpha = 45°$ 时，$\tau_a = \dfrac{\sigma_0}{2}$，是 τ_a 中的最大值。这表明：杆件在轴向拉压时，最大正应力发生在横截面上，而最大切应力发生在与横截面成 45° 的斜截面上，且其值等于横截面上正应力值的一半。

3.3　轴向拉（压）时材料的力学性能

在前面讨论了拉（压）杆的内力和应力。当应力达到一定极限值时，材料必然会遭到破坏。不同的材料，其极限应力是不相同的。为了更好地理解、掌握材料的力学性能，有必要对材料进行相应的力学实验。

工程中材料的种类很多，通常根据其断裂时发生塑性变形的大小分为塑性材料和脆性材料两大类。塑性材料（如低碳钢、铝等）在拉断时产生较大的塑性变形，而脆性材料（如铸铁、砖、石等）拉断时的塑性变形则很小，这两类材料的力学性能存在明显的不同。下面分别以低碳钢和铸铁为代表，分别介绍两类材料在拉伸和压缩时的力学性能。

在进行拉伸或压缩实验时，应将材料做成标准的试样，使其几何形状和受力条件都能符合轴向拉伸或压缩的要求。在室温下，以缓慢平稳的加载方式进行试验，称为**常温静载试验**，这是测定材料力学性能的基本试验。

3.3.1　轴向拉伸时的力学性能

对于拉伸试验，通常将试样做成圆截面试样或矩形试样。在试样上取长为 l 的一段（图 3.11）作为试验段，l 称为标距。对于圆截面试样，标距 l 与直径 d 有两种比例，即

$$l=5d \text{ 和 } l=10d$$

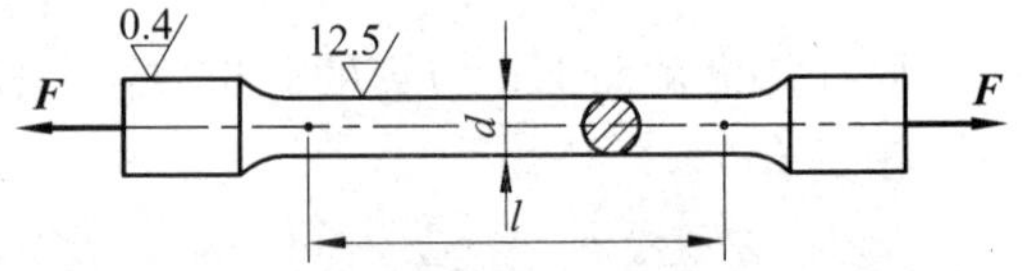

图 3.11　拉伸试样

1. 低碳钢拉伸时的力学性能

低碳钢是指含碳量在 0.3% 以下的碳素钢。这类钢材在工程中使用较广，在拉伸试验中表现出的力学性能也最为典型。

将试样装在试验机（图 3.12）上，并施加缓慢增加的拉力。在拉力的作用下，试件将慢慢的拉长。对应着每一个拉力 F，试样标距 l 都有一个伸长量 Δl。表示 F 和 Δl 的关系的曲线，称为**拉伸图**或 F-Δl 曲线，如图 3.13 所示。

图 3.12　试验机

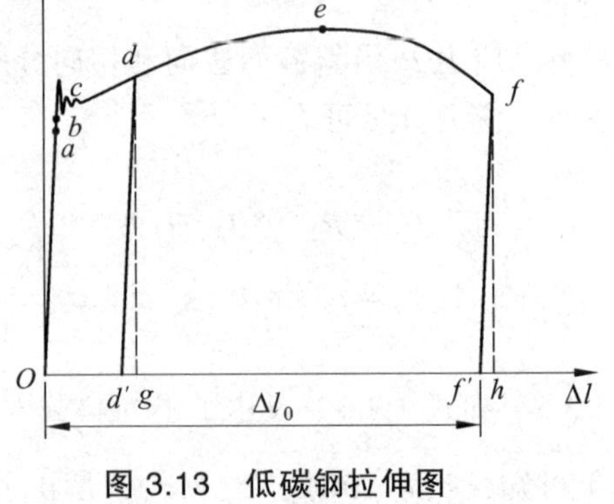

图 3.13　低碳钢拉伸图

F-Δl 曲线与试样的尺寸有关。为了消除试样尺寸的影响，把拉力 F 除以试样横截面的

原始面积 A，得到正应力：$\sigma=\dfrac{F}{A}$；同时把伸长量 Δl 除以标距的原始长度 l，得到**线应变**：$\varepsilon=\dfrac{\Delta l}{l}$。线应变 ε 用来表示每单位长度轴向伸长（缩短）的变形程度。以 σ 为纵坐标，ε 为横坐标，作图表示 σ 与 ε 的关系，称为**应力-应变图**或 σ-ε 曲线（图 3.14）。

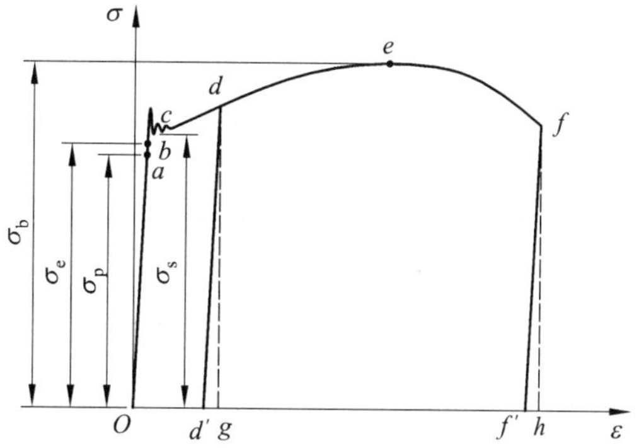

图 3.14　低碳钢拉伸时应力-应变图

根据试验结果，低碳钢拉伸时的力学性能分为以下几个阶段：

（1）弹性阶段。

在此阶段内，材料的变形是弹性的，若卸去载荷 F，试样的变形将全部消失（图 3.14 中的 Ob 段）。b 点对应的应力 σ_e 称为材料的**弹性极限**。

在弹性阶段内，Oa 段为直线，a 点对应的应力 σ_p 称为**比例极限**。比例极限是反映材料力学性能的一个重要指标，它涉及胡克定律的适用范围。胡克定律 $\sigma=E\varepsilon$ 是反映 σ 与 ε 成正比关系，在图上为直线。而在 σ-ε 曲线上只有 $\sigma\leqslant\sigma_p$ 时为直线，因而胡克定律 $\sigma=E\varepsilon$ 只在 $\sigma\leqslant\sigma_p$ 时才成立。其中的比例系数 E 称为**弹性模量**，是材料的一个参数。通过该实验，可以计算出该材料的弹性模量。

a、b 两点非常接近，是一段微弯的曲线，在应用中，对比例极限与弹性极限常不加严格区分。

（2）屈服阶段。

当应力超过弹性极限以后，应变增加很快，而应力先是下降，然后作微小的波动，在 σ-ε 曲线上出现接近水平线的小锯齿形线段。这种应力基本不增加而应变继续增大的现象称为**屈服**现象。在屈服阶段内的最高应力和最低应力分别成为上屈服极限和下屈服极限。上屈服极限的数值与试样形状、加载速度等因素有关，一般是不稳定的。下屈服极限则有比较稳定的数值，能反映材料的性能。因此通常把下屈服极限称为**屈服极限**或屈服点，用 σ_s 来表示。屈服极限是衡量材料强度的重要指标。

若试样经过抛光，则在试样表面将可看到大约与轴线成 45° 方向的条纹，如图 3.15，这是由材料沿试样的最大切应力面发生滑移而出现的，称为滑移线。

（3）强化阶段。

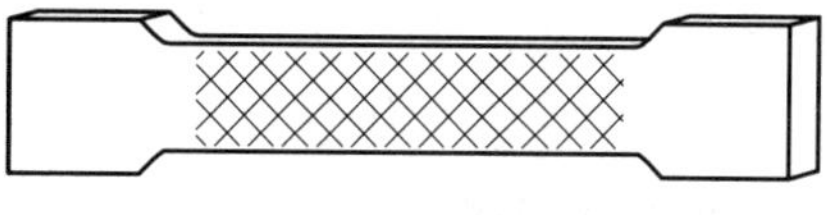
图 3.15　屈服阶段出现的滑移线

材料经过屈服阶段后，材料又恢复了抵抗变形的能力，应力与应变又同时增加。这种现象称为材料的强化。σ-ε 曲线继续上升直到 e 点，这一阶段称为强化阶段。此阶段增长的变形中，塑性变形占的比例较大，试样的横向尺寸有明显的缩小。

σ-ε 曲线最高点 e 对应的应力称为材料的**强度极限**，用 σ_b 来表示。强度极限是衡量材料强度的另一重要指标。

（4）局部变形阶段。

在应力达到 σ_b 之前，试样的变形是均匀的，当应力达到 σ_b 时，试样开始出现不均匀变形，试样的某部出现了明显的局部收缩，形成“颈缩”现象，如图 3.16。曲线开始下降，至 f 点时，试样被拉断（图 3.17）。这一阶段称为局部变形阶段。

图 3.16 “颈缩”现象

图 3.17 低碳钢断面情况

试样被拉断后，由于保留了塑性变形，试样长度由原来的 l 变为 l_1。用百分比表示的比值

$$\delta = \frac{l_1 - l}{l} \times 100\% \tag{3.7}$$

称为**伸长率**或**延伸率**。试样的塑性变形（l_1.l）越大，δ 也就越大。因此，伸长率是衡量材料塑性的指标。

原始横截面面积为 A 的试样，被拉断后颈缩处的最小截面面积变为 A_1，用百分比表示比值

$$\psi = \frac{A - A_1}{A} \times 100\% \tag{3.8}$$

称为**断面收缩率**。断面收缩率也是衡量材料塑性的指标。

工程上通常按伸长率的大小把材料分为两大类，$\delta \geqslant 5\%$ 的材料称为塑性材料，如碳钢、黄铜等；而把 $\delta < 5\%$ 的材料称为脆性材料，如灰铸铁、玻璃等。

在 σ-ε 曲线中，如把试样拉到超过屈服极限的 d 点（见图 3.14），然后逐渐卸除拉力，应力和应变关系将沿斜直线 dd' 回到 d' 点。斜直线 dd' 近似的平行于 Oa。这说明：在卸载过程中，应力和应变按直线规律变化。这就是**卸载定律**。拉力完全卸除后，应力-应变图中，$d'g$ 表示消失了的弹性变形，而 Od' 表示不再消失的塑性变形。

如果卸载后又重新加载，则应力和应变大致上沿卸载时的斜直线 $d'd$ 变化。直到 d 点后，又沿 def 变化。可见在再次加载时，直到 d 点以前材料的变形是弹性的，经过 d 点后才开始出现塑性变形。比较图 3.14 中的 $Oabcdef$ 和 $d'def$ 两条曲线，可见在第二次加载时，其比例极限（亦即弹性阶段）得到了提高，但塑性变形和伸长率却有所降低。这种现象称为冷作硬化。冷作硬化现象经退火后又可消除。工程中常利用冷作硬化来提高杆件在弹性范围内所能承受的最大载荷。

2. 其他塑性材料拉伸时的力学性能

工程中常用的塑性材料，除低碳钢外，还有中碳钢、高碳钢和合金钢、铝合金、青铜、黄铜等。其中有些材料，如 Q345 钢，和低碳钢一样，有明显的弹性阶段、屈服阶段、强化阶段和局部变形阶段。有些材料，如黄铜 H62，没有屈服阶段，但其他三阶段却很明显。还有些材料，如

高碳钢 T10A，没有屈服阶段和局部变形阶段，只有弹性阶段和强化阶段。如图 3.18 所示。

对于没有明显屈服阶段的塑性材料，可以将产生 0.2% 塑性应变时的应力作为屈服指标，称为名义屈服极限并用 $\sigma_{0.2}$ 来表示（图 3.19）。

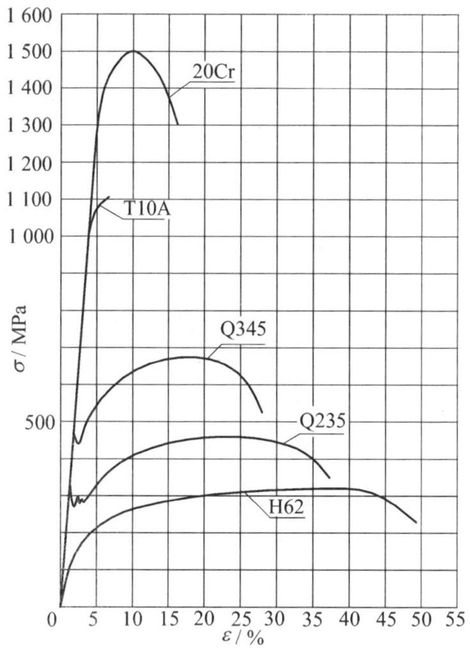

图 3.18 其他塑性材料的应力应变图

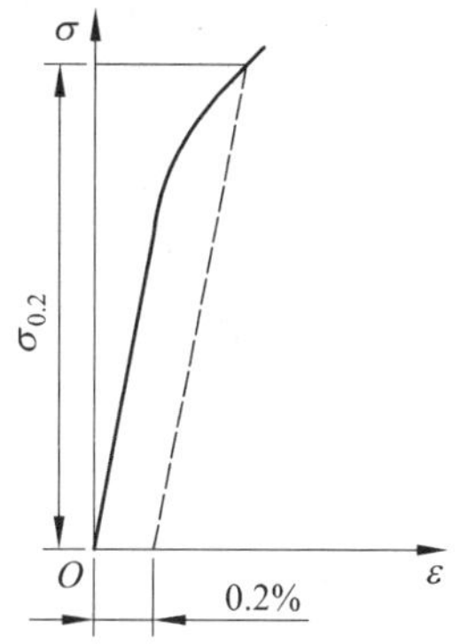

图 3.19 名义屈服极限

3. 铸铁拉伸时的力学性能

铸铁是典型的脆性材料，其拉伸时的 σ-ε 曲线如图 3.20 所示，铸铁断面情况如图 3.21 所示。

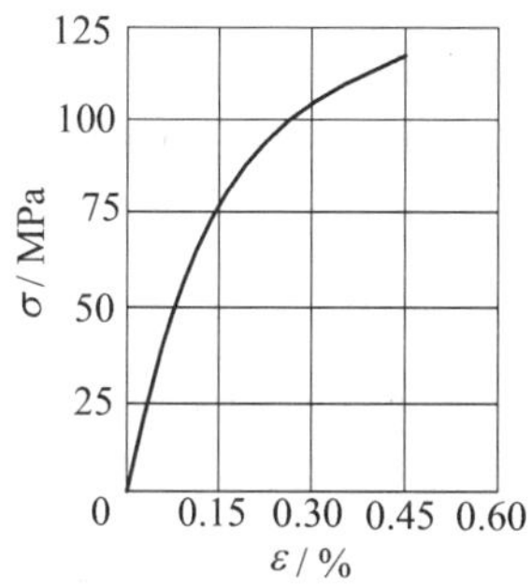

图 3.20 铸铁拉伸图

图 3.21 铸铁断面情况

与低碳钢相比，铸铁的拉伸曲线的特点为：

（1）σ-ε 曲线为一微弯线段，没有明显的阶段性。

（2）拉断时的变形很小，没有明显的塑性变形。

（3）没有比例极限、弹性极限和屈服极限，只有强度极限且其值较低。

因此把铸铁拉断时的最大应力作为其强度极限，是衡量强度的唯一指标。由于铸铁等脆性材料的抗拉强度很低，因此不宜作为抗拉零件的材料。其他脆性材料如砖、石、混凝土等，其拉伸时的力学性能均与铸铁类似。

3.3.2 轴向压缩时的力学性能

金属的压缩试样一般制成很短的圆柱(图 3.22),以免被压弯。圆柱高度约为直径的 1.5 ~ 3 倍。混凝土、石料等则制成立方形的试块。

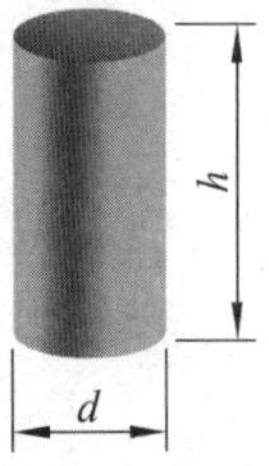

图 3.22 压缩试件

低碳钢压缩时的 σ-ε 曲线如图 3.23 所示。试验表明：低碳钢压缩时的弹性模量 E 和屈服极限 σ_s 都与拉伸时大致相同。屈服阶段以后，由于低碳钢材质较软，随着压力的增大，试样越压越扁，最后呈鼓状。而曲线一直向上延伸，测不出明显的强度极限。工程中，取拉伸时的强度极限值作为压缩时的强度极限，即认为拉、压的强度指标相同。

铸铁压缩时的 σ-ε 曲线如图 3.24 所示。与铸铁拉伸时的曲线相比，只是其强度极限远大于拉伸时的强度极限。这表明铸铁这种材料是抗压不抗拉的。超过强度极限时，试样将沿与轴线大致成 45° ~ 55° 倾角的斜截面发生错动而破坏。

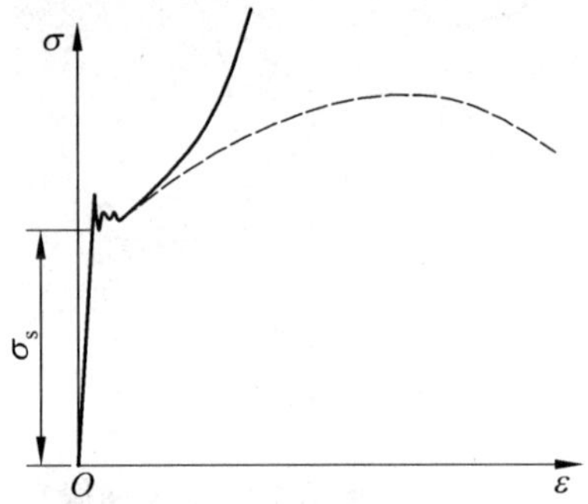

图 3.23 低碳钢的压缩图

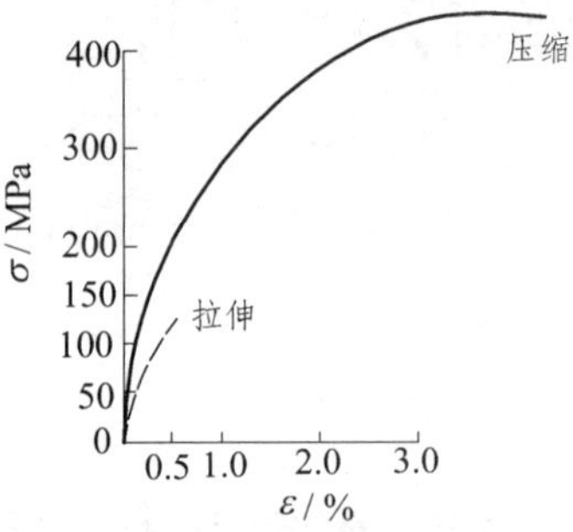

图 3.24 铸铁压缩图

以上介绍的两类材料的力学性能，都是在常温、静载荷下的力学性能。实际上，材料的力学性能还受到其他一些因素，如温度、加载速度、载荷的长时间作用、受力状态等的影响。另外，材料的塑性与脆性不是绝对的，例如低碳钢在常温下为塑性材料，但在低温下也会变脆。因此，将塑性材料与脆性材料说成材料的塑性状态与脆性状态更为确切。

3.4 轴向拉(压)杆变形的计算

3.4.1 沿杆件轴线的轴向变形

如图 3.25 所示，设等直杆的原长为 l，横截面面积为 A。在轴向力 $\boldsymbol{F}$ 作用下，长度由 l 变为 l_1。杆件在轴线方向的伸长，即轴向变形为 $\Delta l = l_1 - l$（拉伸时 Δl 为正，压缩时 Δl 为负）。

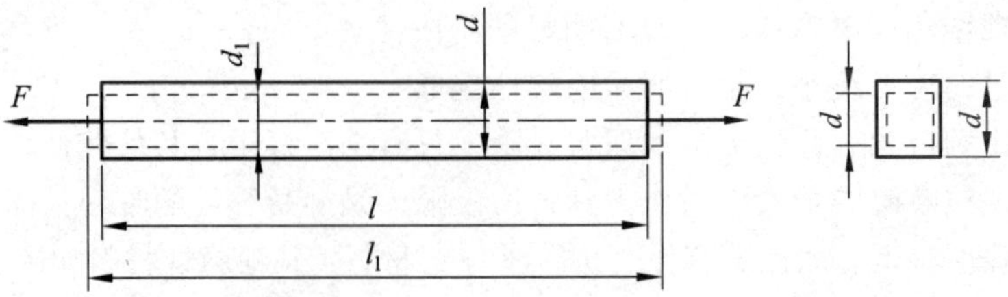

图 3.25 拉伸时的变形

由实验得知，当轴向外力 $\boldsymbol{F}$ 不超过某一限度（变形在弹性范围）时，Δl 与外力 $\boldsymbol{F}$ 及杆长 l 成正比，与杆件的横截面面积 A 成反比，即

$$\Delta l \propto \frac{Fl}{A}$$

由于 $F_{\mathrm{N}} = F$，上式可改写成

$$\Delta l \propto \frac{F_{\mathrm{N}} l}{A}$$

引入与杆件的材料有关的比例常数 E，则有

$$\Delta l = \frac{F_{\mathrm{N}} l}{EA} \tag{3.9}$$

式（3.9）就是轴向变形的计算公式。该关系称为**胡克定律**。式中 E 称为**弹性模量**，其值随材料而异，通过实验来测定。从式（3.9）可以看出，E 值越大，Δl 值就越小，表明材料越不易变形，E 表示材料抵抗拉伸（压缩）变形的能力。从式（3.9）还可以看出，Δl 与 EA 成反比，EA 称为杆件的**抗拉（压）刚度**，它表示杆件抵抗拉伸（压缩）变形的能力。

轴向变形 Δl 只反映了杆的总变形量，而无法说明沿杆长度方向上各段的变形程度。根据线应变的定义，可知拉杆的轴向线应变为

$$\varepsilon = \frac{\Delta l}{l} \tag{3.10}$$

由式（3.10）可知，当 Δl 为正时，轴向线应变为正，当 Δl 为负时，轴向线应变为负。

可以将式（3.9）表达的胡克定律改写成另一种表达形式

$$\frac{\Delta l}{l} = \frac{F_{\mathrm{N}}}{A} \cdot \frac{1}{E}$$

式中：$\dfrac{\Delta l}{l} = \varepsilon$，$\dfrac{F_{\mathrm{N}}}{A} = \sigma$，将其代入式（3.9），得

$$\sigma = E\varepsilon \tag{3.11}$$

式（3.11）为胡克定律的另一种表达形式。该式表明：在弹性范围内，正应力与线应变成正比。由该式还可知，E 的单位与 σ 的单位相同（ε 为无量纲量）。

胡克定律是变形体力学中的重要定律，在今后的许多公式的推导，都是建立在此定律的基础上的。

3.4.2　横向变形・泊松比

图 3.25 所示的轴向拉杆，其变形前的横向尺寸为 d，变形后为 d_1，横向尺寸的改变量即横向变形为

$$\Delta d = d_1 - d$$

在均匀变形情况下，拉杆的横向线应变为

$$\varepsilon' = \frac{\Delta d}{d}$$

ε' 称为**横向线应变**。对于拉杆，Δd 显然为负，即横向线应变与其轴向线应变的正负号正好相反。

由实验得知，在弹性范围内，ε' 与 ε 的比值为一常量，即

$$\mu = \left|\frac{\varepsilon'}{\varepsilon}\right| \tag{3.12}$$

μ 是量纲为一的量，称为**泊松比**，也称为**横向变形系数**。其数值随材料而异，也是通过实验测定。

由于 ε' 与 ε 的正负号总是相反，故由式（3.12）可得 $\varepsilon' = -\mu\varepsilon$。

常见材料的弹性模量 E 和泊松比 μ，如表 3.1 所示。

表 3.1　常见材料的弹性模量和泊松比的值

材料名称	牌　号	E/GPa	ν
低碳钢	Q235	200 ~ 210	0.24 ~ 0.28
中碳钢	45	205	
低合金钢	16Mn	200	0.25 ~ 0.30
合金钢	40CrNiMoA	210	
灰口铸铁		60 ~ 162	0.23 ~ 0.27
球墨铸铁		150 ~ 180	
铝合金	LY12	71	0.33
硬质合金		380	
混凝土		15.2 ~ 36	0.16 ~ 0.18
木材（顺纹）		9 ~ 12	

例题 3.4　承受轴向载荷的等截面杆如图 3.26 所示，已知杆的横截面面积 $A = 400\ \text{mm}^2$、材料的弹性模量 $E = 2\times10^5\ \text{MPa}$，试求该杆的轴向变形。

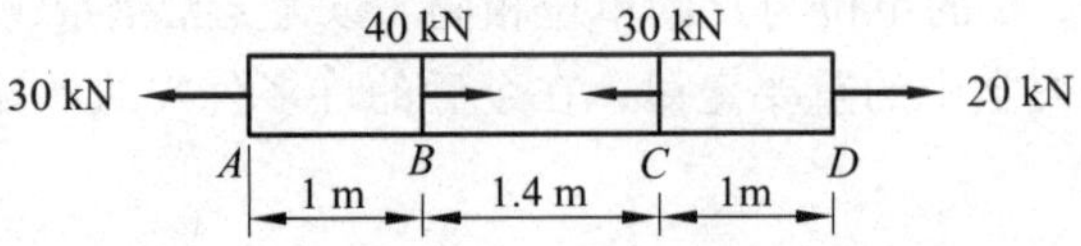

图 3.26　例题 3.4 图

解：（1）首先计算 AB、BC、CD 三段杆受到的轴力，可得

$$F_{NAB} = 30\ \text{kN}；\quad F_{NBC} = -10\ \text{kN}；\quad F_{NCD} = 20\ \text{kN}$$

（2）计算变形。

该杆总的轴向变形等于 AB、BC 和 CD 三段杆轴向变形的代数和，即

$$\begin{aligned}\Delta l &= \Delta l_{AB} + \Delta l_{BC} + \Delta l_{CD} \\ &= \frac{F_{NAB} l_{AB}}{EA} + \frac{F_{NBC} l_{BC}}{EA} + \frac{F_{NCD} l_{CD}}{EA} \\ &= \frac{(30\times10^3)\cdot1-(10\times10^3)\cdot1.4+(20\times10^3)\cdot1}{(2\times10^5\times10^6)\cdot(400\times10^{-6})} \\ &= 0.45\times10^{-3}\ \text{m}\end{aligned}$$

例题 3.5 如图 3.27（a）所示简单托架结构，BC 杆为圆钢，其横截面直径 $d = 20$ mm，BC 杆长 $l_1 = 1.2$ m，BD 杆为 8 号槽钢，其横截面面积 $A_2 = 1\ 024$ mm^2，$E = 200$ GPa，$F = 60$ kN。求 B 点的位移。

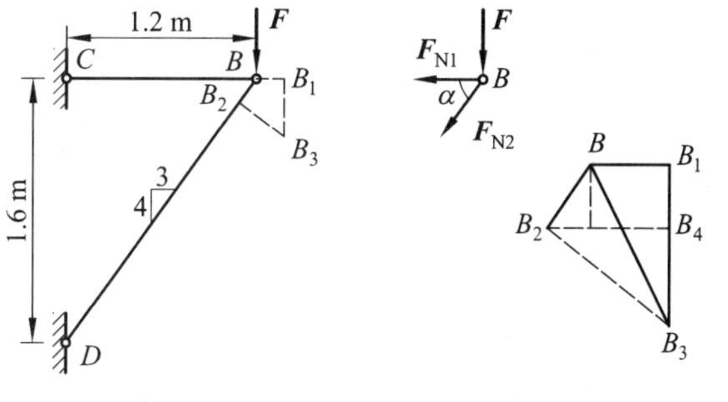

图 3.27 例题 3.5 图

解：（1）首先计算轴力，取节点 B 分析，如图 3.27（b）所示。其中 F_{N1} 和 F_{N2} 分别为 BC 杆和 BD 杆的轴力。

由 $\sum F_x = 0$，得

$$-F_{N2}\cos\alpha - F_{N1} = 0 \tag{1}$$

由 $\sum F_y = 0$，得

$$-F_{N2}\sin\alpha - P = 0 \tag{2}$$

联立（1）、（2）求解得

$$F_{N1} = 45\ \text{kN}$$
$$F_{N2} = -75\ \text{kN}$$

轴力为正表示受拉，轴力为负表示受压。

（2）计算各杆的变形。

由 $\overline{BC}:\overline{CD}:\overline{BD} = 3:4:5$，得 $\overline{BD} = l_2 = 2$ m。由胡克定律求得 BC 杆的变形

$$\overline{BB_1} = \Delta l_1 = \frac{F_{N1} l_1}{EA_1} = \frac{(45\times10^3)\times1.2}{(200\times10^9)\times\left(3.14\times\dfrac{20^2}{4}\times10^{-6}\right)} = 0.86\times10^{-3}\ \text{m}$$

BD 杆的变形

$$\overline{BB_2}=\Delta l_{21}=\frac{F_{N2}l_2}{EA_2}=\frac{(-75\times10^3)\times2}{(200\times10^9)\times(1\ 020\times10^{-6})}=-0.735\times10^{-3}\text{ m}$$

这里 Δl_1 为正，表示拉伸变形；Δl_2 为负，表示缩短变形。

（3）确定 *B* 点位移。

已知 *BC* 为拉伸变形，*BD* 为压缩变形。设想将托架在节点 *B* 拆开［图 3.27（a）］，*BC* 杆伸长变形后变为 B_1C，*BD* 杆压缩变形后变为 B_2D。分别以 *C* 点和 *D* 点为圆心，$\overline{CB_1}$ 和 $\overline{DB_2}$ 为半径，作圆弧相交于 B_3，B_3 点即为托架变形后 *B* 点的位置。因为是小变形，B_1B_3 和 B_2B_3 是两段极其微小的短弧，因而可用分别垂直于 *BC* 和 *BD* 的直线线段来代替，这两段直线的交点即为 B_3。$\overline{BB_3}$ 即为 *B* 点的位移。

可以用图解法求位移 $\overline{BB_3}$。这里用解析法来求位移 $\overline{BB_3}$。注意到三角形 *BCD* 三边的长度比为 $3:4:5$，由图 3.27（b）可以求出

$$\overline{B_1B_4}=\frac{4}{5}\overline{BB_2}=0.588\times10^{-3}\text{ m}$$

$$\overline{B_2B_4}=\overline{BB_1}+\frac{3}{5}\overline{BB_2}=1.301\times10^{-3}\text{ m}$$

$$\overline{B_4B_3}=\frac{3}{4}\overline{B_2B_4}=0.976\times10^{-3}\text{ m}$$

所以 $\overline{B_1B_3}=\overline{B_1B_4}+\overline{B_4B_3}=1.56\times10^{-3}\text{ m}$

即

B 点的水平位移 $\overline{BB_1}=\Delta l_1=0.86\times10^{-3}\text{ m}$

B 点的竖直位移 $\overline{B_1B_3}=1.56\times10^{-3}\text{ m}$

最后求出 *B* 点的位移 $\overline{BB_3}=\sqrt{(\overline{BB_1})^2+(\overline{B_1B_3})^2}=1.78\times10^{-3}\text{ m}$。

从上述计算可见，由静力平衡条件，计算杆件的轴力；由力—变形间物理关系，计算杆件的变形；最后由变形的几何关系，求得结点的位移。位移是指其位置的移动，变形与位移既有联系又有区别。变形是标量，而位移是矢量。

3.5　轴向拉（压）杆的强度条件

由脆性材料制成的构件，在拉力作用下，当变形很小时就会发生断裂。塑性材料制成的构件，在拉断之前就已出现塑性变形，由于不能保持原有的性状和尺寸，已不能正常工作。可以把断裂和出现塑性变形统称为**失效**。构件发生失效，往往是由于强度不足造成的，也可能是由于刚度不足或稳定性不足造成的。如机床主轴变形过大影响加工精度，属于刚度不够而失效；受压细长杆被压弯，属于稳定性不足而失效。这里主要讨论拉（压）杆的强度问题。

脆性材料断裂时的应力是强度极限 σ_b，塑性材料达到屈服时的应力是屈服极限 σ_s，这两者都是构件失效时的极限应力，统一用 σ^0 表示。为保证构件有足够的强度，在载荷作用下构

件的实际应力（工作应力）σ 应低于极限应力。同时考虑一定的安全储备，因而将材料的极限应力 σ^0 除以大于 1 的**安全因数 n**，并将结果称为**许用应力**，用 $[\sigma]$ 表示。即

$$[\sigma]=\frac{\sigma^0}{n} \tag{3.13}$$

把许用应力 $[\sigma]$ 作为构件工作应力的最高限度，即要求工作应力 σ 不超过许用应力 $[\sigma]$。于是得到构件拉伸或压缩时的强度条件为

$$\sigma=\frac{F_N}{A}\leqslant[\sigma] \tag{3.14}$$

根据以上强度条件，就可以进行强度校核、截面设计和确定许可载荷等强度计算。

例题 3.6 如图 3.28（a）所示结构中，AB 为圆形截面钢杆，BC 为正方形截面木杆，$d=20$ mm，$a=100$ mm，$F=20$ kN，钢材的许用应力 $[\sigma]_{钢}=160$ MPa，木材的许用应力 $[\sigma]_{木}=10$ MPa，试分别校核钢杆和木杆的强度。

解：（1）计算各杆轴力。首先计算 AB 杆和 BC 杆的轴力。取结点 B 进行分析，其受力图如图 3.28（b）所示。

由平衡方程

$$\sum F_x=0: F_{BC}\cdot\cos 30°-F_{AB}=0$$
$$\sum F_y=0: F_{BC}\cdot\sin 30°-F=0$$

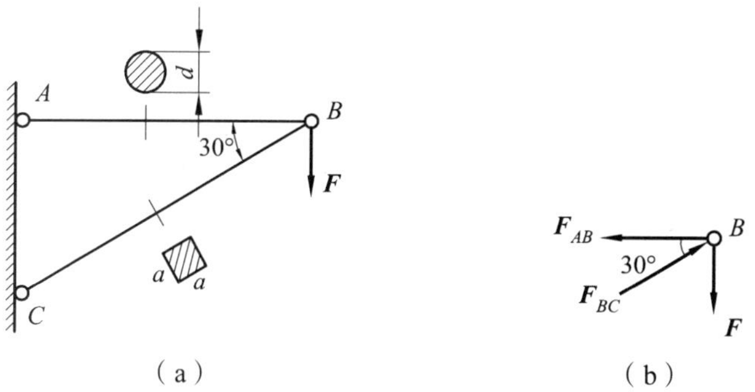

图 3.28　例题 3.6 图

解得

$$F_{AB}=\sqrt{3}F$$
$$F_{BC}=2F$$

（2）校核钢杆的强度。

钢杆横截面上受到的正应力为

$$\sigma_{AB}=\frac{F_{AB}}{A_{AB}}=\frac{\sqrt{3}F}{\pi d^2/4}=110.3\ \text{MPa}<[\sigma]_{钢}$$

钢杆满足强度条件。

（3）校核木杆的强度。

木杆横截面上受到的正应力为

$$\sigma_{BC}=\frac{F_{BC}}{A_{BC}}=\frac{2F}{a^2}=4\text{MPa}<[\sigma]_{木}$$

木杆满足强度条件。

3.6 应力集中的概念

在前面提到的拉伸和压缩时的正应力公式，只有在杆件沿轴线方向的变形均匀时，横截面上正应力均匀分布才是正确的。但在工程实际中，由于结构或工艺上的要求，经常会遇到一些截面有骤然改变的杆件，如具有螺栓孔的钢板，带有螺纹的拉杆等等。由试验得知，当杆件截面尺寸有局部突然改变时，在突变附近横截面上的正应力将不再呈均匀分布。例如图 3.29（a）所示为开孔板条承受轴向载荷时，通过孔中心线的截面上的应力分布。图 3.29（b）所示为轴向加载的变宽度矩形截面板条，在宽度突变处截面上的应力分布。

这种几何形状不连续处应力局部增大的现象，称为**应力集中**。

应力集中的程度用应力集中因数描述。应力集中处横截面上的最大应力值 $\sigma_{\max}$ 与不考虑应力集中时的应力值 σ（名义应力，轴向拉压时为改截面的平均应力）之比，称为**应力集中因数**，用 K 表示

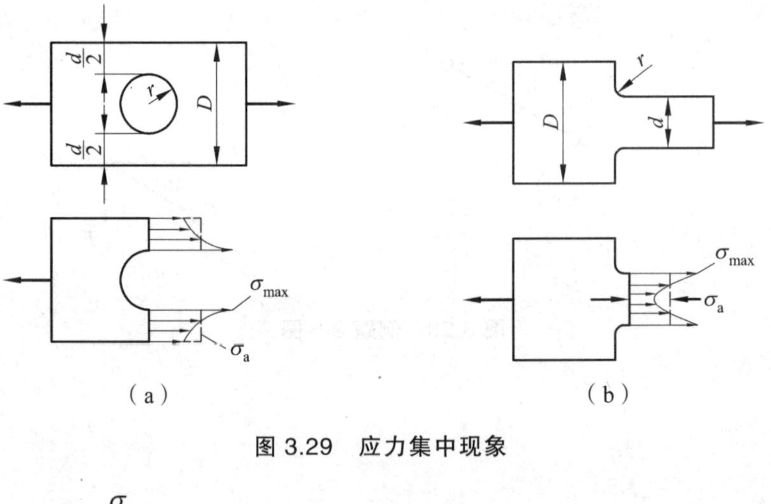

图 3.29　应力集中现象

$$K=\frac{\sigma_{\max}}{\sigma} \tag{3.15}$$

值得注意的是，应力集中并不是单纯由截面积的减小所引起的，杆件外形的骤然变化，是造成应力集中的主要原因。一般地说，杆件外形的骤然变化越是剧烈，应力集中的程度就越是严重。同时，应力集中是一种局部的应力骤然增加现象。而且，应力集中处不仅最大应力急剧增大，其应力状态也与无应力集中时不同。

由塑性材料制成的杆件受静载荷作用时，由于一般塑性材料存在屈服阶段，当局部的最

大应力 σ_{max} 达到屈服极限 σ_s 时，该处材料的变形可以继续增长，而应力却不再加大。如外力继续增加，增加的力就由截面上尚未屈服的材料来承担，使截面上其他点的应力继续增大到屈服极限。这就使得截面上的应力逐渐趋于平均，降低了应力不均匀程度，直至整个截面上各点处的应力都达到屈服极限时，杆件才因屈服而丧失正常的工作能力。因此，由塑性材料制成的杆件，在静载荷作用下通常可不考虑应力集中的影响。在静载荷作用下，对于脆性材料，由于没有屈服阶段，当载荷增加时，应力集中处的最大应力 σ_{max} 一直领先，首先达到强度极限 σ_b，该处将产生裂纹。所以对于脆性材料制成的杆件，应按局部的最大应力来进行强度计算。但是，脆性材料中的铸铁由于其内部组织很不均匀，本身存在气孔、杂质等引起应力集中的因素，因此在外形骤变引起的应力集中的影响反而很不明显，就可以不考虑应力集中的影响。但是在动载荷作用下，不论是塑性材料还是脆性材料制成的杆件，都应考虑应力集中的影响。

3.7　拉伸和压缩静不定问题

在以前讨论的问题中，杆件的轴力可以由静力平衡方程求出，这类问题称为**静定问题**。但有时，杆件的轴力并不能全由静力平衡方程解出，这就是**静不定问题**，也称为超静定问题。如图 3.30 所示三杆组成的结构，在载荷 F 作用下，三杆均为轴向受拉，存在三个未知内力。考虑结点 B 的平衡，由于作用在结点 B 上的平衡力系为平面汇交力系，只能列出两个独立平衡方程，显然不能求解三个未知内力，这就是静不定问题。

在静不定问题中，未知力的数目与可列出的独立平衡方程数目之差称为**静不定次数**，如图 3.30 为一次静不定。关于静不定问题的求解思路是：设法建立补充方程，几次静不定就建立几个补充方程，使补充方程与独立平衡方程数目之和正好等于未知力的数目，这样，通过补充方程和平衡方程便可求解全部未知力。

补充方程是根据变形协调条件来建立的。所谓变形协调条件是杆件的各部分变形之间或各杆的变形之间的协调关系。如图 3.31 所示一次静不定结构，杆在外力 F 作用下，欲计算 A、B 两端的约束力，根据平衡方程只能列出一个方程，即

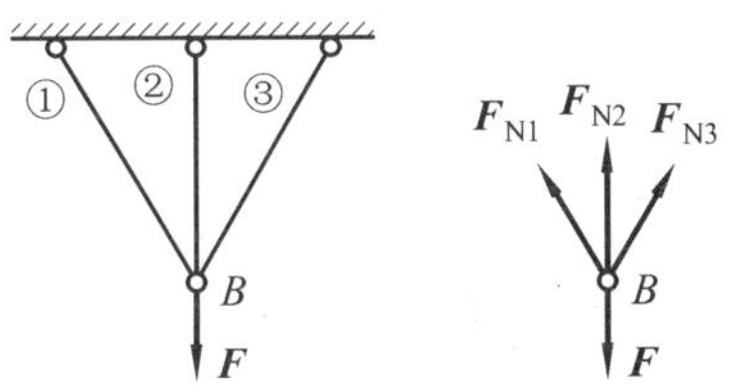

图 3.30　静不定结构

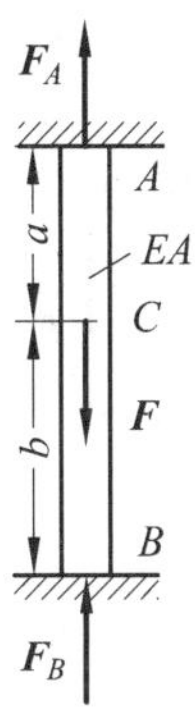

图 3.31　静不定结构

$$F_A + F_B - F = 0 \tag{3.16}$$

考虑到其上部 AC 段伸长，下部 CB 段缩短，但杆的总长度不能改变，若 AC 段杆伸长为 Δl_1，CB 段缩短为 Δl_2，则有

$$\Delta l_1 - \Delta l_2 = 0 \tag{3.17}$$

这就是根据此问题的变形协调条件所建立的几何关系。

当杆的材料在弹性范围内工作时，由胡克定律可得

$$\Delta l_1 = \frac{F_A \cdot a}{EA}$$

$$\Delta l_2 = \frac{F_B \cdot b}{EA}$$

将 Δl_1 和 Δl_2 带入式（3.17）可得

$$\frac{F_A \cdot a}{EA} - \frac{F_B \cdot b}{EA} = 0 \tag{3.18}$$

式（3.18）就是根据变形协调条件建立的补充方程。

式（3.16）、（3.18）联立求解得

$$F_A = \frac{b}{a+b}F$$

$$F_B = \frac{a}{a+b}F$$

解静不定问题的步骤可归纳为：

（1）画出平衡体的受力图。

（2）根据平衡体的受力图列平衡方程。

（3）根据变形协调的几何关系和变形与力间的物理关系建立补充方程。

（4）根据平衡方程与补充方程联立求解。

例题 3.7 如图 3.32（a）所示结构中，AB 为刚性杆，杆①和杆②的抗拉刚度均为 EA，试求 F 作用下杆①和杆②的轴力。

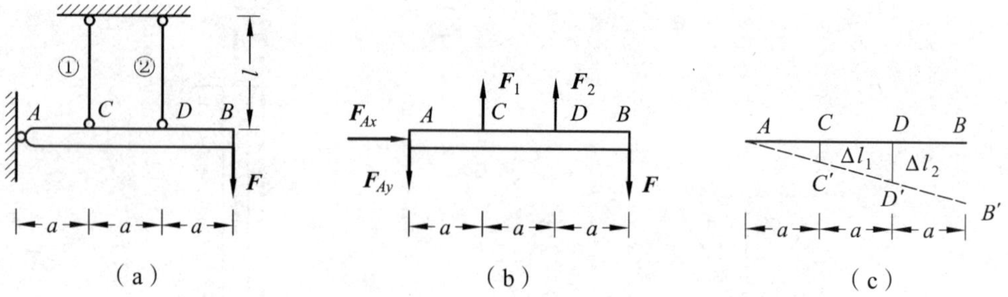

图 3.32 例题 3.7 图

解：（1）判断静不定次数。此题存在杆①和杆②的两个未知轴力和 A 点的两个未知约束力，4 个未知力与 F 组成平面任意力系，可以列出 3 个独立的平衡方程，属于一次静不定问题。

（2）列平衡方程。在 F 作用下的杆①和杆②均受拉，取水平刚性杆为平衡对象，其受力图如图 3.32（b）所示。按题意只需计算杆①和杆②的轴力，不用计算 A 点的约束力，故只需建立一个平衡方程，即

$$\sum M_A = 0\text{，}\quad F_1 \cdot a + F_2 \cdot 2a - F \cdot 3a = 0 \tag{a}$$

（3）列补充方程。建立补充方程时，需要知道杆①和杆②变形后伸长量之间的关系。杆①和杆②变形后，水平刚性杆 AB 绕 A 点转动到 AB' 的位置，如图 3.32（c）所示。由于变形很微小，可认为 C，D 两点沿竖直方向移到 C' 点和 D' 点，CC' 和 DD' 则分别为杆①和杆②的伸长量。二伸长量之间的关系为

$$\Delta l_2 = 2\Delta l_1$$

再根据物理关系

$$\Delta l_1 = \frac{F_1 l}{EA}$$
$$\Delta l_2 = \frac{F_2 l}{EA}$$

得到下列补充方程

$$\frac{F_2 l}{EA} = 2\frac{F_1 l}{EA} \tag{b}$$

（4）联立求解。（a）、（b）联立解得杆①和杆②的轴力分别为

$$F_1 = 0.6F$$
$$F_2 = 1.2F$$

本章小结

1. 轴向拉伸、压缩是杆件的基本变形形式之一。本章内容并不复杂，但涉及的一些基本概念、研究方法和有关定律在工程力学中具有普遍意义。本章重点内容为：内力及其求法、应力和强度计算、胡克定律及其应用、材料的力学性能。难点内容为：拉（压）静不定问题。

2. 内力是外力作用下杆件内部各部分之间的相互作用力，它与杆件的变形同时发生。求内力的基本方法是截面法。

3. 应力是一点处内力的集度。应力与“截面”和“点”这两个因素分不开的，同一截面上不同点的应力值一般是不同的；同一点位于不同截面上的应力值一般也是不同的。杆件在外力作用下，其横截面上应力的分布规律需要通过观察与分析才能知道，对于轴向拉（压）杆，其横截面上的应力是均匀分布的。

4. 分析了拉（压）杆的内力和应力后，就可以进一步研究工程中拉（压）杆的强度计算问题。拉（压）杆的强度条件为 $\sigma = \dfrac{F_{\mathrm{N}}}{A} \leqslant [\sigma]$，可以用来解决强度计算中的三类典型问题，

即强度校核、截面设计、确定许可载荷。

5. 材料的力学性能是通过试验来测定的。对塑性材料和脆性材料，其力学性能存在明显的不同。材料的力学性能主要通过应力-应变图来反映。

6. 杆件在轴向拉压时，同时产生横向变形和轴向变形。对应的横向线应变与轴向线应变之间的关系为 $\varepsilon' = -\mu\varepsilon$ 。胡克定律是变形体力学中的重要定律，该定律只在弹性范围内成立。

7. 对于静不定问题，仅用独立的平衡方程无法全部求解未知力，需要根据变形协调条件找出补充方程方能求解。

思 考 题

3.1　杆长和横截面面积均相同而截面形状和材料均不同的两个直杆，在相同的轴向外力作用下，二杆横截面上的正应力值是否相同？二杆的轴向变形值又是否相同？从而可得出什么结论？

3.2　从胡克定律 $\Delta l = \dfrac{F_{\mathrm{N}} l}{EA}$ 可以看出，轴向拉（压）杆的变形与轴力和杆长成正比，对胡克定律变形可得：$E = \dfrac{F_{\mathrm{N}} l}{\Delta l A}$，能否说弹性模量 E 与杆所受到的轴力成正比？

3.3　等截面直杆在轴向拉力 F 作用下，测得轴向线应变 $\varepsilon = 0.001\,5$，已知材料的弹性模量 、比例极限 $\sigma_{\mathrm{p}} = 200\ \mathrm{MPa}$，按胡克定律

$$\sigma = E\varepsilon = 2\times 10^5 \times 0.001\,5 = 300\ \mathrm{MPa}$$

算得该杆横截面上的正应力为 300 MPa。问，此结果是否正确？为什么？

3.4　若在受力物体内某点处，已测得 x 和 y 两方向均有线应变，试问在 x 和 y 两方向是否都必定有正应力？若测得仅 x 方向有线应变，则是否 y 方向必无正应力？若测得 x 和 y 方向均无线应变，则是否 x 和 y 方向都必无正应力？

3.5　三种材料的应力-应变曲线分别如图 3.33 中的①、②、③所示，试分析三种材料中哪种材料的弹性模量值最大。

3.6　现有低碳钢及铸铁两种材料，图 3.34 所示结构中，杆 1 和杆 2 分别用哪种材料比较合理？为什么？

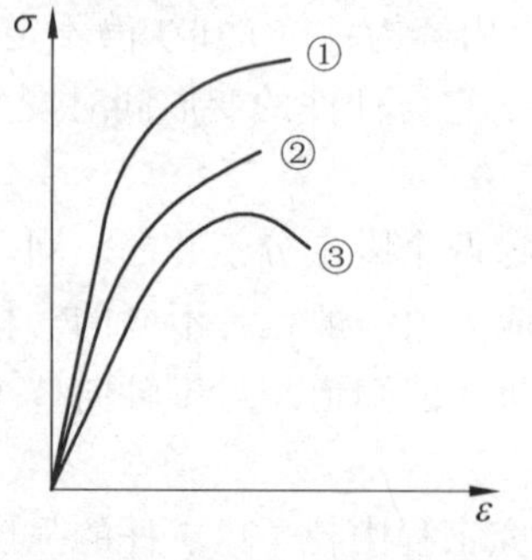

图 3.33

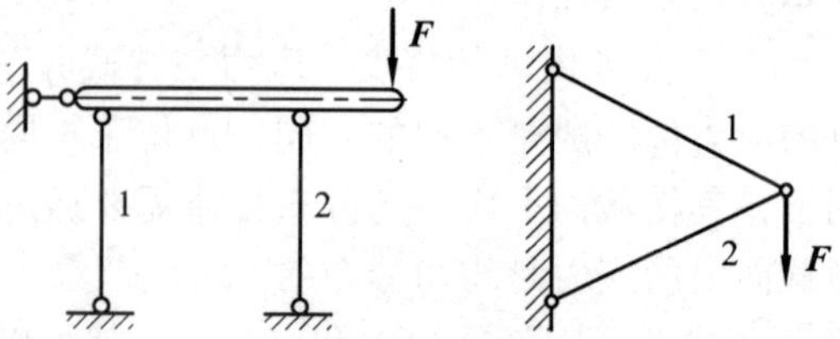

（a）　　（b）

图 3.34

3.7　直径相同的铸铁圆截面杆，可设计成图 3.35（a）和 3.35（b）所示的两种结构形式。试问哪种结构所承受的载荷 F 大？大多少？

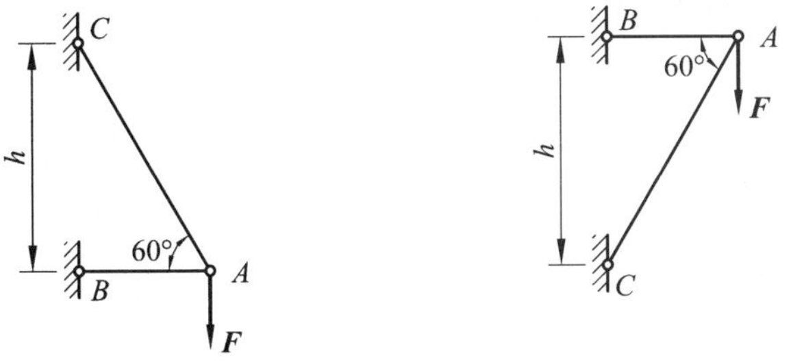

（a）　　　　　　　　（b）

图 3.35

3.8　指出下列概念的区别：

（1）内力与应力；

（2）位移、变形和应变；

（3）弹性变形和塑性变形；

（4）工作应力、极限应力和许用应力。

3.9　试问在低碳钢试样的拉伸图上，试样被拉断时的应力为什么反而比强度极限低？

3.10　由脆性材料制成的承受轴向拉伸的矩形截面杆，若有平行于轴线方向的裂纹，试问杆的强度是否会降低？若裂纹的方向与杆的轴向相垂直，杆的强度是否受到影响？

3.11　同一材料制成的不同构件，其许用应力是否相同？

3.12　为什么一般情形下脆性材料的安全因数要比塑性材料取得大些？

习　题

3.1　试求图中各杆 1-1 和 2-2 横截面上的轴力，并作杆件的轴力图。

3.2　试求如图所示等直杆横截面 1-1，2-2 和 3-3 上的轴力，并作轴力图。若横截面面积 $A = 400\ \text{mm}^2$，试求各横截面上的应力。

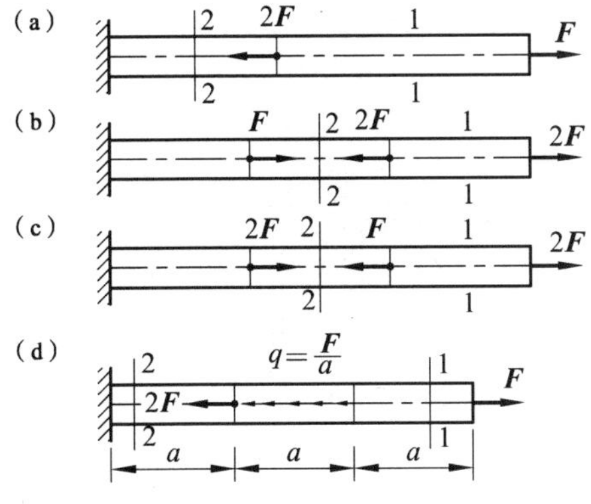

题 3.1 图

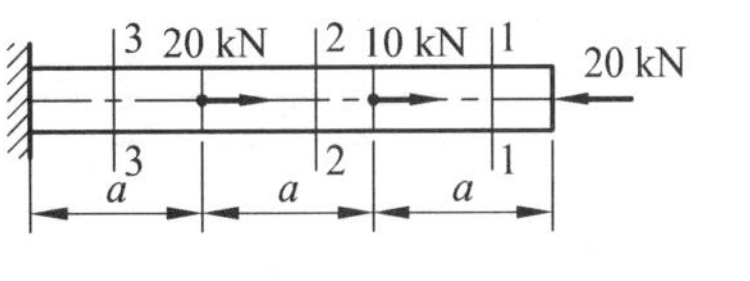

题 3.2 图

3.3　如图所示杆中，$A_1=400\ \text{mm}^2$，$A_2=300\ \text{mm}^2$，试求 1-1 和 2-2 截面上的应力。

3.4　如图所示结构中，AB 为刚性杆，CD 为圆截面木杆，其直径 $d=120\ \text{mm}$，已知 $F=8\ \text{kN}$，试求 CD 杆横截面上的应力。

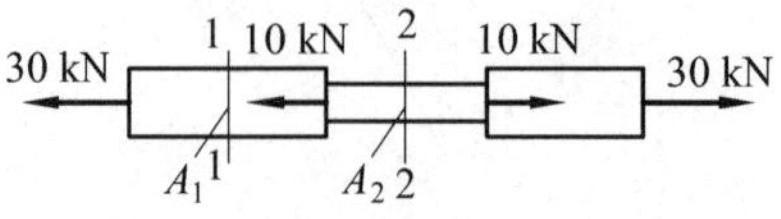

题 3.3 图

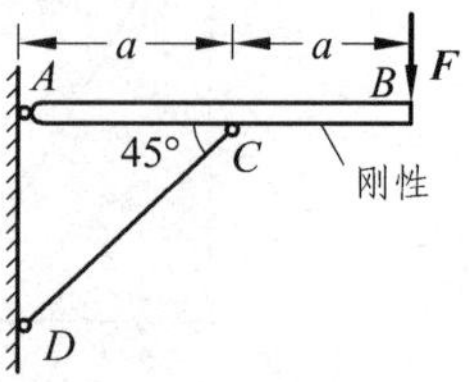

题 3.4 图

3.5　如图所示为一旋臂吊车的简图，斜杆 AB 为直径 $d=20\ \text{mm}$ 的钢杆，载荷 $W=15\ \text{kN}$。当 W 移到 A 点时，求斜杆 AB 横截面上的应力。

3.6　石砌桥墩的墩身高 $l=10\ \text{m}$，其横截面如图所示。载荷 $F=1\ 000\ \text{kN}$，材料的密度 $\rho=2.35\times10^3\ \text{kg}/\text{m}^3$，试求墩身底部横截面上的压应力。

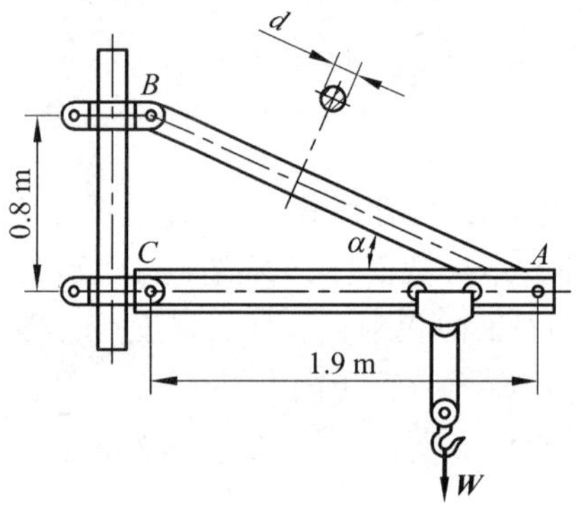

题 3.5 图

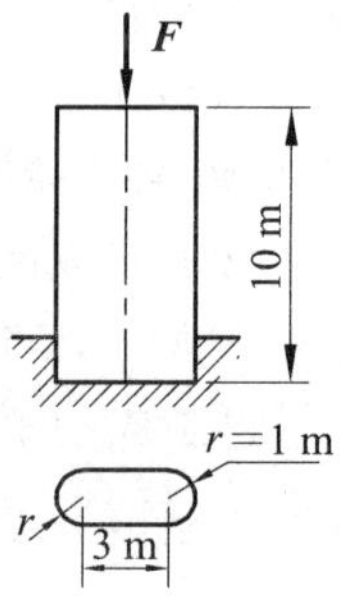

题 3.6 图

3.7　直径为 10 mm 的圆杆，在拉力 $F=10\ \text{kN}$ 的作用下，试求最大切应力，并求与横截面的夹角为 $\alpha=30^\circ$ 的斜截面上的正应力及切应力。

3.8　一等直杆受力如图所示。已知杆的横截面面积 A 和材料的弹性模量 E。试作轴力图，并求杆端点 D 的位移。

3.9　如图所示，图中的 M12 螺栓内径 $d_1=10.1\ \text{mm}$，拧紧后在计算长度 $l=80\ \text{mm}$ 内产生的总伸长为 $\Delta l=0.03\ \text{mm}$。钢的弹性模量 $E=210\ \text{GPa}$。试计算螺栓内的应力和螺栓的预紧力。

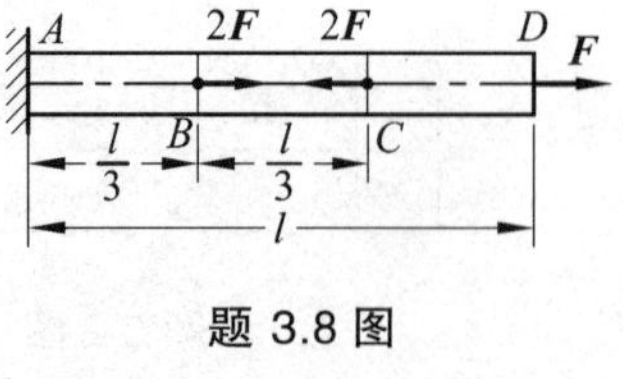

题 3.8 图

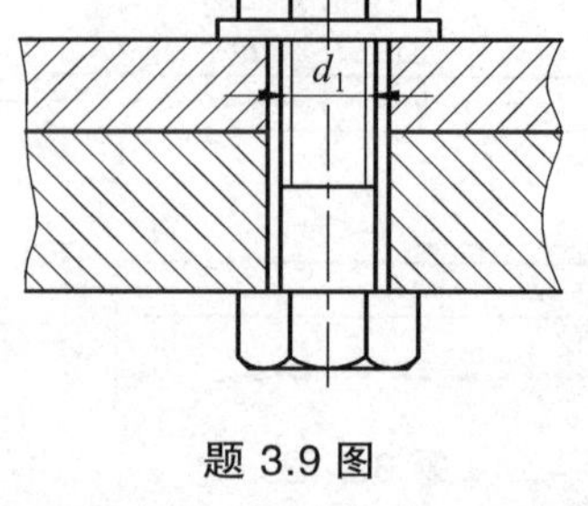

题 3.9 图

3.10　等截面杆承受轴向均布载荷如图所示，q、l、EA 均为已知，试求该杆的伸长量。

3.11　变截面直杆如图所示。已知：$A_1 = 8\ \text{cm}^2$，$A_2 = 4\ \text{cm}^2$，$E = 200\ \text{GPa}$。求杆的总伸长 Δl。

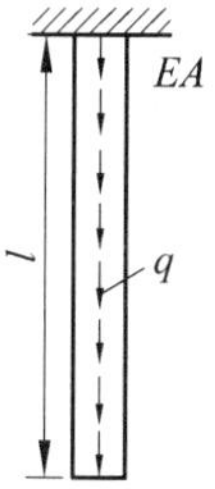

题 3.10 图

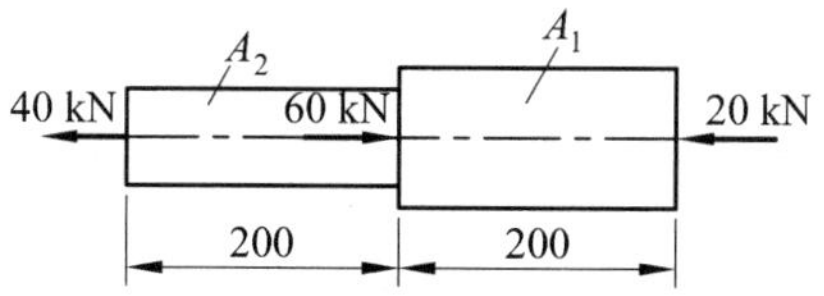

题 3.11 图

3.12　如图所示杆系由钢杆 1 和 2 组成。已知杆端铰接，两杆与铅垂线均成 $\alpha = 30°$ 的角度，长度均为 $l = 2\ \text{m}$，直径均为 $d = 25\ \text{mm}$，钢的弹性模量为 $E = 210\ \text{GPa}$。设在结点 A 处悬挂一重量为 $W = 100\ \text{kN}$ 的重物，试求结点 A 的位移 ΔA。

3.13　如图所示，设 CG 为刚体，BC 为铜杆，DG 为钢杆，两杆的横截面面积分别为 A_1 和 A_2，弹性模量分别为 E_1 和 E_2。如要求 CG 始终保持水平位置，试求 x。

3.14　一木桩受力如图所示。柱的横截面为边长 200 mm 的正方形，材料可认为符合胡克定律，其弹性模量 $E = 10\ \text{GPa}$。如不计柱的自重，试求：

（1）作轴力图；

（2）各段柱横截面上的应力；

（3）各段柱的纵向线应变；

（4）柱的总变形。

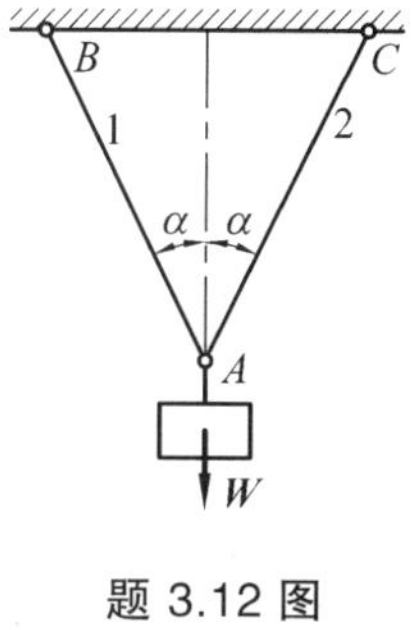

题 3.12 图

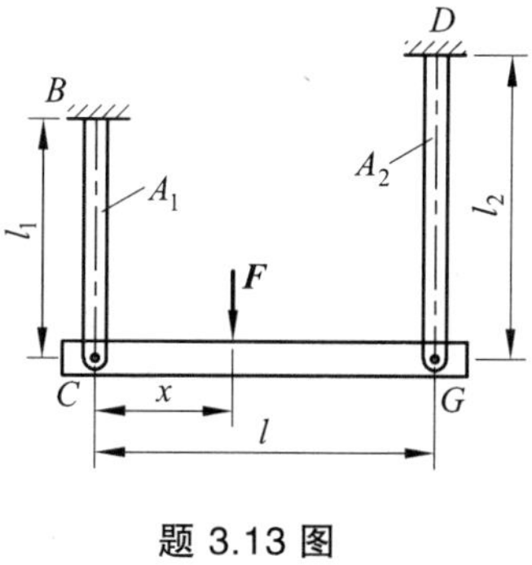

题 3.13 图

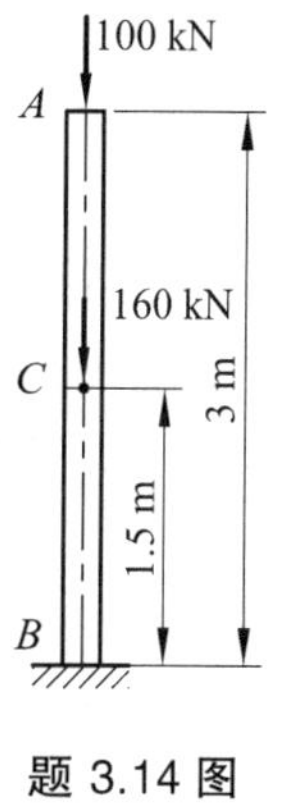

题 3.14 图

3.15　用绳索起吊重物如图所示，已知重物的重量 $W = 10\ \text{kN}$，绳索的直径 $d = 40\ \text{mm}$，材料的许用应力 $[\sigma] = 10\ \text{MPa}$，试校核该绳索的强度。

3.16　如图所示结构，AC 和 BC 均为边长 $a = 60\ \text{mm}$ 的正方形截面木杆，AB 为直径 $d = 10\ \text{mm}$ 的圆形截面钢杆，已知 $P = 8\ \text{kN}$、木材的许用应力 $[\sigma_{木}] = 10\ \text{MPa}$、钢材的许用应力 $[\sigma_{钢}] = 160\ \text{MPa}$，试分别校核木杆和钢杆的强度。

3.17　如图所示结构中，BC 和 AC 都是圆截面直杆，直径均为 $d = 20\ \text{mm}$，材料都是 Q235

钢，其许用应力 $[\sigma]=157\ \mathrm{MPa}$ 。试求该结构的许用载荷。

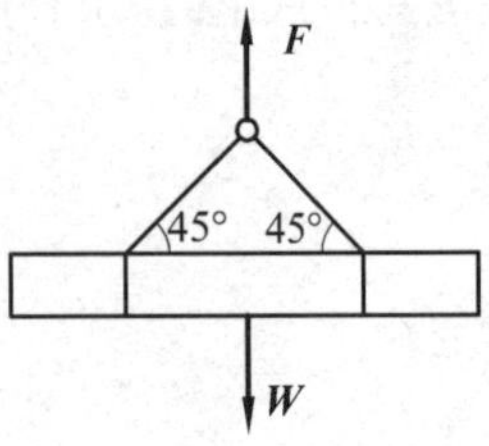

题 3.15 图

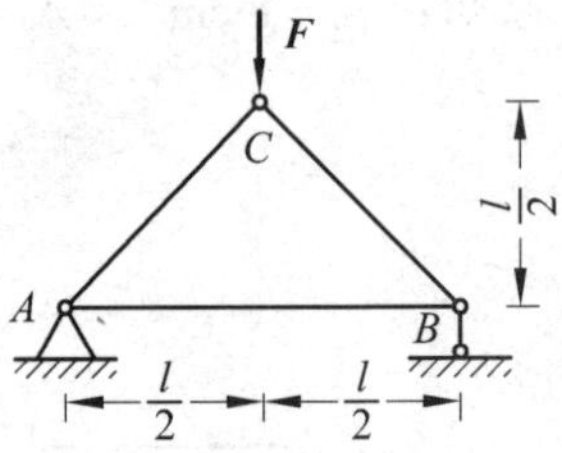

题 3.16 图

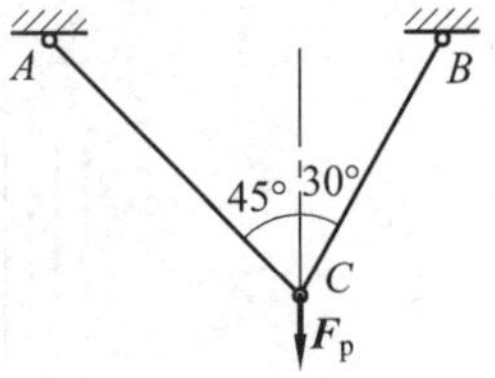

题 3.17 图

3.18　气动夹具如图所示，已知气缸内径 $D=164\ \mathrm{MPa}$ ，缸内气压 $p=0.6\ \mathrm{MPa}$ 。活塞杆材料为 20 钢， $[\sigma]=80\ \mathrm{MPa}$ 。试设计活塞杆的直径 d。

3.19　如图所示结构中，设 AB 和 AC 分别为直径是 20 mm 和 24 mm 的圆截面杆， $E=200\ \mathrm{GPa}$ ， $F=5\ \mathrm{kN}$ 。试求 A 点的垂直位移。

3.20　如图所示受力杆中，F 为轴向外力，杆的抗拉压刚度为 EA，试画出该杆的轴力图。

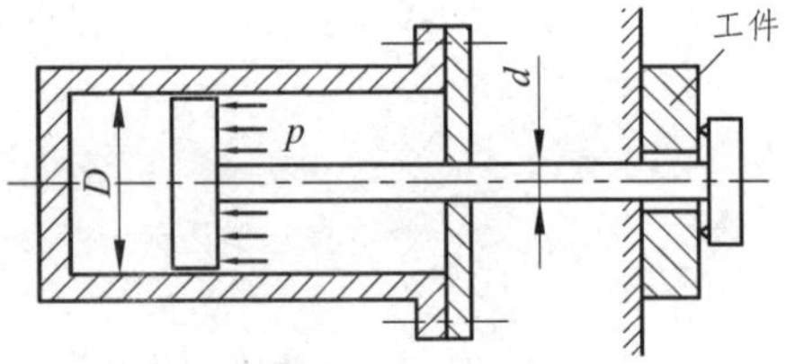

题 3.18 图

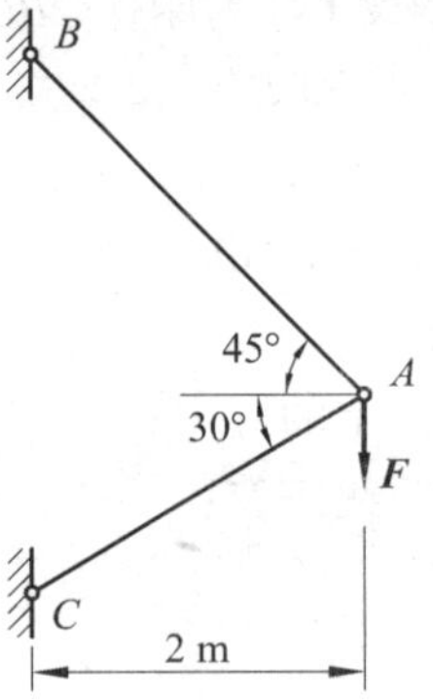

题 3.19 图

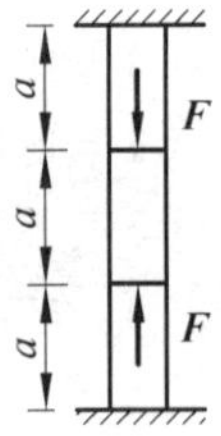

题 3.20 图

3.21　在如图所示结构中，假设 AC 梁为刚杆，杆 1，2，3 的横截面面积相等，材料相同。试求三杆的轴力。

3.22　如图所示，刚杆 AB 悬挂于 1，2 两杆上，1 杆的横截面面积为 $60\ \mathrm{mm}^2$，2 杆为 $120\ \mathrm{mm}^2$，且两杆材料相同。若 $F=6\ \mathrm{kN}$ ，试求两杆的轴力及支座 A 的约束力。

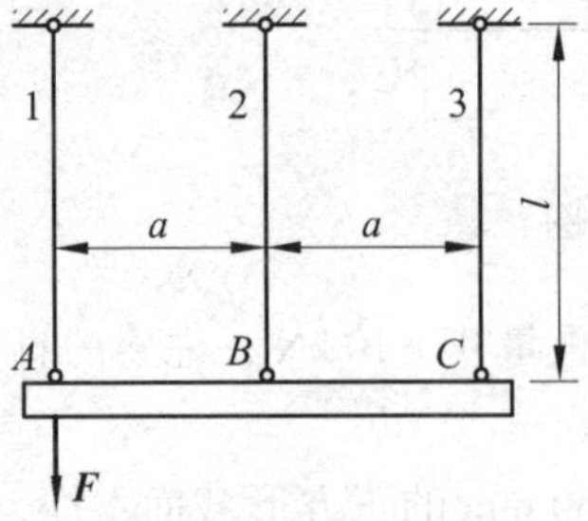

题 3.21 图

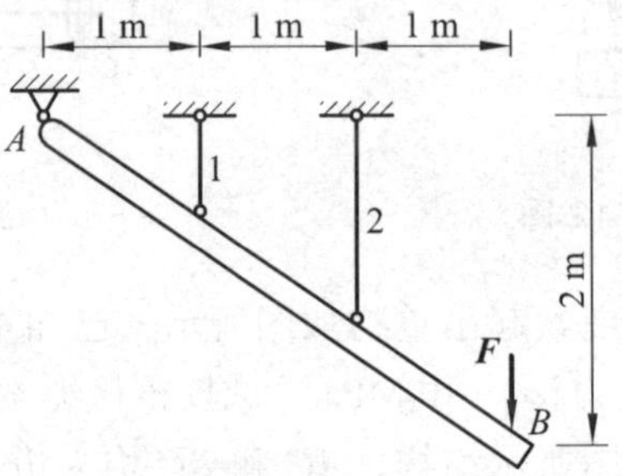

题 3.22 图

第 4 章　剪切和挤压

4.1　工程问题

4.1.1　连接结构简介

一般的工程结构都是由多个构件相互连接、支撑等形式所构成，如厂房、桥梁、航天航空飞行器、石油钻井平台等。本章将主要介绍常见连接结构各个部件的受力形式及其相关应力的实用计算。

连接构件的连接形式多种多样，常用的有：螺栓连接、销钉（轴）连接、铆钉连接、键连接、焊接、榫连接、粘接等。图 4.1 便是几种常见的连接形式。

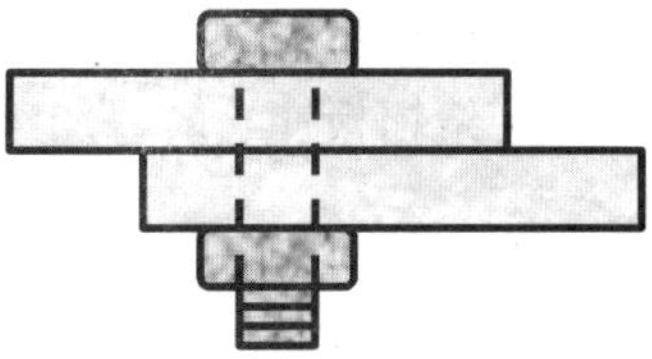

（a）螺栓连接

（b）销轴连接

（c）铆钉连接

（d）平键连接

（e）焊接连接

（f）榫连接

图 4.1　几种常见的连接形式

在工程中，常把在构件连接处起连接作用的部件，称为**连接件**。例如：螺栓、铆钉、键等。连接件虽小，但却起着传递载荷的重要作用。

连接结构的失效形式主要有以下几种：连接件的剪切破坏失效、连接件与被连接件件的挤压失效、被连接间的拉伸失效等。

4.1.2 剪切与挤压的基本概念

剪切与挤压是日常生活中常见的受力形式，下面对它们及涉及的基本概念作一个简单介绍。

1. 剪切的基本概念

以螺栓为例对受剪切作用的构件进行受力分析。如图 4.2（b）所示，构件上受到的载荷是一对平行力系，构件保持平衡。显然，螺栓的长度较短，所以此时的力系可以简化为一对作用线相距很近且方向相反的集中力。在这对集中力的作用下，螺栓发生了变形，其变形方向是沿集中力之间的横截面［图 4.2（c）］。其他连接件受剪切作用时受力状况及变形情况都和螺栓类似，图 4.3、图 4.4 分别是键连接结构和销钉连接结构受剪切作用时的受力分析简图。除了连接结构可能会受到剪切作用外，其他一些情况也会有剪切现象发生，如剪床在剪切钢筋、钢板等构件时，用剪刀剪东西时，压力成形加工时，冲床给钢板冲孔时，图 4.5 即是钢筋在剪床上受剪切作用时的受力分析简图。

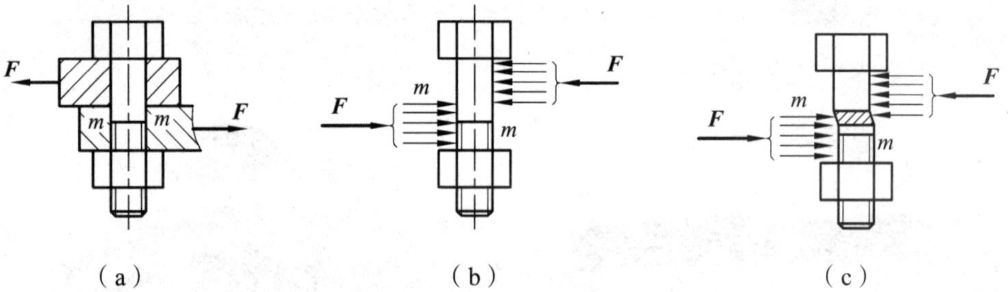

图 4.2 螺栓连接结构受剪切作用时的受力分析简图

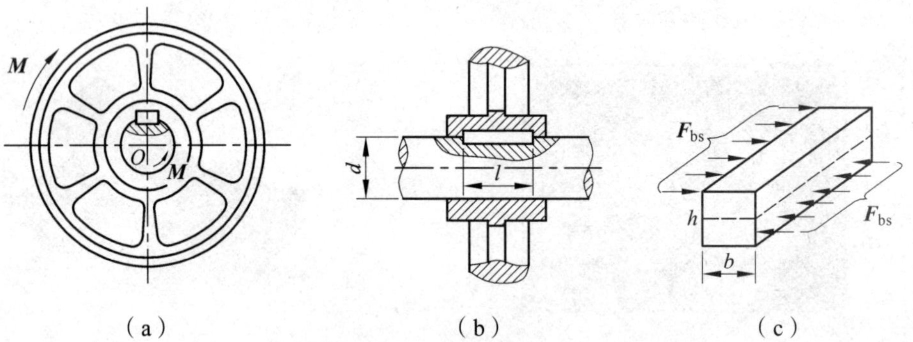

图 4.3 键连接结构受剪切作用时的受力分析简图

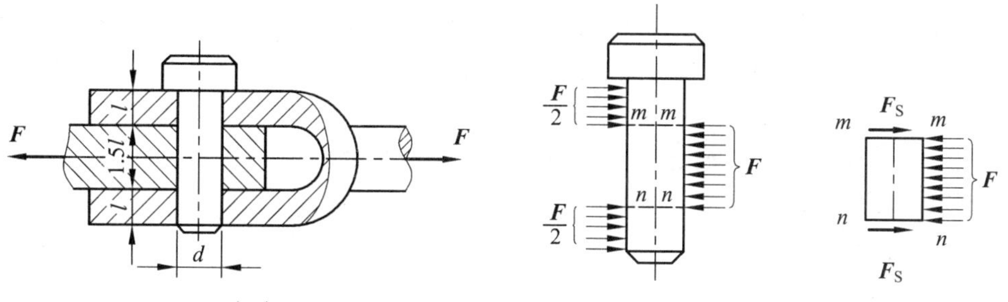

（a）　　　　（b）　　　　（c）

图 4.4　销钉连接结构受剪切作用时的受力分析简图

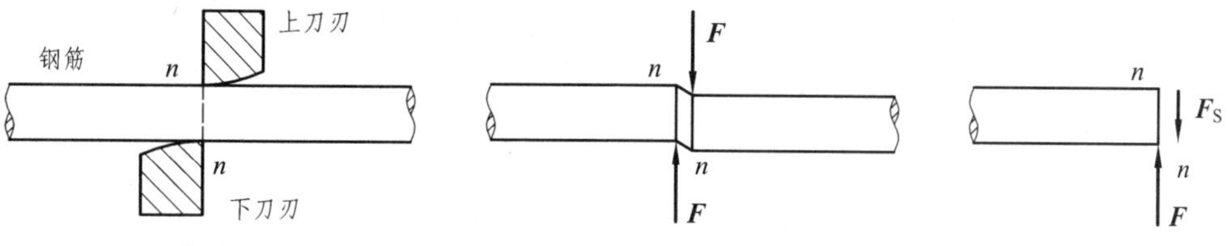

（a）　　　　（b）　　　　（c）

图 4.5　钢筋在剪床上受剪切作用时的受力分析简图

从图 4.2 ~ 4.5 可以发现，当构件承受剪切作用时，其受力和变形具有如下共同特点：

受力：作用在构件两侧面上外力的合力大小相等、方向相反，且作用线相距很近；

变形：两力作用线间的截面发生相对错动。

人们把构件的这种变形称为剪切切变形，发生相对错动的平面称为剪切面，剪切面上的内力与横截面相切，一般用 $\boldsymbol{F}_S$ 表示。剪切面平行于作用力的方向，是构件易发生损坏的部位，是校核受剪构件的关键部分。继续增大外力，剪切面变形程度就会增加，当外力增加到一定数值时，受剪构件就会沿剪切面剪断，从而发生破坏。

在连接件中，将仅有一个剪切面的称为单剪切（见图 4.2）；具有两个剪切面的称为双剪切（见图 4.4）。

在板件的铆接中，搭接的拉连接件为单剪切，对接的连接件是单盖板时为单剪切，对接的连接中是双盖板为双剪切。

由于所发生的剪切变形仅仅发生在力作用区域的附近，因此，实际的剪切应力分布情况非常复杂，要从理论上计算它们的工作应力往往非常困难，故在工程实际中设计这类构件时，通常是采用经过简化的实用计算方法。

2. 挤压的基本概念

对于承受剪切的连接件，除了受到剪切作用外，还常常同时受到挤压的作用。所谓的挤压是指：在外力作用下，连接件和被连接的构件之间，必将在接触面上相互压紧的这种现象。如图 4.2 中的螺栓，当发生剪切变形时，它与钢板接触的侧面上同时发生局部受压的现象；图 4.3 中的键，在连接结构转动过程中，键右侧的下半部分与轴槽压紧，左侧的上半部分则与轮毂槽压紧；又如图 4.4 中的销钉，在受剪切作用的同时，销钉与销孔壁之间还有压力 $\boldsymbol{F}$ 的作用，导致接触表面相互压紧。

这种在外力作用下，连接件和被连接的接触表面相互压紧，使表面局部受压的现象称为**挤压**，如图 4.6。两构件相互压紧的表面称为挤压面，作用于挤压面上的压力称为挤压力，

一般以 F_{bs} 表示；由于挤压作用在挤压面上引起的应力，称为**挤压应力**，一般以 σ_{bs} 记之。若挤压应力过大，就会使接触处的局部表面发生塑性变形，导致构件发生损坏。其中破坏的可能形式有：

① 钢板上的圆孔被挤压成长圆孔（如图 4.6（b）所示）；

② 铆钉的侧面被压溃；

③ 前两者同时发生。

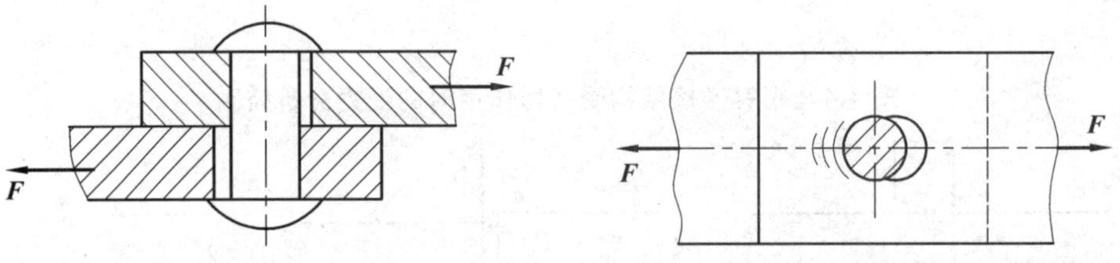

图 4.6　连接件挤压示意图

挤压应力与压缩应力的作用情况是不同的，挤压应力只分布于两构件相互接触的局部区域内，即只在挤压面的表层内挤压应力才具有较大的数值，如果离挤压面稍远，挤压应力就会迅速减小，再远的区域就可以忽略不计；而前述的压缩应力则是分布在整个构件内部的，在考虑强度校核时要对整个构件进行分析。在工程实际中，往往由于挤压应力过大，挤压面产生过大的塑性变形，使构件连接松动而不能正常工作。

4.1.3　剪切与挤压的实用举例

1. 地质构造运动

在地球板块学说中，以全球强烈地震活动带及大洋中脊海岭为边界，将全球地壳分为七大板块活动单元，以地幔对流为原动力，以洋底扩张、洋壳俯冲及转换断层为主要构造活动形式，来概括论述全球地质构造运动，这些地质构造运动就包括各个板块间的碰撞、挤压、错动（剪切）等，相应表现出来的现象有地震、火山爆发、山脉长高等。

地震作为一种常见的地质构造运动，据统计，世界上每年发生约 500 万次地震，人能感觉到的约有 5 万次，破坏性地震 18 次。这些地震中除少数的局部地震，即所谓的内陆直下型地震外，95% 的地震发生的原因和位置用板块构造学说均可得到圆满的解答。

按照板块学说的解释，由于板块分界线处板块顶端部分相互挤压、碰撞、拖曳、摩擦等导致岩石中产生应力（静挤压力），其应力以岩石弹性的形式储存积累，当应力超过岩石弹性极限后，岩石以突然断裂、破碎、错位为契机，立即发生回弹，释放原积累的弹性应力，产生地震。一处应力的突然释放，必然引起附近上下岩石应力的改变，再通过一段时间余震以达到新的力学平衡。因而，是挤压引起了岩石断裂，突然断裂引起了地震。这就是构造地震成因的“断层回弹”说或称为“弹性回弹”说。此学说比较科学地揭示了构造地震的发生机制。

2. 等径角挤压

超细晶材料具有一系列优异的物理性能和力学性能，如何获得超细晶材料，从而为提高材料的综合性能，发展新材料和改善传统材料性能创造有利条件是目前材料科学家们十分关注的问题。等径角挤压（equal channel angular pressing，简称ECAP技术），能明显地细化多晶材料的晶粒，获得超细晶结构（亚微米级或纳米级）材料，近年来已引起材料科学家的广泛关注。等径角挤压是一种以纯剪切方式实现块体材料大塑性变形的金属成形工艺。等径角挤压在不改变材料横截面积和横截面形状的条件下，只经过数次变形所产生的剪切应变量就相当于正应力作用下完成 100∶1 甚至 1 000∶1 压下率的累积应变量。

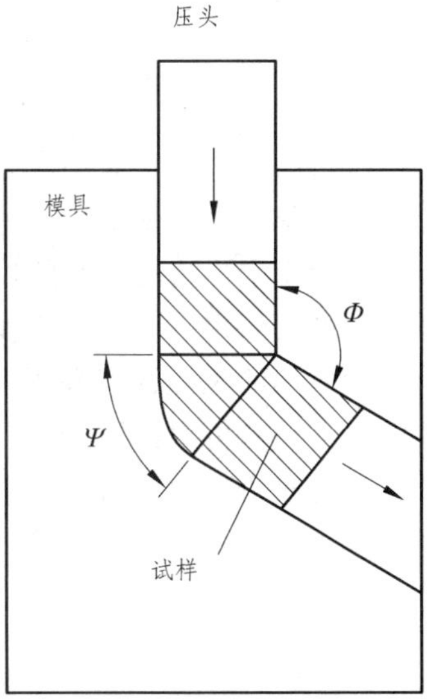

图 4.7　等径角挤压的工艺原理

等径角挤压在一个特别设计的模具中进行，如图 4.7 所示。模具包括两个横截面相等，相互交叉的通道，两通道在模具内交叉的内角为 Φ，外角为 Ψ。在等径角挤压过程中，与模具中的通道紧密配合且与模壁润滑良好的试样在压力 P 的作用下，向下挤压，当通过两通道的交叉处时，试样经受近似理想的纯剪切变形。由于试样在每次挤压前后有相同的横截面积和横截面积形状，因此可多次挤压以获得理想的剪切应变量。

4.2　剪切实用计算

4.2.1　剪切应力的计算

要获得剪切面上的应力，应当首先考查剪切面上的内力。当构件受剪切作用时，在剪切面上自然要产生内力，内力的大小和方向可用截面法求得。还是以螺栓受力为例，如图 4.8 所示。利用截面法将螺栓沿剪切面 m—m 截开，取其中的一部分为研究对象（本例取下半部分），由平衡条件可知，螺栓上半部分对下半部分的作用力的合力与外力 $\boldsymbol{F}$ 是一对平衡力，它们大小相等、方向相反、作用线相互平行，该力 $\boldsymbol{F}_S$ 与剪切面 m—m 相切，称之为**剪力**。

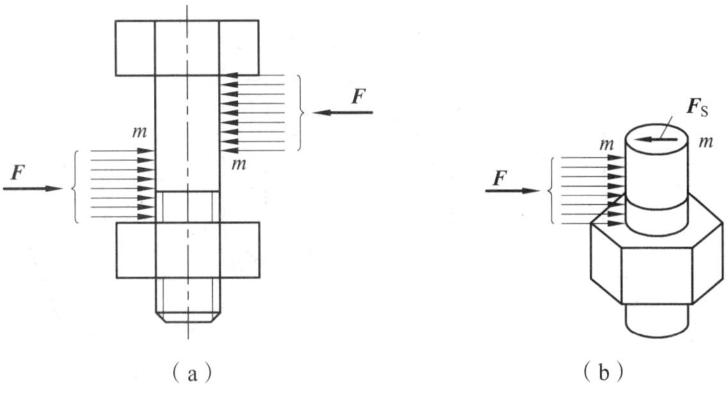

图 4.8　截面法求取剪力示意图

根据平衡条件可知，为保持下半部分螺栓的平衡，作用在剪切面上的内力 F_S 与外力 F

平衡，运用平衡方程可求出内力即剪力的大小为

$$F_S = F \tag{4.1}$$

虽然已经求得了剪切内力，但还不能对直接求取剪切应力，因为还不知道剪切面上的应力分布情况。一般情况下，剪力在剪切面上的分布是很复杂的，像螺栓在外力的作用下不仅发生剪切变形，还有微小的拉伸变形、弯曲变形等。如果进行精确计算，难度很大，但由于螺栓长度比较短、剪切面比较小，所以发生的拉伸变形、弯曲变形可以忽略不计，所以常采用较为实用的工程计算方法。此时只考虑连接件的主要变形——剪切变形，可以认为这时的剪切面上只有剪力作用，面且剪力在剪切面上是均匀分布的。因此，剪切面上的剪切应力（通常称为**切应力**或**剪应力**）大小为：

$$\tau = \frac{F_S}{A} \tag{4.2}$$

式中，τ为切应力；F_S为剪切面上的剪力；A为受剪构件的剪切面面积。

切应力τ的单位与正应力一样，用 MPa（N/mm^2）或 Pa（N/m^2）来表示。

注意，利用式（4.2）得出的切应力数值，实际上是平均切应力、是以剪切面上的剪力均匀分布这一假定为前提的，故又称为**名义切应力**，名义切应力实际上就是剪切面上的平均切应力。

4.2.2 剪切应变的计算

为分析物体受剪力作用后的变形情况，从剪切面上取一直角六面体分析。如图 4.9 所示，在剪力作用下，相互垂直的两平面夹角发生了变化，即不再保持直角，则此角度的改变量γ称为**切应变**、又称**剪应变**。它是对剪切变形的一个度量标准，通常用弧度（rad）来度量。在小变形情况下，γ可用$\tan\gamma$来近似，即

$$\gamma \approx \tan\gamma = \frac{ee'}{ae} = \frac{ff'}{bf}, \quad ae = bf = dx \tag{4.3}$$

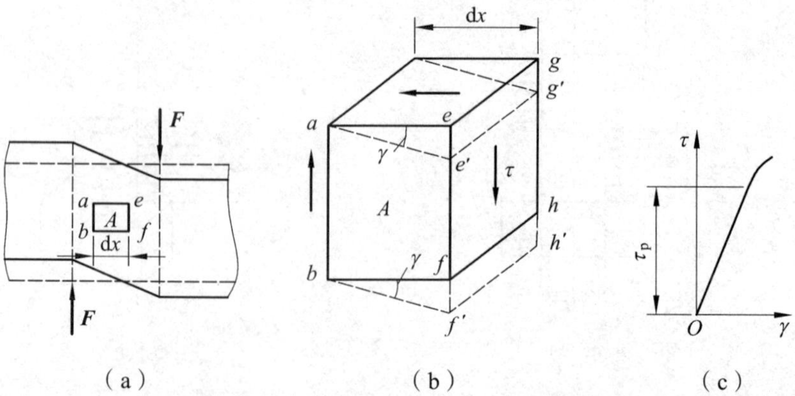

图 4.9 物体受剪力作用、作用后的变形以及剪切应力应变关系示意图

4.2.3 剪切强度计算

1. 切应力互等定理简介

在受力物体中，我们可以围绕任意一点，用 6 个相互垂直的平面截取一个边长为 dx，dy，dz 的微小正六面体，作为研究的单元体（如图 4.10 所示）。在单元体中的相互垂直的两个平面上，切应力（绝对值）的大小相等，它们的方向不是共同指向这两个平面的交线，就是共同背离这两个平面的交线。即

$$\tau = \tau'$$

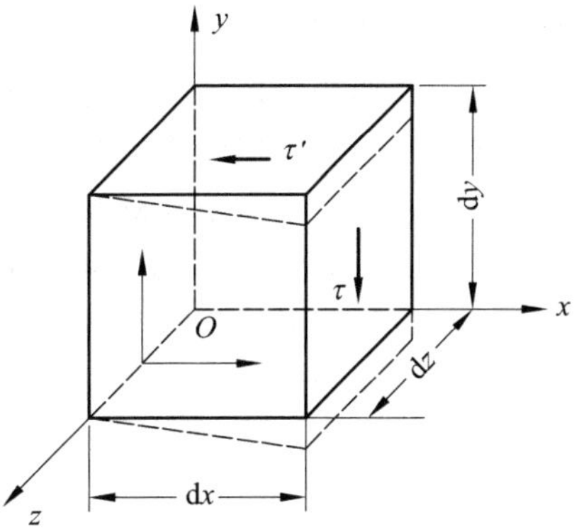

图 4.10　单元体示意图

2. 剪切胡克定律

通过实验可以获得剪切应力与应变的关系曲线，如图 4.9（c）所示。实验证明：当切应力不超过材料的剪切比例极限 τ_p 时，切应力 τ 与剪应变 γ 成正比例，这就是剪切胡克定律，可以写为

$$\tau = G\gamma \tag{4.4}$$

式中的比例常数 G 称为材料的剪切弹性模量。它的常用单位是 GPa。钢的剪切弹性模量 G 值约为 80 GPa。对于各向同性材料，G 值可由下式得出

$$G = \frac{E}{2(1+\mu)} \tag{4.5}$$

3. 剪切强度计算

（1）剪切强度条件。

剪切强度条件就是使构件的实际切应力不超过材料的许用切应力。

$$\tau = \frac{F_s}{A} \leqslant [\tau] \tag{4.6}$$

这里 $[\tau]$ 为许用切应力，单位为 Pa 或 MPa。

由于切应力并非均匀分布，式（4.2）、（4.6）算出的只是剪切面上的平均切应力，所以在使用实验的方式建立强度条件时，应使试件受力尽可能地接近实际连接件的情况，以确定试样失效时的极限载荷 τ_0，再除以安全系数 n，得许用切应力 $[\tau]$。

$$[\tau] = \frac{\tau_0}{n} \tag{4.7}$$

各种材料的剪切许用应力应尽量从相关规范中查取。

一般来说，材料的剪切许用应力 $[\tau]$ 与材料的许用拉应力 $[\sigma]$ 之间，存在如下关系：

对塑性材料

$$[\tau] = (0.5 \sim 0.6)[\sigma]$$

对脆性材料

$$[\tau] = 0.8 \sim 1.0[\sigma]$$

（2）剪切实用计算。

剪切计算相应地也可分为强度校核、截面设计、确定许可载荷等三类问题，这里就不展开论述了。但在剪切计算中要正确判断剪切面积，在铆钉连接中还要正确判断单剪切和双剪切。下面通过几个简单的例题来说明。

例题 4.1　图 4.11（a）所示电瓶车挂钩中的销钉材料为 20 钢，$[\tau]=30\ \text{MPa}$，直径 $d=20\ \text{mm}$。挂钩及被连接板件的厚度分别为 $t=8\ \text{mm}$ 和 $t_1=12\ \text{mm}$。牵引力 $F=15\ \text{kN}$。试校核销钉的剪切强度。

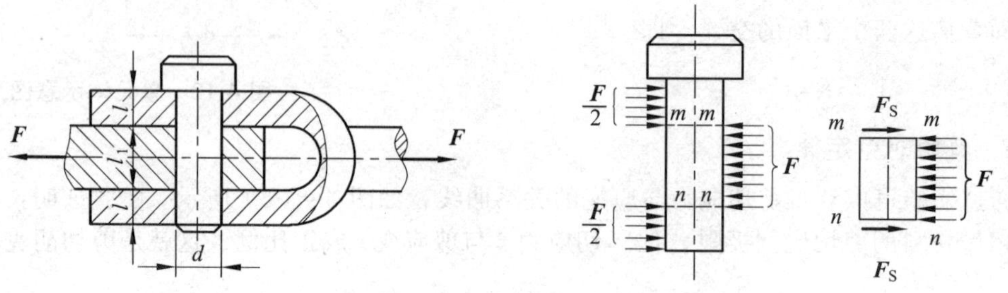

（a）　　　　（b）

图 4.11　例题 4.1 图

解： 销钉受力如图 4.11（b）所示。根据受力情况，销钉中段相对于上、下两段沿 m—m 和 n—n 两个面向左错动。所以有两个剪切面，是一个双剪切问题。由平衡方程容易求出

$$F_S=\frac{F}{2}$$

销钉横截面上的切应力为

$$\tau=\frac{F_S}{A}=\frac{15\times10^3}{2\times\frac{\pi}{4}(20\times10^{-3})^2}=23.9\ \text{MPa}<[\tau]$$

故销钉满足剪切强度要求。

例题 4.2　如图 4.12 所示冲床，$F_{max}=400\ \text{kN}$，冲头 $[\sigma]=400\ \text{MPa}$，冲剪钢板的极限切应力 $\tau_b=360\ \text{MPa}$。试设计冲头的最小直径及钢板最大厚度。

解：（1）按冲头压缩强度计算 d。

$$\sigma=\frac{F_{max}}{A}=\frac{F_{max}}{\frac{\pi d^2}{4}}\leqslant[\sigma]$$

所以

$$d\geqslant\sqrt{\frac{4F_{max}}{\pi[\sigma]}}=\sqrt{\frac{4\times400\times10^3}{\pi\times400\times10^6}}=0.034\ \text{m}=34\ \text{mm}$$

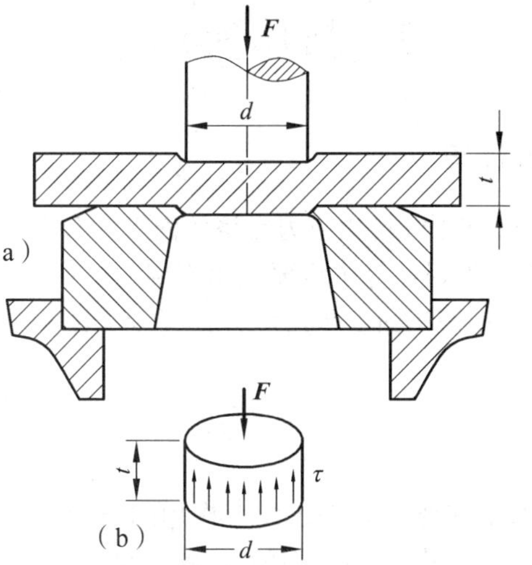

图 4.12　例题 4.2 图

（2）按钢板剪切强度计算 t。

钢板的剪切面是直径为 d 高为 t 的柱表面。

$$\tau = \frac{F_S}{A} = \frac{F_{max}}{\pi d t} \geqslant \tau_b$$

所以

$$t \leqslant \frac{F_{max}}{\pi d \tau_b} = \frac{400 \times 10^3}{\pi \times 3.4 \times 10^{-2} \times 360 \times 10^6} = 0.010\ 4\ \text{m} = 10.4\ \text{mm}$$

例题 4.3　如图 4.13 所示螺钉受轴向拉力 $\boldsymbol{F}$ 作用，已知 $[\tau] = 0.6[\sigma]$，求其 $d : h$ 的合理比值。

解： 螺杆承受的拉应力小于等于许用应力值

$$\sigma = \frac{F_N}{A} = \frac{4F}{\pi d^2} \leqslant [\sigma]$$

螺帽承受的切应力小于等于许用切应力值

$$\tau = \frac{F_S}{A} = \frac{F}{\pi d h} \leqslant [\tau]$$

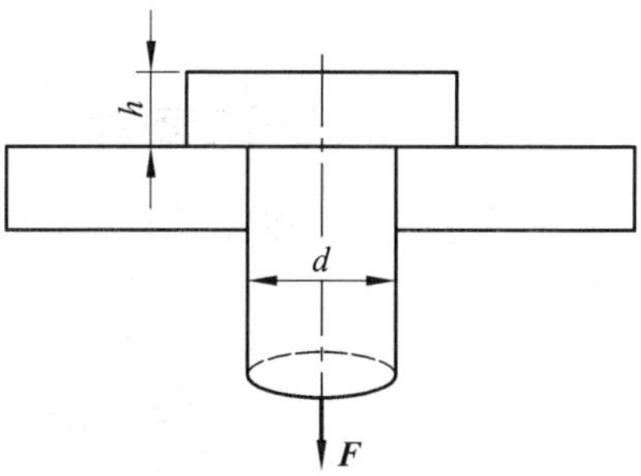

图 4.13　例题 4.3 图

当 σ、τ 同时分别达到 $[\sigma]$、$[\tau]$ 时，材料的利用最合理，即

$$\frac{F}{\pi d h} = 0.6 \frac{4F}{\pi d^2}$$

所以可得

$$d : h = 2.4$$

4.3 挤压实用计算

4.3.1 挤压应力的计算

挤压面上的应力称为挤压应力。挤压应力在挤压面上的分布情况也比较复杂，与接触方式、接触面的形状等有关，所以在工程计算中也要采用实用的计算方法，即先假定挤压应力在挤压面上是均匀分布的。以 F_{bs} 表示挤压面上传递的力，A_{bs} 表示挤压面积，于是挤压应力为

$$\sigma_{bs}=\frac{F_{bs}}{A_{bs}} \tag{4.8}$$

在求取挤压应力时，除了需要知道挤压面上作用的外力外，还必须知道挤压面积。当连接件之间的接触面为平面时，公式（4.8）中的 A_{bs} 就是接触面的画积［见图 4.14（a）］；当接触面为圆柱面时（如销钉、铆钉等钉与孔间的接触面），挤压应力的分布情况十分复杂、最大应力在圆柱面的中点，在实用计算中，以圆孔或圆柱的直径平面面积为**计算面积**［即图 4.14（d）中画阴影线的面积］。

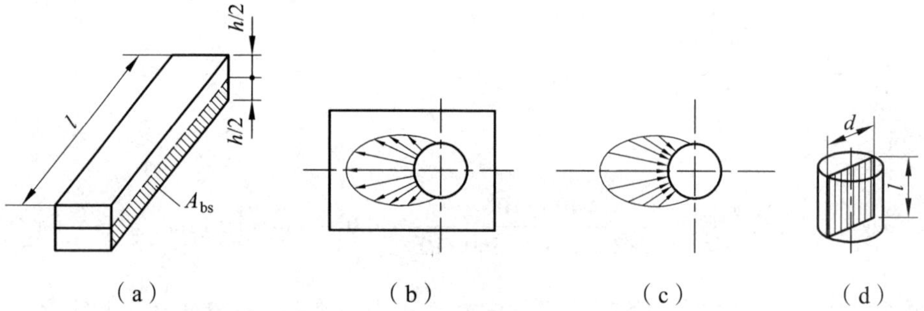

图 4.14　挤压面积示意图

4.3.2 挤压强度条件

对于连接件，在工程上除了进行剪切强度计算外，还需进行挤压强度计算。挤压强度计算公式为

$$\sigma_{bs}=\frac{F_{bs}}{A_{bs}}\leqslant[\sigma_{bs}] \tag{4.9}$$

式中 $[\sigma_{bs}]$ 为材料的许用挤压应力，其值可查有关的设计手册而得。对于钢材，其许用挤压应力一般可按下式计算

$$[\sigma_{bs}]=(1.7\sim2.0)[\sigma_y] \tag{4.10}$$

$[\sigma_y]$ 为材料的许用压应力。上式说明钢材的许用挤压应力远远超过许用压应力，这进一步证明挤压和压缩是两个不同的概念。值得注意的是：由于挤压是两个构件之间的作用，当两个构件材料不同时，$[\sigma_{bs}]$ 应取两者中的低值。

4.3.3 挤压的实用计算

例题 4.4 图 4.15 表示齿轮用平键与轴连接。已知轴的直径 $d=70$ mm，键的尺寸为 $b\times h\times l=20\ \text{mm}\times12\ \text{mm}\times100\ \text{mm}$，传递的扭转力偶矩 $M_e=2\ \text{kN}\cdot\text{m}$，键的许用应力 $[\tau]=60$ MPa，$[\sigma_{bs}]=100$ MPa。试校核键的强度。

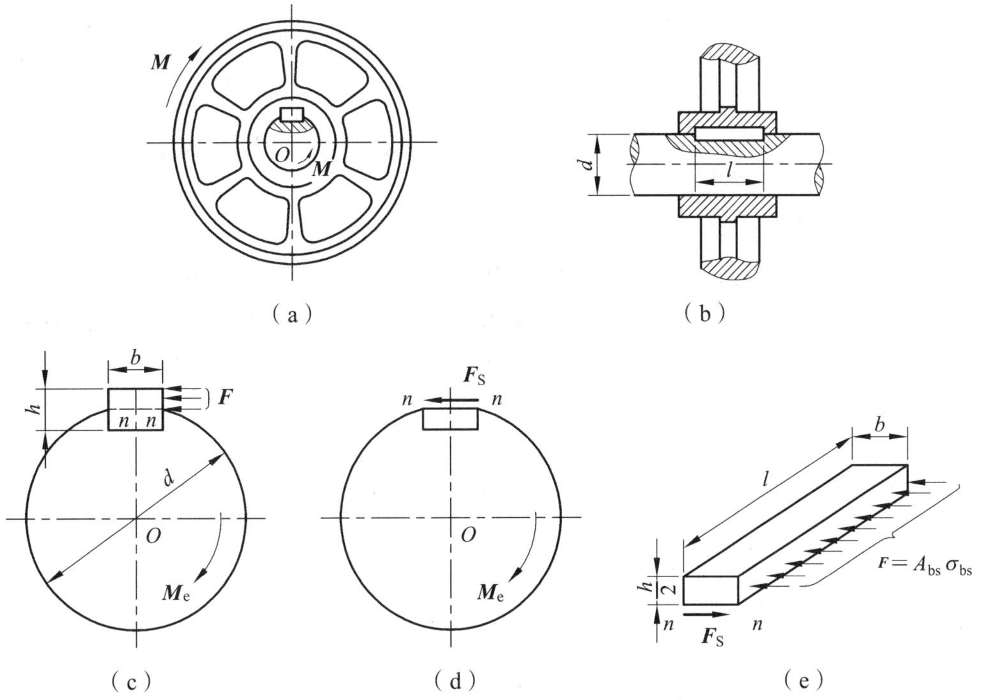

图 4.15 例题 4.4 图

解：（1）校核键的剪切强度。

将平键沿 n—n 截面分成两部分，并把 n—n 以下部分和轴作为一个整体考虑［图 4.15（d）］。因为假设在 n—n 截面上切应力均匀分布，故 n—n 截面上的剪力 $\boldsymbol{F}_S$ 为

$$F_S=A\tau=bl\tau$$

对轴心取矩，由平衡方程 $\sum M_o=0$，得

$$F_S\cdot\frac{d}{2}=bl\tau\cdot\frac{d}{2}=M_e$$

故有

$$\tau=\frac{2M_e}{bld}=\frac{2\times2\ 000}{20\times100\times70\times10^{-9}}=28.6\times10^6\ \text{Pa}=28.6\ \text{MPa}<[\tau]$$

可见平键满足剪切强度条件。

（2）校核键的挤压强度。

考虑键在 n—n 截面以上部分的平衡［图 4.15（e）］，在 n—n 截面上的剪力 $F_S=bl\tau$，右侧面上的挤压力为

$$F_{bs}=\sigma_{bs}A_{bs}=\frac{h}{2}l\sigma_{bs}$$

投影于水平方向，由平衡方程得

$$F_S=F \quad 或 \quad bl\tau=\frac{h}{2}l\sigma_{bs}$$

由此可得

$$\sigma_{bs}=\frac{2b\tau}{h}=\frac{2\times20\times10^{-3}\times28.6\times10^{6}}{12\times10^{-3}}=95.3\times10^{6}\ \text{Pa}=95.3\ \text{MPa}<[\sigma_{bs}]$$

故平键也满足挤压强度的要求。

例题 4.5 图 4.16（a）所示的螺栓连接中，已知：盖板厚度 $\delta_1=10\ \text{mm}$；主板厚度 $\delta_2=20\ \text{mm}$；板宽均为 $b=150\ \text{mm}$；螺栓直径 $d=27\ \text{mm}$。螺栓的许用切应力 $[\tau]=135\ \text{MPa}$；钢板材料为 Q235 钢，许用挤压应力 $[\sigma_{bs}]=305\ \text{MPa}$，许用拉应力 $[\sigma]=170\ \text{MPa}$。若 $F=313\ \text{kN}$，试校核该接头的强度。

解：（1）受力分析。

因为螺栓直径相同，且外力作用线通过螺栓群的几何中心，故可假设每个螺栓受力均相等。据此，可画出螺栓、主板、盖板的受力图分别如图 4.16（d）、（b）、（e）所示。

（2）螺栓的剪切强度校核。

由图 4.16（d）可见，螺栓有两个剪切面，为双剪，利用截面法可求得剪力为

$$F_S=\frac{F}{6}$$

把上式代入（4.6）式，得

$$\begin{aligned}\tau&=\frac{F_S}{A}=\frac{F/6}{\pi d^2/4}=\frac{2F}{3\pi d^2}=\frac{2\times313\times10^{3}}{3\times\pi\times27\times10^{-3}}\\&=91.1\times10^{6}\ \text{Pa}=91.1\ \text{MPa}<[\tau]\end{aligned}$$

（3）螺栓连接的挤压强度校核。

因为主板的挤压力和挤压面面积均为盖板的 2 倍，故它们的挤压应力相等。由（4.9）式并按主板计算得

$$\begin{aligned}\sigma_{bs}&=\frac{F_{bs}}{\delta_2 d}=\frac{F/3}{\delta_2 d}=\frac{313\times10^{3}}{3\times20\times10^{-3}\times27\times10^{-3}}\\&=193.2\times10^{6}\ \text{Pa}=193.2\ \text{MPa}<[\sigma_{bs}]\end{aligned}$$

（4）连接板的抗拉强度校核。

主板和盖板的轴力图分别如图 4.16（c）和图 4.16（f）所示。根据轴力图和截面尺寸可知，危险截面可能为图 4.16（b）中的 1—1、2—2 和图 4.16（e）中的 3—3 截面，应分别进行校核。

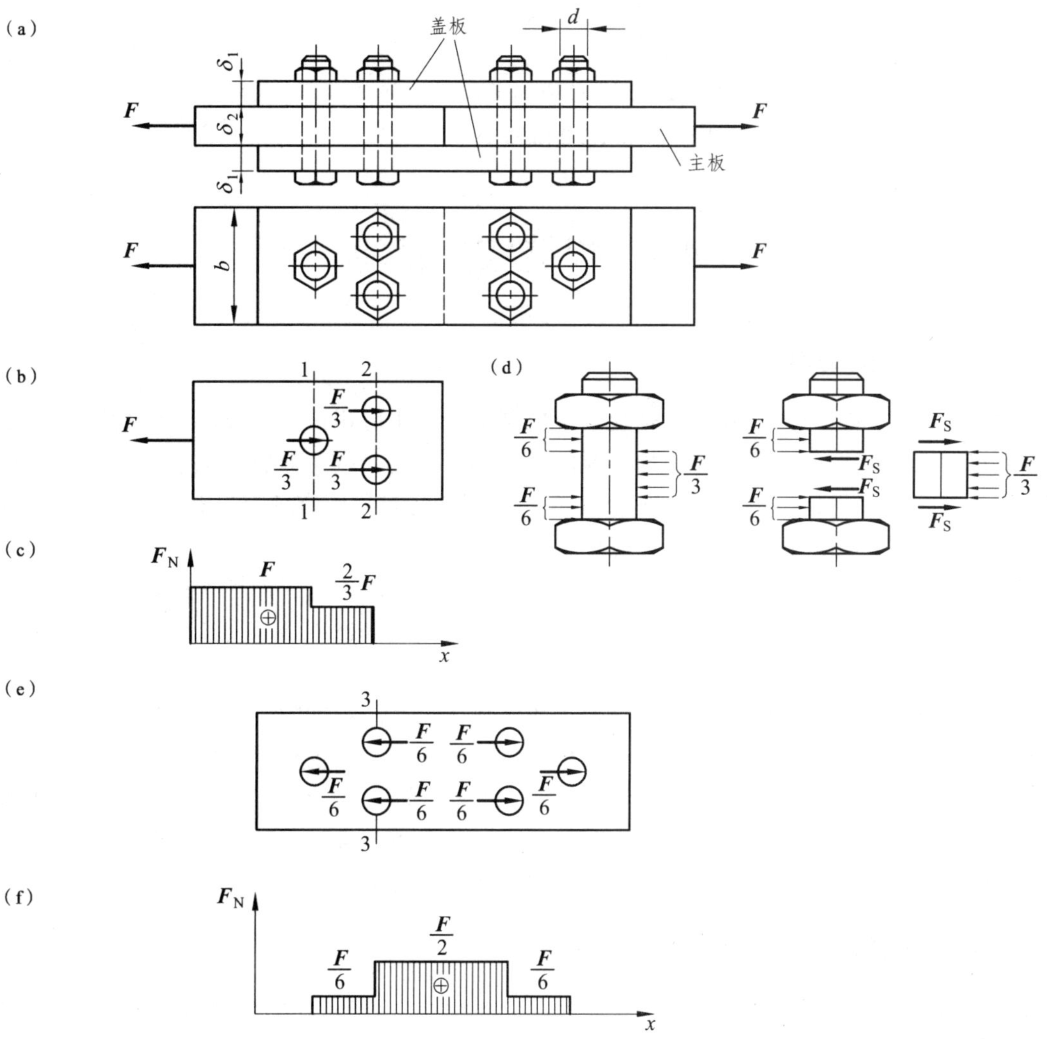

图 4.16　例题 4.5 图

主板 1—1 截面的拉应力为

$$\sigma_1=\frac{F_{N1}}{A_1}=\frac{F}{(b-d)\delta_2}=\frac{313\times10^3}{(150\times10^{-3}-27\times10^{-3})\times20\times10^{-3}}$$

$$=127.2\times10^6\ \text{Pa}=127.2\ \text{MPa}<[\sigma]$$

主板 2—2 截面的拉应力为

$$\sigma_2=\frac{F_{N2}}{A_2}=\frac{\frac{2F}{3}}{(b-2d)\delta_2}=\frac{\frac{2\times313\times10^3}{3}}{(150\times10^{-3}-2\times27\times10^{-3})\times20\times10^{-3}}$$

$$=108.7\times10^6\ \text{Pa}=108.7\ \text{MPa}<[\sigma]$$

盖板 3—3 截面的拉应力为

$$\sigma_3=\frac{F_{N3}}{A_3}=\frac{\frac{F}{2}}{(b-2d)\delta_1}=\frac{\frac{313\times10^3}{2}}{(150\times10^{-3}-2\times27\times10^{-3})\times10\times10^{-3}}$$
$$=163.0\times10^6\ \text{Pa}=163.0\ \text{MPa}<[\sigma]$$

4.4 焊缝实用计算

4.4.1 焊接的基本概念

焊接是金属连接的主要方法，是金属结构制造过程中应用最广、效率最高的一种连接技术，它已成为现代工业生产中的一种重要的金属加工工艺。据工业发达国家统计，每年需焊接加工后使用的钢材就占钢总产量的 45% 左右。焊接还可用于有色金属和特种金属的连接。因而在各个工业部门焊接都获得广泛应用。

焊接的实质是利用局部加热或加压，或既加热又加压的方法，使被连接处的金属熔化或达到塑性状态，促成金属间的原子相互渗合并接近到金属晶格距离，完全依靠原子间的结合力把分离的金属构件连接起来。

焊接方法基本上可分为熔化焊、固相焊和钎焊 3 大类。焊接的一个显著特点是采用高度集中的瞬时热输入，由于在加热和冷却过程中材料受约束而产生塑性变形，焊后结构中将留存下永久性的非协调应变，从而产生相当大的残余应力和变形。常见的焊接变形有收缩变形、弯曲变形、波浪变形和角变形等。本小节的内容，不考虑焊接过程产生的残余应力和变形，只分析焊接后的连接件受外力作用后，在其焊接部分应力的实用计算。

4.4.2 焊接实用计算

焊缝形式一般分为侧焊缝和端焊缝两种。如图 4.17（a）所示的侧焊缝主要承受剪切变形，对其进行强度校核时，通常是认为有沿焊缝的最窄处 n—n 剪断的趋势，此最窄截面与焊缝底面成 45°角，且认为在受剪面上切应力均匀分布。所以侧焊缝的切应力强度条件为

$$\tau=\frac{F_S}{A_h}=\frac{F}{h_f\cos45^\circ\times l_f}=\frac{F}{0.7h_f l_f}\leqslant[\tau_h] \quad (4.11)$$

式中：$[\tau_h]$——焊缝的许用切应力；

A_k——焊缝受力计算面积；

h_f——贴角焊缝的厚度；

l_f——焊缝的计算长度，它等于焊缝的实际长度减去 $2h_f$，即

$$l_f=2(l-2h_f) \quad (4.12)$$

对图 4.17（b）所示的端焊缝，实验证明破坏发生在 n—n 截面上。破坏面 n—n 与拉伸方间成一角度，此面既处于切应力作用下，又处于正应力作用下。端焊缝内的应力分布极为复杂、不过通常还是认为沿 n—n 剪断，仍采用式（4.11）计算焊缝强度，采用式（4.12）计算焊缝的总计算长度。

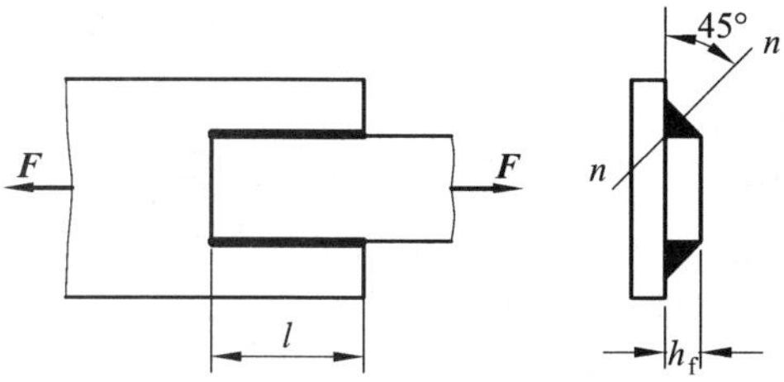

（a）侧焊缝

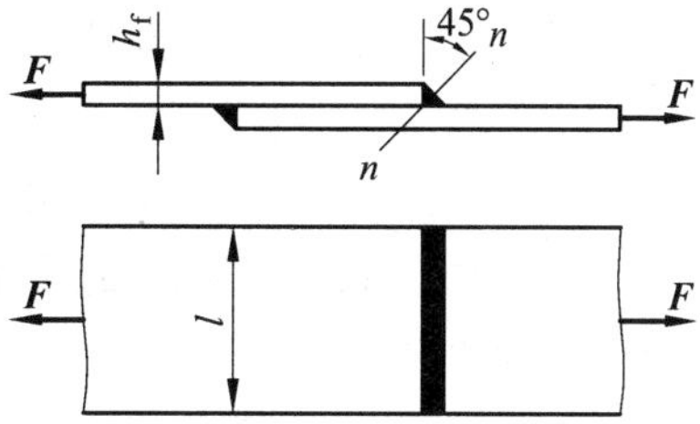

（b）端焊缝

图 4.17　两种焊缝形式

例题 4.6 图 4.17（a）中，① 若板的厚度 $h_f = 15$ mm，焊缝的长度 $l = 120$ mm，焊缝的许用切应力 $[\tau_h] = 100$ MPa，确定能够承受的最大载荷。② 若板的厚度 $h_f = 8$ mm，承受的载荷 $F = 150$ kN，焊缝的许用切应力 $[\tau_h] = 110$ MPa，求搭接焊缝的长度 l。

解：（1）根据焊缝的剪切强度条件，有

$$\tau = \frac{F}{2 \times 0.7 \times 15 \times (120 - 30)} \leqslant [\tau_h] = 100 \times 10^6 \text{ Pa}$$

由此可得

$$F \leqslant 191 \text{ kN}$$

（2）根据焊缝的剪切强度条件，有

$$\tau = \frac{150 \times 10^3}{0.7 \times 8 \times l_1 \times 10^{-6}} \leqslant 110 \times 10^6 \text{ Pa}$$

由此可得

$$l_f \geqslant 244 \text{ mm}$$

由于 $l_f = 2(l - 2h_f)$，所以

$$l = \frac{1}{2} l_f + 2h_f = \frac{244}{2} + 2 \times 8 = 138 \text{ mm}$$

本章小结

1. 本章主要讨论螺栓、销钉、铆钉、键等连接件的强度计算问题。连接件的受力特点是受到大小相等、方向相反但作用线距离很近的一组横向力的作用。由于这类连接件的尺寸都比较小、变形发生在力作用点的附近，所以变形比较复杂。因此在工程实际中对连接件的强度计算问题都采用假定计算，即假定在剪切面和挤压面上，切应力和挤压应力是均匀分布的。

2. 连接件的剪切强度条件和挤压强度条件分别是

$$\tau = \frac{F_S}{A} \leqslant [\tau], \quad \sigma_{bs} = \frac{F_{bs}}{A_{bs}} \leqslant [\sigma_{bs}]$$

当连接件和被连接件为半圆柱面接触时，挤压面积 A_{bs} 用其在垂直于挤压力方向的投影面积。

3. 焊接也是工程实际中大量采用的连接方式，焊缝主要承受剪切变形。对其进行强度校核时，通常认为剪切面与焊缝底面成 45° 角，且认为在受剪面上切应力均匀分布。所以焊缝的切应力强度条件为

$$\tau=\frac{F}{A_h}=\frac{F}{h_f\cos 45^\circ\times l_f}=\frac{F}{0.7h_f l_f}\leqslant[\tau_h]$$

思考题

4.1　连接件具有什么样的几何特点？连接件的受力又具有什么样的特点？

4.2　什么是连接的实用计算方法？为什么要采用这种方法？

4.3　挤压作用和压缩作用有什么区别？为什么挤压许用应力大于压缩许用应力？

4.4　连接件与被连接件的挤压作用一定会导致连接件产生过大的局部变形而失效吗？就挤压作用而言，怎样才能保证连接不会产生松动而失效？

4.5　焊缝主要承受哪种变形？就强度计算而言，采用假定计算是否更偏于安全？

4.6　对焊缝进行强度计算时，采用的假定计算包括哪些具体含义？

习　题

4.1　试确定图示连接或接头中的剪切面和挤压面。

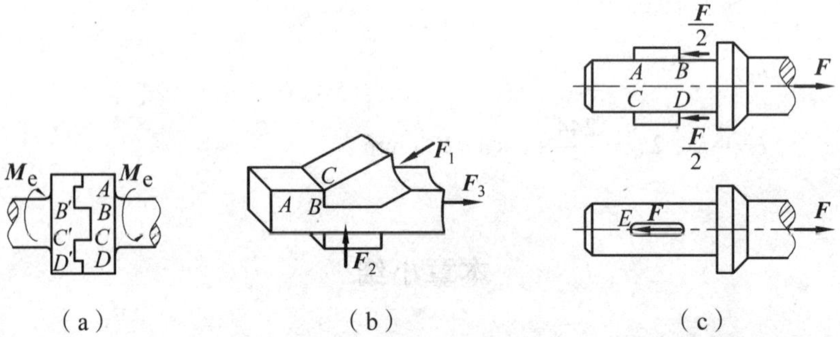

题 4.1 图

4.2　试校核图示连接销钉的剪切强度。已知 $F=100$ kN，销钉直径 $d=30$ mm，材料的许用切应力 $[\tau]=60$ MPa，若强度不够，应改用至少多大直径的销钉？

4.3　测定材料剪切强度的剪切器的示意图如图所示。设圆试件的直径 $d=15$ mm，当压力 $F=31.5$ kN 时，试件被剪断，试求材料的名义剪切极限应力。若取剪切许用应力为 $c=80$ MPa，试问安全因数等于多大？

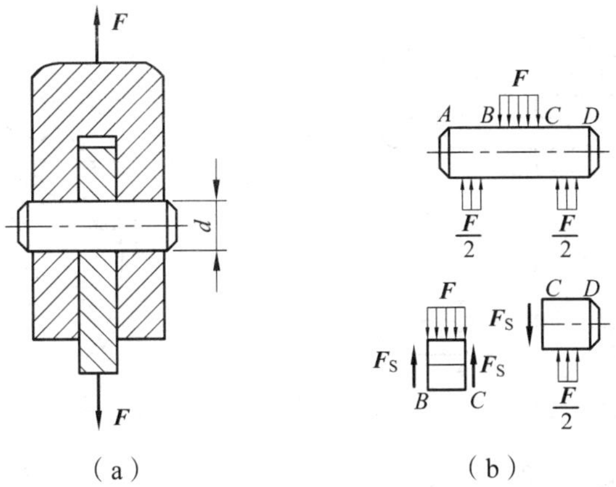

题 4.2 图

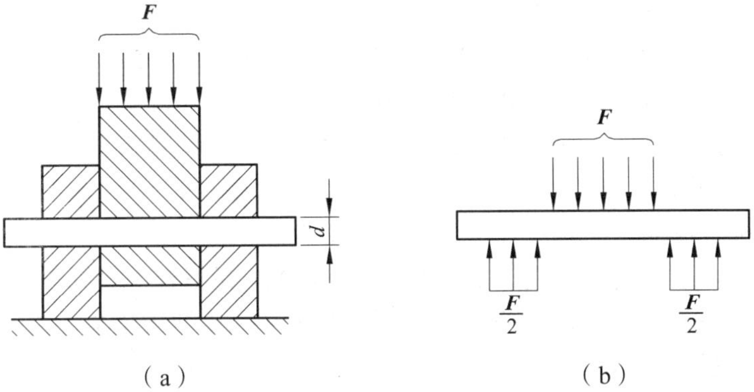

题 4.3 图

4.4　如图所示，凸缘联轴节传递的力偶矩为 $M_e = 200\ \text{N}\cdot\text{m}$，凸缘之间用四只螺栓连接，螺栓内径 $d \approx 10\ \text{mm}$，对称地分布在 $D_0 = 80\ \text{mm}$ 的圆周上。如螺栓的剪切许用应力 $[\tau] = 60\ \text{MPa}$，试校核螺栓的剪切强度。

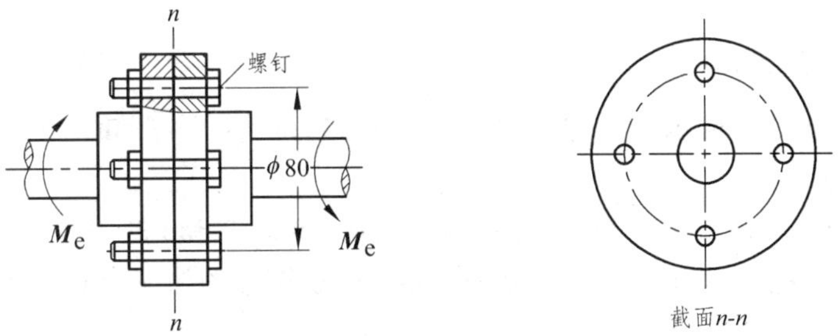

题 4.4 图

4.5　如图所示，一螺栓将拉杆与厚为 8 mm 的两块盖板相连接。各零件材料相同，许用应力为 $[\sigma] = 80\ \text{MPa}$，$[\tau] = 60\ \text{MPa}$，$[\sigma_{bs}] = 160\ \text{MPa}$。若拉杆的厚度 $\delta = 15\ \text{mm}$，拉力 $F = 120\ \text{kN}$，试设计螺栓直径 d 及拉杆宽度 b。

4.6　如图所示的机床花键轴有 8 个齿。轴与轮的配合长度 $l = 60\ \text{mm}$，外力偶矩 $M_e = 4\ \text{kN}\cdot\text{m}$。轮与轴的挤压许用应力为 $[\sigma_{bs}] = 140\ \text{MPa}$，试校核花键轴的挤压强度。

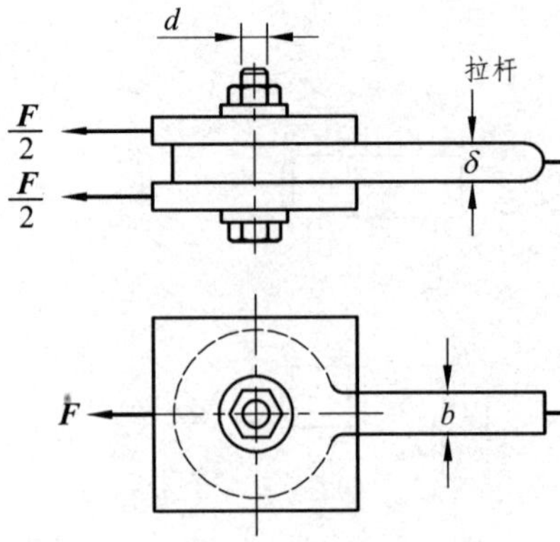

题 4.5 图

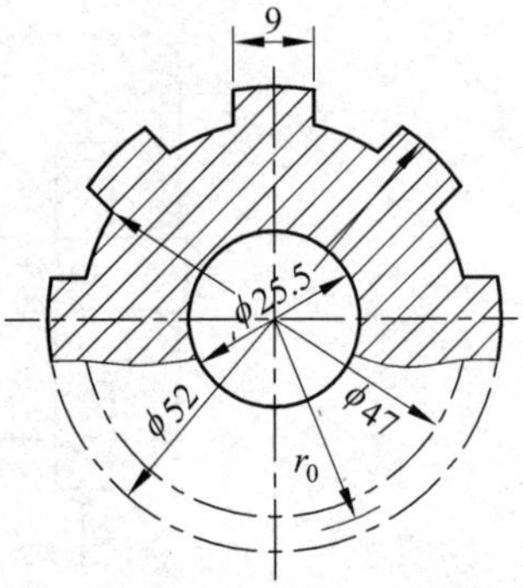

题 4.6 图

4.7 在厚度 $\delta = 5$ mm 的钢板上，冲出一个形状如图所示的孔，钢板剪断时的剪切极限应力 $[\tau] = 300$ MPa，求冲床所需的冲力 F。

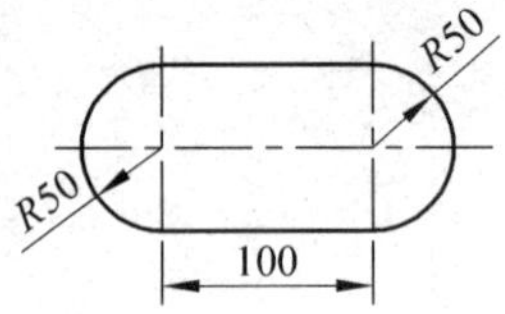

题 4.7 图

4.8 如图所示，可倾式压力机为防止过载采用了压环式保险器。当过载时，保险器先被剪断，以保护其他主要零件。设压环式保险器以剪切的形式破坏，且剪切面的高度 $\delta = 20$ mm，材料为 HT21-40，其剪切极限应力 $\tau_0 = 200$ MPa，压力机的最大许可压力 $F = 630$ kN。试确定压环式保险器剪切部分的直径 D。

4.9 如图所示，车床的传动光杆上装有安全联轴器，当超过一定载荷时，安全销被剪断。已知安全销的平均直径为 5 mm，材料为 45 钢，其剪切极限应力为 $\tau_0 = 370$ MPa。求安全联轴器所能传递的力偶矩 M_e。

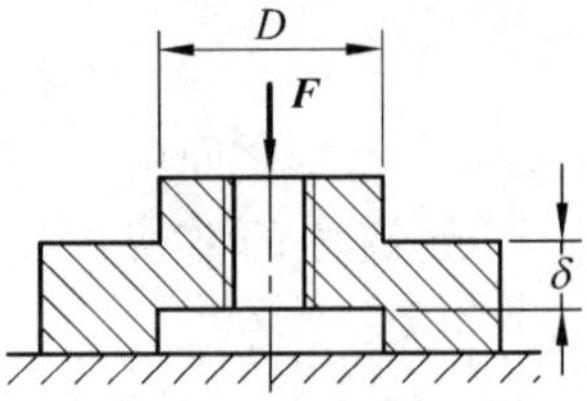

题 4.8 图

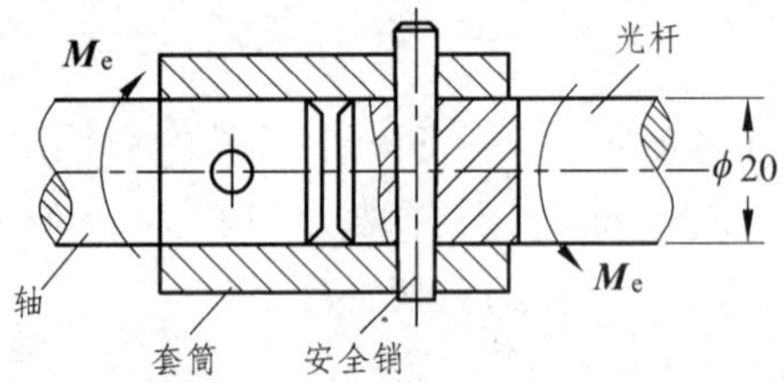

题 4.9 图

4.10 木榫接头如图所示。$a = b = 12$ cm，$h = 35$ cm，$c = 4.5$ cm，$F = 40$ kN。试求接头的剪切和挤压应力。

4.11 如图所示，用两个铆钉将 140 mm × 140 mm × 12 mm 的等边角钢铆接在立柱上，构成支托。若 $F = 30$ kN，铆钉的直径为 21 mm，试求铆钉的切应力和挤压应力。

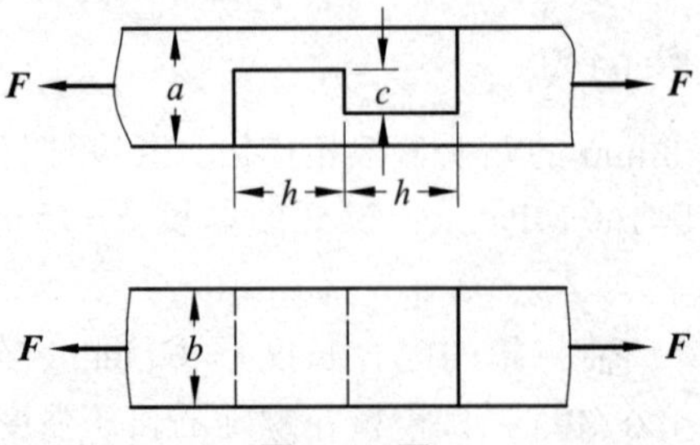

题 4.10 图

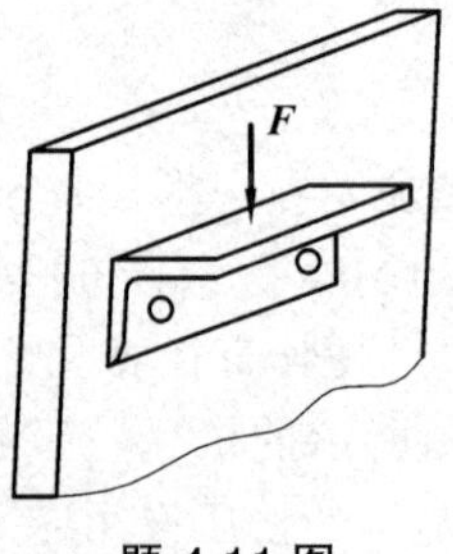

题 4.11 图

4.12　如图所示，用夹剪剪断直径为 3 mm 的铅丝。若铅丝的剪切极限应力约为 100 MPa，试问需要多大的 F? 若销钉 B 的直径为 8 mm，试求销钉内的切应力。

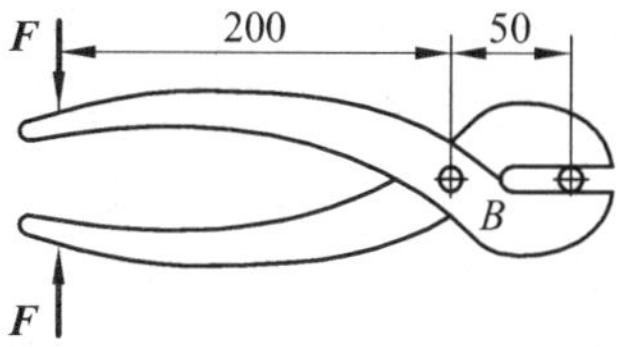

题 4.12 图

4.13　如图所示，柴油机活塞销材料为 20Cr，$[\tau]=70$ MPa，$[\sigma_{bs}]=100$ MPa，活塞销外径 $d_1=48$ mm，内径 $d_2=26$ mm，长度 $l=130$ mm，$a=50$ mm，活塞直径 $D=135$ mm。气体爆发压强 $p=7.5$ MPa。试对活塞销进行剪切和挤压强度校核。

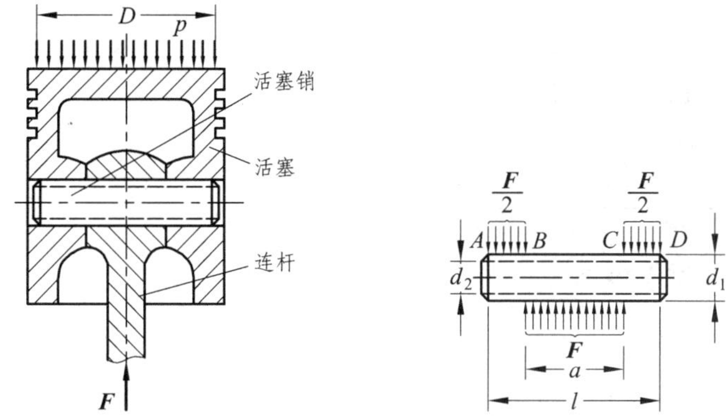

题 4.13 图

4.14　两块钢板用直径 $d=20$ mm 铆钉搭接的两种形式如图所示。已知 $F=160$ kN，两板尺寸相同，厚度 $t=10$ mm，宽度 $b=120$ mm，铆钉和钢板的材料相同，许用切应力 $[\tau]=140$ MPa，许用挤压应力 $[\sigma_{bs}]=320$ MPa，拉伸许用应力 $[\sigma]=160$ MPa，试求所需的铆钉数，并比较图示两种排列方式，校核板的拉伸强度。

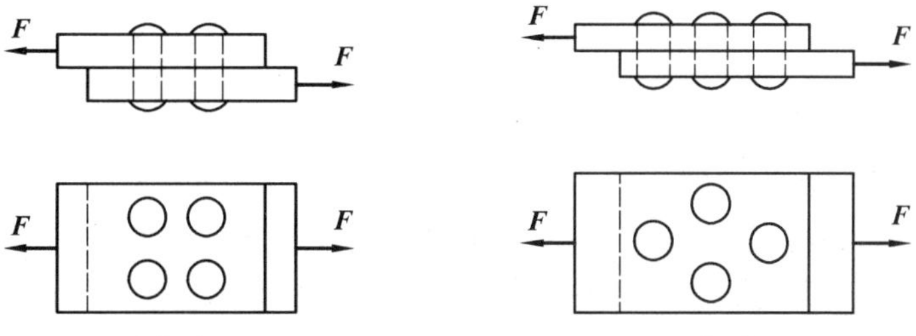

题 4.14 图

4.15　若铆钉许用切应力 $[\tau]$，许用挤压应力 $[\sigma_{bs}]$。如图所示，若以铆钉连接厚钢板，试求承受单剪时铆钉的合理高细比 l/d。

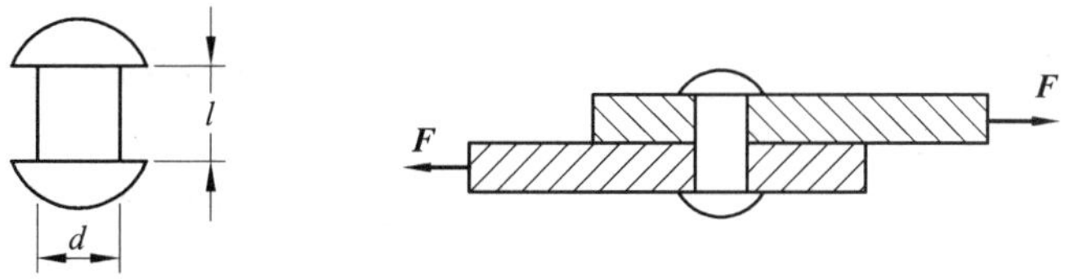

题 4.15 图

4.16　螺栓对接接头如图所示，共用 2 个螺栓。钢板厚度为 20 mm，盖板厚度为 10 mm，已知 $F = 40\ \text{kN}$，螺栓的许用切应力 $[\tau] = 130\ \text{MPa}$，许用挤压应力 $[\sigma_{\text{bs}}] = 300\ \text{MPa}$。试按强度条件计算螺栓所需的直径。

4.17　图所示承受内压的圆筒与端盖之间用角钢和铆钉相连。已知圆筒内径 $D = 1\ \text{m}$，内压力 $P = l\ \text{MPa}$，筒壁及角钢的厚度均为 10 mm。若铆钉的直径为 20 mm，许用切应力 $[\tau] = 70\ \text{MPa}$，许用挤压应力 $[\sigma_{\text{bs}}] = 160\ \text{MPa}$，许用拉应力 $[\sigma] = 40\ \text{MPa}$，试问联接筒盖和角钢以及联接角钢和筒壁的铆钉每边各需多少个？

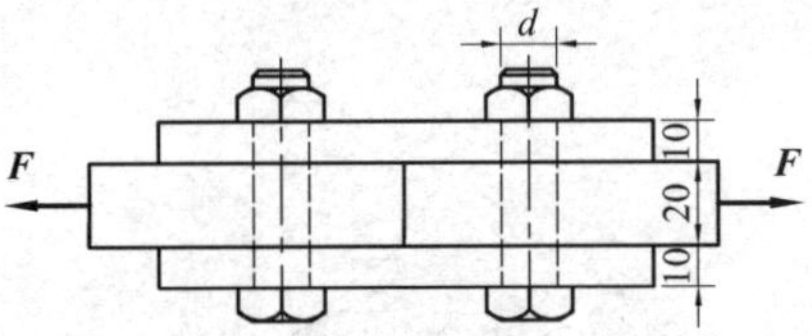

题 4.16 图

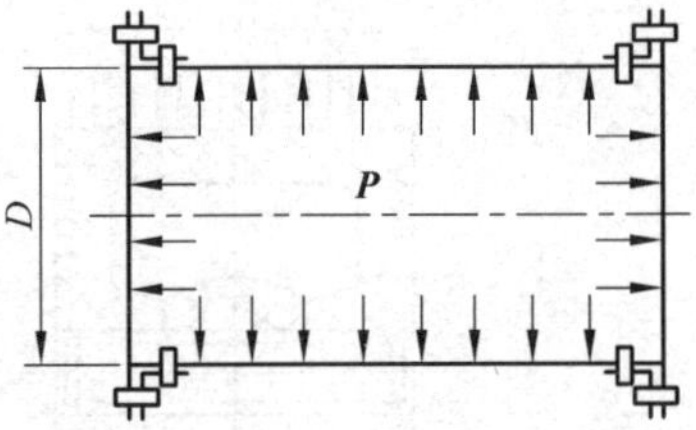

题 4.17 图

4.18　图中，水平梁 A 端用螺栓连接，B、C 铰接。已知 $F = 50\ \text{kN}$，$l = 4\ \text{m}$，螺栓直径 $d = 20\ \text{mm}$，许用切应力 $[\tau] = 80\ \text{MPa}$，许用挤压应力 $[\sigma_{\text{bs}}] = 200\ \text{MPa}$，校核螺栓强度。

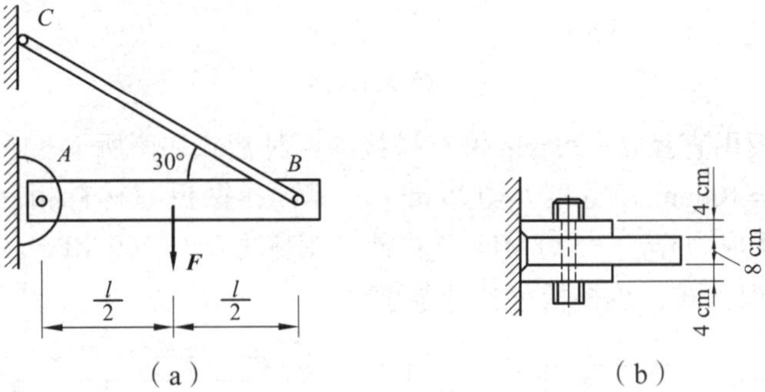

（a）　　（b）

题 4.18 图

4.19　一钟形曲柄机构如图所示，在 C 处受到一竖直向下的力 45 kN 作用。在 A 点又受到一水平力 F 作用，系统平衡。如果销钉 B 的许用切应力 $[\tau] = 100\ \text{MPa}$，确定 B 处销钉直径。

4.20　图所示焊接结构，$F = 300\ \text{kN}$，盖扳厚度 $t = 5\ \text{mm}$，$h_{\text{f}} = 5\ \text{mm}$，焊缝的许用切应力 $[\tau] = 110\ \text{MPa}$，确定焊缝长度（上下共 4 条焊缝）。

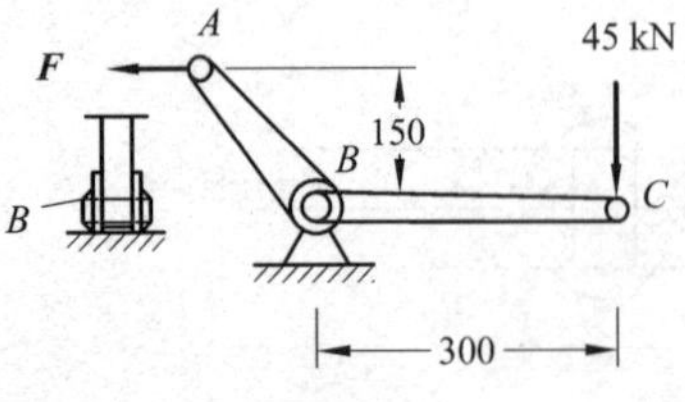

题 4.19 图

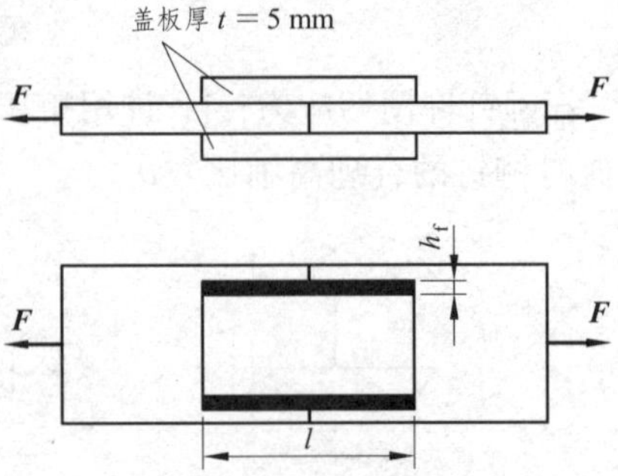

题 4.20 图

第 5 章　扭　转

5.1　工程问题

5.1.1　扭转的基本概念

扭转是杆件又一种基本变形形式，在工程实际中，有许多构件的主要变形是扭转变形。如图 5.1（a）所示驾驶盘轴，作用在轮盘边缘一对方向相反的切向力 $\boldsymbol{F}$ 构成一力偶，其力偶矩为 $M_e = FD$，式中，D 为力偶臂。根据平衡条件可知，在轴的下端，必存在一反作用力偶，其力偶矩 $M_e' = M_e$。在上述力偶作用下，各横截面绕轴线作相对旋转［图 5.1（b）］。

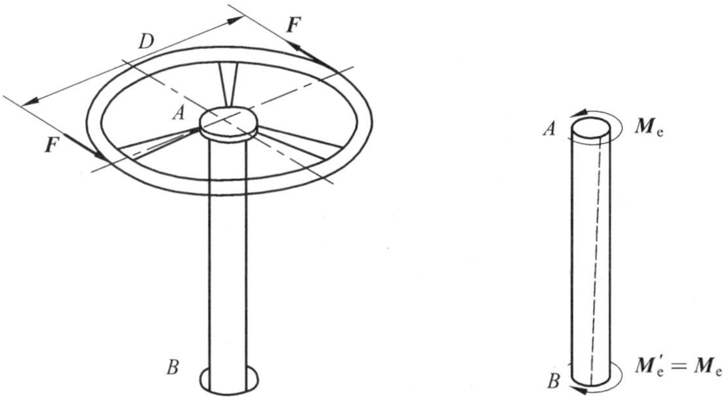

图 5.1　驾驶盘轴受力示意图

此类杆件的力学模型可以简化为图 5.2。可以看出，杆件扭转具有如下特点：

受力特点：在杆件两端垂直于杆轴线的平面内作用一对大小相等、方向相反的外力偶；

变形特点：各横截面形状大小未变，只是绕轴线发生相对转动。

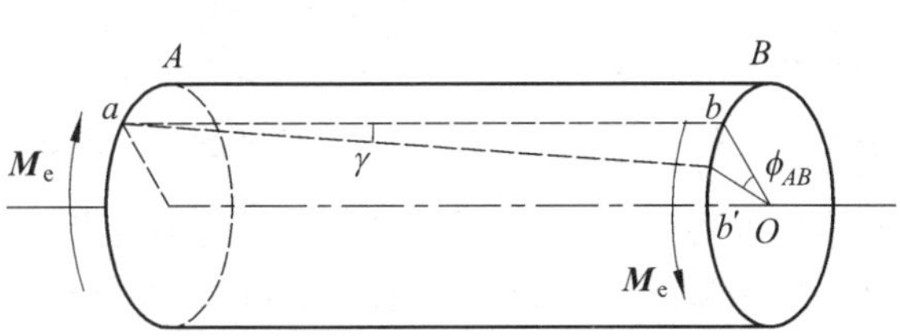

图 5.2　杆件扭转力学模型

人们将以横截面绕轴线作相对旋转为主要特征的变形形式，称为扭转。横截面间绕轴线的相对角位移，称为扭转角，用ϕ表示，其物理意义是用来衡量扭转程度，例如图 5.2 中ϕ_{AB}表示截面 A 相对于截面 B 的扭转角。

出此可见，在垂直于杆件轴线的平面内作用有力偶时，杆即产生扭转变形。使杆产生扭转变形的外力偶，其矩称为**外力偶矩**，有时又将它们分别称为扭力偶与扭力偶矩。通常将以扭转变形为主要变形的杆件称为**轴**。

5.1.2 扭转的实用举例

除了汽车方向盘外，实际生活中，还有许多扭转的实例。如起重机的传动轴（见图 5.3），来自电动机的主动力偶矩与来自转轮的工作力偶矩形成一对反向力偶，传动轴匀速工作时，两反向力偶相等。由于力偶对物体具有转动效应，会使轴上力偶之间的截面发生相对转动，使轴内部产生变形。搅拌机的机轴工作时同样受到来自马达和叶片的反向力偶作用，如图 5.4 所示，机轴截面产生相对转动。攻丝的丝锥（见图 5.5）、螺丝刀拧螺丝（见图 5.6）等都受到反向力偶作用，力偶间截面均会发生一定的相对转动。

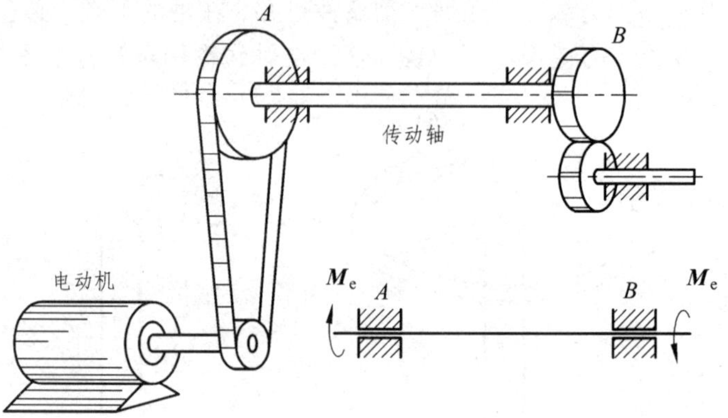

图 5.3 起重机的传动轴工作简图

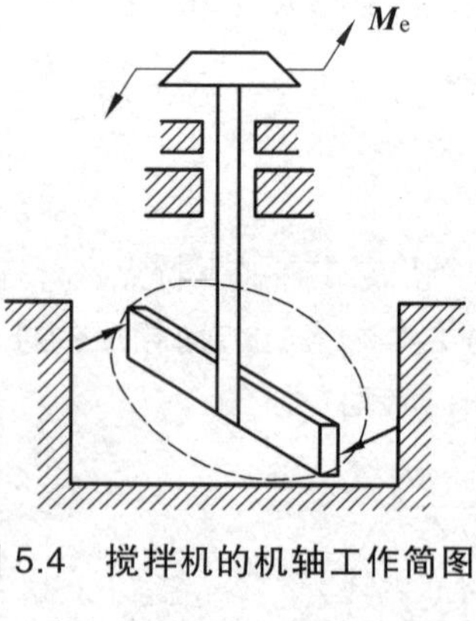

图 5.4 搅拌机的机轴工作简图

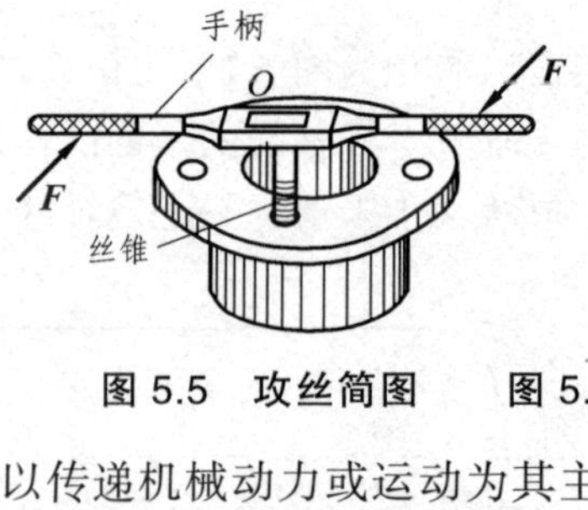

图 5.5 攻丝简图

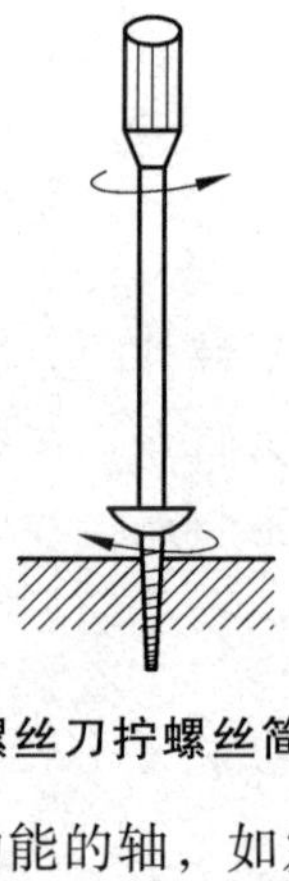

图 5.6 螺丝刀拧螺丝简图

前面介绍的扭转变形的构件主要是以传递机械动力或运动为其主要功能的轴，如发动机的曲轴，发电机、电动机、汽轮机、水轮机的主轴，变速箱齿轮轴、皮带轮轴，钻井用的钻杆等。另外还有一类扭转变形的构件主要是以其弹性变形进行工作的，如各类螺旋弹簧、扭簧等。

对于传递动力的轴，工程师们主要关心其强度问题，即不发生破坏的条件下能传递的扭矩，因而需要了解轴内的应力分布及其计算；对于传递运动的轴，如凸轮轴、机床主轴等，由于轴的变形会影响运动控制或加工的精度，其刚度要求则是首先必须考虑的；对于各类弹簧，工程师们主要关心的是其刚度，如扭簧的扭矩与其扭转角的关系，螺旋弹簧的轴向力与轴向伸长（缩短）量的关系，因而需要了解其扭转时产生的变形及其计算。

在工程中应用最广泛的是圆截面轴，绝大多数弹簧也是圆截面的。圆截面杆形状简单，具有轴对称性，在受到扭转外力偶作用时变形几何关系简单，其分析计算也就比较容易。在本章中主要介绍圆轴的应力和变形分析及其设计计算。

5.2 扭转构件横截面上的内力

5.2.1 外力的计算

杆件扭转变形时，其外力就是作用于杆件上的力偶，其外力的计算就是计算出外力偶矩的大小。

如果知道外力偶 $\boldsymbol{F}$ 的大小，也知道力偶臂 D 的大小，就可以直接得到外力偶矩 M_e 的大小，即 $M_e = FD$。但是对于一般用于传动的轴来说，经常没有给出外力偶及其力偶臂的大小，而是往往给出轴所传递的功率和轴的转速。功率、转速和外力偶矩之间的关系可由动力学知识导出。

外力偶在单位时间内所做的功，即功率 P，等于外力偶矩 M_e 与角速度 ω 之积。

$$P = M_e \omega \tag{5.1}$$

工程中，功率常用千瓦（kW）作单位，转速 n 常用转/分钟（r/min）作单位，所以，上式可化为

$$P \times 10^3 = M_e \cdot \frac{2\pi n}{60}$$

得

$$M_e(\mathrm{N \cdot m}) = 9\,549 \frac{P(\mathrm{kW})}{n(\mathrm{r/min})} \tag{5.2}$$

工程中，还有用马力*做功率单位的，1 马力 = 735.3 瓦特，于是又有

$$M_e(\mathrm{N \cdot m}) = 7\,024 \frac{P(\text{马力})}{n(\mathrm{r/min})} \tag{5.3}$$

外力偶矩的方向由力向轴线的简化结果确定，对于传动轴，可根据下列原则确定：主动轮上的功率为输入功率，主动力偶矩与轴转向相同；从动轮上的功率为输出功率，从动力偶矩与轴转向相反。如无特殊说明，可理想化地认为机械效率等于 100%，即输入功率等于输出功率。

---

* 马力为非法定计量单位。

5.2.2 内力——扭矩的计算

作用在轴上的外力偶矩确定后，现在研究轴的内力，研究方法仍然是截面法。

现以图 5.7（a）所示的圆轴为例，假想地将圆轴沿 m—m 截面分成两部分，并取部分 I 作为研究对象［图 5.7（b）］。由于整个轴是平衡的，所以部分 I 也处于平衡状态。这就要求截面 m—m 上的内力系必须归结为一个内力偶矩，通常称该力偶矩为扭矩，以 T 记之。其量纲是［力 · 长度］，常用单位是牛 · 米（N · m）或千牛 · 米（kN · m）。由部分 I 的平衡条件 $\sum M_x = 0$，可求出

$$T - M_e = 0$$

$$T = M_e$$

T 称为 m—m 截面上的扭矩，它是 I 、II 两部分在 m—m 截面上相互作用的分布内力系的合力偶矩。

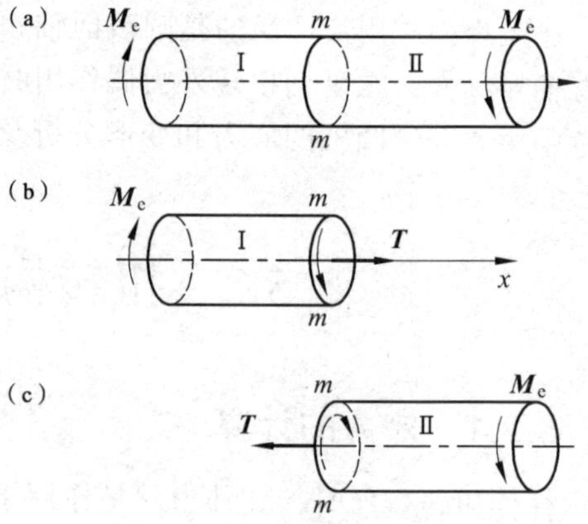

图 5.7 受扭圆轴

如果取部分 II 作为研究对象［图 5.7（c）］，仍然可以求得 $T = M_e$ 的结果，但其方向则与用部分 I 求出的扭矩相反。为了使无论用部分 I 还是用部分 II 求出的同一截面上的扭矩，不但数值相等，而且符号相同，把扭矩 T 的符号规定如下：若按右手螺旋法则把 T 表示为矢量（见图 5.8，右手四指自然弯曲的转向为扭矩使截面转动的转向，右手大拇指与四指弯曲方向所在平面垂直，其指尖指向为矢量 T 的方向），当矢量方向与截面的外法线的方向一致时，T 为正；反之，为负。根据这一规则，在图 5.7 中，m—m 截面上的扭矩无论就部分 I 还是 II 来说，都是正值。

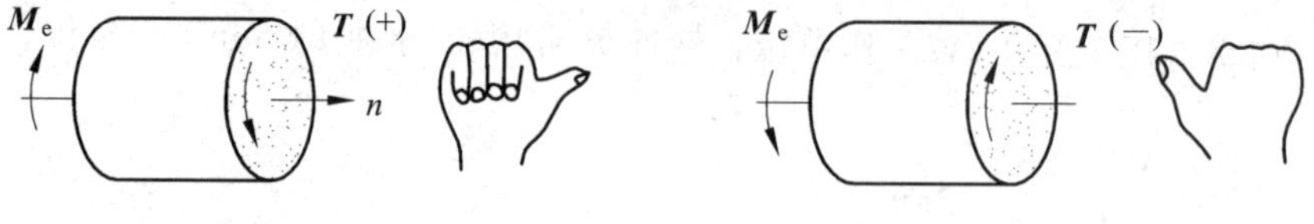

（a）正方向　　（b）负方向

图 5.8 右手螺旋法则

在求扭矩时，不管外力偶矩的转向怎样，扭矩一般按正方向假定。根据以上扭矩的符号规定，考虑圆轴平衡时外力偶矩的方向与扭矩方向恰好相反。可总结出直接利用外力偶矩计算扭矩的规律：

T 等于与右手螺旋定则确定出的正扭矩转向相反的外力偶矩的代数和与右手螺旋定则确定扭矩转向相同的外力偶矩的代数和之差，即受扭圆轴任意横截面上的扭矩等于该截面一侧（左侧或右侧）所有扭转外力偶矩的代数和。

5.2.3 内力图——扭矩图

当轴上作用了多个外力偶矩时，欲求轴上各截面的内力，需在外力偶所作用的截面间将轴分成几个自然段，逐段求出扭矩。一般情况下，轴上各截面的扭矩大小和转向并不完全相同。为了形象地表示出扭矩随截面位置的变化规律，以及确定危险截面，可采用作图的办法，

用横坐标代表横截面的位置，纵坐标代表各横截面上的扭矩大小，这样作出的图称作**扭矩图**。扭矩图形象而直观地显现了扭矩沿轴线的变化情况，可帮助确定最大扭矩的大小和位置，从而在今后的强度问题中确定出真正的危险截面。扭矩图的作图方法与轴力图基本相同，下面举例说明。

例题 5.1 传动轴如图 5.9（a）所示。主动轮 A 输入功率 $P_A = 40\ \text{kW}$，从动轮 B、C、D 输出功率分别为 $P_B = 20\ \text{kW}$、$P_C = P_D = 10\ \text{kW}$，轴的转速 $n = 200\ \text{r/min}$。试绘制该轴的扭矩图。

解：（1）计算外力偶矩。

$$M_{eA} = 9\ 549\frac{40}{200} = 1\ 910\ \text{N·m}$$

$$M_{eB} = 9\ 549\frac{20}{200} = 955\ \text{N·m}$$

$$M_{eC} = M_{eD} = 9\ 549\frac{10}{200} = 477\ \text{N·m}$$

（2）计算各段扭矩值。

$$T_{AB} = -M_{eA} = -1\ 910\ \text{N·m}$$
$$T_{BC} = -M_{eA} + M_{eB} = -955\ \text{N·m}$$
$$T_{CD} = -M_{eD} = -477\ \text{N·m}$$

（3）画扭矩图。

如图 5.9（b）所示。由图可知，最大扭矩（绝对值）发生在 AB 段，其值为：

$$|M_x|_{\max} = 1\ 910\ \text{N·m}$$

（4）讨论。

若将轮 A 放在中间如图 5.9（c）所示，再做出扭矩图，如图 5.9（d）所示，最大扭矩发生在 BA、AC 两段，$|M_x|_{\max} = 955\ \text{N·m}$。

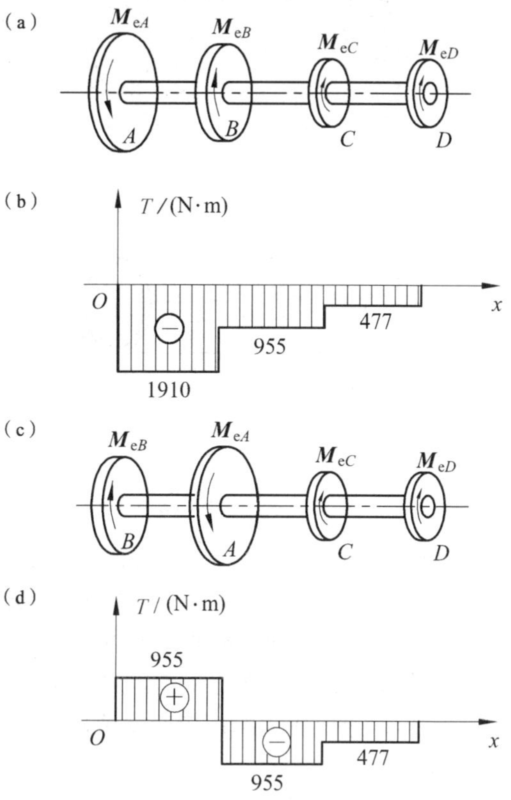

图 5.9　例题 5.1 图

可见，主动轮与从动轮安放的位置不同，轴所承受的最大扭矩也不同。两者相比，如图 5.9（c）所示轮子布局比较合理。一般应将主动轮布置在几个从动轮中间，使两侧轮子的转矩之和相等或接近相等。

5.3　切应力互等定理

5.3.1　等厚薄壁圆筒扭转时的应力与变形

取一左端固定的等厚薄壁圆筒，在其表面等间距地画出圆周线与纵向线，形成许多大小相同的矩形网格［图 5.10（a）］。然后在右端施加外力偶矩 M_e［图 5.10（b）］，圆筒产生扭转变形。这时可观察到：

（1）各纵向线都变成了螺旋线，原来的矩形变成了近似的平行四边形。在小变形下，可仍将各纵向线近似为直线，各纵向线均倾斜了同一微小角度γ，而矩形则变成平行四边形。

（2）各周向线均绕圆筒轴线转过一定的角度，不同的周向线转过的角度不同，但圆周线的大小、形状以及各圆周线之间的距离均未改变。

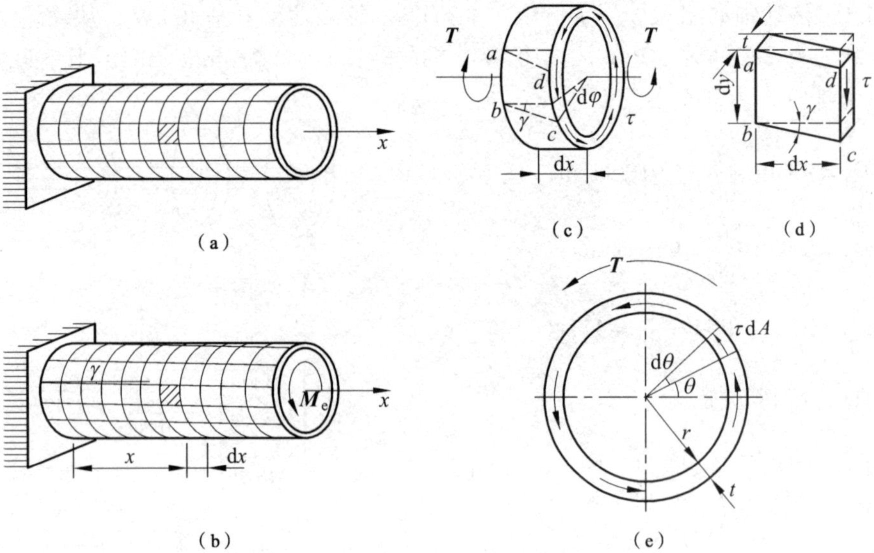

图 5.10　等厚薄壁圆筒承受扭转作用

若以相距为 dx 的两个横截面和两个径向纵截面从圆筒中截取一个微小矩形单元体，如图 5.10（d）中的虚线所示，则从上述现象可知：由于相邻截面的间距 dx 不变，故截面上无正应力，只是相邻横截面 ab 和 cd 产生相对平行错动，矩形变成平行四边形，如图 5.10（d）中的实线所示，而且，沿圆周方向所有的微小矩形的变形均相同。这种由于错动面倾斜的角度改变量γ即为前面所述的**切应变或剪应变**。

矩形发生切应变，说明矩形的侧面上必有切应力τ作用。由于所有沿圆周的微小矩形的切应变都等于纵向线的倾斜角γ，可见每个矩形必受到相同的切应力τ。又因筒壁很薄，可以认为切应力沿壁厚方向作均匀分布［图 5.10（c）］。综上所述，可知：圆筒扭转时，其横截面上各点处，只产生垂直于半径的均匀分布的切应力τ，它们沿周向大小不变，其方向与该截面上的扭矩 T 同向［图 5.10（c）］。

设等厚薄壁圆筒的平均半径为 r，壁厚为 t，今在横截面上取一微面积 $\mathrm{d}A = tr\mathrm{d}\theta$，则作用在其上的微内力为 $\tau\mathrm{d}A$［图 5.10（e）］，它对 x 轴的微内力矩为$\tau\cdot\mathrm{d}A\cdot r$。由静力学可知，在整个截面上所有这些微力矩之和等于该截面上的扭矩 T，即

$$T=\int_A \tau\cdot\mathrm{d}A\cdot r=\int_0^{2\pi}\tau t r^2\mathrm{d}\theta=2\pi r^2 t\tau \tag{5.4}$$

由此，可求得等厚薄壁圆筒受扭时横截面上切应力的计算公式为

$$\tau=\frac{T}{2\pi r^2 t}=\frac{M_\mathrm{e}}{2\pi r^2 t} \tag{5.5}$$

5.3.2 切应力互等定理与纯剪切

现进一步研究图 5.10（d）所示微小矩形体的受力情况。设其边长各为 dx、dy 和 δ，如图 5.11 所示。如前所述，我们把这种微小矩形体称为单元体。

由前面的分析可知，在单元体的左、右两侧面上只有切应力 τ。根据单元体满足平衡条件 $\sum F_y = 0$ 可知，在这左、右两侧面上的切应力必须相等，但指向相反。这两个面上的剪力 $(\tau \cdot \delta dy)$ 将组成一个力偶，其力偶矩为 $(\tau \cdot \delta dy) \cdot dx$。由于单元体处于平衡状态，因此，在单元体的顶面和底面，也必然存在切应力 τ'，并组成另一个力偶，其矩为 $(\tau' \cdot \delta dx) \cdot dy$，以与上述的力偶矩相互平衡。由平衡条件得

$$(\tau \cdot \delta dy) \cdot dx = (\tau' \cdot \delta dx) \cdot dy$$

于是

$$\tau = \tau' \qquad (5.6)$$

上式表明：在单元体相互垂直的两个平面上，切应力必然成对存在，且数值相等；两者都垂直于两平面的交线，其方向则共同指向或共同背离该交线。这个规律称为切应力互等定理。它在构件的应力分析中是一个十分重要的概念。

由以上分析可知，在图 5.11 所示单元体的 4 个侧面上只有切应力而无正应力，这种应力状态称为纯剪切应力状态。应该指出，切应力互等定理虽然是由图 5.11 所示的纯剪切应力状态推导出来的，但进一步的研究表明，它对于任意应力状态均适用。它是固体力学中一个重要的定理，以后要经常用到。图 5.12 是用两个横截面和一个径向截面从受扭薄壁圆筒中截出的一部分，其横截面和纵向截面上切应力的方向如图 5.12 所示。

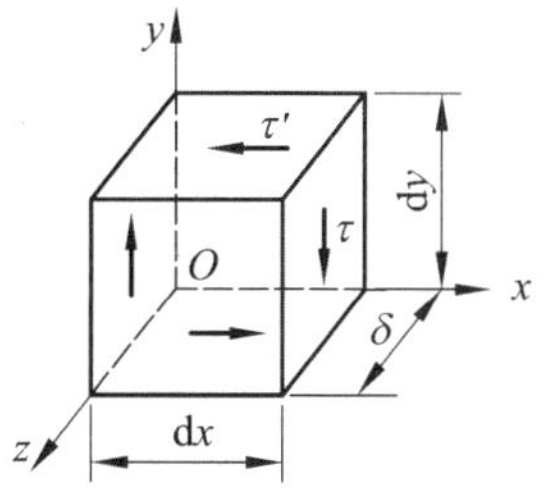

图 5.11 单元体

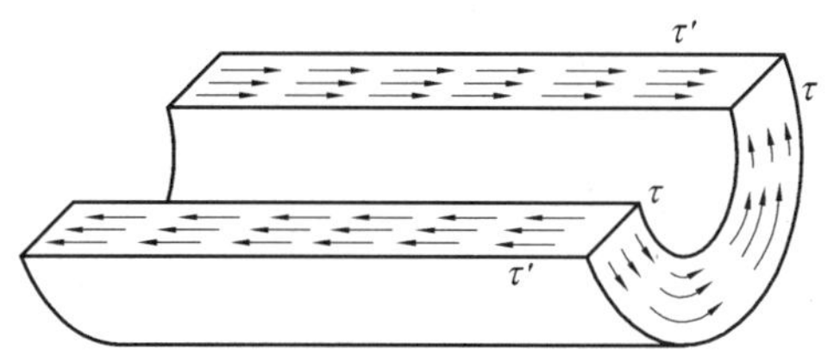

图 5.12 受扭薄壁圆筒某剖面和横截面上的切应力及其方向

当切应力不超过材料的剪切比例极限时，切应变与切应力满足剪切胡克定律。

5.4 圆轴扭转时的应力和变形

5.4.1 平面假设

对于实心圆轴，不能像薄壁圆筒扭转那样，认为截面上各处切应力数值相等，所以只用静力学条件（即横截面上的内力组成扭矩）不可能求出应力分布规律，因此所研究的问题属于超静定性质，需要首先通过试验观察圆轴扭转变形，并对其内部变形作出假设。如在圆轴

的表面画上若干条等间距的纵向线和圆周线，形成矩形网格，扭转后可观察到与薄壁筒相同的变形现象（图 5.13）。根据表层现象可以做出关于内部变形的假设。由各圆周线的大小、形状及间距均不变，可以设想，在扭转过程中因轴的各个横截面像刚性圆盘一样绕轴线 x 发生角度不同的转动，即变形前轴的圆形横截面，在变形后仍保持为同样大小的圆形平面，且半径仍为直线，这个设想叫刚性平面假设，简称**平面假设**。

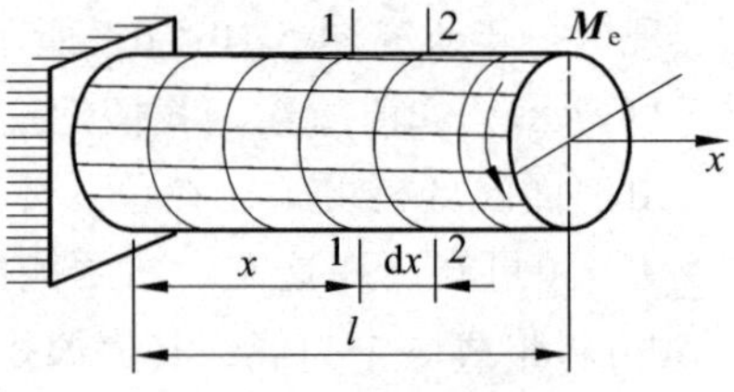

图 5.13　圆轴扭转变形

根据平面假设，圆轴扭转的变形为各横截面刚性地相对转过一个角度，截面间距离始终保持不变。这一假设与实际情况是极其接近的，同时又忽略一些次要因素，使研究更加方便，根据此假设得到的应力、变形公式已为试验所证实，所以这一假设是正确的。

由平面假设可推出如下推论：

（1）横截面上无正应力。

因为扭转变形时，横截面大小、形状、纵向间距均未发生变化由胡克定律可知，说明没有发生线应变。没有线应变，也就没有正应力。

（2）横截面上有切应力。

因为扭转变形时，相邻横截面间发生相对转动。但对截面上的点而言，只要不是轴心点，那两截面上的相邻两点，实际发生的是相对错动。相对错动必会产生切应变。由剪切胡克定律 $\tau = G\gamma$ 可知，有切应变 γ，必有切应力 τ。因错动沿周向，因此，切应力 τ 也沿周向，并与半径垂直。

下面，综合考虑变形、物理和静力学这三方面来建立受扭圆轴的应力和变形公式。

5.4.2　变形几何关系

取变形后相距 dx 的两截面，将其放大后如图 5.14 所示。图中 2—2 截面相对于 1—1 截面转动了 $d\varphi$ 角，半径 oa 转到 oa_1 位置。如将圆轴看成由无数薄壁圆筒组成，则在此微段中，组成圆轴的所有薄壁筒的扭角 $d\varphi$ 均相同，所不同的只是各筒的半径不同。设 2—2 截面上任意点 b 的扭转半径为 ρ，a 点的导转半径为 R。

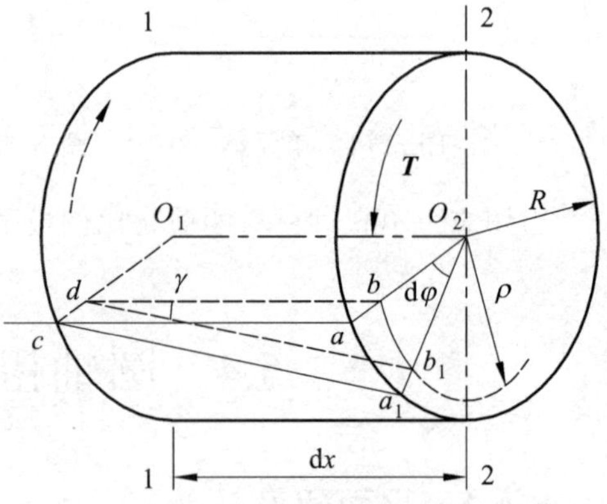

图 5.14　变形几何关系分析微元图

则 a 点、b 点的剪切绝对变形为

$$\overset{\frown}{aa_1} = R d\varphi$$

$$\overset{\frown}{bb_1} = \rho d\varphi$$

上式表明，横截面各点的绝对剪切变形与点的扭转半径 ρ 成正比，圆心处变形为零，外圆上各点变形最大，同一圆上的各点变形相等。

b 点的切应变为

$$\gamma = \frac{\overset{\frown}{bb_1}}{dx} = \rho \frac{d\varphi}{dx} \tag{5.7}$$

式中 $\mathrm{d}\varphi/\mathrm{d}x$ 为扭转角沿轴线 x 的变化率。对于同一横截面来说，$\mathrm{d}\varphi/\mathrm{d}x$ 为一常数。因此上式横截面上任一点的切应变 γ 也与扭转半径 ρ 成正比。

5.4.3 物理关系

在小变形线弹性阶段，剪切应力和应变满足剪切胡克定律

$$\tau = G\gamma$$

可得

$$\tau = G\rho\frac{\mathrm{d}\varphi}{\mathrm{d}x} \tag{5.8}$$

上式表明，同一横截面内部，切应力 τ 也与扭转半径 ρ 成正比。上述分析完全适用于空心圆截面杆，图 5.15（a）、（b）分别示出了实心圆轴和空心圆轴扭转切应力沿半径变化的情况。由切应力互等定理还可知道轴的径截面上的切应力分布规律，如图 5.15（c）所示。

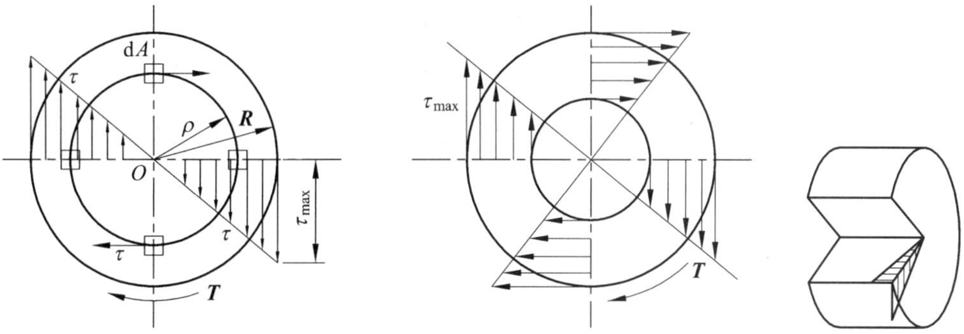

（a）　　　（b）　　　（c）

图 5.15　实心圆抽与空心圆轴的切应力分布

由于式（5.7）、（5.8）中的 $\mathrm{d}\varphi/\mathrm{d}x$ 尚未求出，所以利用这两个式子仍然求不出切应变与切应力，$\mathrm{d}\varphi/\mathrm{d}x$ 的求解还需用静力关系来解决。

5.4.4 静力学关系

如图 5.15（a）所示，作用在微面积 $\mathrm{d}A$ 上的剪力为 $\tau\cdot\mathrm{d}A$，其对轴心的力矩为 $\rho\cdot\tau\cdot\mathrm{d}A$，由于扭矩是横截面上内力系的合力偶矩，所以，截面上所有上述微力矩的总和就等于同一截面上的扭矩，即

$$T = \int_A \rho\tau\mathrm{d}A = \int_A \rho G\rho\frac{\mathrm{d}\varphi}{\mathrm{d}x}\mathrm{d}A = G\frac{\mathrm{d}\varphi}{\mathrm{d}x}\int_A \rho^2\mathrm{d}A \tag{5.9}$$

式中积分 $\int_A \rho^2\mathrm{d}A$ 仅与截面形状和尺寸有关，称为截面对圆心的**极惯性矩（截面二次矩）**，用符号 I_p 表示。即令

$$I_\mathrm{p} = \int_A \rho^2\mathrm{d}A \tag{5.10}$$

则

$$T = GI_{\mathrm{p}} \frac{\mathrm{d}\varphi}{\mathrm{d}x} \tag{5.11}$$

所以

$$\frac{\mathrm{d}\varphi}{\mathrm{d}x} = \frac{T}{GI_{\mathrm{p}}} \tag{5.12}$$

代入式（5.8）得切应力计算公式为

$$\tau = \frac{T\rho}{I_{\mathrm{p}}} \tag{5.13}$$

式中，τ 为横截面上任一点 b 的切应力；T 为横截面上的扭矩；ρ 为 b 点的扭转半径；I_{p} 为横截面的极惯性矩。

5.4.5 最大切应力、极惯性矩与抗扭截面系数

前面通过建立在实验观察现象基础上的平面假设、结合扭转的变形几何关系、物理关系和静力学关系推出了横截面上任一点的切应力计算公式，从切应力分布情况来看，切应力在横截面上的分布是不均匀的，轴心点应力最小为零，最外圆上的点应力最大。材料力学的强度问题所关心的是最大应力，最大切应力可用切应力计算公式求出

$$\tau_{\max} = \frac{T}{I_{\mathrm{p}}} R = \frac{T}{\dfrac{I_{\mathrm{p}}}{R}} \tag{5.14}$$

令

$$W_{\mathrm{t}} = \frac{I_{\mathrm{p}}}{R} \tag{5.15}$$

则

$$\tau_{\max} = \frac{T}{W_{\mathrm{t}}} \tag{5.16}$$

式中，T 为危险截面上的扭矩；W_{t} 为危险截面的抗扭截面系数或抗扭截面模量。

值得注意的是，以上诸式是以**平面假设**为基础导出的。实验结果表明，只有对横截面不变的圆轴，平面假设才是正确的。所以这些公式只适用于等直圆杆。对圆截面沿轴线变化缓慢的小锥度锥形杆件，也可以近似地用这些公式进行计算。此外，导出以上诸式使用了胡克定律和小变形假设，因而只适用于 $\tau_{\max}$ 低于剪切比例极限的小变形情况。

在导出公式（5.13）、（5.16）时，引进了截面极惯性矩 I_{p} 和抗扭截面系数 W_{t}。极惯性矩 I_{p} 是一个表示截面几何性质的几何量，定义式为 $\int_A \rho^2 \mathrm{d}A$。$I_{\mathrm{p}}$ 只与截面的形状、尺寸有关，国际单位是 m^4。而抗扭截面系数 W_{t} 则是另一个表示截面几何性质的几何量，其大小与 I_{p} 有关，$W_{\mathrm{t}} = I_{\mathrm{p}} / R$，国际单位是 m^3。

由于工程中圆轴常采用实心（圆形）与空心（圆环形）两种情况，以下就直接给出这两种情况极惯性矩与抗扭截面系数的计算，具体推导过程见附录Ⅰ。

对实心截面，如图 5.16 所示。则

$$I_p=\int_A \rho^2 dA=\frac{\pi D^4}{32}=\frac{\pi R^4}{2}\approx 0.1D^4 \tag{5.17}$$

$$W_t=\frac{I_p}{D/2}=\frac{\pi D^3}{16}=\frac{\pi R^3}{2}\approx 0.2D^3 \tag{5.18}$$

式中 D 为实心圆截面的直径，R 为其半径。

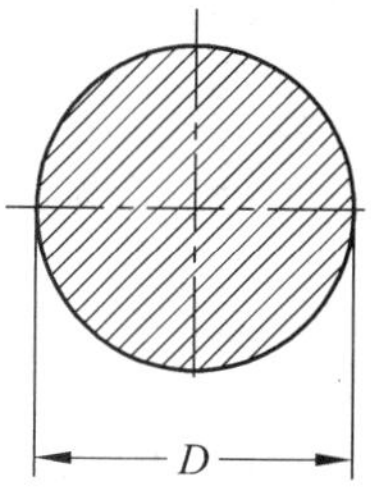

图 5.16　实心圆截面

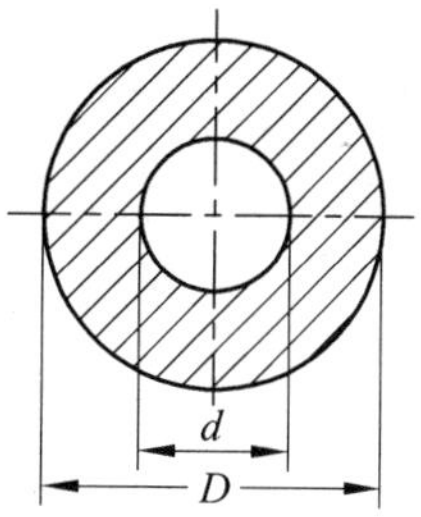

图 5.17　空心圆截面

对于空心圆截面，如图 5.17 所示

$$I_p=\int_A \rho^2 dA=\frac{\pi}{32}(D^4-d^4)\approx 0.1(D^4-d^4) \tag{5.19}$$

如果令 $\alpha=\dfrac{d}{D}$，上式可写为

$$I_p=\frac{\pi D^4}{32}(1-\alpha^4)\approx 0.1D^4(1-\alpha^4) \tag{5.20}$$

同样

$$W_t=\frac{I_p}{\frac{D}{2}}=\frac{\pi D^3}{16}(1-\alpha^4)\approx 0.2D^3(1-\alpha^4) \tag{5.21}$$

式中，D 和 d 分别为空心圆截面的外径和内径。

5.4.6　圆轴扭转时的变形

等直圆轴的扭转变形，是用两个横截面绕轴线的相对扭转角来度量的，亦即扭转角。由公式（5.12）可得

$$d\varphi=\frac{T}{GI_p}dx \tag{5.22}$$

$d\varphi$ 表示相距为 dx 的两个横截面之间的**相对转角**（图 5.14），沿轴线 x 积分即可求得相距为 l 的两个横截面之间的相对转角为

$$\varphi=\int_l \mathrm{d}\varphi=\int_0^l \frac{T}{GI_\mathrm{p}}\mathrm{d}x \tag{5.23}$$

若在两截面之间扭矩的值不变，则式（5.23）中 $\frac{T}{GI_\mathrm{p}}$ 为常量。这时式（5.23）化为

$$\varphi=\frac{Tl}{GI_\mathrm{p}} \tag{5.24}$$

式中，GI_p 称为圆轴的抗扭刚度，φ 就是长为 l 的等直圆轴的扭转角。

若在两截面之间 T 的值发生变化，或者轴为阶梯轴，I_p 并非常量，则应分段计算各段的扭转角，然后按代数相加，得到

$$\varphi=\sum_{i=1}^{n}\frac{T_i l_i}{GI_{\mathrm{p}i}} \tag{5.25}$$

5.5 圆轴扭转时的强度和刚度条件

5.5.1 圆轴扭转时的强度条件

圆轴扭转时，内部各点均处于纯剪切应力状态。其强度条件应该是最大工作应力 $\tau_{\max}$ 不超过材料的许用切应力 $[\tau]$，即

$$\tau_{\max}\leqslant[\tau]$$

从轴的受力情况或由扭矩图上可以确定最大扭矩 $T_{\max}$，对于等直杆，最大切应力就发生于最大扭矩所在截面的外边缘上。由公式（5.16），可以把**强度条件**写成

$$\tau_{\max}=\frac{T_{\max}}{W_\mathrm{t}}\leqslant[\tau] \tag{5.26}$$

在阶梯轴的情况下，因为 W_t 不是常量，$\tau_{\max}$ 不一定发生于最大扭矩 $T_{\max}$ 所在的截面上。这就要综合考虑扭矩 T 和抗扭截面模量 W_t 两者的变化情况来确定最大切应力，即寻找 T/W_t 的极限。

在静载荷的情况下，扭转许用切应力 $[\tau]$ 与许用拉应力 $[\sigma]$ 之间有如下的关系：

塑性材料　　$[\tau]=(0.5\sim0.6)[\sigma]$

脆性材料　　$[\tau]=(0.8\sim1.0)[\sigma]$

轴类零件由于考虑到振动、冲击等因素，所取许用切应力一般比静载荷下的许用切应力还要低。

应用圆轴的强度条件可解决圆轴扭转时的三类强度计算问题：

（1）扭转强度校核。

已知轴的横截面尺寸、轴受的外力偶矩和材料的许用切应力，校核强度条件是否得到满

足，直接应用式（5.26）计算。

（2）圆轴截面尺寸设计。

已知轴受的外力偶矩和材料的许用切应力，应用强度条件确定圆轴的截面尺寸。

（3）确定圆轴的许可载荷。

已知圆轴的截面尺寸和许用切应力，由强度条件确定圆轴所能承受的许可载荷。

下面举例说明。

例题 5.2 发电量为 15 000 kW 的水轮机主轴如图 5.18 所示，主轴为空心轴，$D = 550\ \text{mm}$，$d = 300\ \text{mm}$，正常转速时 $n = 250\ \text{r/min}$，材料的许用切应力 $[\tau] = 50\ \text{MPa}$。试校核水轮机主轴的强度。

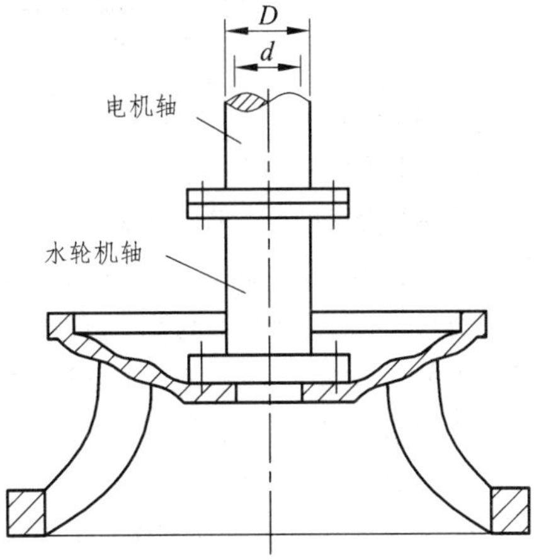

图 5.18 例题 5.2 图

解： 水轮机主轴只传递一对外力偶矩，所以其横截面上的扭矩等于外力偶矩，有

$$T = M_e = 9\ 549 \times \frac{15\ 000}{250} = 572\ 940\ \text{N}\cdot\text{m}$$

根据公式（5.14），横截面上的最大切应力为

$$\tau_{\max} = \frac{T}{I_p} R = \frac{572\ 940 \times \dfrac{0.55}{2}}{\dfrac{\pi}{32}(0.55^4 - 0.3^4)} = 19.2 \times 10^6\ \text{Pa}$$

$$= 19.2\ \text{MPa} < [\tau] = 50\ \text{MPa}$$

主轴的最大切应力小于许用切应力，满足强度要求。

例题 5.3 实心圆轴和空心轴通过牙嵌离合器连接，如图 5.19 所示，已知轴的转速 $n = 1\ 000\ \text{r/rnin}$，传递的功率 $P = 75\ \text{kW}$，材料的许用切应力 $[\tau] = 40\ \text{MPa}$，空心轴的内外径比为 1/2，请确定两端轴径的 d_1，D。

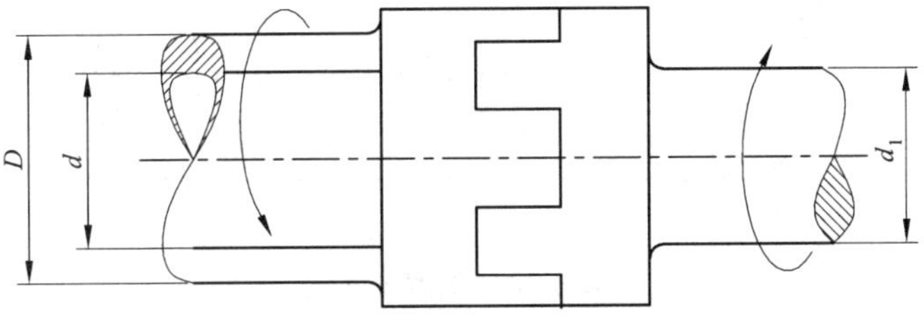

图 5.19 例题 5.3 图

解：（1）离合器两端所传递的外力偶矩相同，轴所传递的扭矩等于外力偶矩

$$T = M_e = 9\ 549 \frac{P}{n} = 9\ 549 \times \frac{75}{1\ 000} = 716\ \text{N}\cdot\text{m}$$

（2）求实心轴直径 d_1，根据扭转强度条件可知实心轴截面上最大切应力应小于许用切应力 $[\tau]$，有

$$\tau_{\max} = \frac{T}{W_t} = \frac{16T}{\pi d_1^3} \leqslant [\tau]$$

所以

$$d_1 \geqslant \sqrt[3]{\frac{16T}{\pi[\tau]}} = \sqrt[3]{\frac{16\times716}{\pi\times40\times10^6}} = 0.045\ \text{m} = 45\ \text{mm}$$

取 d_1 为 45 mm。

（3）求空心轴直径 D，同理可得

$$D \geqslant \sqrt[3]{\frac{16T}{\pi[\tau](1-\alpha^4)}} = \sqrt[3]{\frac{16\times716}{\pi\times40\times10^6\times(1-0.5^4)}} = 0.046\ \text{m} = 46\ \text{mm}$$

取 D 为 46 mm。

（4）讨论。

从本例的计算结果中不难发现，空心轴直径只比实心轴大了 1 mm，内部以半径计挖空了一半，抗扭强度却相等。这是由于应力分布规律 $\tau \propto \rho$，所以轴心附近的应力很小，对实心轴而言，轴心附近的材料没有较好地发挥其作用，材料并未得到充分地利用。空心轴横截面面积分布比实心轴横截面面积远离轴线，故使材料得到了充分地利用，所以采用空心轴可以有效地减轻重量，节约材料。因此空心轴在工程中得到广泛的应用，例如飞机、轮船、汽车的轴常采用空心轴。

例题 5.4 空心圆轴外径 $D = 8$ cm，内径 $d = 6$ cm，两端受外力偶矩 M_e 作用。其表面上一点沿 45° 方向的线应变 $\varepsilon_{45°} = -\frac{(1+\mu)\tau}{E} = -34\times10^{-5}$。材料弹性模量 $E = 200$ GPa，泊松比 $\mu = 0.3$，求外力偶矩 M_e（图 5.20）。

解： 由 $\varepsilon_{45°} = -\frac{(1+\mu)\tau}{E}$ 可得

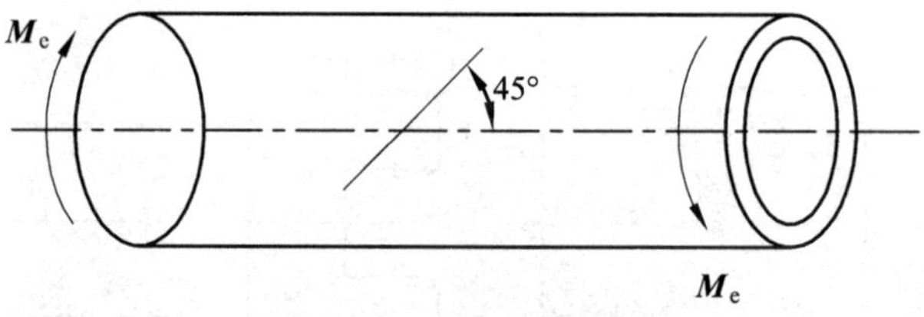

图 5.20　例题 5.4 图

$$\tau = -\frac{E}{1+\mu}\varepsilon_{45°} = \frac{2\times10^5}{1+0.3}\times34\times10^{-5} = 52.3\ \text{MPa}$$

根据 $\tau = \frac{T}{W_t}$ 可得

$$T = W_t\cdot\tau = \frac{\pi(0.08^4-0.06^4)}{16\times0.08}\times52.3\times10^6 = 3\ 592\ \text{N}\cdot\text{m}$$

而利用力平衡关系 $M_e = T$ 可得

$$M_e = 3\ 592\ \text{N}\cdot\text{m}$$

5.5.2 圆轴扭转时的刚度条件

轴类零件除应满足强度要求外，一般还不应有过大的扭转变形。例如车床的丝杆若扭转角过大，会影响车刀进给，从而降低加工精度。发动机的凸轮轴扭转角过大，会影响气阀开关时间。磨床的传动轴如扭角过大，将引起扭转振动，影响工件的精度和表面粗糙度。所以，轴还应该满足刚度要求。为了做到这一点，通常用单位长度的扭转角

$$\varphi' = \frac{d\varphi}{dx} = \frac{T}{GI_p} \tag{5.27}$$

来表示扭转变形的程度，φ' 的单位为 rad/m。并规定轴上单位长度扭转角的最大值 φ'_{max} 不得超过规定的允许值 $[\varphi']$。于是扭转的刚度条件可以写成

$$\varphi'_{max} = \frac{T_{max}}{GI_p} \leqslant [\varphi'] \quad \text{rad/m} \tag{5.28}$$

或

$$\varphi'_{max} = \frac{T_{max}}{GI_p} \times \frac{180}{\pi} \leqslant [\varphi'] \quad (°)/\text{m} \tag{5.29}$$

$[\varphi']$ 的数值根据机器的要求和轴的工作条件来确定，可从有关手册中查到。下面列举几个参考数据：

精密机器的轴　　$[\varphi'] = (0.25° \sim 0.5°)/\text{m}$

一般传动轴　　$[\varphi'] = (0.5° \sim 1)/\text{m}$

精度要求不高的轴　　$[\varphi'] = (1° \sim 2.5°)/\text{m}$

应用刚度条件，与强度条件一样，可以解决轴的扭转刚度校核、截面设计、确定许用载荷等三方面的问题。

例题 5.5　一传动轴为实心等直圆轴，转速 $n = 300$ r/min，主动轮的输入功率为 $P_1 = 500$ kW，三个从动轮的输出功率分别为 $P_2 = P_3 = 150$ kW 和 $P_4 = 200$ kW。轴直径 $d = 110$ mm，各轮之间的距离均为 $l = 2$ m，如图 5.21（a）所示。材料的 $[\tau] = 40$ MPa，$G = 80$ GPa，$[\varphi'] = 0.5$ °/m。试校核轴的强度和刚度，并计算轴两端截面的相对扭转角。

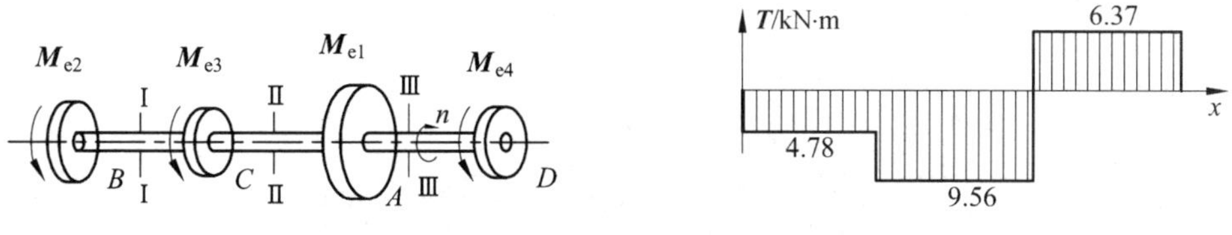

图 5.21　例题 5.5 图

解：（1）作轴的扭矩图。

首先按公式（5.2）计算轴上的各外力偶矩

$$M_{e1} = 9.549 \times 500/300 = 15.93 \text{ kN} \cdot \text{m}$$
$$M_{e2} = 9.549 \times 150/300 = 4.78 \text{ kN} \cdot \text{m}$$
$$M_{e3} = 9.549 \times 150/300 = 4.78 \text{ kN} \cdot \text{m}$$

$$M_{e4} = 9.549 \times 200/300 = 6.37\ \text{kN} \cdot \text{m}$$

作扭矩图［见图 5.21（b）］，其中最大扭矩的绝对值为

$$|T|_{\max} = 9.56\ \text{kN} \cdot \text{m}$$

发生在轴的 CA 段内，因此该段轴内的各横截面为轴的危险截面。

（2）轴的强度校核。

轴上最大切应力为

$$\tau_{\max} = \frac{|T|_{\max}}{W_t} = \frac{|T|_{\max}}{\frac{\pi}{16}D^3} = \frac{9.56 \times 10^3 \times 16}{\pi \times 0.11^3}$$
$$= 36.6 \times 10^6\ \text{Pa} = 36.6\ \text{MPa} < [\tau]$$

所以轴的强度足够。

（3）轴的刚度校核。

$$\varphi' = \frac{|T|_{\max}}{GI_p} \times \frac{180}{\pi} = \frac{9.56 \times 10^3 \times 32}{80 \times 10^9 \times \pi \times 0.11^4} \times \frac{180}{\pi}$$
$$= 0.48\ ^\circ/\text{m} < [\varphi']$$

所以轴的刚度足够。

例题 5.6 某轴由 45 钢制成，材料的许用切应力 $[\tau] = 50$ MPa，剪切弹性模量 $G = 80$ GPa，轴在两端受矩为 $M_e = 18$ kN·m 的扭转力偶作用。其许用单位长度扭转角 $[\varphi'] = 0.3\ ^\circ/\text{m}$。试按强度条件和刚度条件确定轴的直径。

解：（1）计算扭矩。

由截面法可求得此轴各横截面上的扭矩 $T = M_e = 18$ kN·m。

（2）按强度条件确定轴的直径。

根据公式（5.18）和式（5.26），即

$$\tau_{\max} = \frac{T}{W_t} = \frac{16T}{\pi D_1^3} \leqslant [\tau]$$

所以，此轴的直径为

$$D \geqslant \sqrt[3]{\frac{16T}{\pi[\tau]}} = \sqrt[3]{\frac{16 \times 18 \times 10^3}{\pi \times 50 \times 10^6}} = 0.122\ 4\ \text{m} = 122.4\ \text{mm}$$

（3）按刚度条件确定轴的直径。

根据公式（5.17）和式（5.29），可得

$$\varphi'_{\max} = \frac{T_{\max}}{GI_p} \times \frac{180}{\pi} = \frac{32 \times T_{\max}}{\pi D^4 G} \times \frac{180}{\pi} \leqslant [\varphi']$$

则此轴的直径为

$$D \geqslant \sqrt[4]{\frac{180\times 32\times T}{\pi^2 G[\varphi']}} = \sqrt[4]{\frac{180\times 32\times 18\times 10^3}{\pi^2\times 80\times 10^9\times 0.3}} = 0.144\ 6\ \text{m} = 144.6\ \text{mm}$$

由以上计算结果可见，该轴的直径应由刚度条件决定，即应不小于 144.6 mm，因此，可取 $d = 145$ mm。

例题 5.7 阶梯圆轴如图 5.22（a）所示。其直径分别为 $d_1 = 50$ mm，$d_2 = 70$ mm。已知 $[\varphi'] = 2\ °/\text{m}$，$G = 80$ GPa。功率 P 由 B 轮输入，A 轮输出 $0.4P$，D 轮输出 $0.6P$，传动轴转速 $n = 200$ r/min。试计算 B 轮输入的功率 P。

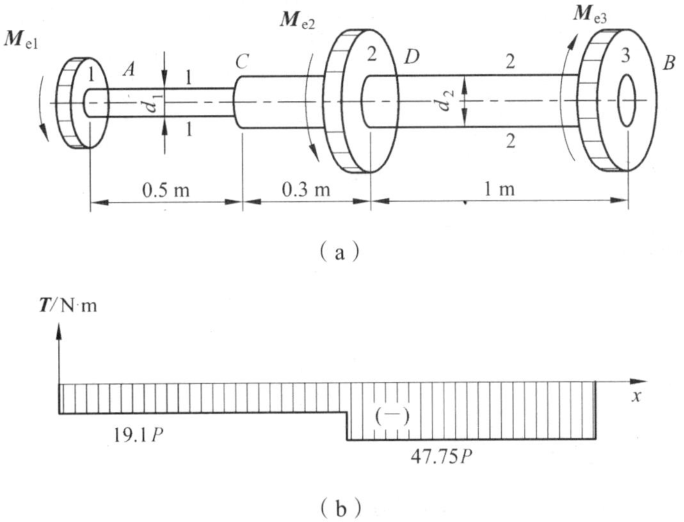

图 5.22 例题 5.7 图

解：（1）计算外力偶矩

$$M_{e1} = 9\ 549\frac{P_1}{n} = 9\ 549\times\frac{0.4P}{200} = 19.1P\ \text{N}\cdot\text{m}$$

$$M_{e2} = 9\ 549\frac{P_2}{n} = 9\ 549\times\frac{0.6P}{200} = 28.7P\ \text{N}\cdot\text{m}$$

$$M_{e3} = 9\ 549\frac{P_3}{n} = 9\ 549\times\frac{P}{200} = 47.8P\ \text{N}\cdot\text{m}$$

（2）求扭矩画扭矩图。

如图 5.22（b）所示。有

$$T_1 = -M_{e1} = -19.1P\ \text{N}\cdot\text{m}$$
$$T_2 = -M_{e3} = -47.8P\ \text{N}\cdot\text{m}$$

（3）确定危险截面。

因为轴各段直径及内力均各不同，故 AC、DB 均为危险截面。

（4）按刚度条件求 P。

由于

$$\varphi'_{\max} = \frac{|T|_{\max}}{GI_p} \times \frac{180}{\pi} \leqslant [\varphi'], \quad I_p(x) = \frac{\pi d^4(x)}{32}$$

可得

$$|T|_{\max} \leqslant \frac{G[\varphi']\pi^2 d^4}{32 \times 180}$$

则，AC 段许可的扭矩为

$$T_1 \leqslant \frac{G[\varphi']\pi^2 d^4}{32 \times 180} = \frac{80 \times 10^9 \times 2 \times \pi^2 \times (50 \times 10^{-3})^4}{32 \times 180} = 1\ 711.2\ \text{N} \cdot \text{m}$$

由（2）可得

$$P_1 = \frac{T_1}{19.1} \leqslant \frac{1\ 711.2}{19.1} = 89.6\ \text{kW}$$

同样，DB 段许可的扭矩为

$$T_2 \leqslant \frac{G[\varphi']\pi^2 d^4}{32 \times 180} = \frac{80 \times 10^9 \times 2 \times \pi^2 \times (70 \times 10^{-3})^4}{32 \times 180} = 6\ 575.8\ \text{N} \cdot \text{m}$$

由（2）可得

$$P_2 = \frac{T_2}{47.8} \leqslant \frac{6\ 575.8}{47.8} = 137.6\ \text{kW}$$

（5）结论。

为了使轴各段满足刚度条件，P 取 89.6 kW。

5.6 扭转静不定问题

图 5.23（a）所示两端固定的等直圆轴 AB，在 C 截面处作用外力偶矩 M_e。反力偶矩有 M_A、M_B 两个，而只有一个独立的平衡方程。单靠一个平衡方程是不能解出反力偶矩 M_A 和 M_B 的。这样的问题称为扭转静不定问题或扭转超静定问题。与求解拉、压静不定问题相仿，关键仍在于由位移协调条件建立补充方程，以弥补平衡方程之不足。下面结合图 5.23 所示的例子来具体说明解题的步骤。

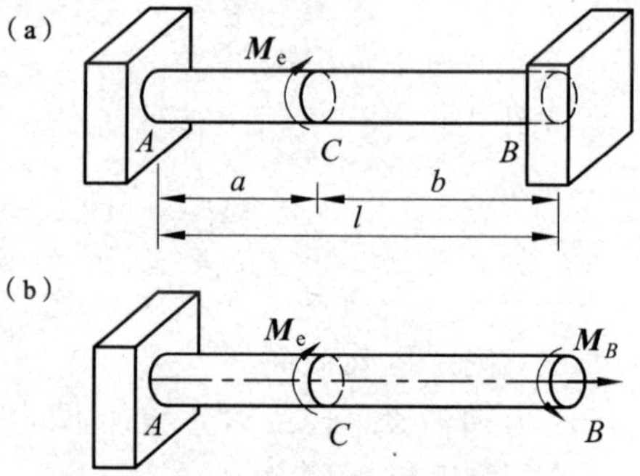

图 5.23 两端固定的等直圆轴

设想将 B 端的约束解除，代之以反力偶矩 M_B［图 5.23（b）］。在 M_e 和 M_B 的共同作用下，B 端的扭转角应为零。设该轴的扭转刚度为 GI_p，则由式（5.24），并利用叠加法可得

$$\varphi_B = -\frac{M_e a}{GI_p} + \frac{M_B(a+b)}{GI_p} = 0$$

从而得到

$$M_B = \frac{a}{a+b} M_e = \frac{a}{l} M_e$$

设 A 端的反力偶矩 M_A 和 B 端的反力偶矩 M_B 的转向相同，列出该轴的平衡方程

$$\sum M_x = 0, \quad M_A + M_B - M_e = 0$$

由此得到

$$M_A = M_e - M_B = M_e - \frac{a}{l} M_e = \frac{b}{l} M_e$$

其结果均为正，说明所设的 M_A、M_B 的转向都是正确的。

例题 5.8 图 5.24（a）所示组合圆轴，是由材料不同的实心圆轴①和空心圆轴②牢固地套在一起而组成，左端固定，右端固结于刚性板上，在右端受外力偶矩 M_e 作用。实心圆轴的直径为 d，剪切模量为 G_1；空心圆轴的内外径分别为 d 及 D，剪切模量为 G_2。试求两轴横截面上的扭矩，并求两轴横截面上的切应力。

解： 设实心和空心圆轴横截面上的扭矩分别为 T_1、T_2，如图 5.24（b）所示。由分离体的平衡条件得

$$T_1 + T_2 = M_e \tag{a}$$

由于两轴牢固地套在一起，所以其单位长度扭转角必相同，即

$$\varphi_1' = \varphi_2' \tag{b}$$

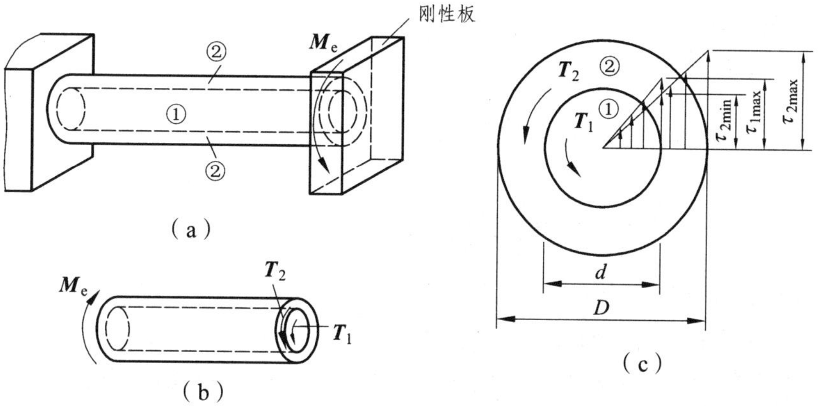

图 5.24 组合圆轴

而

$$\varphi_1' = \frac{T_1}{G_1 I_{p1}}, \quad \varphi_2' = \frac{T_2}{G_2 I_{p2}} \tag{c}$$

将（c）式代入（b）式，得

$$\frac{T_1}{G_1 I_{p1}} = \frac{T_2}{G_2 I_{p2}}, \quad T_2 = \frac{G_2 I_{p2}}{G_1 I_{p1}} T_1 \tag{d}$$

联立求解（a)、(d）两式，经化简后得

$$T_1=\frac{G_1I_{p1}}{G_1I_{p1}+G_2I_{p2}}M_e\text{，}\quad T_2=\frac{G_2I_{p2}}{G_1I_{p1}+G_2I_{p2}}M_e \tag{e}$$

式中，I_{p1}，I_{p2}分别为①轴和②轴的极惯性矩。

实心圆轴横截面上的最大切应力为

$$\tau_{1,\max}=\frac{\frac{T_1d}{2}}{I_{p1}}=\frac{M_eG_1d}{2(G_1I_{p1}+G_2I_{p2})} \tag{f}$$

空心圆轴横截面上的最小切应力及最大切应力分别为

$$\tau_{2,\min}=\frac{\frac{T_2d}{2}}{I_{p2}}=\frac{M_eG_2d}{2(G_1I_{p1}+G_2I_{p2})}\text{，}\quad \tau_{2,\max}=\frac{\frac{T_2D}{2}}{I_{p2}}=\frac{M_eG_2D}{2(G_1I_{p1}+G_2I_{p2})} \tag{g}$$

本章小结

本章介绍了圆轴受扭的受力与变形特点和基本概念，主要研究圆轴受扭转时，其内力、应力、变形的分析方法及强度和刚度的计算，其次介绍了扭转静不定问题。

1. 扭转的概念

受力特点：受到一对等值、反向、作用面垂直于轴线的力偶作用。

变形特点：截面间相对转动。

2. 外力偶矩计算

已知轴所传递的功率 P 及转速 n，则

$$M_e(\mathrm{N\cdot m})=9\,549\frac{P(\mathrm{kW})}{n(\mathrm{r/min})}$$

$$M_e(\mathrm{N\cdot m})=7\,024\frac{P(\text{马力})}{n(\mathrm{r/min})}$$

3. 扭矩的概念及计算

扭矩：受扭杆件横截面上的内力，该内力是作用于横截面内的力偶，其矩称为扭矩，用 T 表示。扭矩的正负号用右手螺旋法则确定，使右手四指沿外力偶矩方向弯曲，则拇指指向与截面外法线同向者为正，反向者为负。

求解方法可用截面法，也可用扭矩计算法则计算，扭矩 = 截面一侧所有外力偶矩的代数和。通常先假设为正值。

4. 受扭薄壁圆筒的分析

受扭薄壁圆筒横截面上切应力是均匀分布的，其切应力满足切应力互等定理。等厚薄壁圆筒受扭时横截面上切应力的计算公式为

$$\tau=\frac{T}{2\pi r^2t}$$

5. 切应力互等定理

在单元体相互垂直的两个平面上，切应力必然成对存在，且数值相等；两者都垂直于两平面的交线，其方向则共同指向或共同背离该交线。这个规律称为切应力互等定理。

6. 圆轴扭转时的应力和变形

在平面假设下，利用上述基本概念和规律，从变形几何关系、物理关系以及静力学关系得到圆轴扭转时截面上各点的切应力，其方向垂直于该点与圆心的连线（半径），且与该截面上的扭矩转向一致，其大小为

$$\tau = \frac{T\rho}{I_p}$$

最大切应力为： $\tau_{max} = \frac{T}{W_t}$

其中 I_p 为截面积极惯性矩，W_t 为抗扭截面系数。对于：

实心圆轴： $I_p = \frac{\pi D^4}{32}$， $W_t = \frac{\pi D^3}{16}$

空心圆轴： $I_p = \frac{\pi D^4}{32}(1-\alpha^4)$， $W_t = \frac{\pi D^3}{16}(1-\alpha^4)$， $\alpha = d/D$

对于等直圆轴，某两截面间的扭矩 T 不变时，两截面间的相对扭转角为

$$\varphi = \frac{Tl}{GI_p}$$

7. 圆轴扭转时的强度和刚度条件

圆轴扭转时的强度条件： $\tau_{max} = \frac{T_{max}}{W_t} \leqslant [\tau]$

圆轴扭转时的刚度条件： $\varphi'_{max} = \frac{T_{max}}{GI_p} \leqslant [\varphi']$ rad/m， $\varphi'_{max} = \frac{T_{max}}{GI_p} \times \frac{180}{\pi} \leqslant [\varphi']$ （°）/m

应用强度条件和刚度条件，可以解决轴的扭转刚度校核、截面设计、确定许用载荷等三方面的问题。

8. 扭转静不定问题

只用平衡方程不能解出圆轴受扭时所有未知约束力偶的问题称为扭转静不定问题或扭转超静定问题。与求解拉、压静不定问题相仿，关键仍在于由位移协调条件建立补充方程，以弥补平衡方程之不足。

思 考 题

5.1 杆件扭转时的受力与变形特征是什么？

5.2 传动轴的功率、转速与外力偶矩之间的关系是什么？

5.3 什么是扭矩？扭矩的正负符号是怎样规定的？该规定与坐标系的选择是否有关？

5.4 什么是切应力互等定理？试利用切应力互等定理证明：薄壁圆筒扭转时横截面上圆周处切应力的方向必与圆周相切。

5.5　什么是切应变？什么是剪切胡克定律？剪切胡克定律的适用条件是什么？

5.6　图形截面对其圆心的极惯性矩是怎样定义的？试写出圆形及空心圆形截面极惯性矩的表达式。

5.7　试绘出实心圆轴扭转时横截面上切应力分布的示意图。

5.8　在图 5.25（a），（b）两图中，试指出哪个是空心圆轴扭转时横截面上切应力的分布示意图？请说明理由。

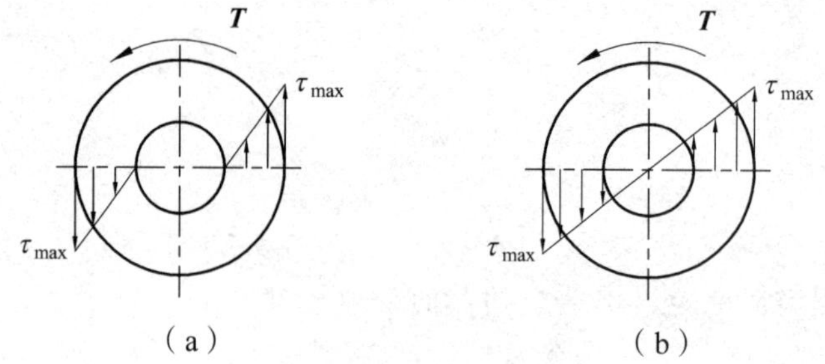

图 5.25

5.9　什么是抗扭截面系数，它与材料有关吗？试写出实心圆形及空心圆形截面的抗扭截面模量表达式。

5.10　下面给出的空心圆形截面抗扭截面系数计算式是否正确？如不正确，请指出错在何处，并改正之。

$$W_t = \frac{\pi D^3}{16}(1-\alpha^3)，\quad \alpha = d/D$$

5.11　圆轴扭转的强度条件、刚度条件是什么？可以解决哪些类型的问题？

5.12　提高圆轴的抗扭强度与刚度的措施有哪些？

5.13　什么是纯剪切？为什么要研究纯剪切？怎样可以得到一个处于纯剪切状态的构件？

5.14　建立圆轴扭转切应力公式的基本假设是什么？它们在建立公式时起何作用？公式的应用条件是什么？如何判断公式的正确性？

5.15　薄壁圆管扭转切应力公式是如何建立的？应用条件是什么？当切应力超过剪切比例极限时，该公式是否仍正确？

5.16　如何计算圆轴扭转角？其单位是什么？何谓扭转刚度？圆轴扭转刚度条件是如何建立的？应用该条件时需注意什么？

5.17　如何求解扭转静不定问题？如何建立补充方程？

习　题

5.1　画出图示各轴的扭矩图。

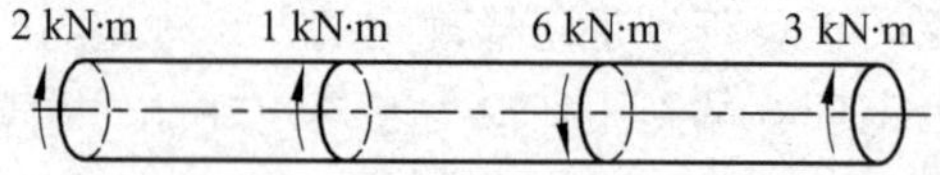

（a）

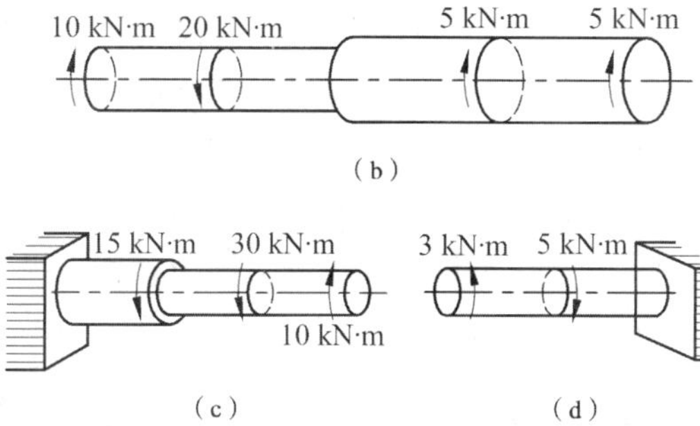

题 5.1 图

5.2　求图示圆轴 1—1 和 2—2 截面的扭矩。从强度的观点看，3 个轮子怎样布置才比较合理？

5.3　如图所示，已知传动轴的直径 $d = 100$ mm，材料的剪切模量 $G = 80$ GPa，$a = 0.5$ m。（1）画扭矩图；（2）求 $\tau_{\max}$ 值，并指出发生在何处？求 C、D 两截面间的扭转角 φ_{CD}，及 A、D 两截面间的扭转角 φ_{AD}。

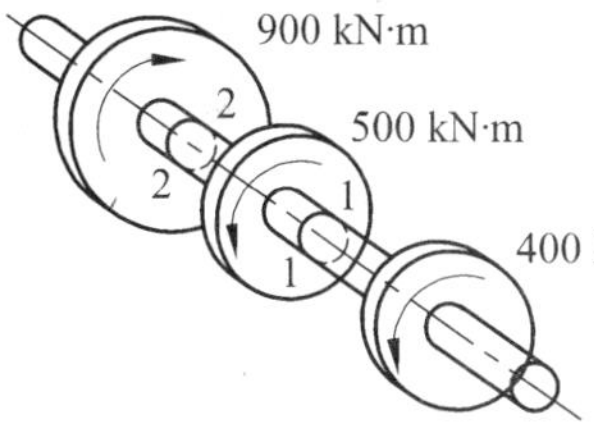

题 5.2 图

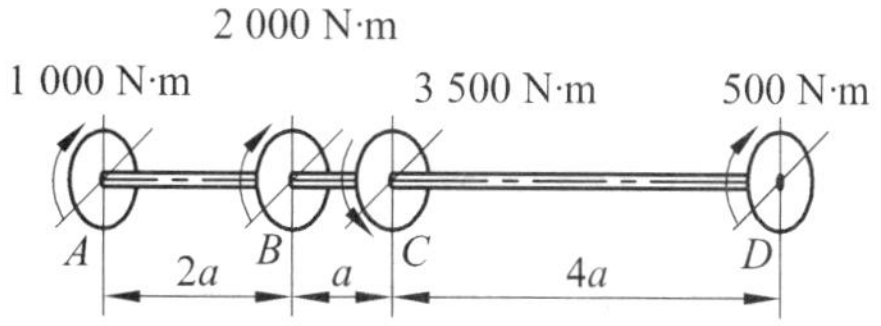

题 5.3 图

5.4　如图所示，已知变截面钢轴上的外力偶矩 $M_{eB} = 1.8$ kN · m，$M_{eC} = 1.2$ k N · m，试求最大切应力和最大相对扭转角。已知 $G = 80$ GPa。

5.5　一实心钢轴的转速 $n = 240$ r/min，传递功率 $P_k = 44.1$ kW。已知$[\tau] = 40$ MPa，$[\varphi'] = 1^{\circ}$/m，$G = 80$ GPa，试确定轴的直径。

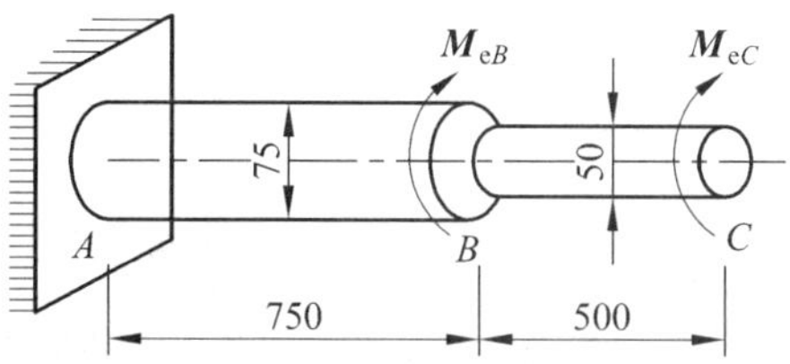

题 5.4 图

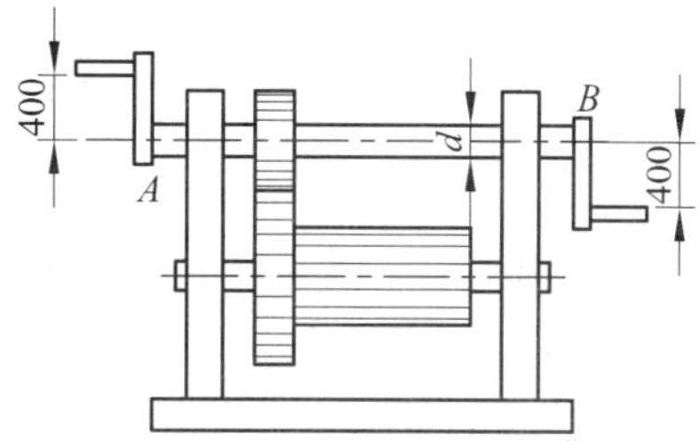

题 5.6 图

5.6　如图所示，手摇绞车驱动轴 AB 的直径 $d = 3$ cm，由两人摇动，每人加在手柄上的力 $F = 250$ N，若轴的许用切应力 $[\tau] = 40$ MPa，试校核 AB 轴的强度。

5.7　直径为 150 mm 的木制圆轴受扭如图所示。木材顺纹方向的许用切应力 $[\tau]_a = 2$ MPa，横纹方向的许用切应力 $[\tau]_b = 8$ MPa。求轴的许用载荷 M_e 的大小。

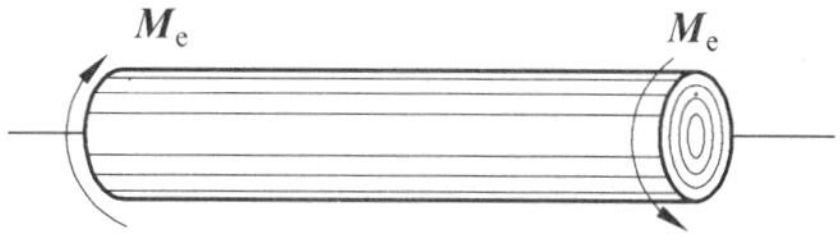

题 5.7 图

5.8　如图所示，手摇绞车由两人同时操作，若每人加在手柄上的作用力 $F = 200$ N，已知轴的许用切应力

$[\tau]=40\ \text{MPa}$ 。试根据强度条件设计 AB 轴的直径，并确定最大起重量 W。图中尺寸单位：mm。

5.9　图示钻探机钻杆的外径 $D=60$ mm，内径 $d=50$ mm，钻入深度 $l=80$ m。A 端输入功率 $P=15$ kW，转速 $n=180$ r/min，设土壤对钻杆的阻力沿杆长均布，单位长度的阻力矩 $m=6.20$（N·m）/m。钻杆材料的许用切应力 $[\tau]=40$ MPa，剪切模量 $G=80$ GPa。试求：（1）B 端钻头破岩力矩 M_B 的大小；（2）校核钻杆的强度并计算 A、B 两端的相对转角 φ_{AB} 。

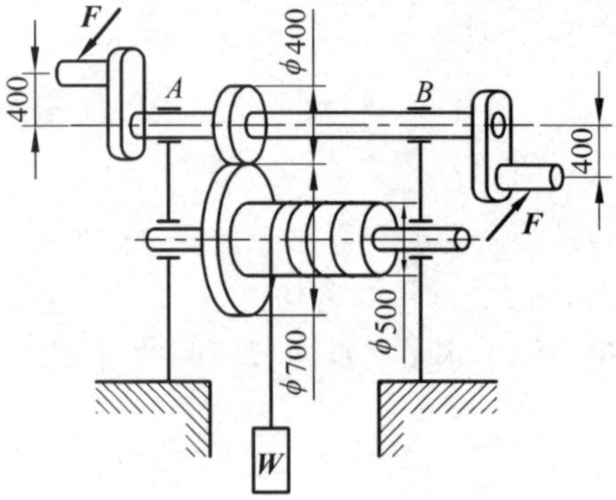

题 5.8 图

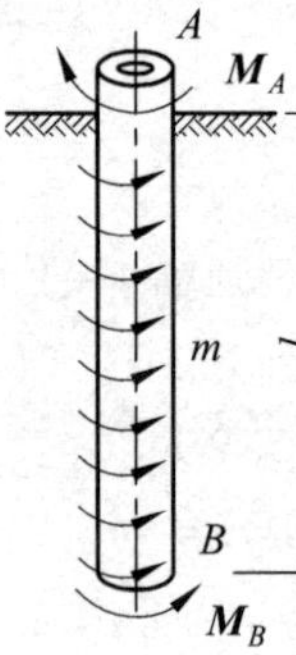

题 5.9 图

5.10　实心圆轴直径为 D_1，空心圆轴外径为 D，内径为 d。假设两轴的材料和截面面积均相同，试比较两轴的强度和刚度。

5.11　已知汽车主传动轴外径 $D=89$ mm，壁厚 $\delta=2.5$ mm，材料为 20 钢，许用切应力 $[\tau]=70$ MPa，传递的最大扭矩 $T=1\ 930$ N·m。试校核此轴的强度。

5.12　汽车的驾驶盘如图所示，驾驶盘的直径 $D_1=520$ mm，驾驶员每只手作用于盘上的最大切向力 $F=200$ N，转向轴材料的许用切应力 $[\tau]=50$ MPa。试设计实心转向轴的直径 d_1。若改为 $\alpha=d/D=0.8$ 的空心轴，则空心轴的内径和外径各为多大？并比较两者的重量。

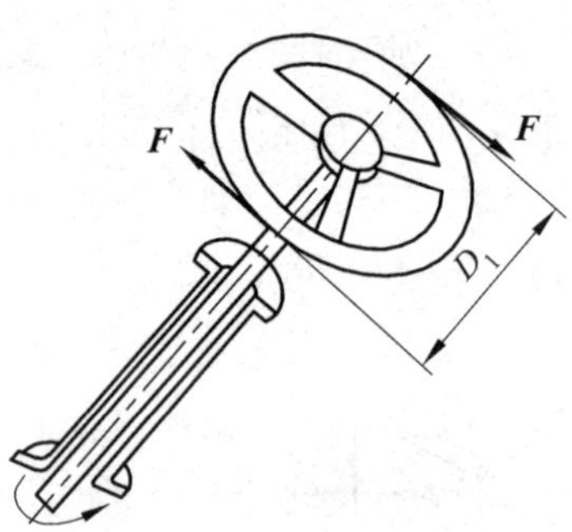

题 5.12 图

5.13　直径 $d=25$ mm 的钢杆受轴向拉力 $F=60$ kN 作用时，在标距 $l_0=200$ mm 内的伸长 $\Delta=0.113$ mm；当它受一对力偶矩 $M_e=0.2$ kN·m 的力偶作用时，在标距两端的相对转角 $\varphi=0.732°$。求此钢材的弹性常数 E，G 和 μ 。

5.14　图示桥式起重机传动轴传递的力偶矩 $M_e=1.08$ kN·m，材料的许用切应力 $[\tau]=40$ MPa，$G=80$ GPa，$[\varphi']=0.5$ °/m。试设计轴的直径。

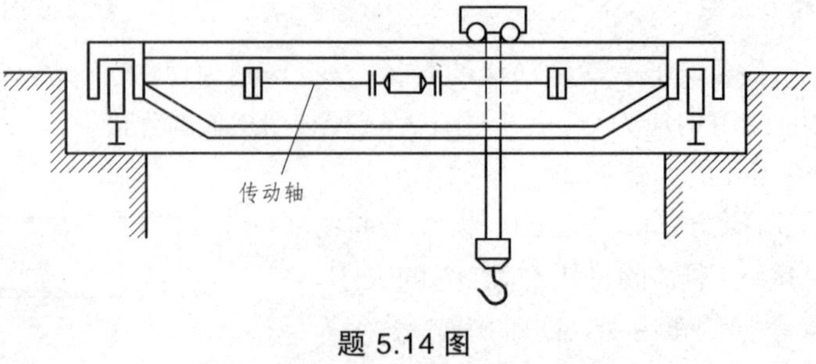

题 5.14 图

5.15　图示电机轴，转速 $n=924$ r/min，传递功率 $P=150$ kW，材料的许用切应力 $[\tau]=$

30 MPa。轴各段直径为 $d_1 = 65$ mm，$d_2 = 90$ mm，$d_3 = 135$ mm（安装转子处），$d_4 = 75$ mm，$d_5 = 70$ mm（安装胶带轮处）。试对电机轴进行强度校核。

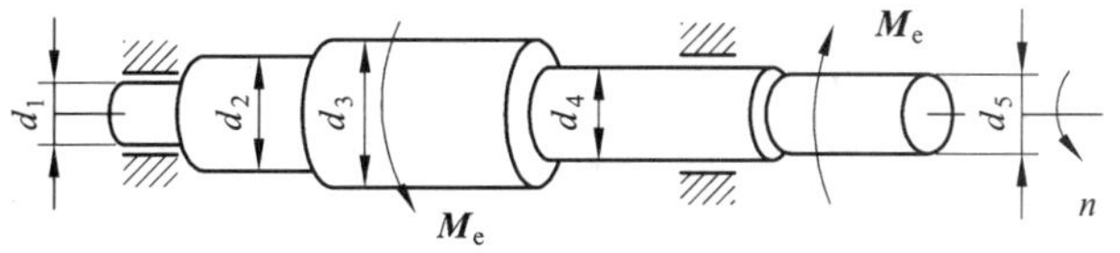

题 5.15 图

5.16　某传动轴，转速 $n = 250$ r/min，传递功率 $P = 60$ kW，材料的剪切弹性模 $G = 80$ GPa，许用切应力$[\tau] = 40$ MPa，许用单位长度扭转角$[\varphi'] = 0.8°/\text{m}$。试按强度条件及刚度条件的要求设计轴的直径。

5.17　空心钢轴的外径 $D = 100$ mm，内径 $d = 50$ mm。已知间距 $l = 2.7$ m 之间两截面的相对扭转角 $\varphi = 1.8°$。材料的剪切模量 $G = 80$ GPa。试计算：（1）轴内最大切应力；（2）当轴以 $n = 80$ r/min 的速度旋转时，轴传递的功率 P（单位为 kW）。

5.18　某空心轴外径 $D = 100$ mm，内外径之比 $\alpha = d/D = 0.5$，轴的转速 $n = 300$ r/min，轴所传递功率 $P = 150$ kW，材料的剪切模量 $G = 80$ GPa，许用切应力$[\tau] = 40$ MPa，单位长度许可扭转角$[\varphi'] = 0.5°/\text{m}$，试校核轴的强度和刚度。

5.19　空心圆截面轴受 $M_e = 3$ kN · m 的扭矩作用，其外径为 D，内径为 $0.75D$，材料剪切弹性模量 $G = 80$ GPa，剪切许用应力$[\tau] = 60$ MPa，单位长度许用扭转角$[\varphi'] = 0.2$ °/m，试确定外径 D。

5.20　如图所示，直径均为 d 的两铜制圆轴，用一外径为 D 的钢套筒将它们对接成一整体。设钢和铜的许用切应力为$[\tau_s]$和$[\tau_c]$，且$[\tau_s] = 2[\tau_c]$。在转矩 M_e 作用下使钢套筒与铜轴具有相同的强度。试求 d 与 D 之比值。

5.21　如图所示的空心轴，外径 $D = 60$ mm，内径 $d = 50$ mm，受均布力偶 $m = 0.2$ kN·m/m 的作用。轴的许用切应力 $[\tau] = 40$ MPa，$G = 80$ GPa，$[\varphi'] = 0.3°/\text{m}$，轴的长度 $l = 4$ m。试校核轴的强度与刚度。

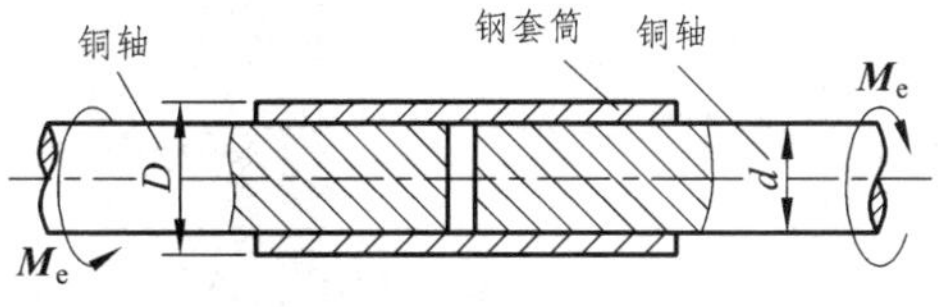

题 5.20 图

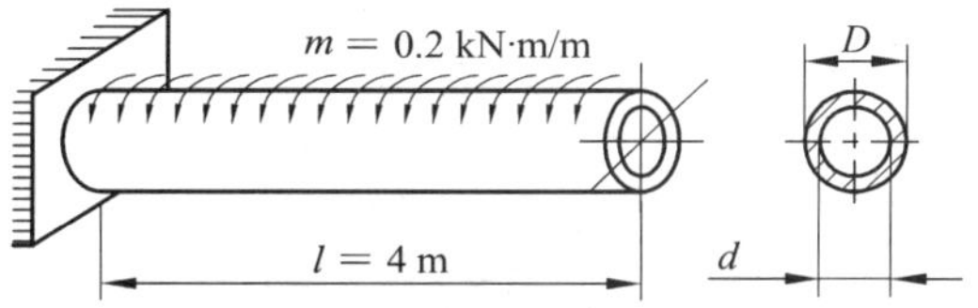

题 5.21 图

5.22　如图所示，两根长度相同的钢管松套在一起。外管的内、外径 $d_1 = 90$ mm，$D_1 = 100$ mm；内管的内、外径 $d_2 = 80$ mm，$D_2 = 90$ mm。当内管在两端受转矩 $M_e = 2$ kN·m 作用时将两管的两端焊在一起，然后去掉转矩。试求组合管内的最大切应力，并画出组合管横截面上的应力分布图。

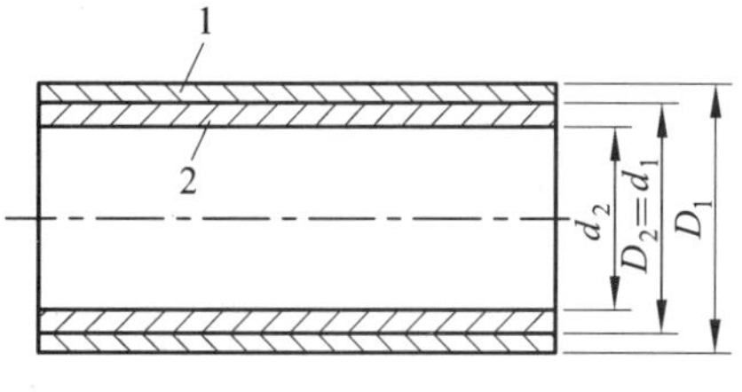

题 5.22 图

第 6 章 梁的弯曲内力

6.1 概 述

6.1.1 弯曲变形的概念和实例

弯曲变形是工程中最常见的一种基本变形，不论在土木工程中，还是在机械工程中，受弯构件都很多，例如，图 6.1（a）所示厂房的吊车梁，图 6.1（b）所示的火车轮轴，图 6.1（c）所示桥梁的桥面，图 6.1（d）所示弯卷机等。

（a）

（b）

（c）

（d）

图 6.1 弯曲变形的工程实例

这些受弯构件的受力特点和变形特点分别是：

受力特点：杆件受到垂直于杆件轴线的横向外力（集中力、分布力）或杆件纵向对称平面内受到外力偶的作用；

变形特点：杆件的轴线由直线变为曲线，称这种形式的变形为弯曲变形，如图 6.2 所示。凡是以弯曲变形为主要变形的杆件，通常称为梁。

6.1.2 平面弯曲

工程中常见的梁，其横截面一般至少有一个对称轴，如图 6.3（a）、（b）、（c）、（d）所示的矩形、圆形、工字形和 T 字形截面梁。横截面的对称轴与梁的轴线所组成的平面称为对称平面，如图 6.4 所示，如果作用在梁上的已知载荷和约束力均在同一纵向对称平面内，并且垂直于梁的轴线，那么变形后梁的轴线也在该纵向对称平面内且弯成一条平面曲线，这种弯曲变形称为平面弯曲，即载荷，变形前、后梁的轴线均在同一纵向对称平面内。

平面弯曲是弯曲问题中最简单、最常见的。本章及后续章节所研究的弯曲变形均限于平面弯曲。

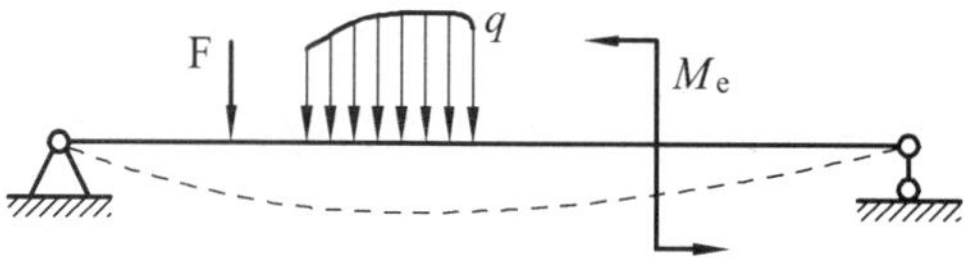

图 6.2 梁的弯曲变形

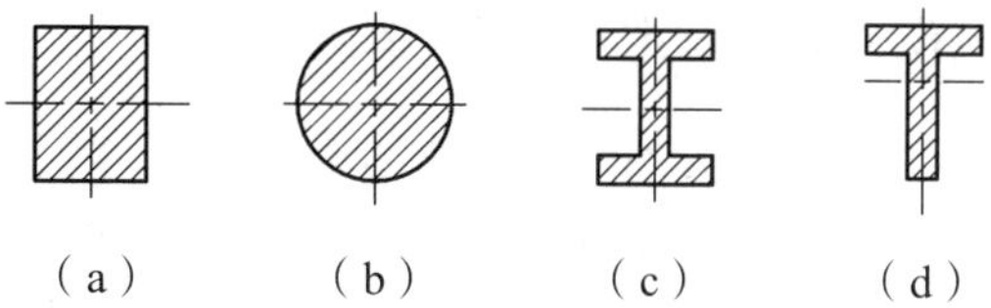

图 6.3 常见梁的截面形状

6.1.3 支座形式与约束力

实际工程中，梁受到的载荷和支座情况都比较复杂，为了便于计算，通常对梁上的载荷和支座进行简化，并用一条轴线代替实际的梁，画出梁的计算简图，图 6.5 为图 6.4 的计算简图，两支座间的距离称为跨度。

梁上所受的外力，包括已知载荷和约束力，一般情况下约束力未知，在计算梁的内力之前，应先根据静力平衡方程求出约束力。

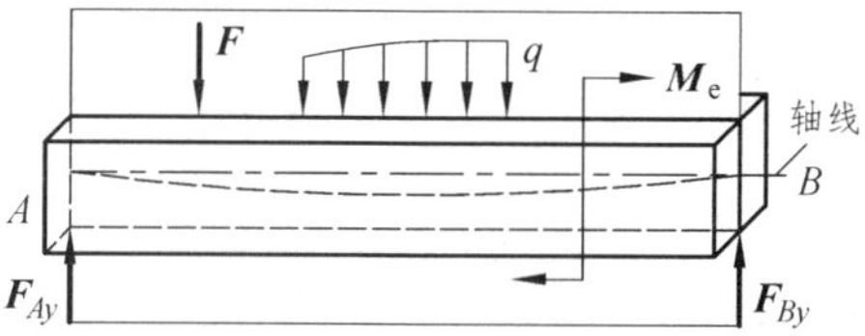

图 6.4 载荷作用方式与纵向对称平面

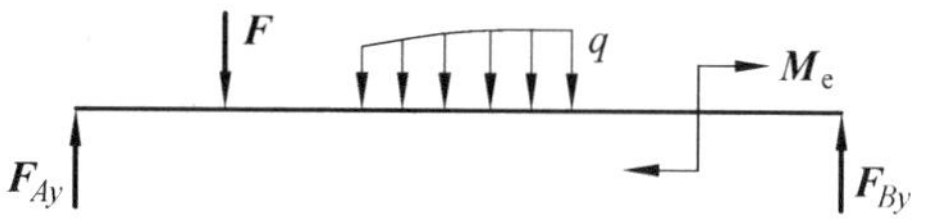

图 6.5 梁的计算简图

如图 6.5 所示，梁上的载荷通常有集中力 F 、分布载荷 q 、力偶 M 等。

约束力的数目和方向与支座形式有关，常见的支座形式主要有以下 3 种：

（1）可动铰支座。如图 6.6（a）所示，梁端 A 在可动铰支座处可转动，也可以在一个方向移动，但不能在另一个方向移动，在不能移动的方向上受到一个约束力 F_{Ay} 的作用，如图 6.6（d）所示。

（2）固定铰支座。如图 6.6（b）所示，梁端 A 在固定铰支座处可转动，但不能移动，在支座处有水平反力 F_{Ax} 、竖直反力 F_{Ay} ，如图 6.6（e）所示。

（3）固定端支座。如图 6.6（c）所示，梁在固定端 A 处既不能转动，也不能平动，所以有 3 个约束力，即约束力偶 M_A、水平反力 F_{Ax}、竖直反力 F_{Ay}，如图 6.6（f）所示。

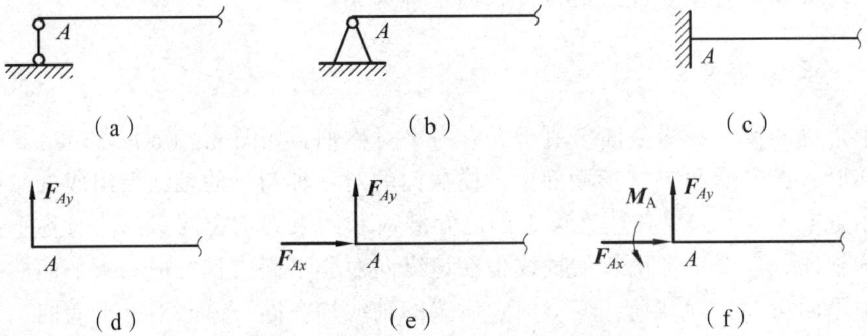

图 6.6　常见支座形式及其相应的约束力

6.1.4　静定梁的基本形式

本章及后述各章所讨论的梁，载荷与约束力均作用在同一平面内，构成平面一般力系，而平面一般力系最多有 3 个独立的平衡方程，因此，约束力均可由平面一般力系的静力平衡方程求解出来，这种只根据静力平衡方程就可以求出全部约束力的梁称为静定梁，静定梁分为下列 3 种形式：

（1）简支梁。如图 6.7（a）所示，梁的一端为固定铰支座，另一端为可动铰支座。

（2）外伸梁。如图 6.7（b）所示，梁的一端或两端伸出支座外，有外伸梁段。

（3）悬臂梁。如图 6.7（c）所示，梁的一端为固定端支座，另一端自由。

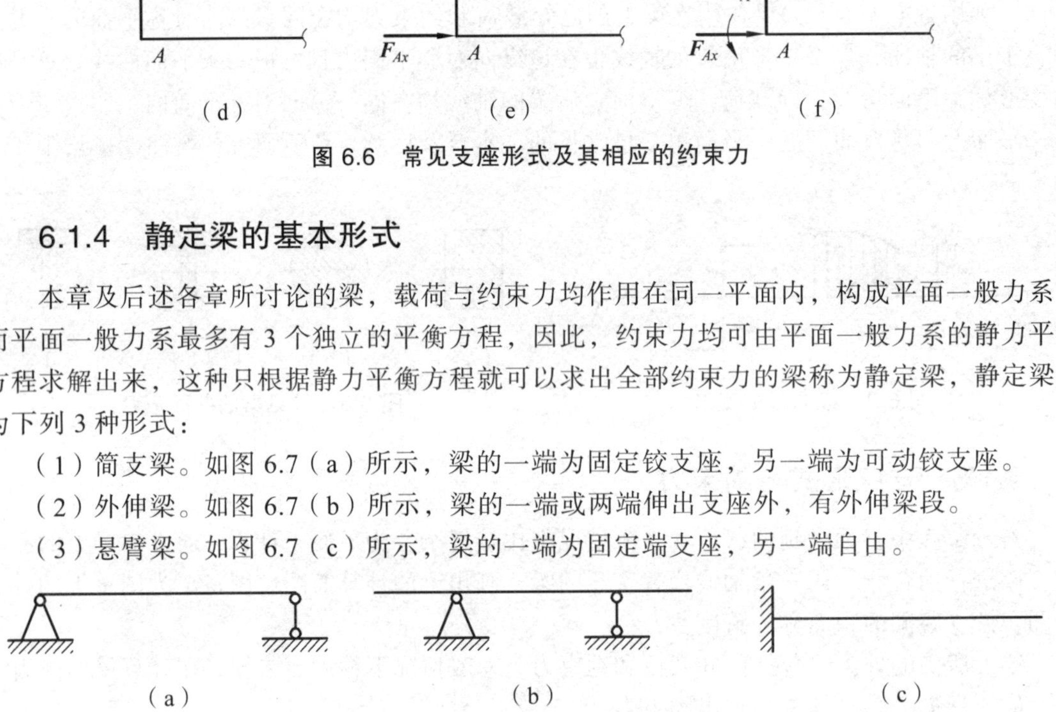

图 6.7　静定梁的基本形式示意图

如果梁上约束力的数目超过静力平衡方程的数目，则称为超静定梁，将在以后讨论。

6.2　剪力与弯矩

6.2.1　剪力和弯矩

根据作用在梁上的已知载荷，求出静定梁的约束力以后，梁横截面上的内力可利用前面讲过的“截面法”来求解，如图 6.8（a）所示简支梁在外力作用下处于平衡状态，现在讨论距 A 支座距离为 x 的 $m-m$ 截面上的内力。

根据用截面法计算内力的步骤可得，计算梁的内力的步骤为：

（1）首先根据静力平衡方程，求约束力 F_{Ay} 和 F_{By}。

（2）用假想截面沿 $m-m$ 处把梁切开为左、右两段，如图 6.8（b）、6.8（c）所示，取左段梁为脱离体，因梁原来处于静力平衡状态，所以被截取的左段梁也应该同样保持静力平衡状态。从图 6.8（b）中可看到，左段梁上有一向上的约束力 F_{Ay} 、向下的已知力 F 作用，要使左段梁不发生竖直方向的移动，则在 $m-m$ 截面上必定存在一个竖直方向的内力 F_S 与之平衡；同时，F_{Ay} 、F 对 $m-m$ 截面的形心 O 点有不为零的力矩作用，会引起左段梁转动，为了使其不发生转动，则在 $m-m$ 截面上必须有一个力偶矩 M 与之平衡，才能保持左段梁的平衡。F_S 和 M 即为梁横截面上的内力，其中内力 F_S 使横截面有被剪开的趋势，称为剪力；力偶矩 M 将使梁发生弯曲变形，称为弯矩。

由于本章中假定载荷都垂直于梁的轴线，因此在 $m-m$ 截面上的轴力为零。

剪力 F_S 和弯矩 M 的大小可由左段梁的静力平衡方程来求解。

由 $\sum F_y = 0$ 得：　　$F_{Ay} - F - F_S = 0$ ，$F_S = F_{Ay} - F$

由 $\sum M_O = 0$ 得：$-F_{Ay}x + F(x-a) + M = 0$ ，$M = F_{Ay}x - F(x-a)$

如图 6.8（c）所示，如果取右段梁为脱离体，同样可求得 $m-m$ 截面的剪力 F_S 和弯矩 M 。根据作用力与反作用力原理，右段梁在 $m-m$ 截面上的剪力 F_S 和弯矩 M 与左段梁在 $m-m$ 截面上的剪力 F_S 和弯矩 M ，大小相等、方向相反。

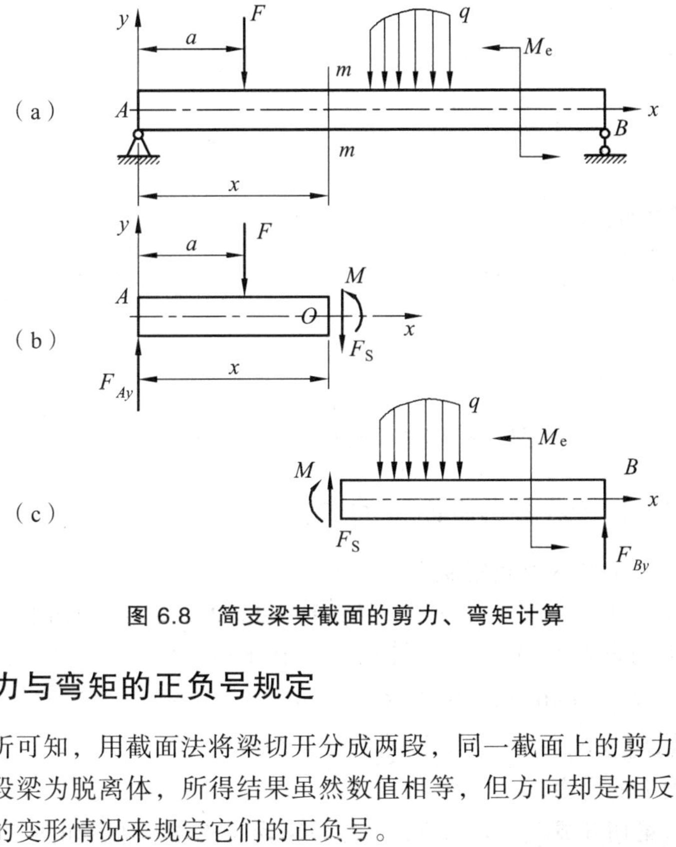

图 6.8　简支梁某截面的剪力、弯矩计算

6.2.2　剪力与弯矩的正负号规定

从上面的分析可知，用截面法将梁切开分成两段，同一截面上的剪力和弯矩，取左段梁为脱离体和取右段梁为脱离体，所得结果虽然数值相等，但方向却是相反的，为此根据剪力和弯矩所引起梁的变形情况来规定它们的正负号。

（1）剪力正负号的规定。如图 6.9（a）、6.9（b）所示，在横截面 $m-m$ 处，从梁中取出一微段，若剪力使微段顺时针方向转动，则该截面上的剪力为正；反之为负。

（2）弯矩正负号的规定。如图 6.9（c）、6.9（d）所示，在横截面 $m-m$ 处，从梁中取出一微段，若弯矩使微段产生向下凸的变形，即上部受压，下部受拉，则该截面上的弯矩为正；反之为负。

为方便起见，在计算时通常将剪力和弯矩假设成正方向，它的实际方向根据最后计算结果的正负号来确定，如果计算结果为正，则说明实际方向与假设方向相同；否则，相反。

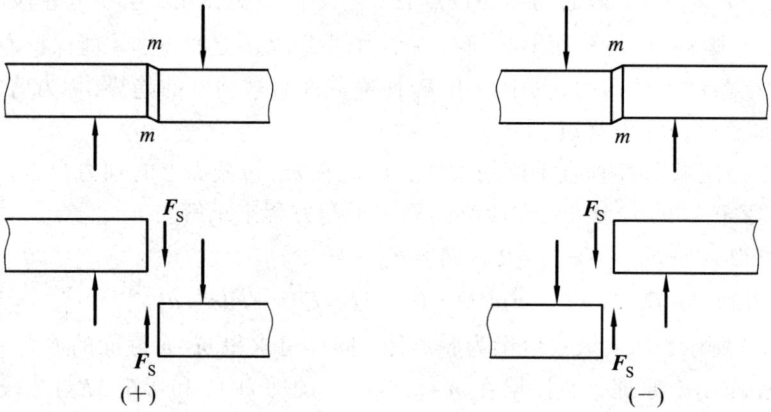

（a）　　　　（b）

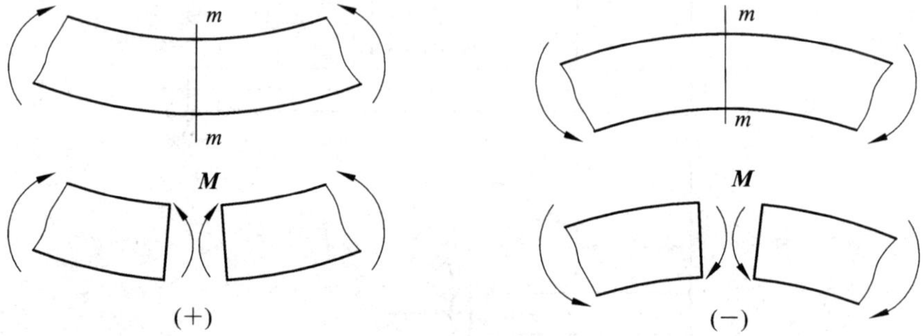

（c）　　　　（d）

图 6.9　剪力、弯矩的正负号规定

6.2.3　用截面法求梁指定截面上的内力

下面举例说明用截面法求梁指定截面上的内力。

例题 6.1　如图 6.10（a）所示外伸梁，试计算 1-1、2-2 和 3-3 截面上的剪力和弯矩。

解：（1）求梁的约束力 F_{Ay} 和 F_{Dy}，根据梁的整体平衡方程：

由 $\sum M_A = 0$ 得，$F_{Dy} \times 6 - 6 \times (4+2) \times 5 + 6 = 0$，$F_{Dy} = 29\ \text{kN}$

由 $\sum F_y = 0$ 得，$F_{Ay} + F_{Dy} - 6 \times (4+2) = 0$，$F_{Ay} = 7\ \text{kN}$

（2）求 1-1 截面上的内力。

在 1-1 截面处将梁切开成左、右两段，取左段梁为脱离体，受力如图 6.10（b）所示，将剪力 F_{S1}、弯矩 M_1 的方向都按规定的正方向标出。根据脱离体的平衡方程：

由 $\sum F_y = 0$ 得，$F_{Ay} - F_{S1} = 0$，$F_{S1} = F_{Ay} = 7\ \text{kN}$

由 $\sum M_{0_1} = 0$（所有外力对 1-1 截面的形心取矩）得

$$-F_{Ay} \times 1 + M_1 = 0,\quad M_1 = F_{Ay} \times 1 = 7\ \text{kN} \cdot \text{m}$$

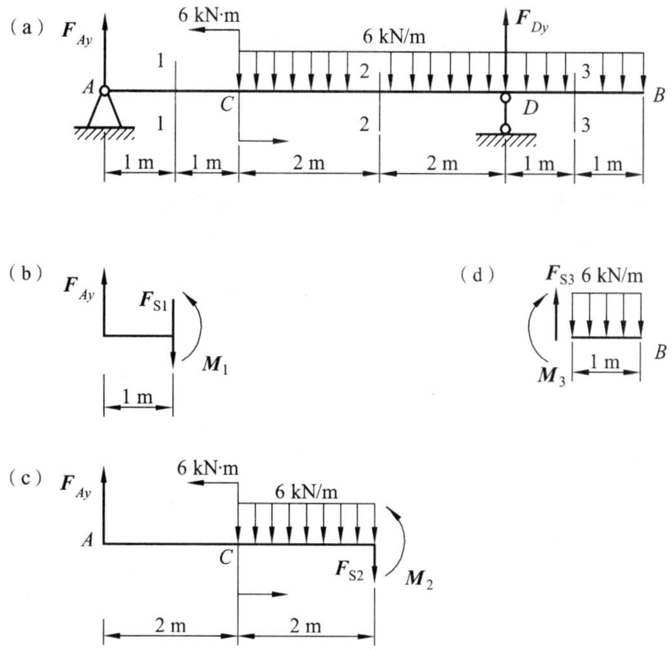

图 6.10　例题 6.1 图（外伸梁指定截面的内力）

从所求的结果中可以看出，1-1 截面上的剪力 F_{S1}、弯矩 M_1 均为正值，它表明所假设的剪力 F_{S1} 及弯矩 M_1 的方向与实际方向相同。

在脱离体上，剪力和弯矩的方向一律设为正方向，计算结果为正则内力就为正，计算结果为负，则内力就为负。

（3）求 2-2 截面上的内力。

在 2-2 截面处将梁切开成左、右两段，取左段梁为脱离体，受力如图 6.10（c）所示，将剪力 F_{S2}、弯矩 M_2 的方向都按规定的正方向标出。根据脱离体的平衡方程：

由 $\sum F_y = 0$ 得

$$F_{Ay} - 6\times2 - F_{S2} = 0\,,\quad F_{S2} = F_{Ay} - 12 = -5\ \text{kN}$$

由 $\sum M_{0_2} = 0$（所有外力对 2-2 截面的形心取矩）得

$$-F_{Ay}\times4 + 6 + 6\times2\times1 + M_2 = 0$$
$$M_2 = F_{Ay}\times4 - 6 - 6\times2\times1 = 10\ \ \text{kN}\cdot\text{m}$$

2-2 截面的剪力 $F_{S2} = -5$ kN 为负值，它表明所假设的剪力 F_{S2} 的方向与实际方向相反。

（4）求 3-3 截面上的内力。

在 3-3 截面处将梁切开成左、右两段，如果取左段梁为脱离体进行计算，则作用在左段梁上的载荷较多，计算起来要麻烦一些，为方便起见，通常取受力较简单的右段梁为脱离体进行分析，受力如图 6.10（d）所示，将剪力 F_{S3}、弯矩 M_3 的方向都按规定假设成正方向，根据脱离体的平衡方程：

由 $\sum F_y = 0$ 得

$$F_{S3} - 6\times1 = 0\,,\quad F_{S3} = 6\ \ \text{kN}$$

由$\sum M_{0_3}=0$（所有外力对 3-3 截面的形心取矩）得

$$-M_3-6\times1\times\frac{1}{2}=0\text{，}\quad M_3=-3\ \text{kN}\cdot\text{m}$$

3-3 截面的弯矩 M_3 为负值，它表明所假设的弯矩 M_3 的方向与实际方向相反。

由上面例题中可以看出,梁在所求截面上的剪力和弯矩与梁上外力之间存在着下列关系：

（1）梁内任一横截面上的剪力，在数值上等于该截面左侧（或右侧）梁上所有外力的代数和。

（2）梁内任一横截面上的弯矩，在数值上等于该截面左侧（或右侧）梁上所有外力对该截面形心之矩的代数和。

因此，剪力和弯矩的正、负号还可以由外力方向直接来确定：

（1）截面左侧向上的外力与截面右侧向下的外力引起该截面的剪力为正，反之为负。

（2）截面左侧与截面右侧向上的外力引起该截面上的弯矩为正，反之为负。

当取左段梁进行分析时，任意截面上的剪力等于该截面左侧所有向上的外力减去所有向下的外力，即

$$F_S=\sum\uparrow-\sum\downarrow \tag{6.1}$$

如果取右段梁进行分析时，则有

$$-F_S=\sum\uparrow-\sum\downarrow$$

也即

$$F_S=\sum\downarrow-\sum\uparrow$$

当取左段梁（或右段梁）进行分析时，任意截面上的弯矩等于该截面左侧（或右侧）所有向上弯（产生向上的线位移）的外力对该点之矩减去所有向下弯（产生向下的线位移）的外力对该点之矩，即

$$M=\sum\curvearrowleft\curvearrowright-\sum\curvearrowright\curvearrowleft \tag{6.2}$$

利用式（6.1）、（6.2）可以直接根据作用在梁上的外力计算出任意截面的剪力、弯矩，从而省去取脱离体列平衡方程的过程，使计算大大简化。

例题 6.2　计算图 6.11 所示梁 1-1 和 2-2 截面上的内力。

解：由梁的整体平衡方程

$$\sum M_B=0\text{，}\quad -F_{Ay}\times3+6\times2\times1=0$$

得

$$F_{Ay}=4\ \text{kN}$$

如果每次取左段梁进行分析，则可以不必计算右端的约束力 F_{By}。

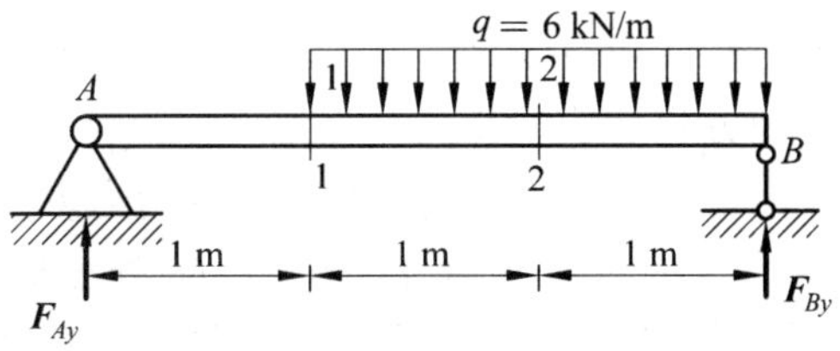

图 6.11 例题 6.2 图（简支梁指定截面的内力）

利用式（6.1）、（6.2），可以直接得到 1-1、2-2 截面的剪力、弯矩

$$F_{S1} = +F_{Ay} = 4 \text{ kN}$$
$$F_{S2} = +F_{Ay} - 6\times1 = -2 \text{ kN}$$

特别注意：当取左段梁进行分析时，约束力 F_{Ay} 向上，为正，均布载荷向下，为负。

$$M_1 = +F_{Ay}\times1 = 4 \text{ kN}\cdot\text{m}$$
$$M_2 = +F_{Ay}\times2 - 6\times1\times\frac{1}{2} = 5 \text{ kN}\cdot\text{m}$$

约束力 F_{Ay} 使左段梁向上弯（产生向上的线位移），所以其力矩为正，均布载荷使左段梁向下弯（产生向下的线位移），其力矩为负。

直接由梁上的外力计算梁的内力的简便方法，其实质仍然是截面法，应熟练掌握。

6.3 剪力图和弯矩图

6.3.1 剪力方程和弯矩方程

一般情况下，梁内各横截面上的剪力和弯矩，是变化的，剪力和弯矩是随着梁的轴线位置的变化而变化的，假设梁横截面的位置沿梁轴线方向的坐标用 x 表示，则横截面上的剪力和弯矩可写成 x 的函数，即

$$F_S = F_S(x)$$
$$M = M(x)$$

这种表示剪力、弯矩沿梁的轴线变化关系的方程，分别称为剪力方程和弯矩方程。

6.3.2 剪力图和弯矩图

为了更加形象地表示出梁上的剪力和弯矩沿梁轴线的变化规律，通常把它们用图形的形式表示出来，这种表示剪力、弯矩沿梁轴线变化规律的图形，分别称为剪力图和弯矩图。

绘制剪力图和弯矩图时，一般先写出梁的剪力方程、弯矩方程，然后根据方程画出剪力图、弯矩图。画图时以横坐标 x 表示梁的横截面位置，以纵坐标表示相应截面上的剪力、弯矩的数值。正的剪力、正的弯矩画在 x 轴上方，负的剪力、负的弯矩画在 x 轴下方，下面举例说明剪力图和弯矩图的绘制方法。

例题 6.3 如图 6.12（a）所示悬臂梁，自由端受集中力 F 作用，试写出梁的剪力方程、

弯矩方程，并画出相应的剪力图和弯矩图。

解:（1）剪力方程和弯矩方程。

由于是悬臂梁，可以不用计算约束力而直接写出梁的剪力方程和弯矩方程，选取左端截面 A 的形心为 x 坐标轴的原点，并在距截面 A 的距离为 x 处截取左段梁为脱离体，利用式（6.1）、（6.2）直接写出梁在截面 x 处的剪力、弯矩，即得剪力方程和弯矩方程

$$F_S(x) = -F \quad (0 < x < l) \tag{a}$$

$$M(x) = -Fx \quad (0 \leqslant x < l) \tag{b}$$

（2）画剪力图和弯矩图。

取 Ox 轴与梁的轴线平行，原点 O 与梁上 A 点对应，横坐标 Ox 轴表示横截面所在的位置，纵坐标分别表示剪力 F_S 和弯矩 M 的数值，然后根据剪力方程和弯矩方程画图。

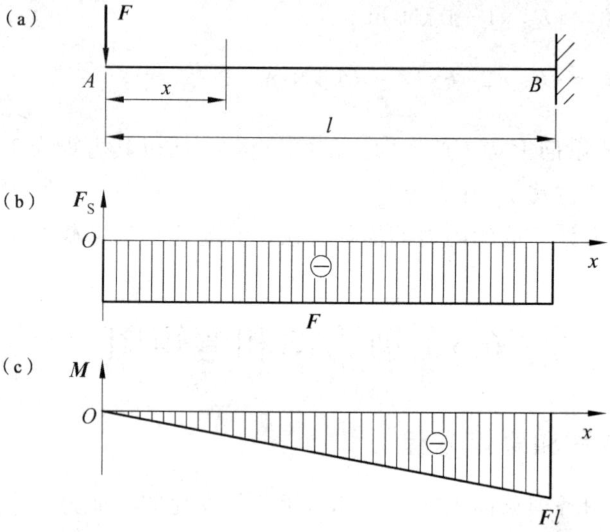

图 6.12 例题 6.3 图（自由端受集中力作用的悬臂梁的内力图）

由剪力方程（a）可知剪力为一常数，梁内各横截面上的剪力数值相同，所以，剪力图为一条平行于 x 轴的直线，其值为负，画在 x 轴的下方，如图 6.12（b）所示。

由弯矩方程（b）可知弯矩为 x 的一次函数，所以弯矩图应是一条通过原点的斜直线，因此，需给出该斜直线两个端点的弯矩值，才能确定该斜直线。

当 $x = 0$ 时， $M = 0$；

当 $x \to l^-$ 时， $M \to -Fl$（ x 趋近于 l^- 时候，弯矩 M 趋近于 $-Fl$）

根据上述计算结果可以确定两个点，将它标在图中，连接两点可作出弯矩图，负弯矩画在 x 轴下方，如图 6.12（c）所示。

根据剪力方程、弯矩方程的性质，需要确定剪力、弯矩的数值的几个特定截面称为控制截面，一般情况下，控制截面是指集中载荷（集中力、力偶矩，也包括约束力）作用点，分布载荷的起始点，剪力、弯矩取得极值的点。

所以，只要给出控制截面处内力的数值，以及剪力方程、弯矩方程的变化规律，就可以作出相应的剪力图与弯矩图。

（3）确定最大内力。

最大内力，是指内力绝对值的最大值，因此从剪力图和弯矩图上看到，剪力、弯矩的最大值分别为

$$|F_S|_{max}=F\ ,\quad |M|_{max}=Fl$$

画出梁的剪力图和弯矩图后，需要在图上标出图名（F_S、M）、正负号、控制截面的内力值及其相应的单位，也可以在内力图上画出垂直于x轴的阴影线条。

例题 6.4 如图 6.13（a）所示简支梁，承受均布载荷q作用。试写出梁的剪力方程、弯矩方程，并画出剪力图和弯矩图。

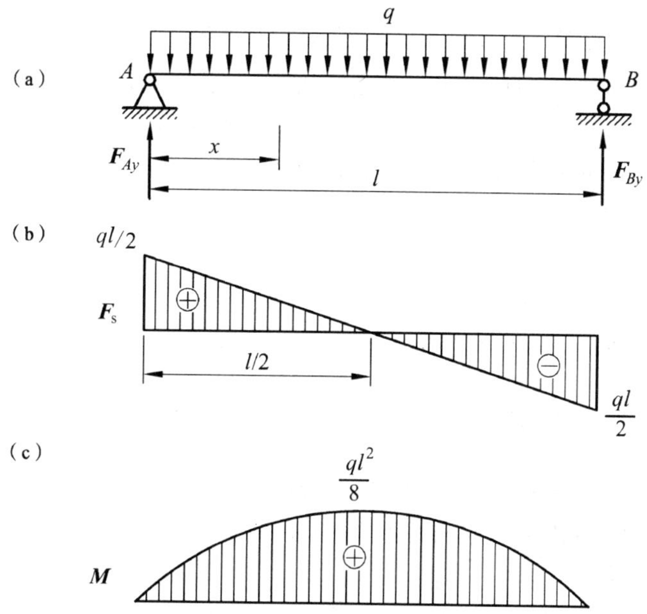

图 6.13 例题 6.4 图（均布载荷作用下简支梁的内力图）

解：（1）计算约束力。

根据对称关系得：$F_{Ay}=F_{By}=\dfrac{1}{2}ql$

（2）剪力方程和弯矩方程。

取距A端距离为x的任一截面，直接写出剪力方程、弯矩方程为

$$F_S(x)=F_{Ay}-qx=\frac{1}{2}ql-qx\quad(0<x<l) \tag{a}$$

$$M(x)=F_{Ay}x-q\times x\times\frac{1}{2}x=\frac{1}{2}qlx-\frac{1}{2}qx^2\quad(0\leqslant x\leqslant l) \tag{b}$$

特别强调的是，在写剪力方程和弯矩方程的时候，对于x的取值范围，什么时候该用“⩽”，什么时候该用“<”需要分清楚。

（3）画剪力图和弯矩图。

由式（a）可知，剪力方程$F_S(x)$是关于x的一次函数，所以剪力图为斜直线，应计算两个控制截面（分布载荷的起始点，也是集中力作用点）的内力值

$$x \to 0^+,\ F_S \to \frac{1}{2}ql$$

$$x \to l^-,\ F_S \to -\frac{1}{2}ql$$

连接上述两点即得剪力图，如图 6.13（b）所示。

由式（b）可知，弯矩方程 $M(x)$ 是关于 x 的二次函数，所以弯矩图为二次抛物线，应计算控制截面（左端点、右端点、极值点）上的内力值。

$x=0$，$M(0)=0$

$x=l$，$M(l)=0$

$x=\frac{1}{2}l$，$M\left(\frac{1}{2}l\right)=\frac{1}{8}ql^2$　（因 $x=\frac{1}{2}l$ 时是弯矩的极值点，为什么，请读者思考？）

用抛物线连接上述 3 点即可得到弯矩图，如图 6.13（c）所示。

在画剪力图、弯矩图时，也可以不标出坐标轴，直接画出它们的图形即可，但是必须在图上标出剪力、弯矩的正负号及其控制截面处的数值，如图 6.13（b）、6.13（c）所示，此时弯矩图画在梁受压一侧。

（4）确定最大内力值。

从剪力图和弯矩图上可以看到，在 A、B 两截面处剪力最大，跨中截面处弯矩最大，在剪力 $F_S=0$ 的跨中截面上，弯矩取得极值。

$$|F_S|_{max}=\frac{1}{2}ql,\ |M|_{max}=\frac{1}{8}ql^2$$

例题 6.5　如图 6.14（a）所示简支梁，在横截面 C 处受力偶矩 M_e 作用，试写出梁的剪力方程、弯矩方程，并画出剪力图和弯矩图。

解：（1）计算约束力。

根据梁的整体平衡方程，由 $\sum M_B=0$ 和 $\sum M_A=0$ 求得

$$F_{Ay}=\frac{M_e}{a+b}(\uparrow),\ F_{By}=-\frac{M_e}{a+b}(\downarrow)$$

（2）剪力方程和弯矩方程。

由于有力偶矩 M 作用，应分 AC、CB 段列出弯矩方程。

AC 段（以 A 端为原点，取 x 截面左侧为脱离体）

$$F_S(x)=F_{Ay}=\frac{M_e}{a+b}\quad(0<x\leqslant a) \tag{a}$$

$$M(x)=F_{Ay}x=\frac{M_e}{a+b}x\quad(0\leqslant x<a) \tag{b}$$

CB 段（以 A 端为原点，取 x 截面左侧为脱离体）

$$F_S(x)=F_{Ay}=\frac{M_e}{a+b}\quad(a\leqslant x<a+b) \tag{c}$$

$$M(x)=F_{Ay}x-M_e=\frac{M_e}{a+b}(x-a-b)\quad(a<x\leqslant a+b) \tag{d}$$

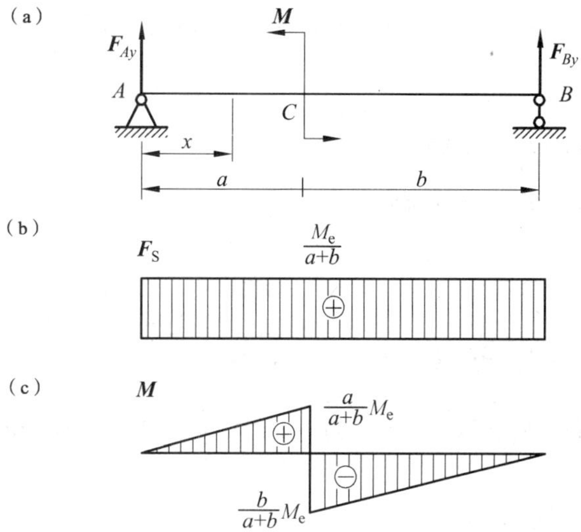

图 6.14　例题 6.5 图（力偶矩作用下简支梁的内力图）

（3）画剪力图和弯矩图。

根据上述（a）、（b）、（c）、（d）4 个方程，画出相应的剪力图、弯矩图如图 6.14（b）、6.14（c）所示。

（4）确定最大内力值。

从图中可以得到，剪力、弯矩的最大值分别为

$$|F_S|_{max}=\frac{M_e}{a+b}\text{，}\quad |M|_{max}=\begin{cases}\dfrac{a}{a+b}M_e & (a\geqslant b)\\ \dfrac{b}{a+b}M_e & (a\leqslant b)\end{cases}$$

从上述例题的剪力图和弯矩图中看到，在力偶矩 M 作用处弯矩图发生突变，突变值等于该力偶矩 M 的大小，而剪力图无变化。

写剪力方程与弯矩方程，实际上就是求指定的 x 截面的剪力、弯矩。

根据剪力方程、弯矩方程作内力图的步骤如下：

（1）求约束力（有时可以省略这一步）。

（2）分段写出剪力方程和弯矩方程，即求指定的 x 截面的剪力、弯矩。

（3）根据方程作图，计算各控制截面处的内力值，并作 F_S、M 图。

（4）确定最大内力的位置和数值。

例题 6.6　如图 6.10（a）所示外伸梁，试根据内力方程作内力图。

解：（1）计算约束力。

$$F_{Ay}=7\ \text{kN}\text{，}\quad F_{Dy}=29\ \text{kN}$$

（2）剪力方程和弯矩方程。

根据前面的分段原则，集中载荷作用点、分布载荷的起点和终点应该是分段点，因此应

分为 AC 、CB 、BD 3 段写出剪力方程、弯矩方程，坐标原点均选择在支座 A 处。

AC 段 $(0<x<2)$：

$$F_S(x)=F_{Ay}=7\text{ kN} \tag{a}$$

$$M(x)=F_{Ay}x=7x\ \text{ kN}\cdot\text{m} \tag{b}$$

CD 段 $(2<x<6)$：

$$F_S(x)=F_{Ay}-6\times(x-2)=19-6x\text{ kN} \tag{c}$$

$$M(x)=F_{Ay}x-6-6\times(x-2)\times(x-2)\times\frac{1}{2}=-3x^2+19x-18\text{ kN}\cdot\text{m} \tag{d}$$

DB 段 $(6<x<8)$（取左侧）:

$$F_S(x)=F_{Ay}+F_{Dy}-6\times(x-2)=48-6x\text{ kN} \tag{e}$$

$$M(x)=F_{Ay}x-6-\frac{6}{2}\times(x-2)^2+F_{Dy}\times(x-6)=-3x^2+48x-192\text{ kN}\cdot\text{m} \tag{f}$$

在写 DB 段的剪力方程、弯矩方程的时候，如果取右段梁则要方便一些。

$$F_S(x)=6\times(8-x)=48-6x\text{ kN} \tag{g}$$

$$M(x)=-6\times(8-x)\times(8-x)\times\frac{1}{2}=-3x^2+48x-192\text{ kN}\cdot\text{m} \tag{h}$$

（3）画剪力图和弯矩图。

根据上述（a）、（b）、（c）、（d）、（e）、（f）6 个方程，画出相应的剪力图、弯矩图如图 6.15（b）、6.15（c）所示。注意剪力为零的截面上，弯矩取得极值，因此需要计算 CD 段弯矩的极值。

令 CD 段的弯矩方程 $\dfrac{\mathrm{d}M(x)}{\mathrm{d}x}=0$ 得，$19-6x=0$，即 $x=\dfrac{19}{6}$，将其代入 CD 段的弯矩方程得弯矩的极值为

$$M\left(\frac{19}{6}\right)=-3\times\left(\frac{19}{6}\right)^2+19\times\left(\frac{19}{6}\right)-18=\frac{145}{12}\approx 12.08\text{ kN}\cdot\text{m}$$

（4）确定最大内力。

从图中可以得到，正负剪力、正负弯矩的最大值分别为

$$F_{S\max}=12\text{ kN},\qquad F_{S\min}=-17\text{ kN},$$

$$M_{\max}=14\text{ kN}\cdot\text{m},\qquad M_{\min}=-12\text{ kN}\cdot\text{m}$$

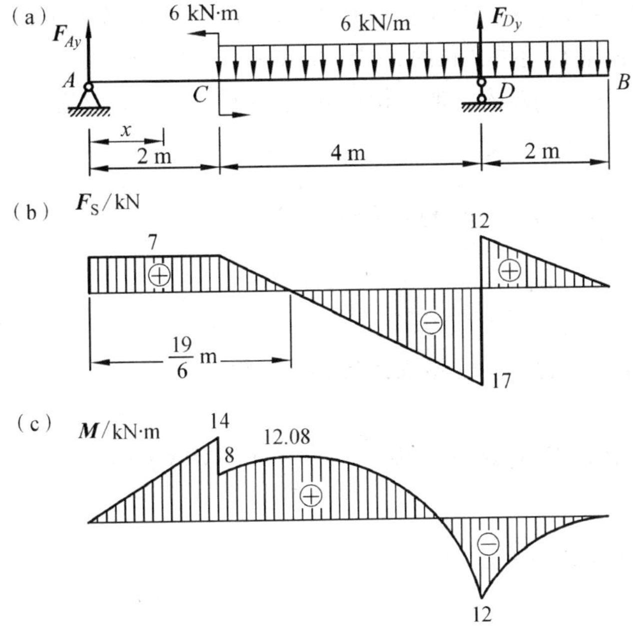

图 6.15　例题 6.6 图（外伸梁的内力图）

6.4　弯矩、剪力与载荷集度间的微分关系

6.4.1　弯矩、剪力与载荷集度间的微分关系

根据前面的图 6.13（a）所示梁的剪力方程与弯矩方程

$$F_S(x)=\frac{1}{2}ql-qx$$

$$M(x)=\frac{1}{2}qlx-\frac{1}{2}qx^2$$

得到，它们对 x 的一阶导数分别为

$$\frac{dF_S(x)}{dx}=-q$$

$$\frac{dM(x)}{dx}=\frac{1}{2}ql-qx=F_S(x)$$

以上二式表明：剪力 $F_S(x)$ 对 x 的一阶导数等于载荷集度 q；而弯矩 $M(x)$ 对 x 的一阶导数则等于剪力 $F_S(x)$，现在来证明上述关系。

如图 6.16（a）所示梁，考虑受分布载荷 $q(x)$ 作用的梁段，设 x 坐标轴的原点位于梁的左端，规定分布载荷 $q(x)$ 以向上为正、向下为负，在距左端距离为 x 处，截取微段 dx 来分析，微段左侧横截面上的剪力和弯矩分别为 $F_S(x)$、$M(x)$，微段右侧横截面上的剪力和弯矩分别

为 $F_S(x)+dF_S(x)$、$M(x)+dM(x)$，该微段上还作用有向上的分布载荷 $q(x)$，由于 dx 为微量，故可认为 $q(x)$ 在 dx 微段上是均匀分布的，受力如图 6.16（b）所示。

梁在外力作用下处于平衡状态，所以微段 dx 也同样处于平衡状态，根据平衡方程：

由 $\sum F_y=0$ 得

$$F_S(x)+q(x)dx-[F_S(x)+dF_S(x)]=0$$

$$\frac{dF_S(x)}{dx}=q(x) \tag{6.3}$$

由 $\sum M_O=0$（矩心 O 取在 $x+dx$ 截面的形心上）得

$$-M(x)-F_S(x)dx-q(x)dx\cdot\frac{dx}{2}+[M(x)+dM(x)]=0$$

上式中略去二阶微量 $q(x)dx\cdot\frac{dx}{2}$，得

$$\frac{dM(x)}{dx}=F_S(x) \tag{6.4}$$

将式（6.4）代入式（6.3），又可以得到

$$\frac{d^2M(x)}{dx^2}=q(x) \tag{6.5}$$

式（6.3）、（6.4）、（6.5）描述了弯矩 $M(x)$、剪力 $F_S(x)$、载荷集度 $q(x)$ 之间的微分关系。

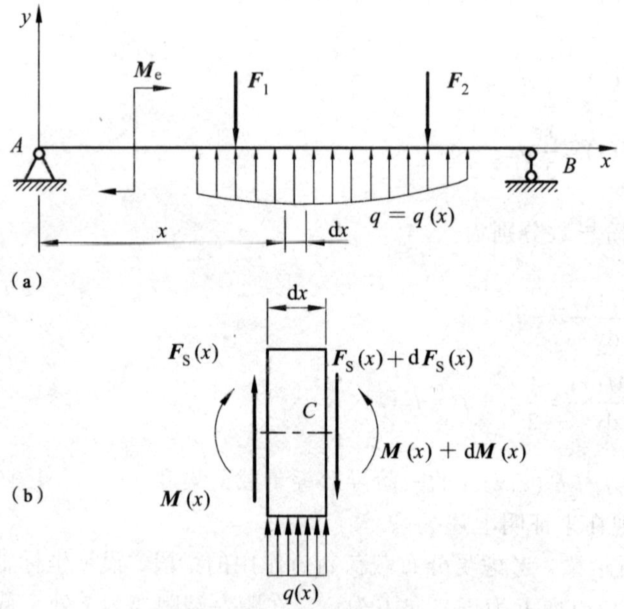

图 6.16 弯矩、剪力、载荷集度之间的微分关系

6.4.2 利用微分关系作剪力图和弯矩图

由式（6.3）、（6.4）、（6.5）可以看出分布载荷 $q(x)$、剪力图、弯矩图之间存在如下规律：

（1）当 $q(x)=0$ 时。

即梁的某段上无分布载荷作用时，$q(x)=0$，则由 $\dfrac{\mathrm{d}F_{\mathrm{S}}(x)}{\mathrm{d}x}=q(x)=0$，可知 $F_{\mathrm{S}}(x)=$ 常数，故剪力图是一条平行于梁轴线的直线。又由 $\dfrac{\mathrm{d}M(x)}{\mathrm{d}x}=F_{\mathrm{S}}(x)=$ 常数，可知 $M(x)$ 是 x 的一次函数，故弯矩图为一斜直线，其斜率根据 F_{S} 而定。

（2）当 $q(x)=$ 常数时。

即梁的某段上有均匀分布载荷作用时，$q(x)=$ 常数，则由 $\dfrac{\mathrm{d}F_{\mathrm{S}}(x)}{\mathrm{d}x}=q(x)=$ 常数，可知 $F_{\mathrm{S}}(x)$ 是关于 x 的一次函数，故剪力图为一斜直线，其斜率根据 $q(x)$ 而定；又由 $\dfrac{\mathrm{d}^2M(x)}{\mathrm{d}x^2}=q(x)$，可知 $M(x)$ 是关于 x 的二次函数，故弯矩图为二次抛物线；当有向上的均布载荷 $q(x)=q>0$ 作用时，由 $\dfrac{\mathrm{d}^2M}{\mathrm{d}x^2}=q>0$，可知弯矩图的开口向上；当有向下的均布载荷 $q(x)=q<0$ 作用时，由 $\dfrac{\mathrm{d}^2M}{\mathrm{d}x^2}=q<0$，可知弯矩图的开口向下。总之，弯矩图的开口方向与分布载荷的方向相同。当梁上作用有向上的分布载荷时，抛物线的开口方向向上，当梁上作用有向下的分布载荷时，抛物线的开口方向向下。

（3）关于弯矩的数值。

由 $\dfrac{\mathrm{d}M(x)}{\mathrm{d}x}=F_{\mathrm{S}}(x)$ 可知，在 $F_{\mathrm{S}}(x)=0$ 处 $\dfrac{\mathrm{d}M(x)}{\mathrm{d}x}=F_{\mathrm{S}}(x)=0$，因此 $M(x)$ 取得极值，即在剪力等于零的截面上，弯矩取得极值（极大值或极小值），因此必须计算出剪力为零的截面上的弯矩值。

综上所述，可以直接用弯矩、剪力及载荷集度间的微分关系作剪力图、弯矩图或对剪力图、弯矩图进行校核。

例题 6.7 利用微分关系作图 6.17（a）所示悬臂梁的内力图。

解：（1）计算各控制截面的剪力、弯矩。

对于悬臂梁，从自由端开始计算，因此可以不计算固定端的约束力。

根据分段原则，集中载荷作用点、分布载荷的起点与终点是分段点，因此，截面 A、B、C 是分段点，需要将梁分成 AB、BC 段，分别计算 A、B、C 处的剪力和弯矩的数值。

截面 A：$F_{\mathrm{S}A}=0$，　$M_A=0$

截面 B：$F_{\mathrm{S}B}=-q\times a=-qa$

在截面 B 处作用有顺时针方向的力偶矩 $M_{\mathrm{e}}=qa^2$，因此弯矩发生突变，应分别计算该截面左、右两侧的弯矩值。

$$M_{B^-}=-q\times a\times\frac{1}{2}a=-\frac{1}{2}qa^2$$

$$M_{B^+}=M_{B^-}+qa^2=\frac{1}{2}qa^2$$

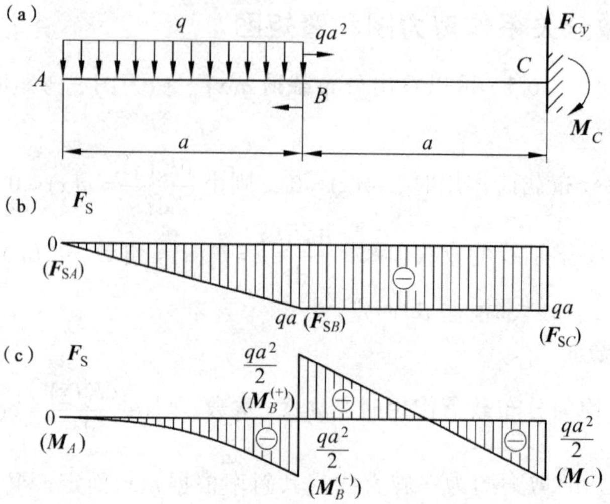

图 6.17　例题 6.7 图（利用微分关系作悬臂梁的剪力图、弯矩图）

截面 C：$F_{SC}=F_{SB}=-qa$

$$M_C=-q\times a\times\left(a+\frac{1}{2}a\right)+qa^2=-\frac{1}{2}qa^2$$

（2）作剪力图、弯矩图。

连接 F_{SA}、F_{SB}、F_{SC} 3 点，得剪力图，如图 6.17（b）所示。

在 AB 段受向下的均布载荷 q 的作用，因此弯矩图为一开口向下的抛物线，用开口向下的抛物线连接 M_A、M_{B^-}，即得 AB 段的弯矩图；在 BC 段无均布载荷作用，因此弯矩图为斜直线，用斜直线连接 M_{B^+}、M_C，即得 BC 段的弯矩图，梁的弯矩图如图 6.17（c）所示。

例题 6.8　利用微分关系作图 6.18（a）所示简支梁的内力图。

解：（1）计算约束力。

$$F_{Ay}=6\ \text{kN}，\quad F_{By}=6\ \text{kN}$$

（2）计算各控制截面的剪力、弯矩。

根据分段原则，截面 A、C、D、B 是分段点，因此需要计算截面 A、C、D、B 处的剪力和弯矩的数值，在截面 A、C、B 处有集中力作用，因此剪力发生突变；在截面 D 处有力偶矩的作用，因此弯矩发生突变。

截面 A：　$F_{SA^-}=0$，$F_{SA^+}=F_{Ay}=6\ \text{kN}$，$M_A=0$

截面 C：　$F_{SC^-}=F_{Ay}=6\ \text{kN}$，$F_{SC^+}=F_{SC^-}-4=2\ \text{kN}$，$M_C=F_{Ay}\times1=6\ \text{kN}\cdot\text{m}$

截面 D：　$F_{SD}=F_{Ay}-4=2\ \text{kN}$，

$$M_{D^-}=F_{Ay}\times2-4\times1=8\ \text{kN}\cdot\text{m}，\quad M_{D^+}=M_{D^-}-4=4\ \text{kN}\cdot\text{m}$$

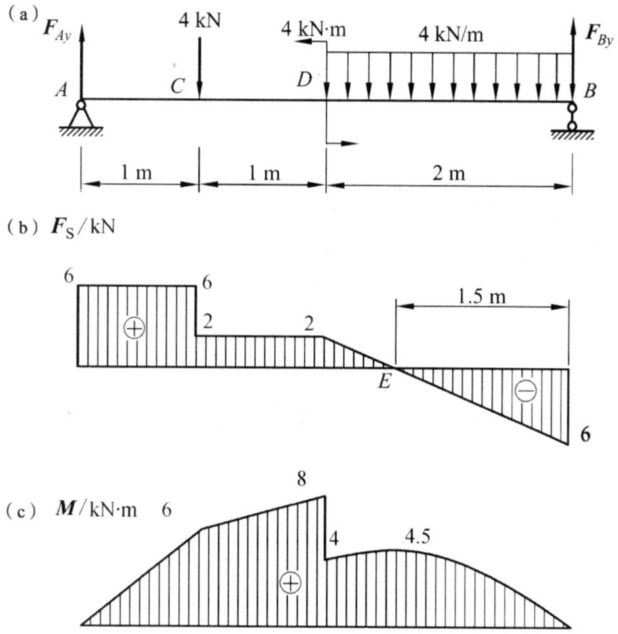

图 6.18　例题 6.8 图（利用微分关系作简支梁的剪力图、弯矩图）

截面 B：　　$F_{SB^-} = F_{Ay} - 4 - 4 \times 2 = -6\ \text{kN}$，　$F_{SB^+} = F_{SB^-} + F_{By} = 0$，

$$M_B = F_{Ay} \times 4 - 4 \times 3 - 4 - 4 \times 2 \times 1 = 0$$

（3）作剪力图、弯矩图。

梁在 AC 段无均布载荷作用，用水平直线连接 F_{SA^+}、F_{SC^-}，即得 AC 段的剪力图；用斜直线连接 M_A、M_C，即得 AC 段的弯矩图；

在 CD 段无均布载荷作用，用水平直线连接 F_{SC^+}、F_{SD}，即得 CD 段的剪力图；用斜直线连接 M_C、M_{D^-}，即得 CD 段的弯矩图；

在 DB 段有均布载荷作用，用斜直线连接 F_{SD}、F_{SB^-}，即得 DB 段的剪力图。

从剪力图中可以看出，在 DB 段有剪力等于零的截面，因此需要计算该截面的位置及其相应的弯矩（读者自行计算）。

$$M_{max} = 4.5\ \text{kN} \cdot \text{m}$$

用抛物线连接 M_{D^+}、M_{max}、M_B，即得 DB 段的弯矩图。

梁的剪力图、弯矩图，如图 6.18（b）、6.18（c）所示。

用微分关系作剪力图、弯矩图的步骤如下：

（1）计算约束力。

（2）计算各控制截面处的剪力、弯矩。

（3）根据各段梁内的载荷情况及其相应的微分关系逐段连线、画图。

除了上述的微分关系可以作梁的剪力图、弯矩图以外，还可以利用叠加法作梁的内力图。叠加法的使用条件是：（1）小变形假设；（2）线弹性假设。而在该课程里边这两个假设都满足，因此可以用叠加法作剪力图、弯矩图。

利用载荷叠加法，先分别作出每个载荷单独作用下的剪力图、弯矩图，然后将这些剪力图、弯矩图进行叠加就可得到梁的剪力图、弯矩图。

例题 6.9 利用叠加法作图 6.19（a）所示外伸梁的弯矩图。

解：根据叠加法，分别作出集中力 $F=2\ \text{kN}$、分布载荷 $q=4\ \text{kN/m}$、力偶矩 $M_e=4\ \text{kN}\cdot\text{m}$ 作用下的弯矩图，如图 6.19（b）、（c）、（d）所示，然后将其叠加，即可得到梁的弯矩图，如图 6.19（e）所示。

读者可以思考一下，如何根据图 6.19（e）所示的弯矩图，作出剪力图，进而求出约束力。

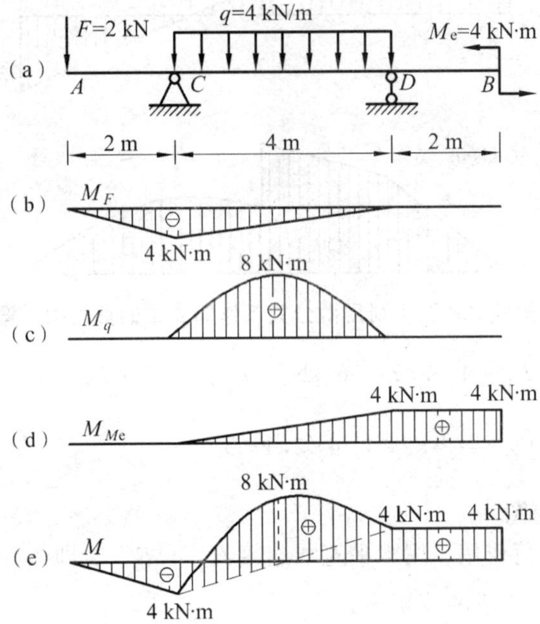

图 6.19 例题 6.9 图（利用叠加法作弯矩图）

本章小结

梁弯曲时剪力、弯矩的分析和其相应的剪力图、弯矩图是本课程的基本内容与重点内容，在今后的学习和工作中将大量用到，要求熟练掌握，梁在弯曲时横截面上一般有剪力和弯矩，计算剪力、弯矩的方法仍然是截面法。

1. 求梁内指定截面上的剪力、弯矩

应用截面法计算梁内任意截面上的剪力、弯矩时，可直接根据作用在梁上的外力来确定剪力、弯矩的数值和正负号。

（1）剪力、弯矩的大小：剪力在数值上等于该截面左段（或右段）梁上所有外力的代数和；弯矩在数值上等于该截面左段（或右段）梁上所有外力对其截面形心之矩的代数和。

（2）剪力、弯矩的正负号：

① 按变形规定：取一微段梁，使该微段梁顺时针方向转动的剪力为正，反之为负；若使该微段梁产生向上的线位移的弯矩为正，反之为负。

② 接外力规定：左段向上（或右段向下）的外力引起的剪力为正，反之为负；左段和右段向上的外力引起的弯矩为正，反之为负。

2. 剪力图、弯矩图

梁内某横截面上的剪力和弯矩是随截面位置的变化而变化的，为了描述其变化规律，通常将剪力 F_S 和弯矩 M 表示为坐标位置 x 的函数

$$F_S = F_S(x), \quad M = M(x)$$

上式称为剪力方程和弯矩方程，与剪力方程、弯矩方程对应的函数图形，表明了剪力和弯矩沿梁轴方向的变化规律，分别称为剪力图和弯矩图，统称为梁的内力图。

绘制梁的内力图时，通常有：

（1）方程作图法。根据剪力方程和弯矩方程作剪力图、弯矩图。

（2）微分关系作图。利用载荷集度、剪力、弯矩间的微分关系作图。

（3）叠加法。分别作出每个载荷单独作用下的内力图，然后叠加。

方程作图法是最基本、最简单的方法，必须在熟练掌握的基础上，进一步掌握用微分关系、叠加法作剪力图和弯矩图。

本章的重点是正确画出梁的剪力图和弯矩图以及确定剪力、弯矩的极值。

思 考 题

6.1 什么是弯曲变形？什么是平面弯曲？

6.2 弯曲内力有哪些？用什么方法计算弯曲内力？如何确定剪力、弯矩的正负号？

6.3 用截面法求梁的剪力、弯矩时，能否将截面刚好取在集中载荷（集中力、力偶矩）作用的地方？为什么？

6.4 绘制梁的剪力图、弯矩图有哪些方法？它们的区别和共同点是什么？

6.5 如何快速写出梁的剪力方程、弯矩方程？并作出相应的图形？

6.6 当选择不同的坐标原点时，对剪力方程、弯矩方程有何影响？对剪力图、弯矩图又有何影响？

6.7 弯矩、剪力、载荷集度之间的微分关系是如何描述的？它们的数学意义和力学意义是什么？

6.8 是否可以用积分关系来描述弯矩、剪力、载荷集度之间的关系？能否用积分关系作剪力图、弯矩图？

6.9 在哪些截面上可能出现 $F_{S\max}$，$F_{S\min}$，$M_{\max}$，$M_{\min}$？

6.10 叠加法的使用条件是什么？如何利用叠加法作剪力图、弯矩图？

6.11 如何确定最大弯矩？最大弯矩是否一定发生在剪力为零的横截面上？

6.12 在无载荷作用的梁段，剪力图、弯矩图有何特点？如何利用这些特点来作剪力图、弯矩图？

6.13 如何确定非均布载荷作用下静定梁的内力方程、内力图？

6.14 如何根据弯矩图的抛物线凹凸性质，确定分布载荷的方向？

6.15 由梁的剪力图能否唯一地确定弯矩图和载荷图？由载荷图能否唯一地确定梁的支座情况和集中载荷的作用情况？

6.16 对称结构受对称和非对称载荷作用时，其剪力图、弯矩图各有什么特点？其对称截面上的内力有什么特点？能否从中找出什么规律？

6.17 已知弯矩图，如何作出剪力图、载荷图？

6.18 梁的内力与哪些因素有关？

习 题

6.1 求图示各梁指定截面（1–1、2–2 、3–3）上的剪力和弯矩。

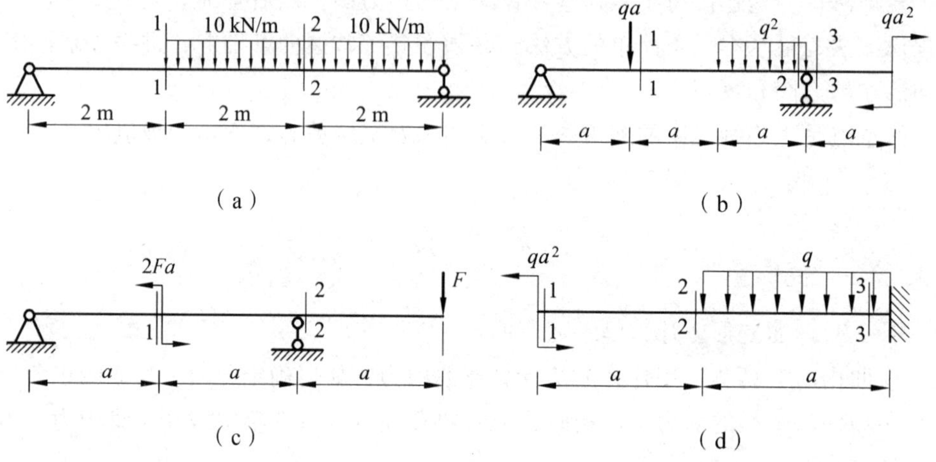

题 6.1 图

6.2 写出下列各梁的剪力方程和弯矩方程，然后作剪力图和弯矩图。

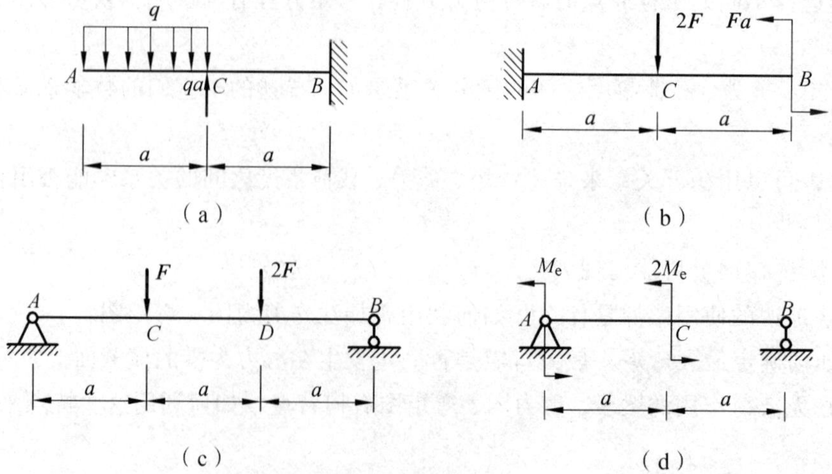

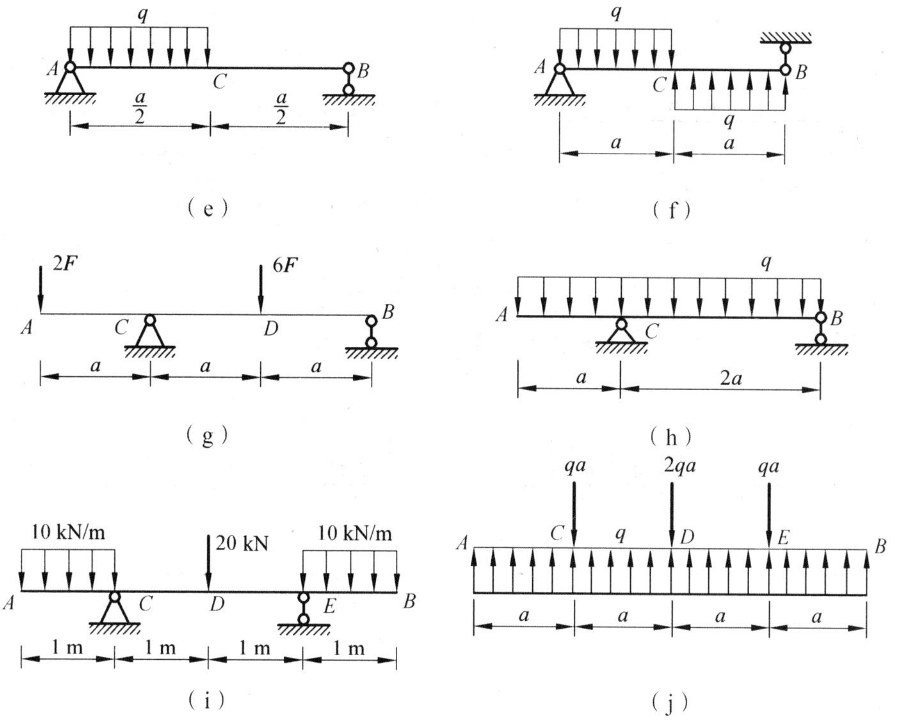

题 6.2 图

6.3　利用弯矩、剪力、载荷集度之间的微分关系作内力图。

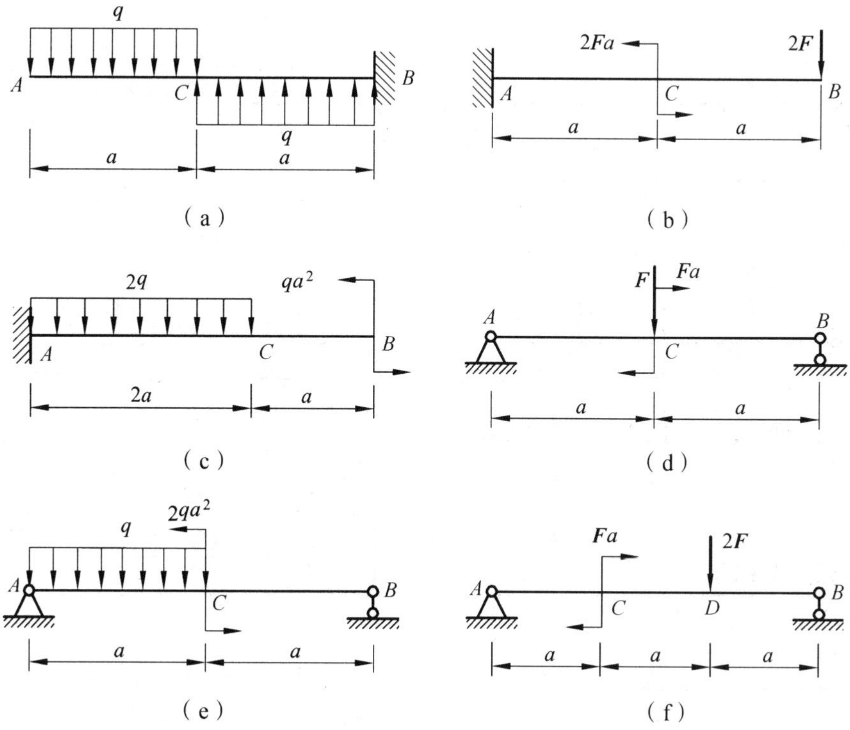

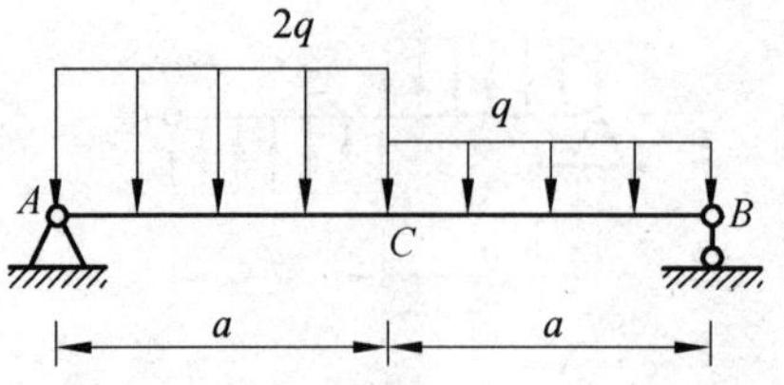

（g）

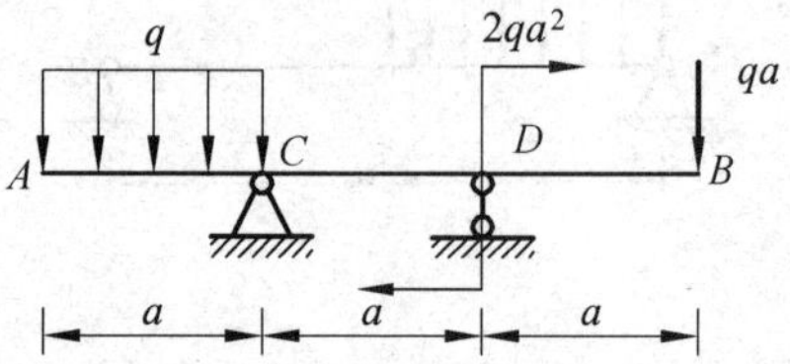

（h）

题 6.3 图

6.4　作图示各梁的内力图（方法不限）。

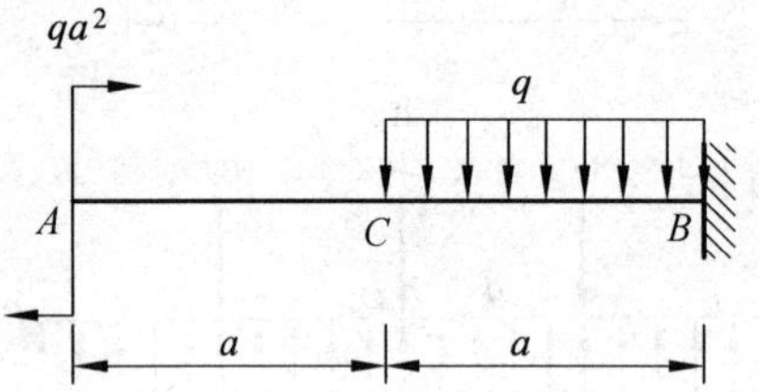

（a）

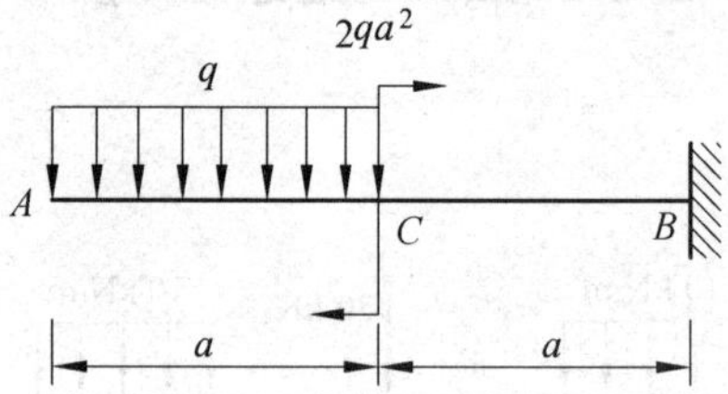

（b）

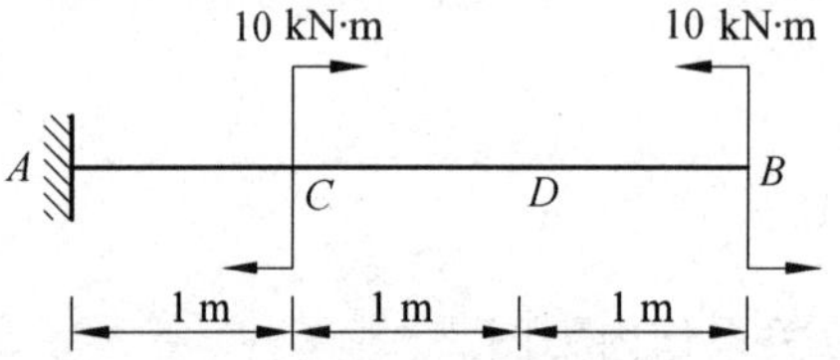

（c）

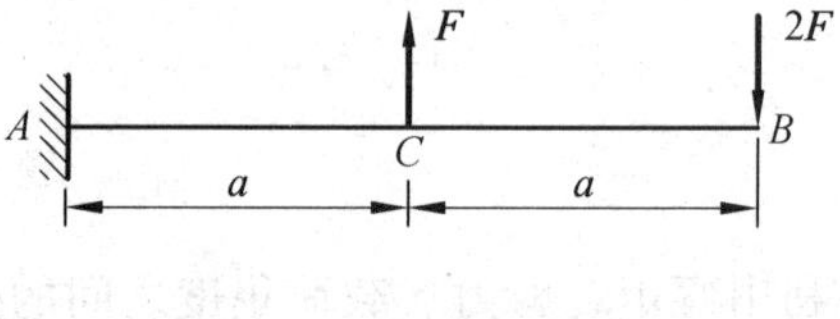

（d）

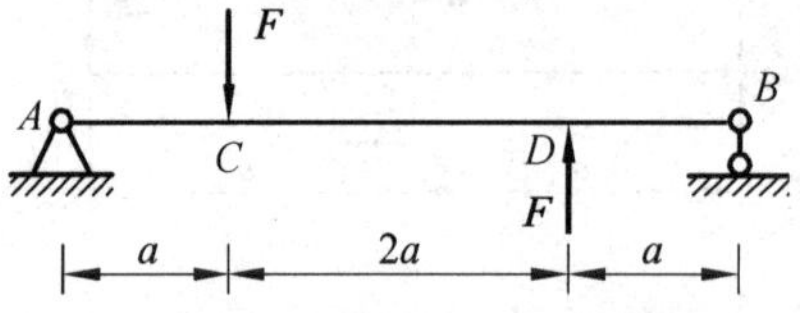

（e）

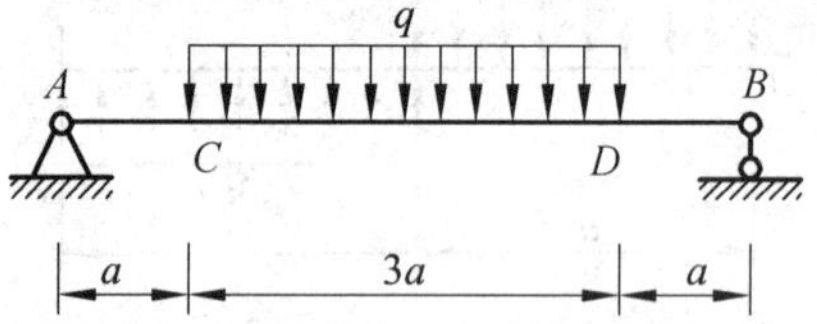

（f）

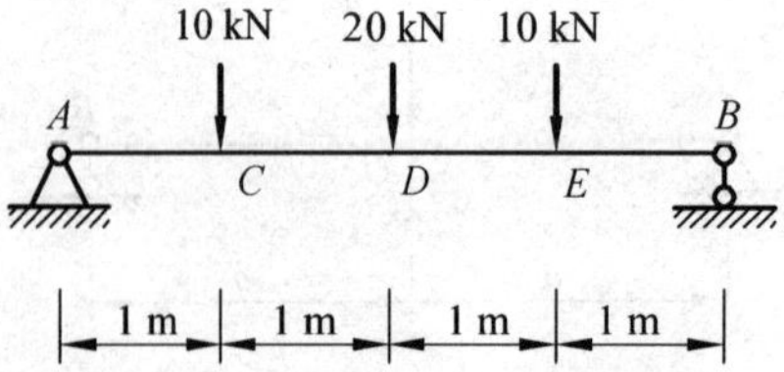

（g）

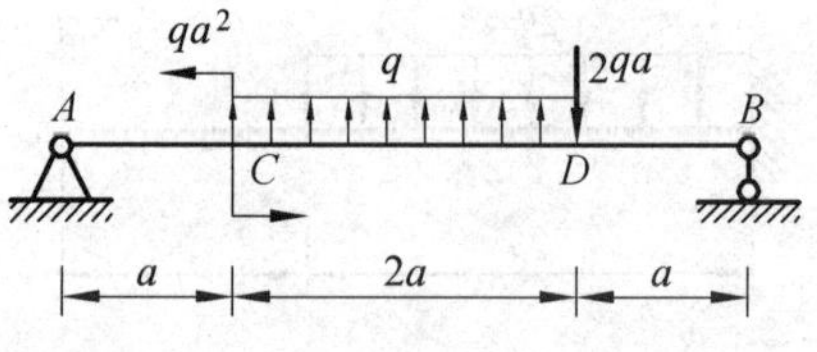

（h）

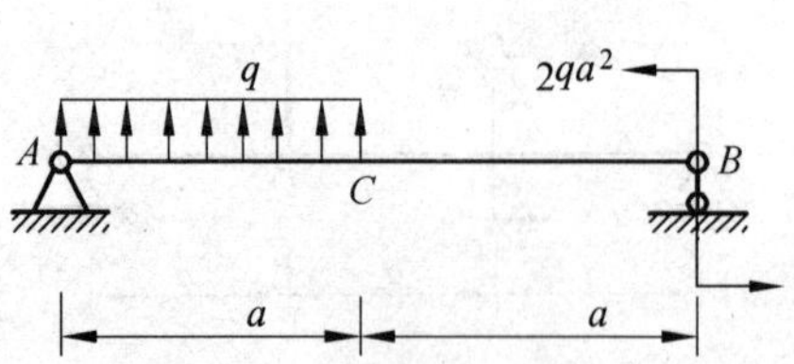

（i）

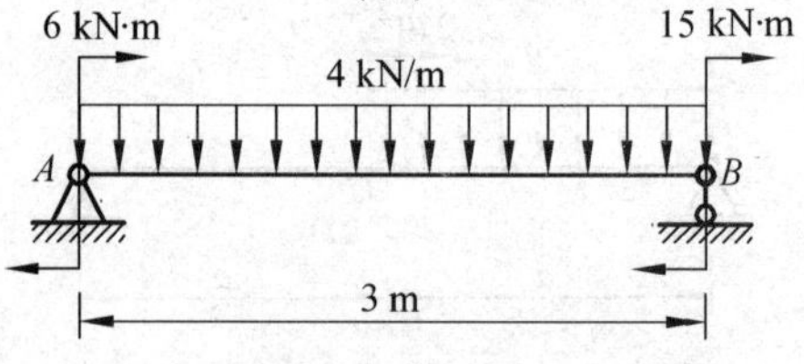

（j）

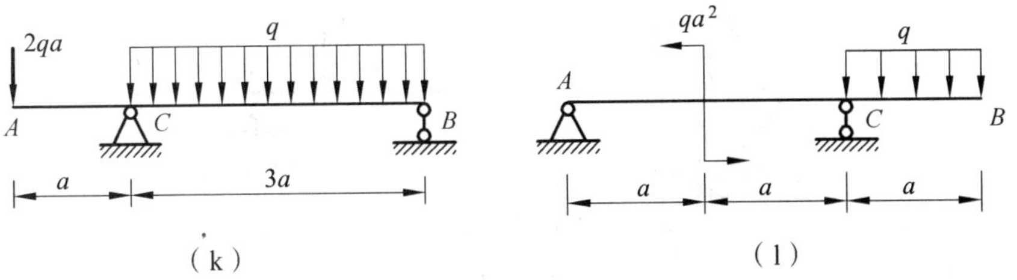

题 6.4 图

6.5 利用叠加法作图示各梁的内力图。

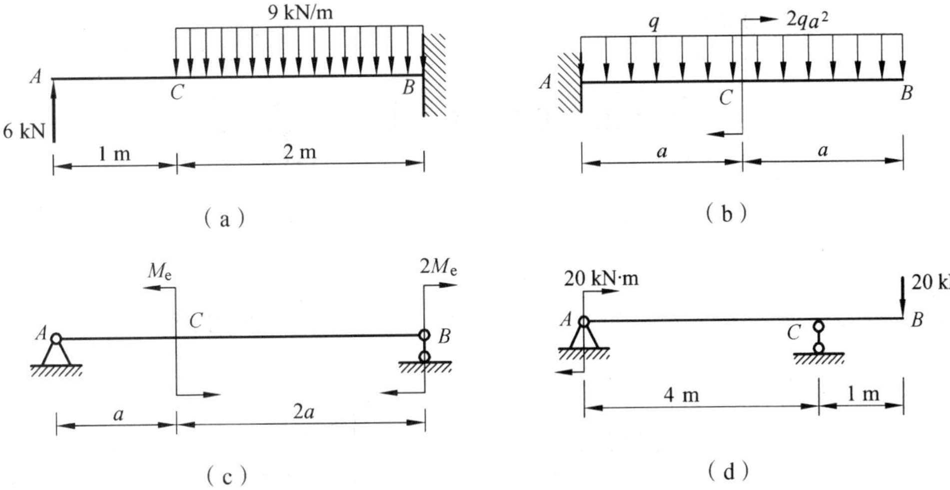

题 6.5 图

6.6 天车梁上小车轮距为 c，起重重量为 F，小车走到什么位置时，梁内弯矩最大，并求其最大弯矩。

6.7 起吊一根单位长度的重量为 q 的等截面混凝土梁，起吊点离两端端部的距离 x 为多少时，才最不容易使梁折断？

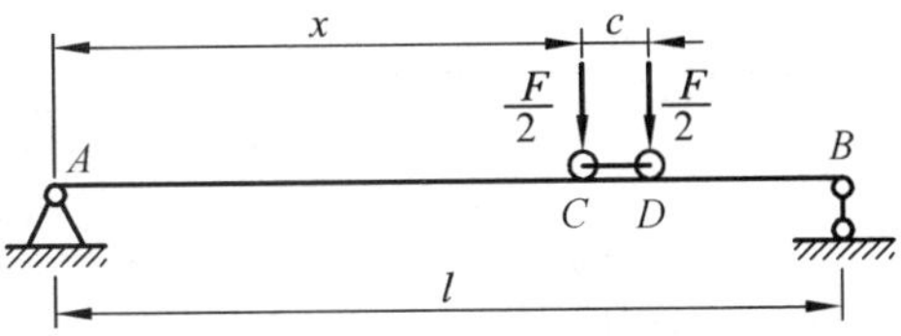

题 6.6 图

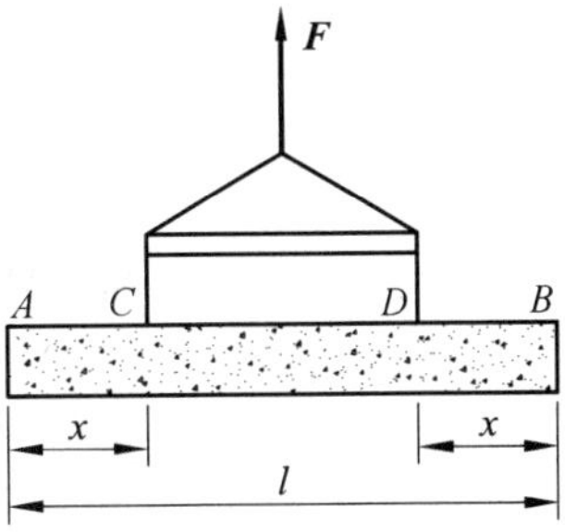

题 6.7 图

6.8 如图所示的简支梁上作用有 n 个间距相等的集中力，总载荷的大小为 F，每个载荷等于 $\frac{F}{n}$，梁的跨度为 l，载荷间距为 $\frac{l}{n+1}$，试导出梁中最大弯矩的一般公式。

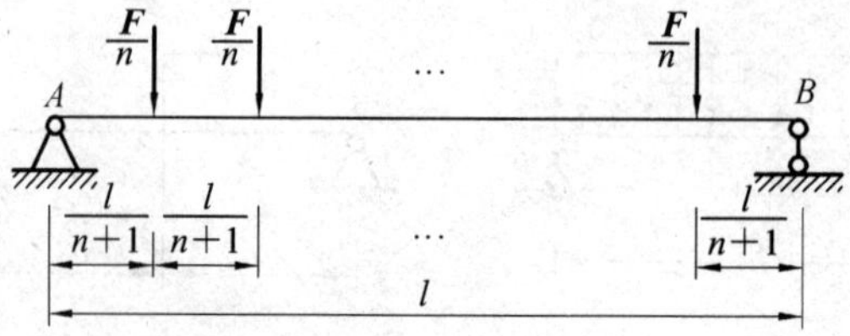

题 6.8 图

6.9 简支梁上的分布载荷按 $q(x)=q\sin\left(\dfrac{x}{l}\pi\right)$ 规律变化，试作剪力图、弯矩图。

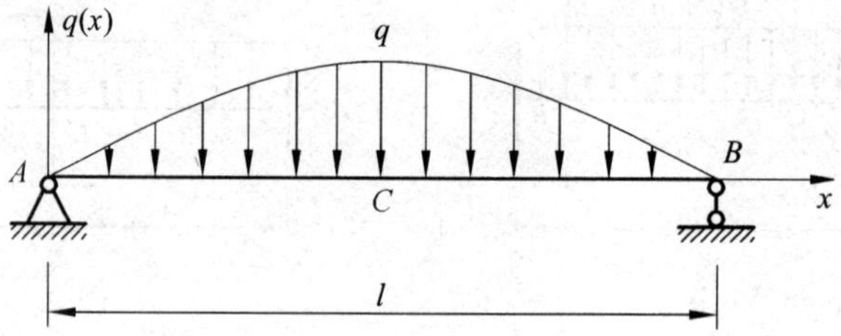

题 6.9 图

6.10 已知梁的剪力图，梁上没有力偶矩作用，试作弯矩图和载荷图。

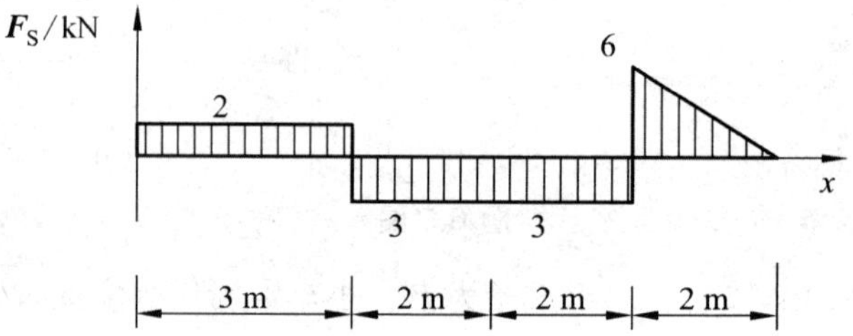

（a）

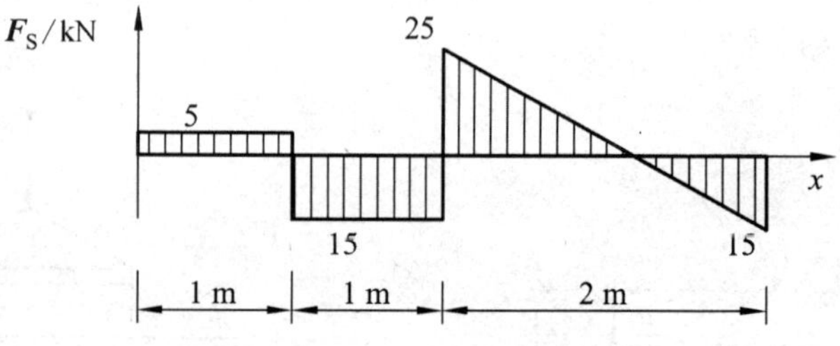

（b）

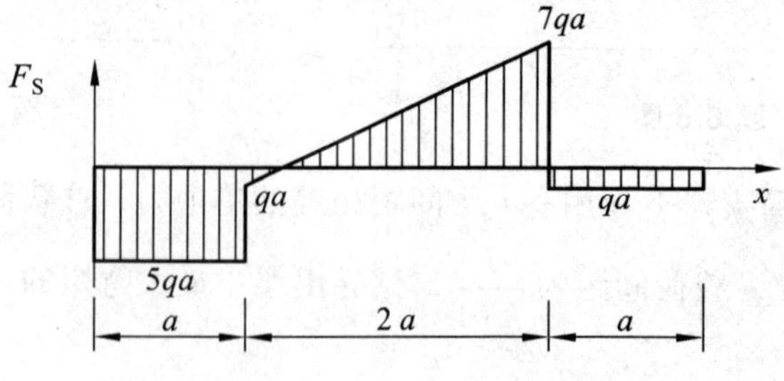

（c）

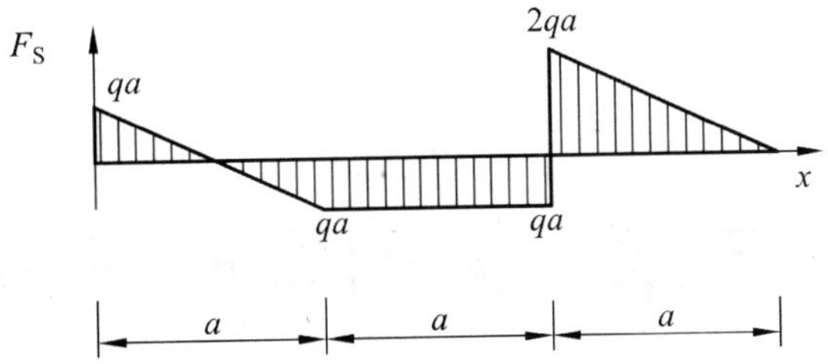

（d）

题 6.10 图

6.11　已知梁的弯矩图，试作梁的剪力图和载荷图。

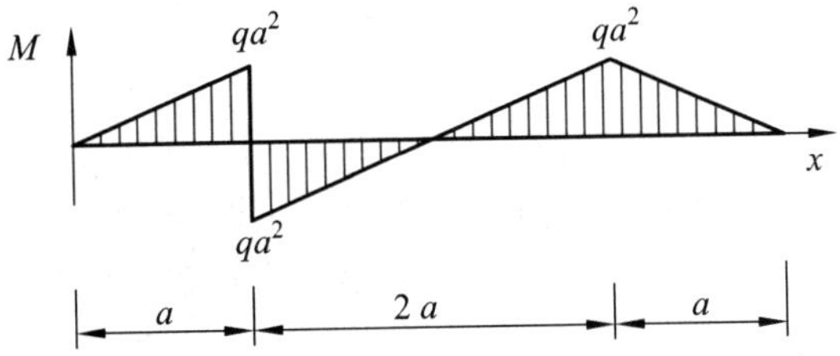

（a）

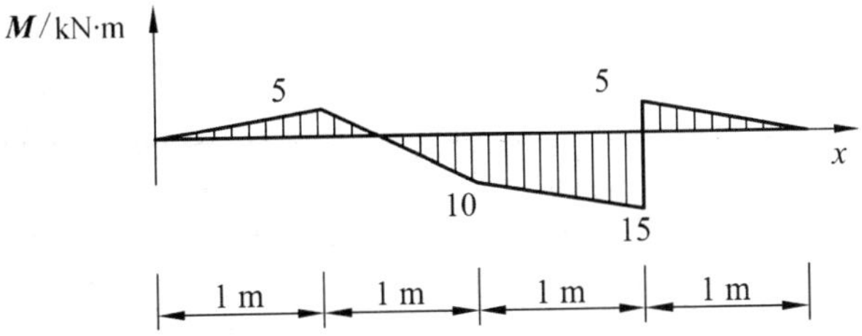

（b）

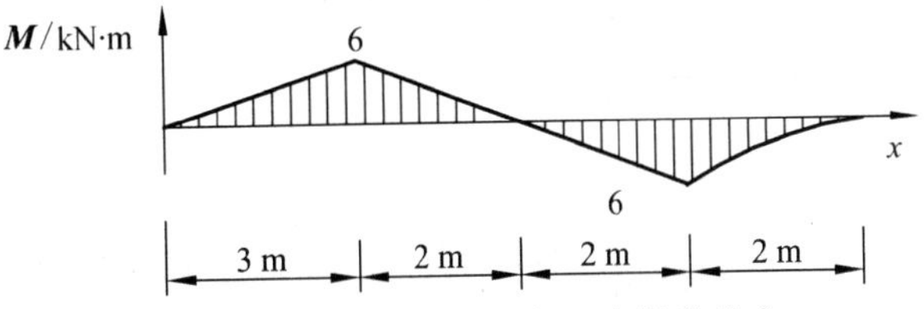

（图中最后一段为二次抛物线）

（c）

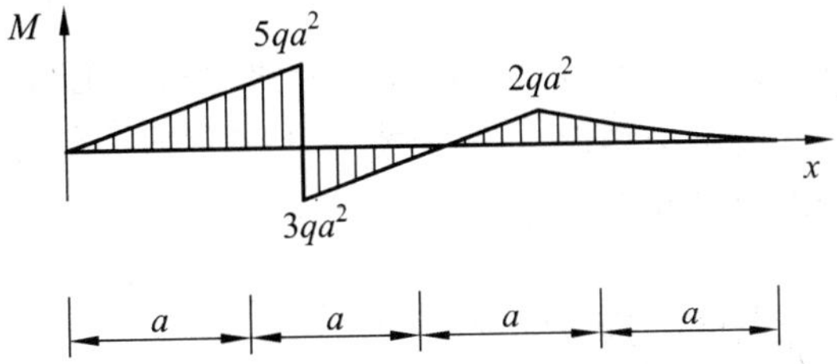

（图中最后一段为二次抛物线）

（d）

题 6.11 图

第 7 章　梁的弯曲应力

7.1　纯弯曲时梁横截面上的正应力

7.1.1　概　述

如图 7.1（a）所示简支梁，承受对称载荷 **F** 的作用，作出相应的剪力图、弯矩图，如图 7.1（b）、（c）所示，在 *AC* 和 *DB* 梁段内，各横截面上既有剪力又有弯矩，该梁段内所产生的弯曲变形称为横力弯曲。*CD* 梁段内，各横截面上弯矩等于常量而剪力等于零，即只有弯矩作用，该梁段内所产生的弯曲变形称为纯弯曲。总之，只有弯矩作用时所产生的弯曲变形称为纯弯曲变形；既有剪力，又有弯矩作用时所产生的弯曲变形称为横力弯曲变形。

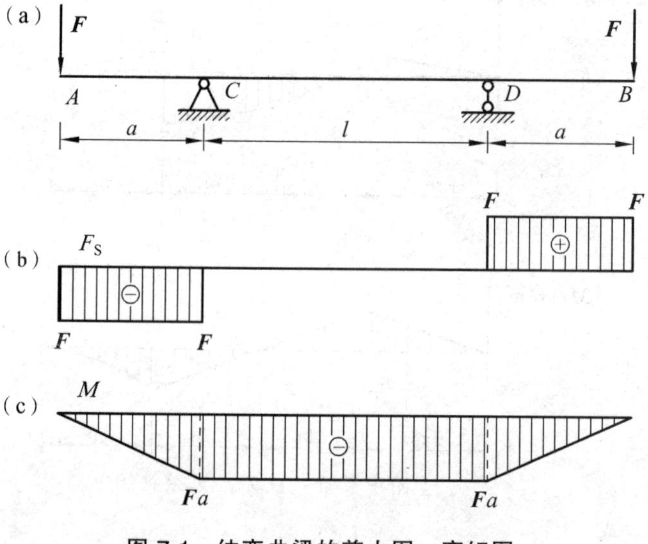

图 7.1　纯弯曲梁的剪力图、弯矩图

利用上一章的方法，求出梁内某横截面上的剪力和弯矩后，还必须进一步研究梁内的剪力和弯矩在其横截面上的分布情况，寻找横截面上各点应力的分布规律及其相应的计算公式，从而解决梁的强度计算及其相关问题。

7.1.2　纯弯曲时的正应力

在纯弯曲的情况下，梁的横截面上只有弯矩产生的正应力，推导纯弯曲时的正应力，是从变形几何关系、物理关系和静力平衡关系 3 个方面来进行的。

1. 变形几何关系

为了找出梁横截面上正应力的变化规律，必须先找出纵向线在该截面上的变化规律，为此，作弯曲试验观察梁的变形，取一矩形截面梁，在其表面上画上垂直于轴线的横向线（ ab ）和平行于轴线的纵向线（ aa 、 bb ），如图 7.2（a）所示，然后在梁两端纵向对称平面内，施加一对大小相等、转向相反的外力偶矩 M_e ，使梁发生纯弯曲变形，如图 7.2（b）所示，变形后可观察到如下现象：

（1）各横向线仍为直线，只是转过了一个微小的角度，但仍与弯曲后梁的轴线垂直。

（2）各纵向线变成圆弧线，上部纵向线缩短，下部纵向线伸长。

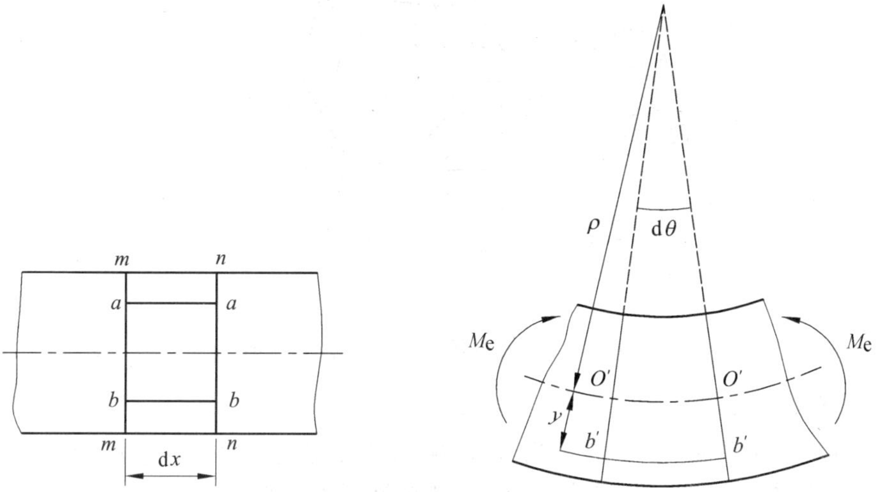

（a）　　　　（b）

图 7.2　纯弯曲变形时的变形几何关系

根据以上实验现象，对梁内变形和受力作出如下假设：

（1）梁的横截面在变形后仍保持为平面，且仍然垂直于变形后梁的轴线，只是绕横截面内某一轴（中性轴）转过了一微小的角度，这就是弯曲变形时的**平面假设**。

（2）假设梁是由许多纵向纤维组成，变形后各纤维之间互相不挤压，只受拉伸或压缩作用，这就是纵向纤维**单向受力假设**。

由上面变形现象和假设可以知道，梁变形后上部纤维缩短、下部纤维伸长，根据变形的连续性，纵向纤维沿截面高度的变形应是连续变化的，所以从下部伸长区到上部缩短区，中间必然有一层纤维既不伸长也不缩短，这一层称为**中性层**，中性层与横截面的交线称为**中性轴**，如图 7.3 所示，设横截面的对称轴为 y 轴，中性轴为 z 轴，因此，在平面弯曲时，中性轴 z 必然垂直于横截面的对称轴 y 。

现在研究纵向纤维的变化规律，用横截面 $m-m$ 和 $n-n$ 从梁中截取 dx 微段，如图 7.2（a）所示，分析距中性层为 y 处的某纵向纤维 $b'b'$ 的线应变。梁变形后，由平面假设可知 $m-m$ 和 $n-n$ 截面仍保持为平面，设两横截面 ab 、ab 之间的相对转角为 $\mathrm{d}\theta$ ，中性层的曲率半径为 ρ ，如图 7.2（b）所示，纵向纤维 $b'b'$ 变形后的长度为

$$b'b' = (\rho + y)\mathrm{d}\theta$$

中性层纤维 O_1O_2 在梁变形后长度不变，因此有 $O_1O_2 = \mathrm{d}x = \rho\mathrm{d}\theta$，由此得纵向纤维 $b'b'$ 的线应变为

$$\varepsilon_y = \frac{b'b' - \mathrm{d}x}{\mathrm{d}x} = \frac{(\rho + y)\mathrm{d}\theta - \rho\mathrm{d}\theta}{\rho\mathrm{d}\theta} = \frac{y}{\rho} \tag{7.1}$$

对于同一截面，ρ 为常量。因此，式（7.1）表明横截面上某点处的线应变与它到中性轴的距离 y 成正比例。

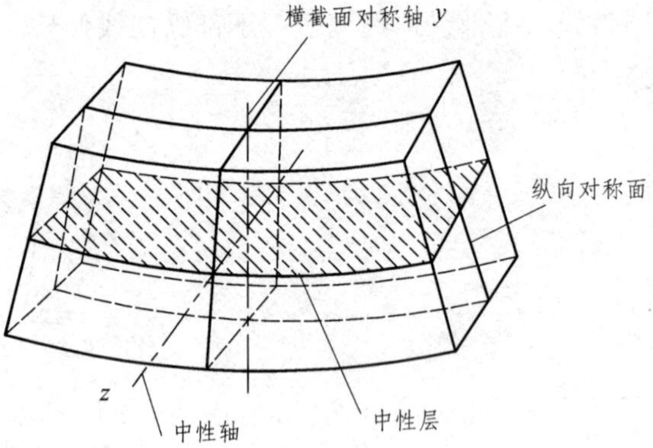

图 7.3　纯弯曲梁的中性层、中性轴

2. 物理关系

根据各纵向纤维单向受力假设，当材料在线弹性变形范围内时，应力、应变成正比例关系（胡克定律），即 $\sigma = E\varepsilon$，由此得横截面上距中性层为 y 处的正应力为

$$\sigma_y = E\varepsilon_y = E\frac{y}{\rho} \tag{7.2}$$

同理，式（7.2）表明横截面上距中性层为 y 处的正应力与该点到中性轴的距离 y 成正比，即正应力沿截面高度呈线性规律变化，中性轴上各点处的正应力为零，离中性轴较远的上、下边缘处正应力最大，如图 7.4（a）所示。

3. 静力平衡关系

式（7.2）给出了正应力沿截面高度的分布规律，但因中性轴 z 的位置和中性层曲率半径 ρ 的大小均未知，所以不能用式（7.2）来计算弯曲正应力，这就需要考虑内力与应力之间的静力等效关系。

如图 7.4（b）所示，在横截面上取一微面积 $\mathrm{d}A$，$\mathrm{d}A$ 上的法向微内力（轴力）为 $\sigma_y\mathrm{d}A$，横截面上各点处的法向微内力（轴力）组成一空间平行力系，其轴力 F_N 等于零，对 z 轴之矩等于该横截面上的弯矩 M，因此有

$$F_\mathrm{N} = \int_A \sigma_y \,\mathrm{d}A = 0 \tag{7.3}$$

$$M_z = \int_A y\sigma_y \,\mathrm{d}A = M \tag{7.4}$$

将式（7.2）代入（7.3）式，得

$$F_N = \int_A \sigma_y \mathrm{d}A = \int_A \frac{Ey}{\rho}\mathrm{d}A = \frac{E}{\rho}\int_A y\mathrm{d}A = 0$$

上式中的积分 $\int_A y\mathrm{d}A$，称为横截面对 z 轴的**静矩**，用 S_z 表示，即 $\int_A y\mathrm{d}A = S_z$，在给定的截面和弯矩作用下，$\frac{E}{\rho}$ 为不等于零的常数，所以有 $S_z = \int_A y\mathrm{d}A = 0$，由平面图形的几何性质可知 $\int_A y\mathrm{d}A = A\times y_c$，其中 A 表示横截面的面积，y_c 表示形心坐标，则有 $y_c = 0$，它表明形心坐标到中性轴的距离为零，即中性轴必通过横截面的形心，中性轴就是形心坐标轴。

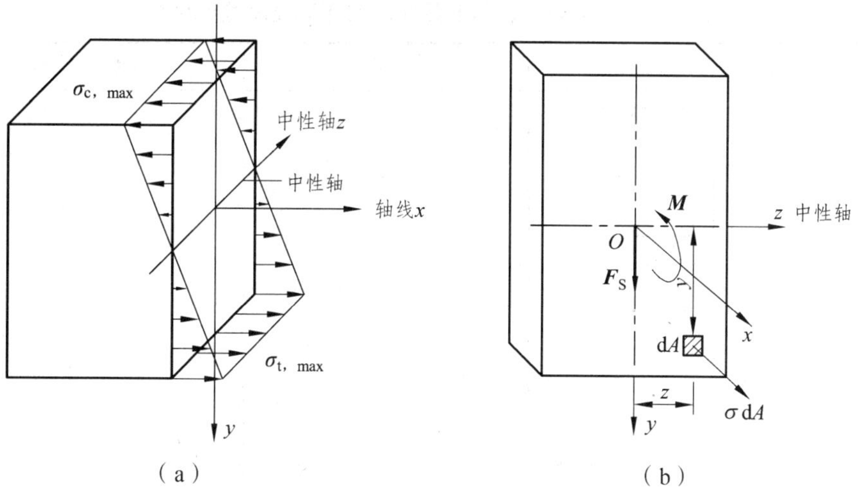

图 7.4　弯矩与弯曲正应力之间的关系

将式（7.2）代入式（7.4），得

$$M = \int_A y\sigma_y \mathrm{d}A = \int_A y\frac{Ey}{\rho}\mathrm{d}A = \frac{E}{\rho}\int_A y^2\mathrm{d}A \tag{7.5}$$

上式中的积分 $\int_A y^2\mathrm{d}A$，称为横截面对 z 轴（中性轴）的惯性矩，用 I_z 表示。即

$$I_z = \int_A y^2\mathrm{d}A$$

将其代入式（7.5）可得

$$\frac{1}{\rho} = \frac{M}{EI_z} \tag{7.6}$$

式中 $\frac{1}{\rho}$ 是梁变形后中性轴的曲率，它反应了梁变形后的弯曲程度。EI_z 越大，则曲率越小，梁就越不易弯曲，故 EI_z 称为梁的**抗弯刚度**。

将式（7.6）代入式（7.2），得

$$\sigma_y = E\frac{y}{\rho} = E\frac{yM}{EI_z} = \frac{My}{I_z}$$

即简写为

$$\sigma = \frac{My}{I_z} \tag{7.7}$$

这就是梁在纯弯曲变形时横截面上距中性轴为 y 处的正应力计算公式，式中 M 为横截面上的弯矩，y 为欲求正应力点到中性轴的距离，I_z 为横截面对中性轴 z 的惯性矩，常用的矩形截面、圆形截面、圆环形截面的惯性矩参见表 7.1，对于其他类型截面的惯性矩，参见附录 I。

表 7.1　矩形截面、圆形截面、圆环形截面的惯性矩

序　号	示意图	惯性矩 I_z	抗弯截面系数 W_z
1	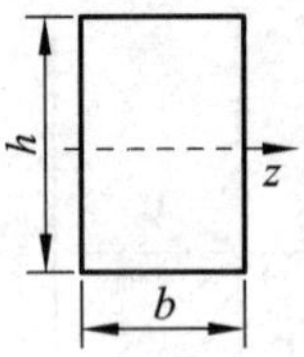	$\frac{bh^3}{12}$	$\frac{bh^2}{6}$
2	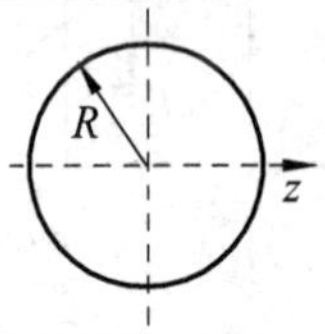	$\frac{\pi R^4}{4}$	$\frac{\pi R^3}{4}$
3	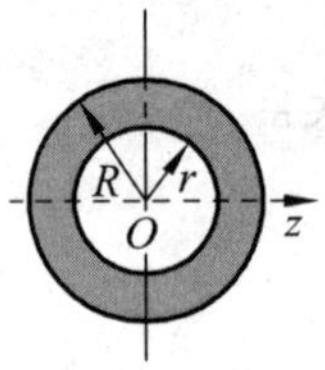	$\frac{\pi R^4}{4} - \frac{\pi r^4}{4}$	$\frac{\pi R^3}{4} - \frac{\pi r^3}{4} \times \frac{r}{R}$

7.1.3　弯曲正应力公式的适用范围

（1）弯曲正应力公式（7.7）是在平面弯曲的前提条件下推导的，只能用于产生平面弯曲的梁（即外力作用面与梁的轴线在弯曲前后为同一平面）。

（2）式（7.7）在推导过程中应用了胡克定律，因此该公式适用于线弹性范围内的弯曲变形。

（3）式（7.7）是从矩形截面梁推导出的，但对于具有一个纵向对称面（如工字形、T 字形、圆形等）的梁也都适用。

（4）式（7.7）是在纯弯曲情况下，以平面假设为基础推导出的，在横力弯曲时，由于横截面上有剪力存在，会使截面发生翘曲。当梁的跨度 l 和截面高度 h 之比 $\frac{l}{h} > 5$ 时，剪力的影响很小，因此公式（7.7）可推广到横力弯曲时有关梁的弯曲正应力的计算。

例题 7.1　计算图 7.5（a）所示梁截面 C 上 a、b、c 处的弯曲正应力。

解：（1）作剪力图、弯矩图。

如图 7.5（c）所示，截面 C 的弯矩：$M_C = 20\ \text{kN}\cdot\text{m} = 20\times10^3\ \text{N}\cdot\text{m}$

（2）计算截面对中性轴 z 的惯性矩。

$$I_z = \frac{1}{12}bh^3 = \frac{1}{12}\times 150\times 300^3\ \text{mm}^4 = 3\ 375\times 10^5\ \text{mm}^4 = 0.337\ 5\times 10^{-3}\ \text{m}^4$$

（3）计算截面 C 上各点处的弯曲正应力。

根据公式（7.7）可得

$$\sigma_a = \frac{M_C y_a}{I_z} = \frac{(20\times 10^3)\times(150\times 10^{-3})}{0.337\ 5\times 10^{-3}}\ \text{Pa} = \frac{80}{9}\ \text{MPa} \approx 8.89\ \text{MPa}\text{（压应力）}$$

$$\sigma_b = \frac{M_C y_b}{I_z} = \frac{M_C\times 0}{I_z} = 0$$

$$\sigma_c = \frac{M_C y_c}{I_z} = \frac{(20\times 10^3)\times(80\times 10^{-3})}{0.337\ 5\times 10^{-3}}\ \text{Pa} = \frac{128}{27}\ \text{MPa} \approx 4.74\ \text{MPa}\text{（拉应力）}$$

计算出 $\sigma_a = \frac{80}{9}\text{MPa}$，也可以利用线性比例关系计算 σ_c。

根据公式（7.7）可得，$\frac{\sigma_c}{\sigma_a} = \frac{y_c}{y_a}$，因此

$$\sigma_c = \sigma_a\times\frac{y_c}{y_a} = \sigma_a\times\frac{80}{150} = \frac{80}{9}\times\frac{80}{150}\ \text{MPa} = \frac{128}{27}\ \text{MPa} \approx 4.74\ \text{MPa}$$

注意，截面 C 上 a、c 两点处的弯曲正应力到底是拉应力还是压应力，需要加以说明。

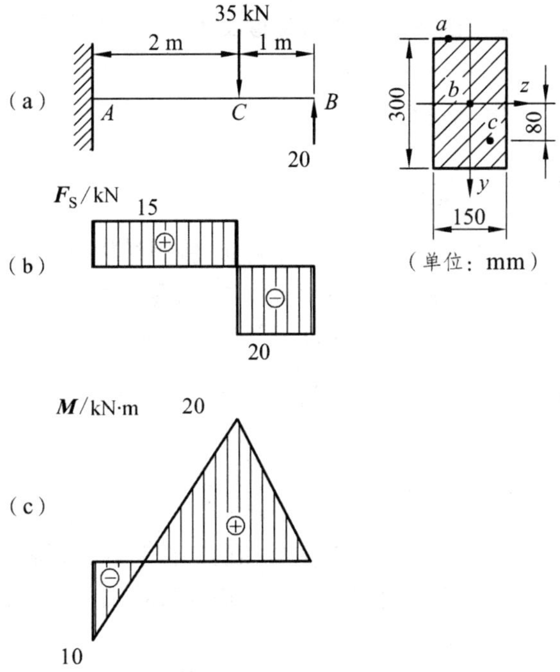

图 7.5　矩形截面悬臂梁上的弯曲正应力

7.2 梁的弯曲正应力强度条件

7.2.1 最大弯曲正应力

对于等直梁，由公式（7.7）可知，梁的最大弯曲正应力发生在最大弯矩所在横截面上，且离中性轴最远点处，设 $y_{\max}$ 为最远点处到中性轴的距离，则梁上最大弯曲正应力为

$$\sigma_{\max}=\left(\frac{My}{I_z}\right)_{\max}=\frac{M_{\max}y_{\max}}{I_z}$$

将上式分子、分母同时除以 $y_{\max}$，得 $\sigma_{\max}=\dfrac{M_{\max}}{\dfrac{I_z}{y_{\max}}}$，令 $\dfrac{I_z}{y_{\max}}=W_z$，则

$$\sigma_{\max}=\frac{M_{\max}}{W_z} \tag{7.8}$$

式中 W_z 称为**抗弯截面系数**，它是与横截面的大小和形状有关的几何量，反映了截面大小和形状对弯曲正应力的影响。显然，W_z 值越大，抗弯能力就越高，常用的矩形截面、圆形截面、圆环形截面的抗弯截面系数参见表 7.1，对于其他各种类型截面的抗弯截面系数参见附录 I。

7.2.2 弯曲正应力强度条件的应用

为了保证梁能安全地工作，应使梁内横截面上的最大弯曲正应力 $\sigma_{\max}$ 不超过材料的单向受力时的许用应力 $[\sigma]$，称为梁的弯曲**正应力强度条件**

$$\sigma_{\max}=\frac{M_{\max}}{W_z}\leqslant[\sigma] \tag{7.9}$$

应用该强度条件，可解决 3 类问题：

（1）校核强度。已知截面形状和尺寸（I_z、W_z），所用材料（$[\sigma]$）以及梁上载荷（$M_{\max}$）时，校核梁是否满足强度要求，即判定强度条件（7.9）是否成立。

（2）截面设计。当已知梁所用材料（$[\sigma]$）及梁上载荷（$M_{\max}$）时，计算所需的抗弯截面系数 W_z，即

$$W_z\geqslant\frac{M_{\max}}{[\sigma]}$$

从而根据所选的截面形状，再由 W_z 进一步确定截面的几何尺寸，或查型钢表确定型钢的型号。

（3）载荷设计。当已知梁所用的材料（$[\sigma]$）、截面形状和尺寸（I_z、W_z）时，计算出梁所能承受的最大弯矩（$M_{\max}$），即

$$M_{\max}\leqslant W_z[\sigma]$$

从而根据 M_{max} 与载荷的关系，可计算出梁所能承受的最大载荷。

例题 7.2 如图 7.6（a）所示外伸梁，选用 №.28b 槽钢，$[\sigma]=170\ \text{MPa}$，试校核强度。

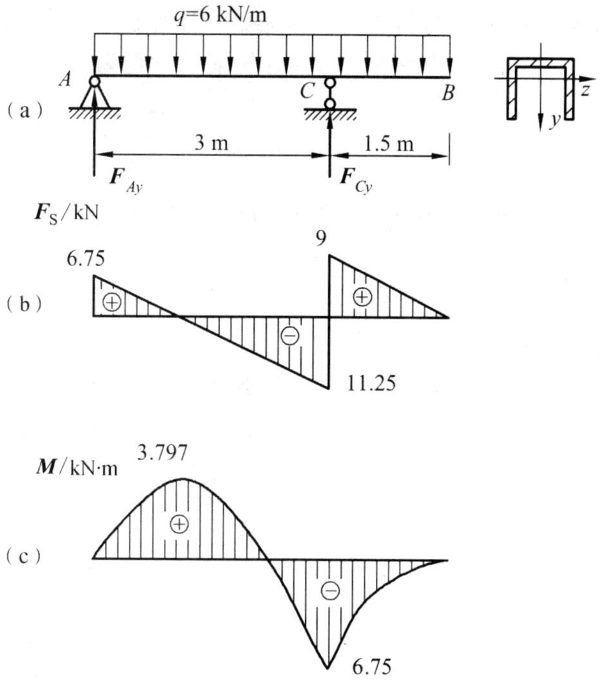

图 7.6 槽形截面外伸梁的弯曲正应力

解：（1）求约束力。

根据静力平衡方程，求得

$$F_{Ay}=6.75\ \text{kN}\ (\uparrow),\quad F_{Cy}=20.25\ \text{kN}\ (\uparrow)$$

（2）作剪力图、弯矩图，求最大弯矩。

如图 7.6（b）所示。由于该题只给出了梁的许用正应力 $[\sigma]$，只需对其进行弯曲正应力强度条件的计算，因此也可以不作剪力图，而直接作出弯矩图，由图 7.6（c）可得，最大弯矩为

$$|M|_{max}=6.75\ \text{kN}\cdot\text{m}=6.75\times10^{3}\ \text{N}\cdot\text{m}$$

（3）弯曲正应力强度条件的应用。

查书后的型钢表，可得 №.28b 槽钢的抗弯截面系数 $W_z=37.9\ \text{cm}^3=37.9\times10^{-6}\ \text{m}^3$，将其代入式（7.9）计算最大弯曲正应力。

$$\sigma_{max}=\frac{M_{max}}{W_z}=\frac{6.75\times10^{3}}{37.9\times10^{-6}}\ \text{Pa}\approx178.1\times10^{6}\ \text{Pa}=178.1\ \text{MPa}>[\sigma]$$

由此可见，梁内最大弯曲正应力 $\sigma_{max}=178.1\ \text{MPa}$ 超过了 №.28b 槽钢的许用应力 $[\sigma]=170\ \text{MPa}$，不满足强度条件式（7.9）。

（4）计算超过部分的百分比。

$$\frac{178.1-170}{170}\times100\% = 4.76\% < 5\%$$

因此，最大弯曲正应力没有超过许用应力的5%，实际工程中可以认为其强度足够。

例题 7.3 如图 7.7（a）所示外伸梁，由热轧普通工字钢做成，已知$[\sigma]=170\ \text{MPa}$，试选择工字钢的型号。

解：（1）求约束力。

$$F_{Ay}=30\ \text{kN}\ (\uparrow),\quad F_{Dy}=20\ \text{kN}\ (\uparrow)$$

（2）作弯矩图。

如图 7.7（b）所示，得最大弯矩为

$$M_{\max}=M_C=60\ \text{kN}\cdot\text{m}=60\times10^3\ \text{N}\cdot\text{m}$$

（3）强度条件的应用。

由式（7.9）得

$$W_z \geqslant \frac{|M|_{\max}}{[\sigma]}=\frac{60\times10^3}{170\times10^6}\ \text{m}^3=\frac{3}{8500}\ \text{m}^3=\frac{6000}{17}\ \text{cm}^3\approx352.9\ \text{cm}^3$$

查书后的型钢表，可得№.25a 工字钢的抗弯截面系数$W_z=401.883\ \text{cm}^3>352.9\ \text{cm}^3$，因此选择№.25a 工字钢可以满足其强度要求。

读者可以进一步计算，当考虑工字钢的自重时，№.25a 工字钢是否还满足强度要求呢?

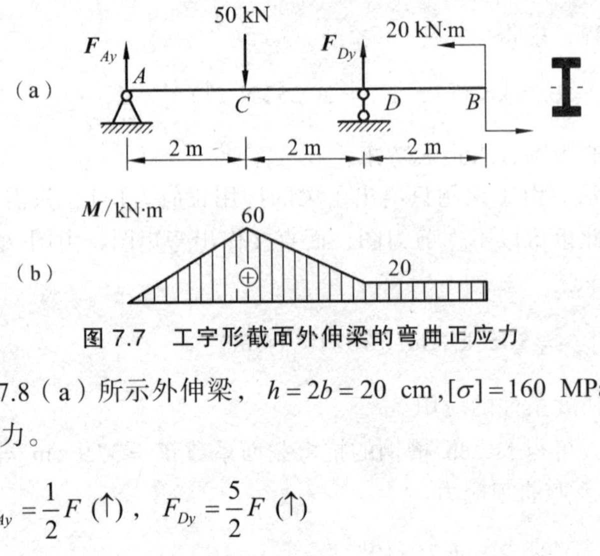

图 7.7　工字形截面外伸梁的弯曲正应力

例题 7.4 如图 7.8（a）所示外伸梁，$h=2b=20\ \text{cm}, [\sigma]=160\ \text{MPa}$，求许用载荷$[F]$。

解：（1）求约束力。

$$F_{Ay}=\frac{1}{2}F\ (\uparrow),\quad F_{Dy}=\frac{5}{2}F\ (\uparrow)$$

（2）作弯矩图。

如图 7.8（b）所示，得最大弯矩为

$$|M|_{\max}=M_D=2F\ \text{kN}\cdot\text{m}\ （设许用载荷的单位为 kN）。$$

（3）计算抗弯截面系数。

$$W_z = \frac{bh^2}{6} = \frac{b(2b)^2}{6} = \frac{2b^3}{3} = \frac{2\times(10\times10)^3}{3}\ \text{mm}^3 = \frac{2}{3}\times10^{-3}\ \text{m}^3$$

（4）由弯曲正应力强度条件（7.9）得

$$\sigma_{\max} = \frac{2F\times10^3}{W_z} \leqslant 160\times10^6\text{，}\quad F \leqslant \frac{160}{3}\ \text{kN} \approx 53.33\ \text{kN}$$

因此，最大许用载荷为：$[F]=53.33\ \text{kN}$。

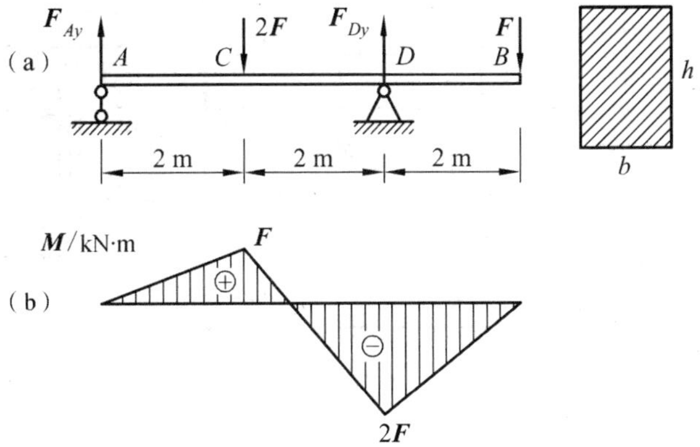

图 7.8　矩形截面外伸梁的弯曲正应力

铸铁、玻璃、陶瓷、大理石等脆性材料的许用拉应力$[\sigma_t]$与许用压应力$[\sigma_c]$，其数值相差较大，如果梁是用这些脆性材料制成的，为了充分发挥材料的性能，工程上常把梁的横截面做成与中性轴不对称的形状，如图 7.9 所示的 T 字形截面，此时应分别对最大拉应力$\sigma_{t,\max}$和最大压应力$\sigma_{c,\max}$进行校核，即

$$\begin{cases}\sigma_{t,\max} \leqslant [\sigma_t] \\ \sigma_{c,\max} \leqslant [\sigma_c]\end{cases}$$

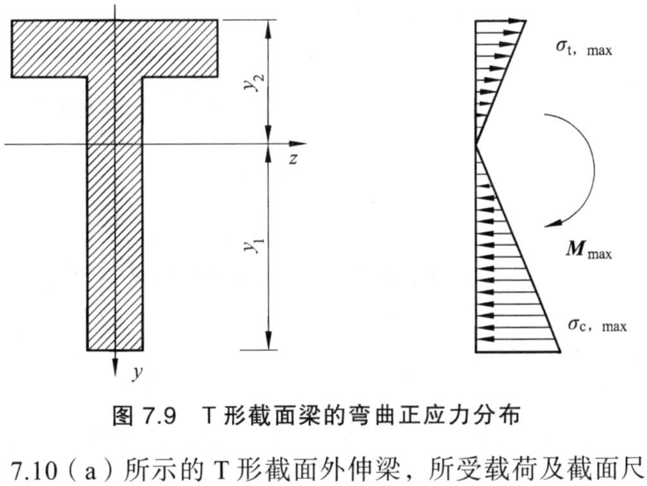

图 7.9　T 形截面梁的弯曲正应力分布

例题 7.5　如图 7.10（a）所示的 T 形截面外伸梁，所受载荷及截面尺寸如图所示，已知许用拉应力$[\sigma_t]=30\ \text{MPa}$，许用压应力$[\sigma_c]=160\ \text{MPa}$，试校核梁的强度。

解：（1）求约束力。

$$F_{Ay}=2.5\ \text{kN}\ (\uparrow),\quad F_{Dy}=10.5\ \text{kN}\ (\uparrow)$$

（2）作弯矩图。

由图 7.10（b）所示的弯矩图可知最大负弯矩在截面 D 上，最大正弯矩在截面 C 上，其值分别为

$$M_D=-4\ \text{kN}\cdot\text{m},\qquad M_C=2.5\ \text{kN}\cdot\text{m}$$

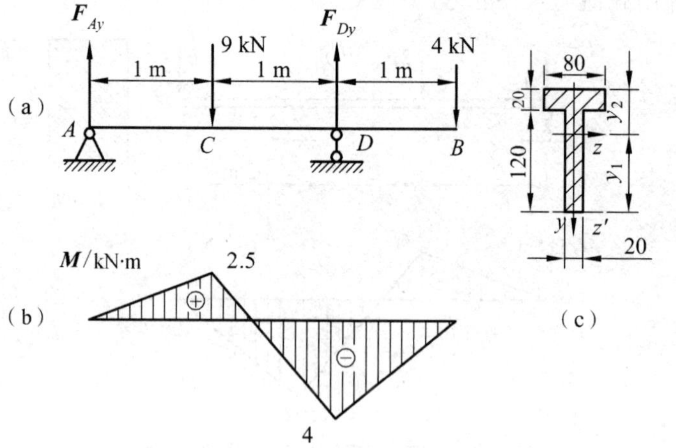

图 7.10　T 形截面梁的弯曲正应力

（3）计算 T 形截面的几何参数。

对图 7.10（c）所示横截面建立相应的 zy 坐标系，则形心的位置为

$$y_1=\frac{\sum A_i y_i}{\sum A_i}=\frac{[(20\times 80)\times 130]+[(20\times 120)\times 60]}{(20\times 80)+(20\times 120)}=88\ \text{mm}$$

$$y_2=140-y_1=52\ \text{mm}$$

利用平行移轴公式计算 T 形截面对中性轴 z 的惯性矩

$$I_z=\left[\frac{20\times 120^3}{12}+20\times 120\times(y_1-60)^2\right]+\left[\frac{80\times 20^3}{12}+80\times 20\times(y_2-10)^2\right]\ \text{mm}^4$$

$$\approx 764\times 10^4\ \text{mm}^4=764\times 10^{-8}\ \text{m}^4$$

（4）强度计算。

因梁的许用拉应力与许用压应力不相等，截面对中性轴又不对称，所以对最大正弯矩和最大负弯矩所在截面都需要分别进行校核。

校核截面 D（最大负弯矩截面）

$$\sigma_{\text{t, max}}=\frac{M_D y_2}{I_z}=\frac{(4\times 10^3)\times(52\times 10^{-3})}{764\times 10^{-8}}\ \text{Pa}\approx 27.2\ \text{MPa}\ （拉应力）$$

$$\sigma_{\text{c, max}}=\frac{M_D y_1}{I_z}=\frac{(4\times 10^3)\times(88\times 10^{-3})}{764\times 10^{-8}}\ \text{Pa}\approx 46.1\ \text{MPa}\ （压应力）$$

校核截面 C（最大正弯矩截面）

$$\sigma_{t,\ max}=\frac{M_C y_1}{I_z}=\frac{(2.5\times10^3)\times(88\times10^{-3})}{764\times10^{-8}}\ \text{Pa}\approx 28.8\ \text{MPa}\ （拉应力）$$

$$\sigma_{c,\ max}=\frac{M_C y_2}{I_z}=\frac{(2.5\times10^3)\times(52\times10^{-3})}{764\times10^{-8}}\ \text{Pa}\approx 17.0\ \text{MPa}\ （压应力）$$

所以，梁上的最大拉应力、最大压应力分别为

$$\sigma_{t,\ max}=\max(27.2\ \text{MPa}, 28.8\ \text{MPa})=28.8\ \text{MPa}<[\sigma_t]=30\ \text{MPa}$$

$$\sigma_{c,\ max}=\max(17.0\ \text{MPa}, 46.1\ \text{MPa})=46.1\ \text{MPa}<[\sigma_c]=160\ \text{MPa}$$

因此，满足强度要求。

7.3 梁的弯曲切应力强度条件

横力弯曲时，横截面上既有剪力又有弯矩，因此横截面上必然既有弯曲正应力，又有弯曲切应力，弯曲切应力的分布因截面形状不同而有较大的差别，下面讨论横力弯曲时不同形状截面上的弯曲切应力。

7.3.1 矩形截面梁的弯曲切应力

1. 弯曲切应力分布假设

如图 7.11（a）所示矩形截面梁，横截面上的剪力 F_S 与截面对称轴 y 重合，因此，对截面上的弯曲切应力分布规律作如下两个假设：

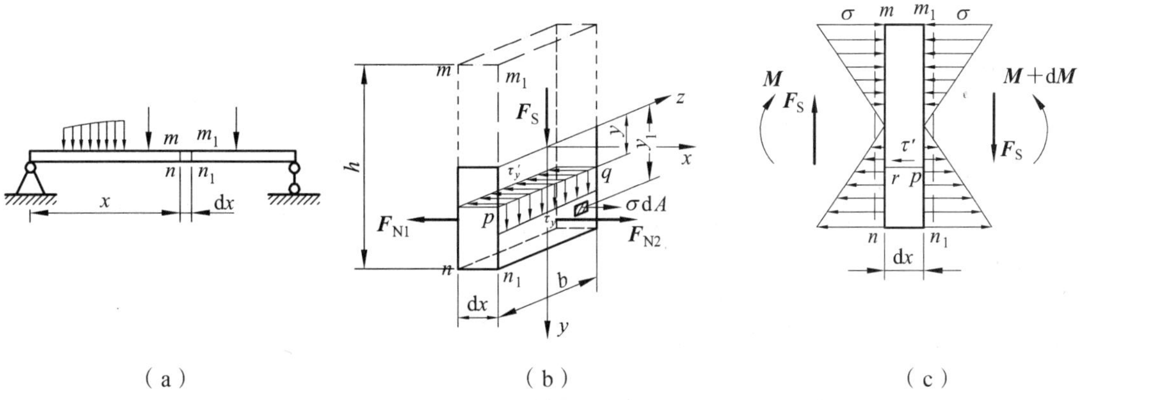

图 7.11　弯曲切应力的计算

（1）横截面上各点处的弯曲切应力方向均平行于截面侧边，即弯曲切应力的方向与剪力 F_S 方向相同。

（2）弯曲切应力沿截面宽度均匀分布，即距中性轴等远的各点处的弯曲切应力大小相等。

根据进一步研究结果可知，当横截面高度 h 大于其宽度 b 时，由上述假设所建立的弯曲

切应力公式是足够准确的。有了以上这两个假设，将使弯曲切应力的计算大为简化，仅通过静力平衡条件，就可以推导出弯曲切应力的计算公式。

2. 弯曲切应力公式推导

取如图 7.11（a）所示的矩形截面简支梁，现在研究截面 $m-n$ 上距中性轴为 y 的水平线 pq 上的弯曲切应力 τ_y 的计算，如图 7.11（b）所示。

首先，从梁中用横截面 $m-n$ 和 m_1-n_1 截取一微段 $\mathrm{d}x$，设在该微段上无垂直于梁轴方向的外力作用，则 $m-n$、m_1-n_1 两横截面上的剪力相等，均为 F_S，因此，该两截面上的弯曲切应力 τ_y 大小相等；设 $m-n$ 截面上的弯矩为 M，m_1-n_1 截面上的弯矩为 $M+\mathrm{d}M$，则该两截面上的弯曲正应力不相等，如图 7.11（c）所示。

由于直接推导距中性轴为 y 处的 pq 线上各点的弯曲切应力 τ_y 比较困难，所以采用间接方法，沿 pq 线再用一个纵截面将微段切开，取下部的脱离体，如图 7.11（b）所示。根据切应力互等定理，脱离体顶面上也一定有切应力 τ_y'，并且 $\tau_y'=\tau_y$，只要求得 τ_y'，则横截面上的弯曲切应力 τ_y 也就求出了。

弯曲切应力 τ_y' 可利用脱离体上各力的静力平衡关系求得，设脱离体左、右横截面的面积均为 A^*，其左、右横截面上距中性轴的距离为 y 处的弯曲正应力分别是 σ_1 和 σ_2，在脱离体左、右截面上的法向合力分别为 F_{N1}、F_{N2}，在脱离体顶面上的水平切应力为 τ_y'，合成水平剪力为 $\mathrm{d}T$，考虑脱离体的平衡，有

$$F_{N1}+\mathrm{d}T=F_{N2} \tag{7.10}$$

式（7.10）中法向合力

$$F_{N1}=\int_{A^*}\sigma_1\mathrm{d}A=\int_{A^*}\frac{My_1}{I_z}\mathrm{d}A=\frac{M}{I_z}\int_{A^*}y_1\mathrm{d}A=\frac{M}{I_z}S_z^* \tag{7.11}$$

式中，$S_z^*=\int_{A^*}y_1\mathrm{d}A$，称为截面 A^* 对中性轴 z 的静距。

同理

$$F_{N2}=\frac{M+\mathrm{d}M}{I_z}S_z^* \tag{7.12}$$

根据切应力互等定理和弯曲切应力沿截面宽度均匀分布假设可知 $\tau_y'=\tau_y$，而且 τ_y' 沿截面宽度也是均匀分布的，所以：

$$\mathrm{d}T=\tau_y'b\mathrm{d}x=\tau_y b\mathrm{d}x \tag{7.13}$$

将式（7.11）、（7.12）和（7.13）代入式（7.10），得

$$\mathrm{d}T=F_{N2}-F_{N1}$$

$$\tau_y b\mathrm{d}x=\frac{M+\mathrm{d}M}{I_z}S_z^*-\frac{M}{I_z}S_z^*$$

整理后得

$$\tau_y = \frac{dM}{dx} \cdot \frac{S_z^*}{I_z b}$$

根据弯矩、剪力之间的微分关系 $\frac{dM}{dx} = F_S$，将其代入上式，得

$$\tau_y = \frac{F_S S_z^*}{I_z b} \tag{7.14}$$

上式中，F_S 为整个横截面上的剪力，I_z 为整个横截面对中性轴 z 的惯性矩，b 为距中性轴的距离为 y 处的宽度，S_z^* 为所求弯曲切应力处横线一侧部分面积 A^* 对中性轴的静距。

3. 弯曲切应力沿截面高度的变化规律

对矩形截面梁的某一横截面来说，公式（7.14）中的 F_S、I_z、b 均为常量，只有静矩 S_z^* 会随着所求位置到中性轴的距离 y 的变化而变化，如图 7.12（a）所示，面积 A^* 对中性轴的静矩为

$$S_z^* = A \times y_c^* = b \times \left(\frac{h}{2} - y\right) \times \left[y + \frac{1}{2} \times \left(\frac{h}{2} - y\right)\right] = \frac{b}{2} \times \left(\frac{h^2}{4} - y^2\right)$$

将上式及 $I_z = \frac{1}{12}bh^3$ 代入（7.14）式，化简得

$$\tau_y = \frac{6F_S}{bh^3}\left(\frac{h^2}{4} - y^2\right) \tag{7.15}$$

上式表明，弯曲切应力沿截面高度按二次抛物线规律变化，如图 7.12（b）所示，当 $y = \pm\frac{h}{2}$ 时，$\tau_y = 0$，即横截面上、下边缘处弯曲切应力为零。当 $y = 0$ 时，弯曲切应力取得最大值，即中性轴上的最大弯曲切应力 τ_{max} 为

$$\tau_{max} = \frac{6F_S}{bh^3} \cdot \frac{h^2}{4} = \frac{3}{2} \cdot \frac{F_S}{bh} = \frac{3}{2} \cdot \frac{F_S}{A} = \frac{3}{2}\bar{\tau} \tag{7.16}$$

即矩形截面上的最大弯曲切应力 τ_{max} 为截面上平均弯曲切应力 $\bar{\tau} = \frac{F_S}{A}$ 的 $\frac{3}{2}$ 倍。

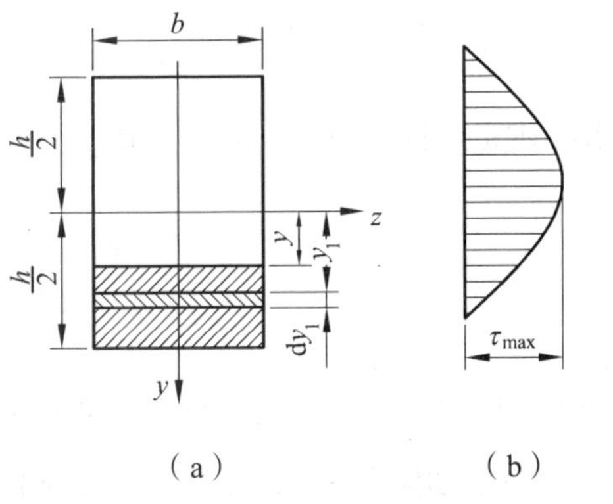

图 7.12　矩形截面梁的弯曲切应力分布

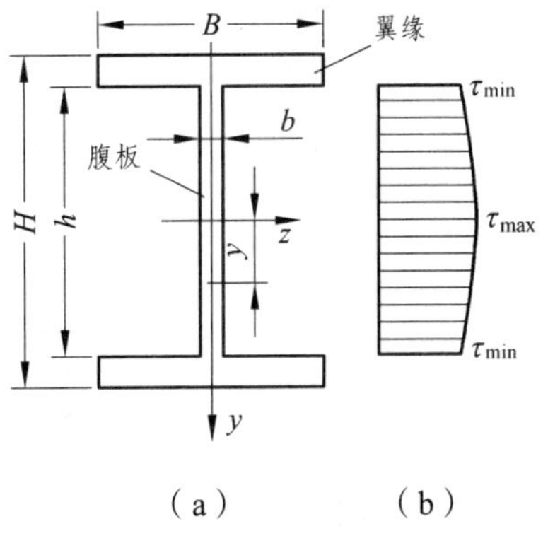

图 7.13　工字形截面梁腹板内的弯曲切应力分布

7.3.2 工字形截面

在推导公式（7.14）时，只使用了弯曲切应力的分布情况假设，并没有利用矩形截面的条件，所以公式（7.14）是通用公式。在工字形截面中，翼缘上的弯曲切应力分布较为复杂，数值又很小，在本课程中不作研究。腹板上的弯曲切应力数值较大，其分布情况符合前面的假设，可以直接使用公式（7.14）计算。

如图 7.13（a）所示，截面静矩为

$$S_z^* = B\times\left(\frac{H}{2}-\frac{h}{2}\right)\times\frac{1}{2}\times\left(\frac{H}{2}+\frac{h}{2}\right)+b\times\left(\frac{h}{2}-y\right)\times\frac{1}{2}\times\left(\frac{h}{2}+y\right)=\frac{B}{8}\times(H^2-h^2)+\frac{b}{2}\times\left(\frac{h^2}{4}-y^2\right)$$

将其代入（7.14）得到

$$\tau_y=\frac{F_S}{bI_z}\times\left[\frac{B}{8}\times(H^2-h^2)+\frac{b}{2}\times\left(\frac{h^2}{4}-y^2\right)\right] \tag{7.17}$$

其分布规律如图 7.13（b）所示，从而腹板内的最大、最小弯曲切应力分别为

$$\tau_{\max}=\frac{F_S}{bI_z}\times\left[\frac{B}{8}\times(H^2-h^2)+\frac{bh^2}{8}\right]=\frac{F_S}{bI_z}\times\left[\frac{BH^2}{8}-(B-b)\frac{h^2}{8}\right]$$

$$\tau_{\min}=\frac{F_S}{bI_z}\times\left[\frac{B}{8}\times(H^2-h^2)\right]=\frac{F_S}{bI_z}\times\left[\frac{BH^2}{8}-\frac{Bh^2}{8}\right]\approx\tau_{\max}$$

由于工程上常用的工字钢 $B\gg b$，所以 $(B-b)\approx B$，从而腹板内的最大、最小的弯曲切应力几乎相等，抛物线分布规律几乎变成了矩形图形，因此近似认为腹板中的弯曲切应力是均匀分布的。同时，腹板承担了横截面上的绝大部分剪力，在近似计算时，腹板上的弯曲切应力可以近似用下式计算

$$\tau\approx\frac{F_S}{bh} \tag{7.18}$$

工字形截面梁分工较好，腹板主要抵抗截面上的剪力的作用，而翼缘主要抵抗弯矩的作用。所以，工字形截面是比较合力的梁截面形状，在工程上被广泛采用。

7.3.3 圆形截面梁

如图 7.14（a）所示，对于圆形截面梁，可以采用前述完全相同的方法来推导其最大弯曲切应力

$$\tau_{\max}=\frac{4}{3}\cdot\frac{F_S}{A}=\frac{4}{3}\overline{\tau} \tag{7.19}$$

式中，A 为整个圆形截面的面积；F_S 为作用在整个截面上的剪力。上式表明圆形截面梁上的最大弯曲切应力 $\tau_{\max}$ 是平均弯曲切应力 $\overline{\tau}=\dfrac{F_S}{A}$ 的 $\dfrac{4}{3}$ 倍，最大弯曲切应力 $\tau_{\max}$ 仍发生在中性轴上。

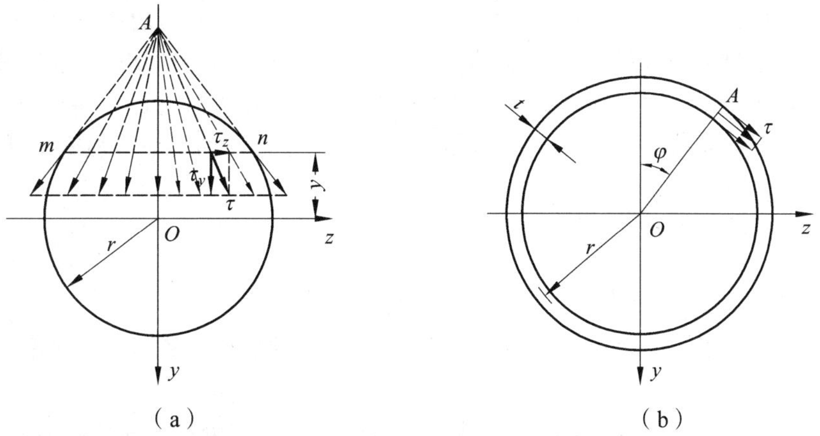

图 7.14 圆形、圆环形截面上的弯曲切应力

7.3.4 圆环形截面梁

如图 7.14（b）所示，圆环形截面梁上的最大弯曲切应力仍发生在中性轴上，其计算公式为

$$\tau_{\max}=2\frac{F_{\mathrm{S}}}{A}=2\bar{\tau} \tag{7.20}$$

式中，A 为圆环形截面的面积。可见，其最大弯曲切应力是平均弯曲切应力 $\bar{\tau}=\dfrac{F_{\mathrm{S}}}{A}$ 的 2 倍。

综合起来，常见 4 种截面上的最大弯曲切应力 $\tau_{\max}$ 与平均弯曲切应力 $\bar{\tau}=\dfrac{F_{\mathrm{S}}}{A}$ 之间的关系为

$$\tau_{\max}=\alpha\bar{\tau}$$

式中，α 的取值：

① 矩形截面，$\alpha=\dfrac{3}{2}$；

② 工字形截面，$\alpha\approx 1$；

③ 实心圆截面，$\alpha=\dfrac{4}{3}$；

④ 圆环形截面，$\alpha=2$。

最大弯曲切应力 $\tau_{\max}$ 都发生在中性轴上。

7.3.5 弯曲切应力强度校核

对于各种形状的等直梁，其最大弯曲切应力一般都发生在最大剪力所在横截面上的中性轴处，并可写成统一表达式

$$\tau_{\max}=\frac{F_{\mathrm{S}\max}S_{z\max}^{*}}{I_z b} \tag{7.21}$$

式中，$S_{z\max}^{*}$ 为中性轴一侧半个截面对中性轴的静矩；b 为横截面中性轴处的宽度。

在梁的强度计算中，必须同时满足梁的弯曲正应力强度条件和弯曲切应力强度条件，工程上，通常是先按弯曲正应力强度条件选择截面尺寸，然后再进行弯曲切应力强度条件的校核。

从前面的讨论知道，最大弯曲切应力发生在中性轴上，中性轴上的弯曲正应力恰好为零，所以可以按单一受力情况（只有一种应力作用）来校核梁的弯曲切应力强度条件

$$\tau_{\max}=\frac{F_{\mathrm{S}\max}S_{z\max}^{*}}{I_z b}\leqslant[\tau] \tag{7.22}$$

式中，$[\tau]$为材料的许用切应力。

对于工字钢，在书后附录的型钢表中，给出了$I_z:S_z^*$的比值，从而可以根据式（7.22）计算工字钢的最大弯曲切应力$\tau_{\max}$。

例题 7.6 计算例题 7.1 所示梁C左侧截面上a、b、c点处的弯曲切应力。

解：（1）作剪力图、弯矩图。

如图 7.5（b）、7.5（c）所示，截面C左侧的剪力：$F_{SC}=15\ \mathrm{kN}$。

（2）截面对中性轴的惯性矩。

$$I_z=\frac{1}{12}bh^3=\frac{1}{12}\times150\times300^3\ \mathrm{mm}^4=3\ 375\times10^5\ \mathrm{mm}^4=3\ 375\times10^{-7}\ \mathrm{m}^4$$

（3）计算弯曲切应力。由公式（7.14）得

$$\tau_a=\frac{F_\mathrm{S}S_a^*}{I_z b}=0$$

$$\tau_b=\frac{F_\mathrm{S}S_b^*}{I_z b}=\frac{(15\times10^3)\times(150\times150\times75\times10^{-9})}{(3\ 375\times10^{-7})\times(150\times10^{-3})}\ \mathrm{Pa}=\frac{1}{2}\ \mathrm{MPa}$$

$$\tau_c=\frac{F_\mathrm{S}S_c^*}{I_z b}=\frac{(15\times10^3)\times[150\times70\times(80+70/2)\times10^{-9}]}{(3\ 375\times10^{-7})\times(150\times10^{-3})}\ \mathrm{Pa}$$

$$=\frac{161}{450}\ \mathrm{MPa}\approx0.357\ 8\ \mathrm{MPa}$$

也可以直接代入公式（7.15）来计算，代入本题的数据得

$$\tau(y)=\frac{6F_\mathrm{S}}{bh^3}\left(\frac{h^2}{4}-y^2\right)=\frac{1}{2}-\frac{1}{45\ 000}y^2\ \mathrm{MPa}$$

所以

$$\tau_a=\tau(-150)=0$$

$$\tau_b=\tau(0)=\frac{1}{2}\ \mathrm{MPa}$$

$$\tau_c=\tau(+80)=\frac{161}{450}\ \mathrm{MPa}\approx0.357\ 8\ \mathrm{MPa}$$

一般不用公式（7.15）来计算，而直接用通用公式（7.14）进行计算。

例题 7.7 如图 7.15（a）所示的矩形截面梁$h=2b$，许用应力$[\sigma]=120\ \mathrm{MPa}$，$[\tau]=50\ \mathrm{MPa}$，试确定截面尺寸$b$、$h$。

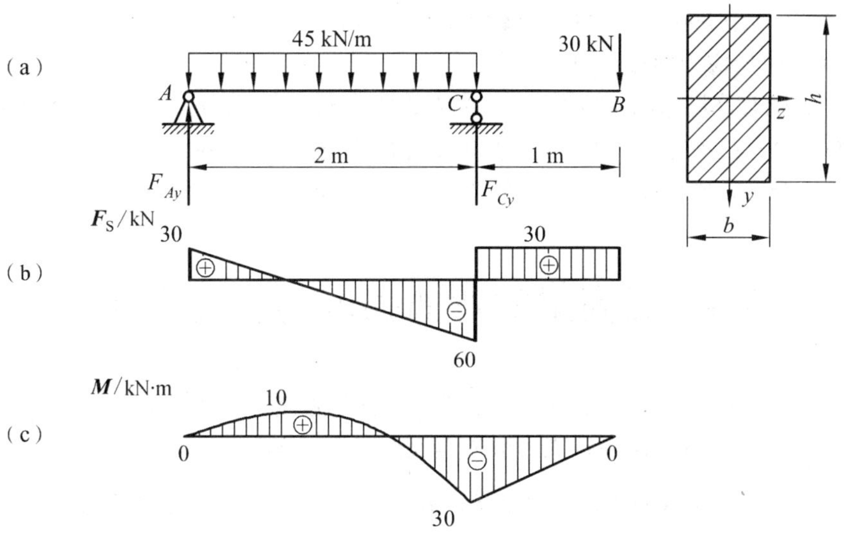

图 7.15　矩形截面外伸梁的几何尺寸计算

解：（1）求约束力。

$$F_{Ay}=30\ \text{kN}\ (\uparrow),\quad F_{Cy}=90\ \text{kN}\ (\uparrow)$$

（2）作剪力图与弯矩图。

如图 7.15（b）、7.15（c）所示，由图得到

$$|F_S|_{max}=60\ \text{kN},\quad |M|_{max}=30\ \text{kN}\cdot\text{m}$$

（3）按弯曲正应力强度条件计算。

抗弯截面系数：$W_z=\dfrac{bh^2}{6}=\dfrac{2b^3}{3}$

代入弯曲正应力强度条件（7.9）得 $\dfrac{|M|_{max}}{W_z}\leqslant[\sigma]$，即

$$\frac{30\times10^3}{2b^3/3}\leqslant120\times10^6$$

所以，$b\geqslant0.072\,1\ \text{m}=72.1\ \text{mm}$。

（4）按弯曲切应力强度条件计算。

由于矩形截面梁的最大弯曲切应力是其平均值的 $\dfrac{3}{2}$ 倍，因此有

$$\tau_{max}=\frac{3}{2}\bar{\tau}=\frac{3}{2}\frac{|F_S|_{max}}{bh}\leqslant[\tau]，\ 即：\ \frac{3}{2}\times\frac{60\times10^3}{b\times2b}\leqslant50\times10^6$$

所以，$b\geqslant0.030\ \text{m}=30.0\ \text{mm}$。

计算结果表明，当满足弯曲正应力强度条件（7.9）时，$b\geqslant72.1\ \text{mm}$；当满足弯曲切应力强度条件（7.22）时，$b\geqslant30.0\ \text{mm}$。

综合得，$b \geqslant 72.1\ \text{mm}$，$h = 2b \geqslant 144.2\ \text{mm}$，取 $h = 2b = 144\ \ \text{mm}$，即可同时满足弯曲正应力强度条件和弯曲切应力强度条件。

在该题中，既有许用弯曲正应力$[\sigma]$，又有许用弯曲切应力$[\tau]$，因此可以分别按其相应的强度条件进行计算；或者先按弯曲正应力强度条件计算，然后再校核弯曲切应力强度条件；或者先按弯曲切应力强度条件计算，然后再校核弯曲正应力强度条件，直到找到合理的截面尺寸为止。

7.4 提高梁的弯曲强度的主要措施

工程中进行梁的设计时，一方面要保证梁有足够的强度，同时还要充分发挥材料的性能，做到物尽其用，节省材料，减轻自重，既安全又经济的目的。

设计梁的主要依据是弯曲正应力强度条件$\sigma_{\max} = \dfrac{M_{\max}}{W_z} \leqslant [\sigma]$，从该条件中可以看出，梁的强度与横截面的几何形状、尺寸大小、弯矩，以及所用材料有关。提高梁的抗弯强度的目的就是为了减小梁内最大弯曲正应力$\sigma_{\max}$和减小梁内最大弯曲切应力$\tau_{\max}$，从$\sigma_{\max} = \dfrac{M_{\max}}{W_z}$可以看出，减小梁内最大弯矩$M_{\max}$和增大抗弯截面系数$W_z$均可达到此目的，因此，可从以下 3 个方面考虑。

7.4.1 采用合理截面形状

合理的截面形状应该是截面面积相等时，W_z越大越合理，例如一个高为h、宽为b的矩形截面梁，设$h > b$，如图 7.16（a）、7.16（b）所示，截面立放时$W_z = \dfrac{bh^2}{6}$，比平放时$W_z = \dfrac{hb^2}{6}$的抗弯截面系数大，所以立放比平放合理，故工程中的矩形截面梁多数都是立放的。

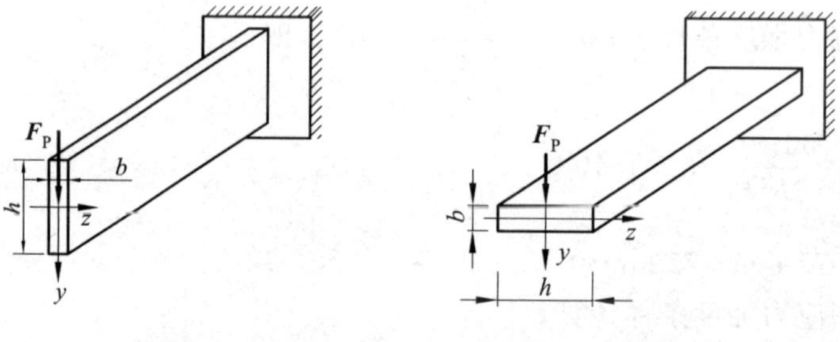

图 7.16 矩形截面悬臂梁的两种放置方式

抗弯截面系数W_z与截面高度h的平方成正比（例如，矩形截面$W_z = \dfrac{bh^2}{6}$，圆形截面$W_z = \dfrac{\pi h}{32}h^2$），故选择合理截面的原则是，当截面面积一定时尽可能增大截面的高度，并将较多的材料布置在远离中性轴的地方，以得到较大的抗弯截面系数；其合理性也可以由梁横截面上弯曲正应力分布规律来说明，当离中性轴最远的上、下边缘处的正应力接近许用应力$[\sigma]$时，在中性轴附近各点处的弯曲正应力仍很小，而且它们离中性轴近，承担的弯矩也很小，所以将较多的材料布置在远离中性轴的地方，则更能发挥材料的作用，同时截面的高度增大了，相应的抗弯截面系数也增大了，这样的截面形状较为合理。如图 7.17 所示的矩形截面梁，如把中性轴附近的材料挖出，移到上、下边缘处成为工字形截面，使正应力较大区域的材料用量多，正应力较小区域的材料用量少，这样，材料的性能得到了充分发挥，而且在截面面积不变的情况下，工字形截面的抗弯截面系数比较大，故工字形截面比矩形截面合理，这就是工程上广泛采用工字形截面、圆环形截面、箱形截面梁的原因。

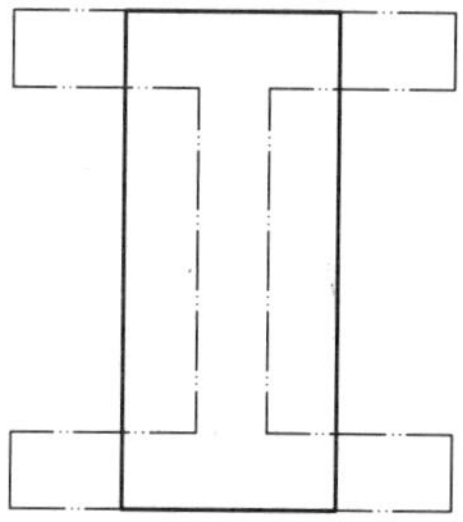

图 7.17 矩形截面梁与工字形截面梁的比较

为了比较各种不同形状截面的经济性，常采用抗弯截面系数 W_z 与截面面积 A 的比值 $\frac{W_z}{A}$ 来说明，比值越大越合理。例如：

直径为 h 的圆形截面： $\frac{W_z}{A}=\frac{\pi h^3/32}{\pi h^2/4}=\frac{h}{8}=0.125h$

高为 h 宽为 b 的矩形截面： $\frac{W_z}{A}=\frac{bh^2/6}{bh}=\frac{h}{6}\approx 0.167h$

高为 h 的槽形及工字形截面： $\frac{W_z}{A}=(0.27\sim 0.31)h$

可见工字形、槽形截面比矩形截面合理，圆形截面相对较差。

合理的截面形状还应该考虑材料的抗拉、抗压性能。对于抗拉与抗压强度相等的塑性材料，宜采用对中性轴对称的截面，如圆形截面、矩形截面、工字形截面等。这样在承受弯矩作用时，可使截面上、下边缘处的最大弯曲拉应力和最大弯曲压应力数值相等，可同时接近于弯曲许用应力；对于抗拉与抗压强度不相等的脆性材料，宜采用对中性轴不对称的截面，并使中性轴偏于截面受拉（强度较低）的一侧，例如可采用图 7.18 所示的一些截面。对这类截面，尽量使截面形心位置满足

$$\frac{y_1}{y_2}=\frac{[\sigma_t]}{[\sigma_c]}$$

那么截面上的最大弯曲拉应力和最大弯曲压应力便可同时接近各自的许用应力，式中$[\sigma_t]$和$[\sigma_c]$分别表示抗拉许用应力和抗压许用应力。

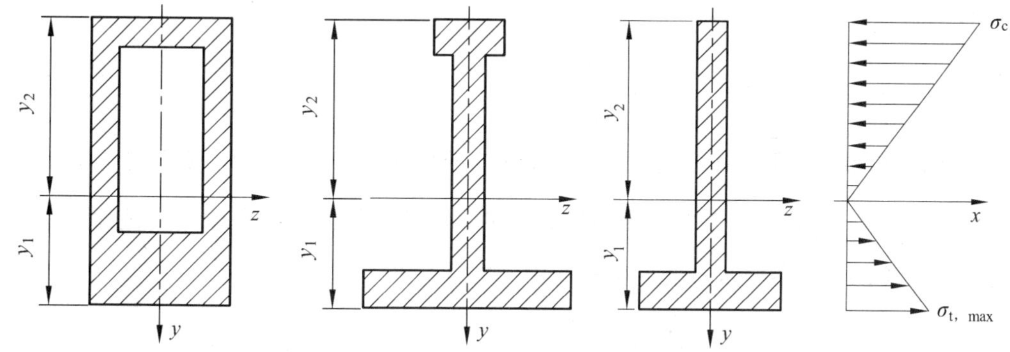

图 7.18 不同形状截面梁的弯曲正应力分布

应当指出，上面是从正应力强度出发来讨论截面的合理性的。究竟选用哪一种形状的截面，还必须综合考虑弯曲切应力、抗弯刚度、稳定性，以及制作、使用等方面的因素。

7.4.2 采用变截面梁与等强度梁

前面讨论的都是等截面梁，即抗弯截面系数 W_z 为常量，根据弯曲正应力强度条件（7.9）得

$$W_z \geqslant \frac{M_{\max}}{[\sigma]}$$

上式确定的是最大弯矩所在截面及其所需的截面尺寸，一般情况下，弯矩 $M(x)$ 是随截面位置的改变而改变的，如图 7.19（a）所示的简支梁，最大弯矩在跨中截面处，当跨中截面上的弯曲正应力达到许用应力 $[\sigma]$ 时，其他各截面上的弯矩还较小，材料的性能没有充分利用。为了节省材料和减轻自重，可根据弯矩 $M(x)$ 沿梁轴线的变化情况，使梁截面的尺寸随之改变，从而改变截面的抗弯截面系数，在弯矩较大处采用较大的截面，在弯矩较小处采用较小截面，这种横截面沿梁轴线变化的梁，称为**变截面梁**，如图 7.19（b）所示。

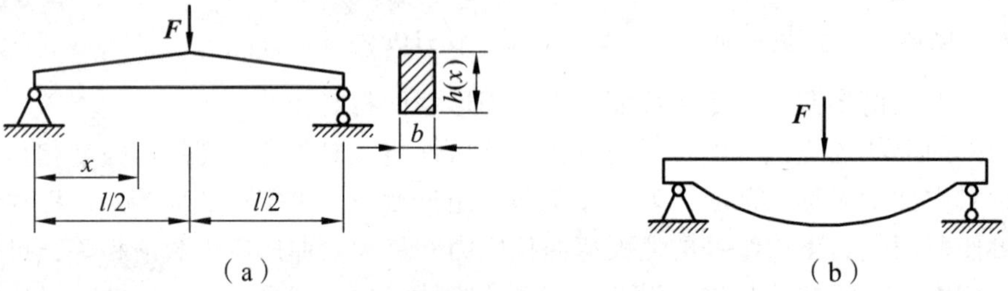

图 7.19 变截面梁及等强度梁

理想的情况是变截面梁上各横截面上的最大弯曲正应力都相等，且都等于许用应力 $[\sigma]$，这种梁称为**等强度梁**。设梁上任一截面 x 处的弯矩为 $M(x)$，而抗弯截面系数 $W_z(x)$ 也随截面位置 x 变化，根据上述等强度梁的定义，应有

$$\sigma_{\max} = \frac{M(x)}{W_z(x)} = [\sigma]$$

将其改写成

$$W_z(x) = \frac{M(x)}{[\sigma]} \qquad (7.23)$$

这就是等强度梁的抗弯截面系数 $W_z(x)$ 沿梁轴线的变化规律，可见 $W_z(x)$ 是随 $M(x)$ 而变化的。如图 7.19（a）所示受集中力 F 作用的简支梁，弯矩方程 $M(x) = \frac{1}{2}Fx$，设截面为矩形，截面的宽度 b 不变，截面高度 $h(x)$ 的变化规律由（7.23）式

$$W_z(x) = \frac{M(x)}{[\sigma]} = \frac{bh^2(x)}{6}$$

得

$$h(x)=\sqrt{\frac{3Fx}{b[\sigma]}} \tag{7.24}$$

可见梁截面高度 $h(x)$ 沿梁截面位置 x 按抛物线规律变化，制作这样的梁比较困难，为便于施工，常将等强度梁改作为截面高度 $h(x)$ 按直线（或抛物线）变化的近似等强度的变截面梁，如图 7.19（a）、（b）所示。

由式（7.24）可见，在 $x=0$ 处 $h(x)=0$，即在支座处高度等于零，这显然不能满足弯曲切应力强度条件，为此，设支座处所需的最小高度为 $h_{\min}$，由图 7.19（a）所示的矩形截面梁的弯曲切应力强度条件知

$$\tau_{\max}=\frac{3}{2}\cdot\frac{F_{\mathrm{Smax}}}{A}=\frac{3}{2}\cdot\frac{F/2}{bh_{\min}}=[\tau]$$

因此求得

$$h_{\min}=\frac{3F}{4b[\tau]}$$

如图 7.20 所示，车辆上的叠板弹簧、建筑工程中的鱼腹式吊车梁、机械工程中的变截面轴、钓鱼竿等都是近似等强度的变截面梁。

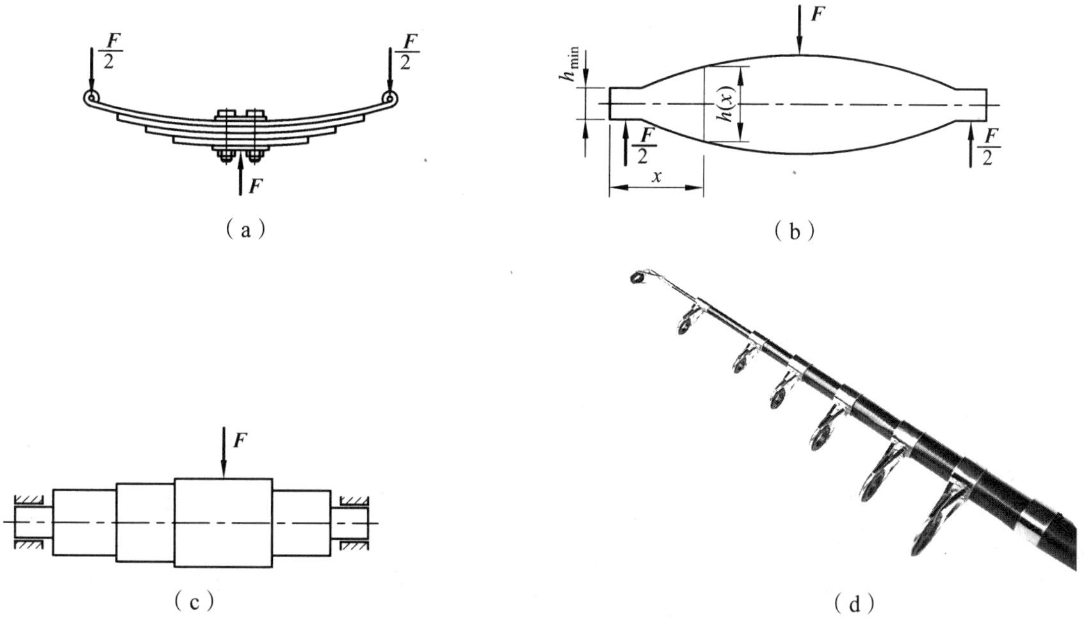

图 7.20　工程实际中有关变截面梁和等强度梁

7.4.3　合理安排梁的支座和载荷

由弯曲正应力强度条件（7.9）可知，要提高梁的强度，应该减小其最大弯矩，合理安排梁的支座和梁上载荷的作用方式，可以有效地降低最大弯矩，从而达到提高梁承载能力的目的。

如图 7.21（a）所示的简支梁，受集中力作用时，最大弯矩为 $M_{\max}=\frac{1}{4}ql^2$；如图 7.21（b）、 （c）所示，当增加辅助梁或将集中力用均布载荷代替时，梁内最大弯矩均为 $M_{max}=\frac{1}{8}ql^2$，仅有原来的 50%；如果能将简支梁两端的铰支座向内移动 $0.2l$ 使之变成如图 7.21（d）所示的外伸梁，则最大弯矩为 $M_{max}=\frac{1}{40}ql^2$，仅为图（c）所示梁的 $\frac{1}{5}$，可见弯矩减小了，则梁的承载能力增大了。

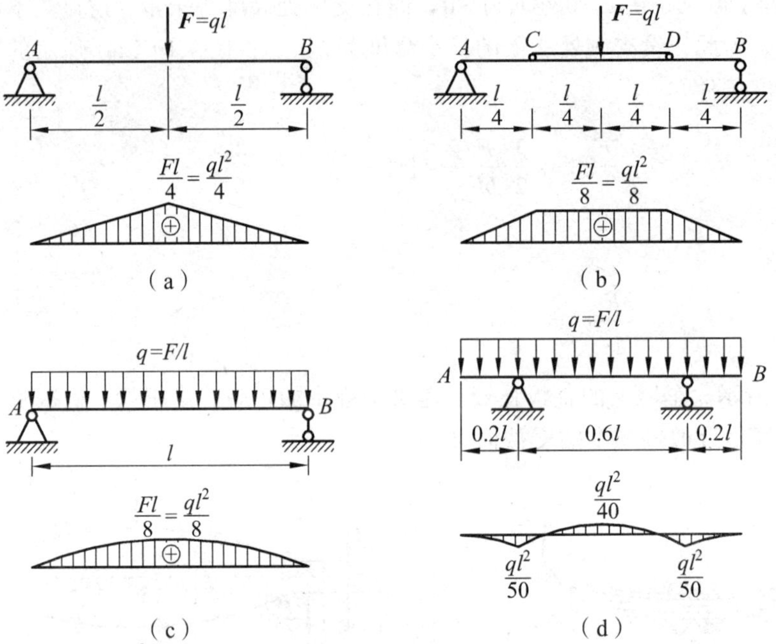

图 7.21　梁的弯矩与载荷作用方式之间的关系

在对梁进行设计时，应从合理截面、变截面梁、等强度梁、减小最大弯矩等诸多方面综合考虑。

本章小结

弯曲强度的计算在工程中有着广泛的实用价值，反映了该课程研究强度问题的基本方法，梁的弯曲应力及弯曲强度计算是本课程的重要内容之一。

梁在弯曲时横截面上一般既有弯矩 M 又有剪力 F_S 的作用，相应梁的横截面上既有弯曲正应力 σ 又有弯曲切应力 τ。因此，梁必须同时满足弯曲正应力和弯曲切应力两个强度条件。

1. 弯曲正应力

（1）弯曲正应力公式。

由实验观察变形入手，综合考虑了几何、物理和静力平衡三方面的条件，导出了梁在纯弯曲时横截面上距中性轴的距离为 y 处的正应力计算公式（7.7）。

$$\sigma=\frac{My}{I_z}$$

（2）弯曲正应力 σ 的正负号。

梁的中性轴把截面分为一侧受拉、一侧受压两个区域，弯曲正应力的正负号可根据弯矩的正负或者梁的变形来判断，当所求点位于受拉区域时则应力 σ 为正，在受压区应力 σ 为负。

（3）弯曲正应力公式的应用条件。

公式（7.7）的适用范围为同时满足：① 平面弯曲；② 小变形假设；③ 线弹性范围的情况。尽管公式（7.7）是在矩形截面纯弯曲情况下导出的，但对于具有一个对称轴的其他形状的截面也可适用；在横力弯曲时，对细长梁 $(l/h>5)$ 公式（7.7）也适用。

（4）最大弯曲正应力。

弯曲正应力 σ 沿截面高度按直线规律变化，在中性轴处 $\sigma=0$，对于等直梁而言，最大弯曲正应力 $\sigma_{\max}$ 发生在 $M_{\max}$ 所在面上离中性轴最远的上、下边缘各点处，其值为

$$\sigma_{\max}=\frac{M_{\max}}{W_z}$$

（5）I_z 和 W_z 的计算。

常用的矩形截面、圆形截面、圆环形截面对中性轴的惯性矩 I_z 和抗弯截面系数 W_z 为：

① 高为 h 宽为 b 的矩形截面

$$I_z=\frac{bh^3}{12},\qquad W_z=\frac{bh^2}{6}$$

② 半径为 R 的圆形截面

$$I_z=\frac{\pi R^4}{4},\qquad W_z=\frac{\pi R^3}{4}$$

③ 内、外半径分别为 r、R 的圆环形截面

$$I_z=\frac{\pi R^4}{4}-\frac{\pi r^4}{4},\qquad W_z=\frac{\pi R^3}{4}-\frac{\pi r^3}{4}\times\frac{r}{R}$$

其余工字形截面、T 形截面、型钢截面的惯性矩的计算，参见附录Ⅰ、Ⅱ。

2. 弯曲正应力强度条件及其应用

应用弯曲正应力强度条件（7.9）可进行工程中三类问题的计算，称为梁的弯曲正应力强度计算。

（1）强度校核。

当 $\sigma_{\max}=\dfrac{M_{\max}}{W_z}\leqslant[\sigma]$ 时，满足强度条件；对于抗拉与抗压强度不相同的材料，且截面不对称于中性轴时，应分别进行校核，即

$$\sigma_{\mathrm{t,max}}=\frac{M_{\max}}{W_{z1}}\leqslant[\sigma_{\mathrm{t}}]$$

$$\sigma_{\mathrm{c,max}}=\frac{M_{\max}}{W_{z2}}\leqslant[\sigma_{\mathrm{c}}]$$

（2）截面设计。

将弯曲正应力强度条件（7.9）改写成

$$W_z \geqslant \frac{M_{max}}{[\sigma]}$$

即可求得 W_z 的最小值，再根据截面形状可计算出截面几何尺寸。

（3）载荷设计。

将弯曲正应力强度条件（7.9）改写成

$$M_{max} \leqslant W_z[\sigma]$$

即可求得 M_{max} 的最大值，再根据内力与外力的关系，可求得梁上的许用载荷。

3. 弯曲切应力及其强度计算

（1）最大弯曲切应力。

弯曲切应力 τ 沿截面高度按抛物线规律变化，在上、下边缘处 $\tau = 0$，在中性轴处 τ 最大。最大弯曲切应力 τ_{max} 发生在剪力最大截面上的中性轴处，常见 4 种截面的最大弯曲切应力为

矩形截面：$\tau_{max} = \dfrac{3}{2}\overline{\tau}$

圆形截面：$\tau_{max} = \dfrac{4}{3}\overline{\tau}$

工字形截面：$\tau_{max} \approx \overline{\tau}$

圆环形截面：$\tau_{max} \approx 2\overline{\tau}$

式中 $\overline{\tau}$ 为截面上的平均切应力。

（2）弯曲切应力强度条件。

应用弯曲切应力强度条件（7.22）可进行工程中三类问题的计算，称为梁的弯曲切应力强度计算。

① 强度校核。

当弯曲切应力强度条件（7.22）成立时，满足强度条件。

② 截面设计。

将弯曲切应力强度条件（7.22）改写成

$$\frac{I_z}{S_{z\max}^*} \geqslant \frac{F_{Smax}}{b[\tau]}$$

即可求得 $\dfrac{I_z}{S_{z\max}^*}$ 的最小值，再根据截面形状可计算出截面几何尺寸。

③ 载荷设计。

将弯曲切应力强度条件（7.22）改写成

$$F_{Smax} \leqslant \frac{[\tau]I_z b}{S_{z\max}^*}$$

即可求得 F_{Smax} 的最大值，再根据内力与外力的关系，可求得梁上的许用载荷。

设计梁时必须同时满足弯曲正应力强度条件和弯曲切应力强度条件，许用载荷的确定和

截面尺寸的设计，必须同时满足弯曲正应力强度条件和弯曲切应力强度条件。对细长梁，弯曲正应力强度条件是主要的，一般先按弯曲正应力强度条件进行设计，然后再校核弯曲切应力强度条件。

4. 提高梁抗弯强度的措施

根据弯曲正应力强度条件（7.9）和弯曲切应力强度条件（7.22）得出：① 采用合理截面；② 降低最大弯矩；③ 采用等强度梁，都可以降低梁内的最大弯曲应力，从而达到提高梁的抗弯强度的目的。

思考题

7.1 梁在纯弯曲时横截面上有哪些应力？内力与应力之间的关系是什么？

7.2 如何考虑几何、物理与静力学三方面之间的关系推导弯曲正应力公式？

7.3 在推导梁的弯曲正应力公式时作了哪些假设？其依据是什么？在推导公式中起什么作用？

7.4 如何说明纯弯曲时中性轴必须通过横截面的形心？

7.5 梁的弯曲正应力在横截面上如何分布？

7.6 若有受力情况、跨度、横截面均相同的一根钢梁和一根木梁，其内力图是否相同？横截面上正应力变化规律是否相同？其对应点处的正应力和纵向应变是否相同？

7.7 纯弯曲、横力弯曲，它们之间有什么区别与联系？

7.8 中性层、中性轴、形心轴，它们之间有什么区别与联系？

7.9 抗弯刚度 EI_z、惯性矩 I_z、抗弯截面系数 W_z，它们之间有什么区别与联系？

7.10 最大弯曲正应力是否一定发生在弯矩最大的横截面上？

7.11 强度条件有哪三方面的应用？

7.12 矩形截面梁弯曲时，横截面上的弯曲切应力是如何分布的？其计算公式是如何建立的？如何计算最大弯曲切应力？

7.13 在工字形截面梁的腹板上，弯曲切应力是如何分布的？如何计算其最大与最小弯曲切应力？如何计算圆形截面、薄壁圆筒截面梁的最大弯曲切应力？

7.14 在建立弯曲正应力与弯曲切应力公式时，所用分析方法有何不同？

7.15 选取梁的合理截面的原则是什么？

7.16 提高梁的抗弯强度的主要措施有哪些？

7.17 梁内弯曲正应力、弯曲切应力分别与哪些因素有关？

习题

7.1 直径为 $d=3\ \text{mm}$ 的高强度钢丝，绕在直径 $D=400\ \text{mm}$ 的轮缘上，已知材料的弹性模量 $E=200\ \text{GPa}$，求钢丝横截面上的最大弯曲正应力。

7.2 边长为 a 的正方形截面梁，按图（a）与（b）所示两种方式放置。若相应的抗弯截面系数分别为 W_a 与 W_b，试求其比值 W_a/W_b。

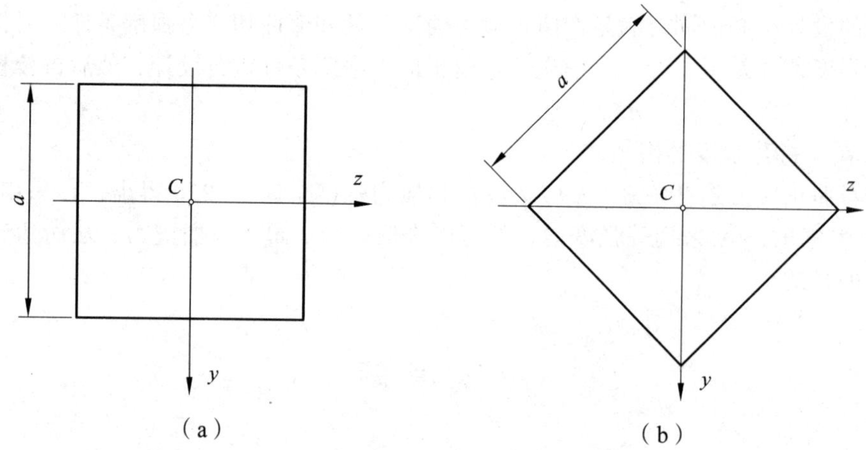

题 7.2 图

7.3　图示矩形截面悬臂梁，受集中力 $F=5\ \text{kN}$ 和均布载荷 $q=20\ \text{kN/m}$ 作用，计算 A 右截面上 a,b,c,d 四点处的正应力。

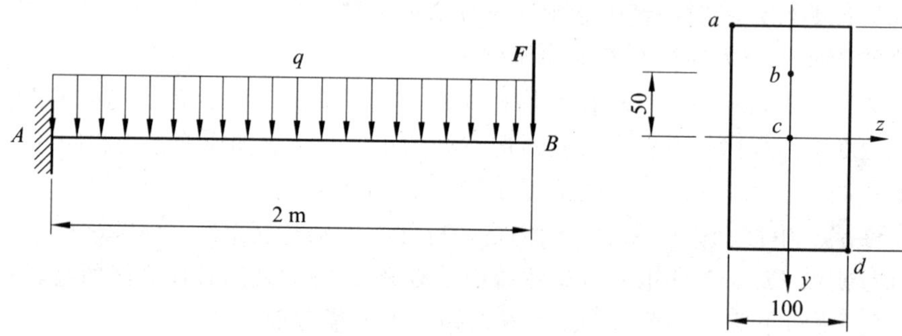

题 7.3 图

7.4　图示矩形截面简支梁，测得截面 A、B 的下侧边缘在 2 m 长度内伸长 $\Delta l_{AB}=1.3\ \text{mm}$，求均布载荷集度和最大正应力。设 $E=200\ \text{GPa}$。

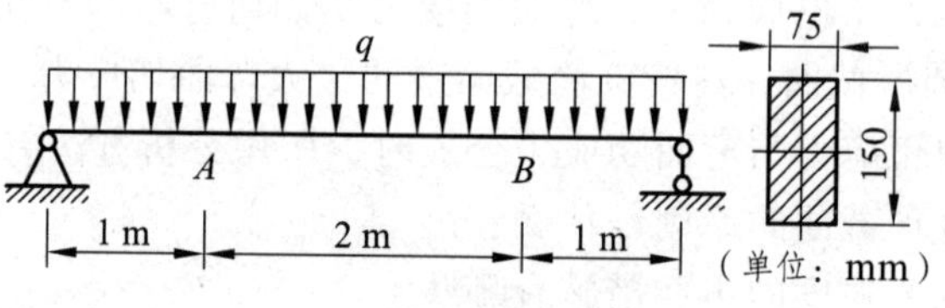

题 7.4 图

7.5　图示梁的许用应力为 $[\sigma]=8.5\ \text{MPa}$，若单独作用 30 kN 的载荷时，梁内的应力超过许用应力，为使梁内应力不超过许用值，在外伸端作用一力 F，试求力 F 的取值范围。

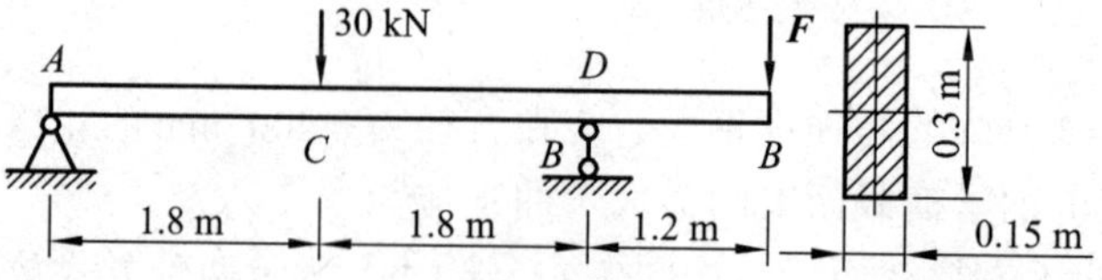

题 7.5 图

7.6　图示为一承受纯弯曲的 T 形截面铸铁梁，材料的许用拉、压应力之比为 $\dfrac{[\sigma_t]}{[\sigma_c]}=\dfrac{1}{3}$，求 T 形截面翼缘的合理宽度 b。

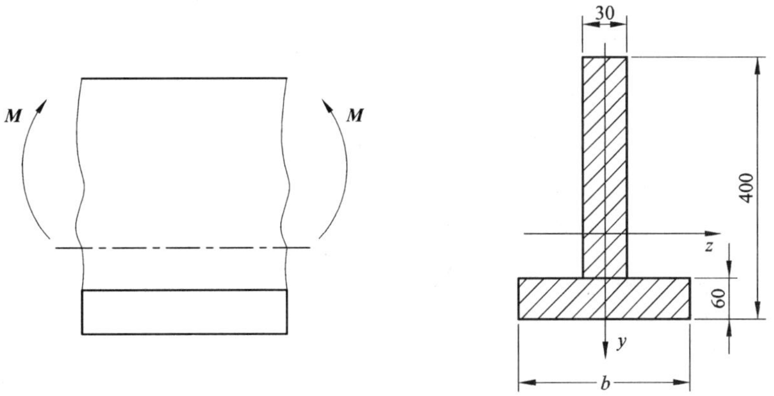

题 7.6 图

7.7　图示铸铁梁，许用拉应力 $[\sigma_t]=35\ \text{MPa}$，许用压应力 $[\sigma_c]=140\ \text{MPa}$，$l=2\ \text{m}$。移动载荷 F 可在梁上从左至右移动，试确定载荷 F 的许用值。

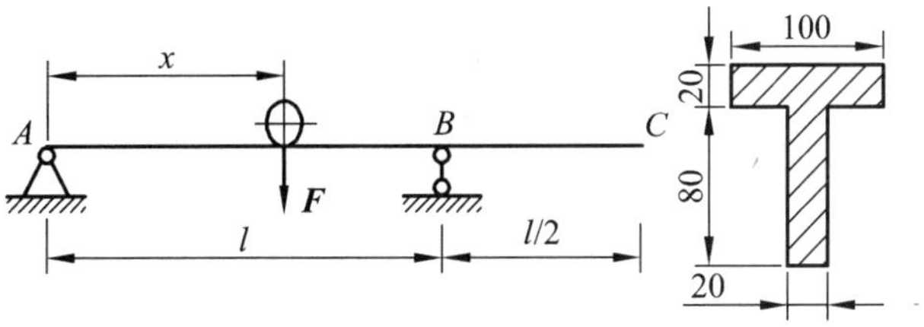

题 7.7 图

7.8　图示槽形截面悬臂梁，许用拉应力 $[\sigma_t]=35\ \text{MPa}$，许用压应力 $[\sigma_c]=120\ \text{MPa}$，试校核梁的强度。

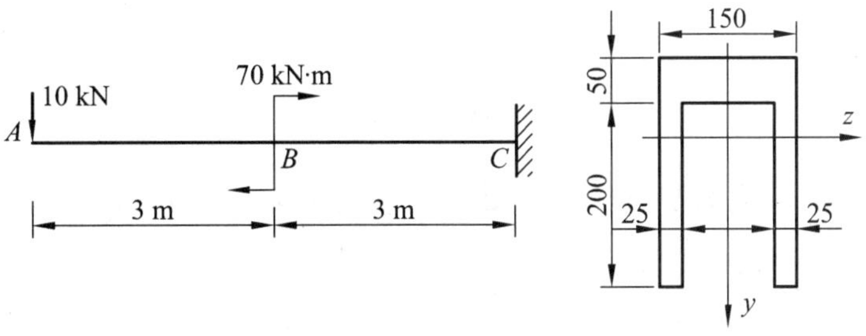

题 7.8 图

7.9　图示正方形截面简支梁，许用应力 $[\sigma]=10\ \text{MPa}$。现需要在图示位置中性轴处钻一直径为 d 的圆孔，问在保证该梁强度的条件下，圆孔直径 d 为多大？

7.10　一矩形截面简支梁由圆柱形木料锯成。已知 $F=5\ \text{kN}$，$a=1.5\ \text{m}$，$[\sigma]=10\ \text{MPa}$。试确定抗弯截面系数为最大时矩形截面的高、宽比 $h:b$，以及锯成此梁所需木料的最小直径 d。

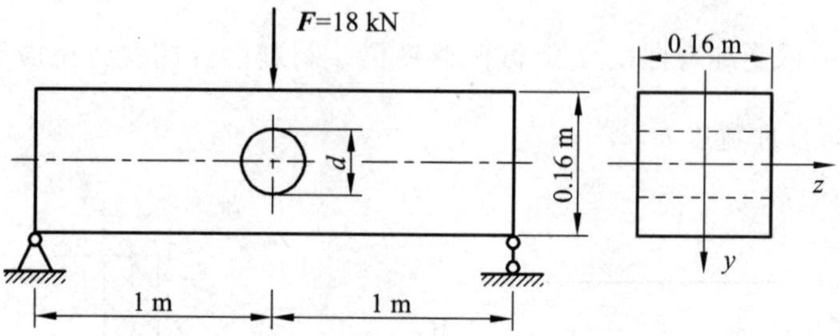

题 7.9 图

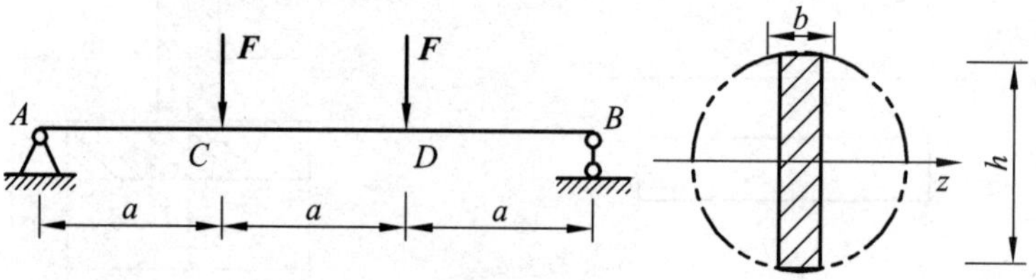

题 7.10 图

7.11　如图所示，用起重机匀速起吊长 $l = 6$ m，外径 $D = 325$ mm，内径 $d = 309$ mm，单位长度重 $q = 625$ N/m 的钢管，钢管的屈服应力 $\sigma_s = 240$ MPa，规定的安全因数 $n = 2$。求吊索的合理位置 x，并校核在吊装时钢管的强度。

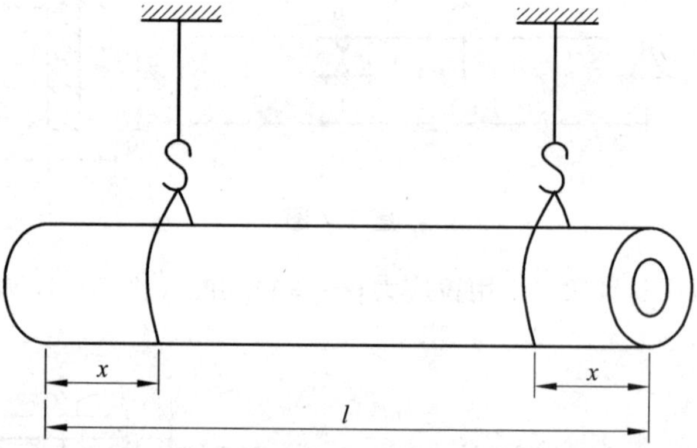

题 7.11 图

7.12　由工字钢制成的简支梁受力如图，已知材料的许用应力 $[\sigma] = 170$ MPa，$[\tau] = 100$ MPa。试选择工字钢的型号。

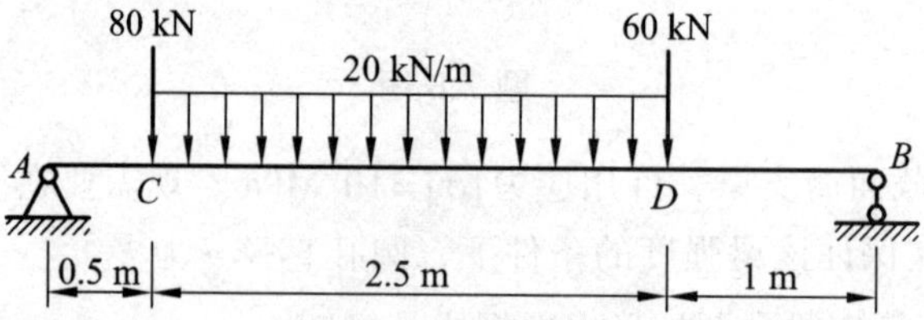

题 7.12 图

7.13　试选择施工用的钢轨枕木的截面尺寸。已知矩形截面的高宽关系 $h:b=4:3$，枕木的许用应力 $[\sigma]=15.6\ \text{MPa}$，$[\tau]=1.7\ \text{MPa}$，钢轨传给枕木的压力 $F=49\ \text{kN}$。

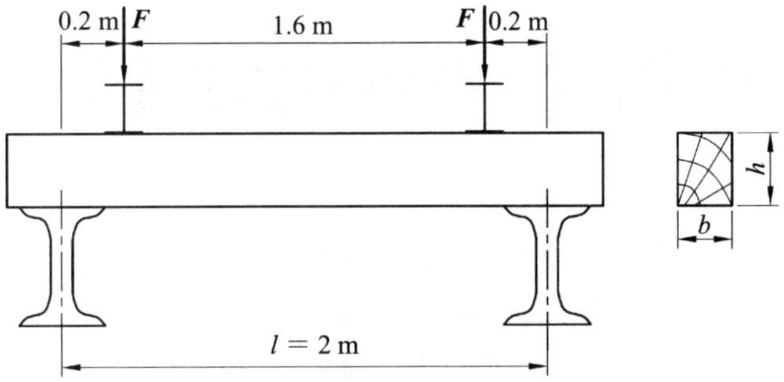

题 7.13 图

7.14　当载荷 F 直接作用在跨长 $l=6\ \text{m}$ 的简支梁 AB 的中点时，梁的最大正应力超过许用值 25%。为了消除此过载现象，配置了如图所示的辅梁 CD，求此辅梁的最小跨长 a。

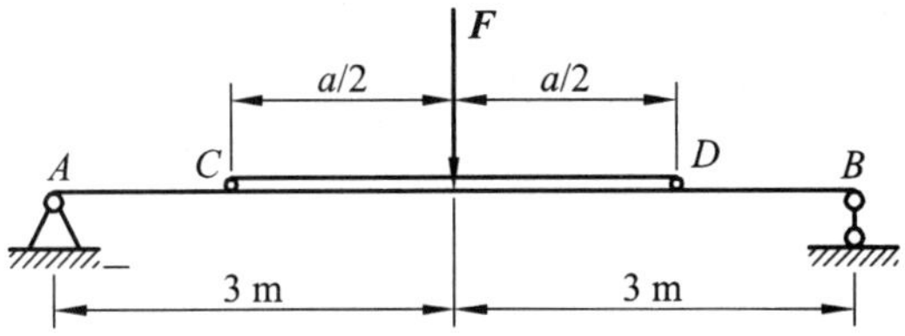

题 7.14 图

第 8 章　梁的弯曲变形

在实际工程中，对受弯构件除要求满足强度条件以外，往往还要求其弯曲变形不能超过一定的限度，即必须要满足刚度条件，否则，变形过大，将使构件丧失正常的工作能力，发生刚度失效。例如车床的主轴，若其变形过大，将影响齿轮的啮合和轴承的配合，造成磨损不匀、产生噪声、降低使用寿命、影响加工精度等。

前面两章主要研究了梁在弯曲时的内力和应力，本章主要研究梁的变形；其目的有两个：（1）对梁进行刚度校核；（2）求解静不定梁；同时也是研究压杆稳定的基础。

8.1　梁的挠度和转角

8.1.1　梁的挠曲线

梁各横截面形心的连线称为梁的轴线，在外力作用下，梁的轴线变成曲线，弯曲变形后的梁轴线称为梁的挠曲轴，它是一条连续、光滑的曲线，亦称挠曲线。如果作用在梁上的外力均位于梁的同一纵向对称平面内，且垂直于梁的轴线，则挠曲线是一条平面曲线，并位于该纵向对称面内，这种变形称为平面弯曲。

8.1.2　挠度与转角

如图 8.1 所示，在外力作用下，梁变形后各横截面的位置将发生改变，梁的横截面将产生线位移和角位移，故工程上常用这两个量来反映梁的弯曲变形。

（1）挠度。横截面的形心在垂直于梁轴方向的线位移称为挠度，通常用 w 表示。不同横截面的挠度不同，因此挠度 w 是截面位置 x 的函数，即

$$w = w(x) \tag{8.1a}$$

式（8.1a）称为梁的挠曲线方程，简称挠曲线方程。

挠度的单位常用是 m（米）或 mm（毫米）。

假设梁的轴线在弯曲变形时其长度不变，所以横截面的形心在梁的轴线方向也有线位移，实际工程中梁的变形都很小，梁弯曲后都比较平坦，因此沿轴线方向的线位移通常可以略去不计。

（2）转角。横截面绕中性轴所转过的角位移称为转角，通常用 θ 表示。不同横截面的转角不同，因此转角 θ 也是截面位置 x 的函数。

$$\theta = \theta(x)$$

转角的单位是 rad（弧度）、(°)（度）。

8.1.3 挠度和转角的关系

挠度 w 和转角 θ 都是截面位置 x 的函数，因此，任一横截面的挠度和转角之间必存在着一定的关系，根据导数的几何意义得

$$\tan\theta = \frac{\mathrm{d}w}{\mathrm{d}x}$$

由于梁的弯曲变形很小，梁的挠曲线又是一条连续、光滑、平坦的曲线，转角 θ 会更小，根据泰勒级数展开可得 $\tan\theta \approx \theta$，从而

$$\theta \approx \tan\theta = \frac{\mathrm{d}w}{\mathrm{d}x} \tag{8.1b}$$

式（8.1b）反映了挠度 w 和转角 θ 之间的关系，它表明梁横截面所转过的角度 θ 约等于同一截面上挠度 w 对 x 的一阶导数，由此可见，计算梁的变形（ w 和 θ ），关键在于找到梁的挠曲线方程，将它对 x 求一阶导数，便可得到转角方程。若将某个横截面位置的 x 坐标代入上面的两个方程，便可求得该截面的挠度和转角。

根据一阶导数的几何意义可得，转角的大小在数值上等于梁的挠曲线在该点变形前后的切线所转过的角度。

8.1.4 挠度与转角的正负号规定

建立如图 8.1 所示的坐标系，坐标系的原点一般选择在梁的左端。并规定以变形前的梁轴线为 x 轴，向右为正；以梁左端横截面的纵向对称轴为 w 轴，向上为正。

挠度 w 的正负号规定：向上的挠度为正，向下的挠度为负。

转角 θ 的正负号规定：逆时针转向的转角为正，顺时针转向的转角为负。

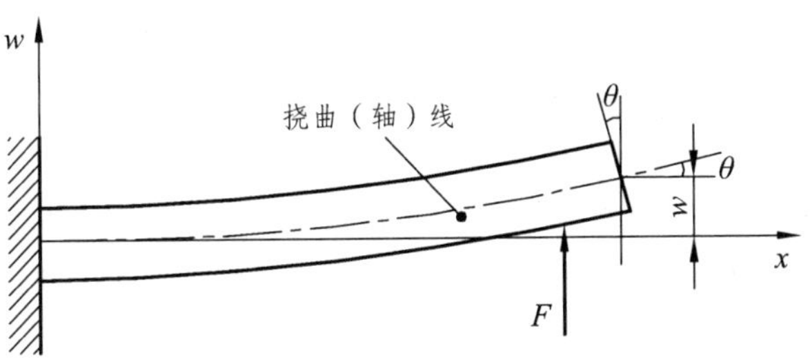

图 8.1 挠度、转角的定义

8.2 梁的挠曲线近似微分方程

在上一章推导梁的弯曲正应力公式时，得到了在纯弯曲情况下梁轴线曲率的表达式，即

$$\frac{1}{\rho}=\frac{M}{EI_z} \tag{a}$$

纯弯曲时，上式中的弯矩 M 为一常数，若 EI_z 不变，则曲率半径 ρ 也为常数，即挠曲线是半径为 ρ 的圆弧线。

横力弯曲时，由于剪力对弯曲变形的影响很小，通常忽略不计，因此上式也可用于横力弯曲时的情形，此时，弯矩 M 和曲率半径 ρ 都不再是常量，而是截面位置 x 的函数，根据数学知识可知，平面曲线 $w=w(x)$ 上任意一点的曲率 $\dfrac{1}{\rho}$ 可表示为

$$\frac{1}{\rho}=\pm\frac{\dfrac{\mathrm{d}^2w}{\mathrm{d}x^2}}{\left[1+\left(\dfrac{\mathrm{d}w}{\mathrm{d}x}\right)^2\right]^{3/2}}$$

梁变形后的挠曲线是一条连续、光滑、平坦的曲线，因此 $\dfrac{\mathrm{d}w}{\mathrm{d}x}=\tan\theta\approx\theta$ 的数值很小，在等号右边的分母中，$\left(\dfrac{\mathrm{d}w}{\mathrm{d}x}\right)^2$ 与 1 相比甚小，可以略去不计，于是上式变成

$$\frac{1}{\rho}=\pm\frac{\mathrm{d}^2w}{\mathrm{d}x^2} \tag{b}$$

将式（a）带入式（b）得

$$\frac{M}{EI_z}=\pm\frac{\mathrm{d}^2w}{\mathrm{d}x^2} \tag{c}$$

现在讨论式（c）右边的正负号，它与坐标系的选择和弯矩正负号的规定有关，如果弯矩的正负号仍按以前的规定，并选用 w 轴向上为正的坐标系，那么，当弯矩 $M>0$ 时，挠曲线向上弯曲，如图 8.2（a）所示，此时 $\dfrac{\mathrm{d}^2w}{\mathrm{d}x^2}>0$。反之，当弯矩 $M<0$ 时，挠曲线向下弯曲，如图 8.2（b）所示，此时 $\dfrac{\mathrm{d}^2w}{\mathrm{d}x^2}<0$。由此可见，弯矩 M 与二阶导数 $\dfrac{\mathrm{d}^2w}{\mathrm{d}x^2}$ 的符号相同，因此式（c）右端应保留正号，从而可得

$$\frac{\mathrm{d}^2w}{\mathrm{d}x^2}=\frac{M}{EI_z} \tag{8.2}$$

式（8.2）就是梁的挠曲线微分方程，由于在计算中，进行了一些近似计算，故又称为挠曲线近似微分方程。求解这一微分方程，即可得到梁的挠曲线方程，从而可求得梁任意横截面的挠度和转角。

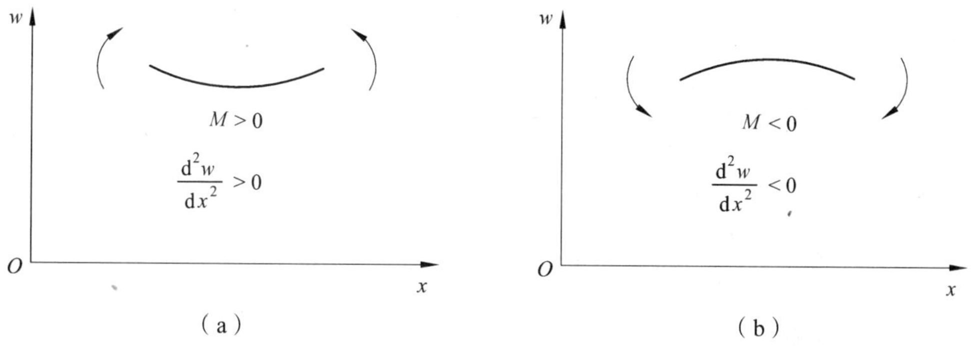

图 8.2　弯矩与挠曲线二阶导数之间的符号关系

8.3　用积分法求梁的弯曲变形

利用公式（8.2）求梁的弯曲变形时，由于弯矩 M 仅是截面位置 x 的函数，故用积分法便可求解，对于等直梁 EI_z 为常量，通常将其用 EI 来表示，将公式（8.2）积分一次，可得转角方程

$$\theta(x)=\frac{\mathrm{d}w}{\mathrm{d}x}=\int\frac{M}{EI}\mathrm{d}x+C \tag{8.3}$$

再积分一次，可得挠曲线方程

$$w(x)=\int\int\frac{M}{EI}\mathrm{d}x\mathrm{d}x+Cx+D \tag{8.4}$$

式中，C 和 D 称为积分常数，其值可由梁横截面的已知位移条件求得。

令 $x=0$，代入式（8.3）得 $C=\theta(0)$，令 $x=0$，代入式（8.4）得 $D=w(0)$，因此，积分常数 C、D 的物理意义为：$x=0$ 截面处的转角和挠度。

以上通过两次积分求出挠曲线方程的方法称为二次积分法，它是计算梁的变形的最基本方法。下面举例说明二次积分法的应用。

例题 8.1　如图 8.3 所示悬臂梁，自由端受集中力 F 作用，长度为 l，EI 为常量，求梁的最大转角及最大挠度。

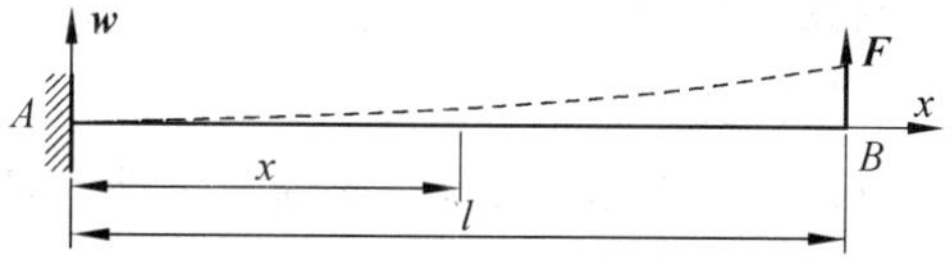

图 8.3　集中力作用下悬臂梁的弯曲变形

解：建立图示坐标系，x 轴沿梁轴，向右为正，w 轴向上为正。

（1）列出弯矩方程。

$$M(x)=F(l-x)$$

（2）列出挠曲线近似微分方程并积分。

为方便计算，对于等截面梁，通常将式（8.2）写成 $EI\frac{\mathrm{d}^2w}{\mathrm{d}x^2}=M(x)$，则有

$$EI\frac{\mathrm{d}^2w}{\mathrm{d}x^2}=M(x)=F(l-x)=Fl-Fx$$

积分一次得

$$EI\frac{dw}{dx}=EI\theta=Flx-\frac{F}{2}x^2+C \tag{a}$$

再积分一次得

$$EIw=\frac{Fl}{2}x^2-\frac{F}{6}x^3+Cx+D \tag{b}$$

（3）确定积分常数。

悬臂梁在固定端支座 A 处转角、挠度均为零，即

$$x=0时，\ \theta=\frac{dw}{dx}=0$$

$$x=0时，\ w=0$$

将其分别代入式（a）及式（b）两式，可求得积分常数

$$C=0，\ D=0$$

再一次说明了，积分常数 C 、D 的物理意义分别为 $x=0$ 截面处的转角和挠度。

（4）转角方程和挠曲线方程。

将积分常数 C 、D 代入式（a）和式（b），得转角方程和挠曲线方程为

$$\theta(x)=\frac{Fx}{2EI}(2l-x) \tag{c}$$

$$w(x)=\frac{Fx^2}{6EI}(3l-x) \tag{d}$$

（5）求最大转角与最大挠度。

在自由端处转角与挠度取得极大值，将 $x=l$ 分别代入式（c）、（d）得

$$\theta_{max}=\theta(l)=\frac{Fl^2}{2EI}\ (\circlearrowleft),\quad w_{max}=w(l)=\frac{Fl^3}{3EI}\ (\uparrow)$$

例题 8.2 如图 8.4 所示简支梁，受均布载荷 q 作用，长度为 l，EI 为常数，求梁的最大转角和最大挠度。

解：建立图示坐标系，x 轴沿梁轴，向右为正，w 轴向上为正。

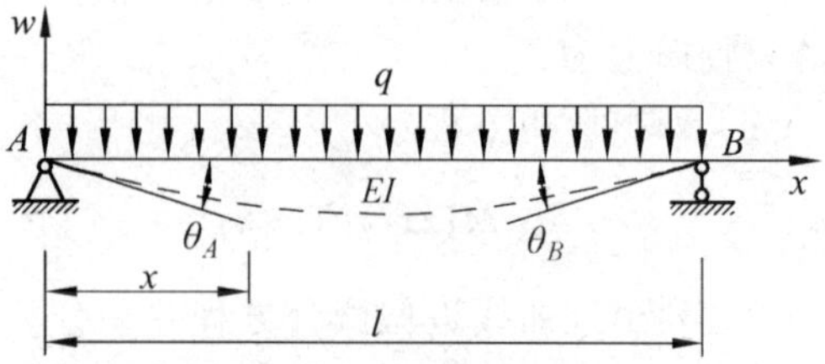

图 8.4 均布载荷作用下简支梁的弯曲变形

（1）求约束力，写出弯矩方程。

$$M(x)=\frac{1}{2}qlx-\frac{1}{2}qx^2$$

（2）列出挠曲线近似微分方程并积分。

$$\frac{d^2w}{dx^2}=\frac{M(x)}{EI}=\frac{1}{EI}\left(\frac{1}{2}qlx-\frac{1}{2}qx^2\right)$$

积分一次得

$$\frac{dw}{dx}=\theta(x)=\frac{ql}{4EI}x^2-\frac{q}{6EI}x^3+C \tag{a}$$

再积分一次得

$$w(x)=\frac{ql}{12EI}x^3-\frac{q}{24EI}x^4+Cx+D \tag{b}$$

（3）确定积分常数。

简支梁在图示坐标系下，支座 A 、 B 处的挠度均为零，即

$x=0$ 时， $w=0$

$x=l$ 时， $w=0$

将其分别代入式（a）及式（b）两式，可求得积分常数为

$$C=-\frac{ql^3}{24EI}, \quad D=0$$

（4）转角方程和挠曲线方程。

将积分常数 C 、 D 代入式（a）和式（b），得到梁的转角方程和挠曲线方程为

$$\theta(x)=\frac{1}{EI}\left(\frac{1}{4}qlx^2-\frac{1}{6}qx^3-\frac{1}{24}ql^3\right) \tag{c}$$

$$w(x)=\frac{1}{EI}\left(\frac{1}{12}qlx^3-\frac{1}{24}qx^4-\frac{1}{24}ql^3x\right) \tag{d}$$

（5）求最大转角与最大挠度。

支座 A 处的转角取得极值，将 $x=0$ 代入式（c）得

$$\theta_A=\theta(0)=-\frac{ql^3}{24EI}$$ （↻）（为负，顺时针方向转动，下同）

支座 B 处的转角取得极值，将 $x=l$ 代入式（c）得

$$\theta_B=\theta(l)=\frac{ql^3}{24EI}$$ （↺）（为正，逆时针方向转动，下同）

根据对称性，跨中挠度最大，因此将 $x=\frac{l}{2}$ 代入式（d）得

$$w_{\max}=w\left(\frac{1}{2}l\right)=-\frac{5ql^4}{384EI}$$ （↓）

如果利用一阶导数求最大挠度，则计算要麻烦一些，令 $\frac{dw(x)}{dx}=0$ ，即

$$\theta(x)=\frac{1}{EI}\left(\frac{1}{4}qlx^2-\frac{1}{6}qx^3-\frac{1}{24}ql^3\right)=0$$

解上述关于 x 的一元三次方程得到

$$x=\frac{1}{2}l\text{（保留）},\quad x=\frac{1+\sqrt{3}}{2}l\text{（舍去）},\quad x=\frac{1-\sqrt{3}}{2}l\text{（舍去）}$$

将 $x=\frac{l}{2}$ 代入式（d）同样可得

$$w_{\max}=w\left(\frac{1}{2}l\right)=-\frac{5ql^4}{384EI}\quad(\downarrow)$$

例题 8.3 如图 8.5 所示简支梁，EI 为常量，受力偶矩 M_e 作用，试求最大转角和挠度。

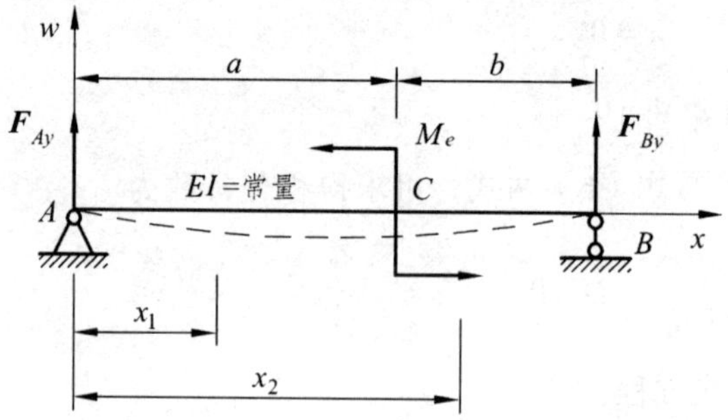

图 8.5 受集中力作用简支梁的弯曲变形

解： 建立图示坐标系，x 轴沿梁轴，向右为正，w 轴向上为正。

（1）求约束力，列出弯矩方程。

$$F_{Ay}=\frac{M_e}{a+b},\qquad F_{By}=-\frac{M_e}{a+b}$$

由于 AC 段和 CB 段的弯矩不同，故应分段列出弯矩方程：

AC 段 $$M(x_1)=\frac{M_e}{a+b}x_1\quad(0\leqslant x_1\leqslant a)$$

CB 段 $$M(x_2)=\frac{M_e}{a+b}x_2-M_e\quad(a\leqslant x_2\leqslant a+b)$$

（2）分段列出挠曲线近似微分方程并积分。

由于弯矩方程用分段函数表示，因此挠曲线近似微分方程也应分段列出，并逐次积分。

AC 段 $(0\leqslant x_1\leqslant a)$

$$EI\frac{d^2w_1}{dx_1^2}=M(x_1)=\frac{M_e}{a+b}x_1$$

$$EI\frac{dw_1}{dx_1}=EI\theta_1=\frac{M_e}{2(a+b)}x_1^2+C_1\tag{a}$$

$$EIw_1=\frac{M_e}{6(a+b)}x_1^3+C_1x_1+D_1\tag{b}$$

CB 段 $(a\leqslant x_2\leqslant a+b)$

$$EI\frac{\mathrm{d}^2 w_2}{\mathrm{d}x_2^2}=M(x_2)=\frac{M_\mathrm{e}}{a+b}x_2-M_\mathrm{e}$$

$$EI\frac{\mathrm{d}w_2}{\mathrm{d}x_2}=EI\theta_2=\frac{M_\mathrm{e}}{2(a+b)}x_2^2-M_\mathrm{e}x_2+C_2 \tag{c}$$

$$EIw_2=\frac{M_\mathrm{e}}{6(a+b)}x_2^3-\frac{M_\mathrm{e}}{2}x_2^2+C_2x_2+D_2 \tag{d}$$

（3）确定积分常数。

简支梁在支座 A 、B 处的挠度为零，即位移边界条件为

$$x_1=0,\quad w_1=0 \tag{e}$$

$$x_2=a+b,\quad w_2=0 \tag{f}$$

由于挠曲线是一条连续、光滑、平坦的曲线，因此，梁在公共截面 C 处应具有相同的挠度和转角，它们称为梁弯曲变形的连续条件和光滑条件。即

$$x_1=x_2=a\text{，}\quad w_1=w_2 \tag{g}$$

$$x_1=x_2=a\text{，}\quad \theta_1=\theta_2\text{（或}\frac{\mathrm{d}w_1}{\mathrm{d}x_1}=\frac{\mathrm{d}w_2}{\mathrm{d}x_2}\text{）} \tag{h}$$

将（e）、（f）、（g）、（h）4 个条件代入（a）、（b）、（c）、（d）4 个方程中，即可求出 4 个积分常数 C_1 、D_1 、C_2 、D_2 。

$$\begin{cases}C_1=-\dfrac{1}{6}\cdot\dfrac{a^2+2ab-2b^2}{a+b}M_\mathrm{e}\\ D_1=0\end{cases}\qquad\qquad \begin{cases}C_2=\dfrac{1}{6}\cdot\dfrac{5a^2+4ab+2b^2}{a+b}M_\mathrm{e}\\ D_2=-\dfrac{1}{2}a^2M_e\end{cases}$$

（4）转角方程和挠曲线方程。

将所求得的 4 个积分常数 C_1 、D_1 、C_2 、D_2 分别代入（a）、（b）、（c）、（d）式，即得 AC 段和 CB 段的转角方程和挠曲线方程为：

AC 段 $(0\leqslant x_1\leqslant a)$

$$\theta_1(x_1)=\frac{M_\mathrm{e}}{6(a+b)EI}(3x_1^2-a^2-2ab+2b^2) \tag{i}$$

$$w_1(x_1)=\frac{M_\mathrm{e}x_1}{6(a+b)EI}(x_1^2-a^2-2ab+2b^2) \tag{j}$$

CB 段 $(a\leqslant x_2\leqslant a+b)$

$$\theta_2(x_2)=\frac{M_\mathrm{e}[3x_2^2-6(a+b)x_2+(5a^2+4ab+2b^2)]}{6(a+b)EI} \tag{k}$$

$$w_2(x_2)=\frac{M_e(x_2-a-b)[x_2^2-2(a+b)x_2+3a^2]}{6(a+b)EI} \tag{l}$$

（5）求最大转角和挠度。

显然，简支梁在支座 A 、B 处有最大转角，将 $x_1=0$ 、$x_2=a+b$ 分别代入（i)、(k）式得

$$\theta_A=\theta_1(0)=-\frac{M_e}{6EI(a+b)}(a^2+2ab-2b^2)$$

$$\theta_B=\theta_2(a+b)=\frac{M_e}{6EI(a+b)}(2a^2-2ab-b^2)$$

最大挠度的计算：

① 当 $a\geqslant b$ 时，最大挠度在 AC 段，令 $\theta_1=\frac{\mathrm{d}w_1}{\mathrm{d}x_1}=0$ ，即

$$\theta_1(x_1)=\frac{M_e}{6(a+b)EI}(3x_1^2-a^2-2ab+2b^2)=0$$

求得，$x=\pm\frac{1}{3}\sqrt{3a^2+6ab-6b^2}$（舍去负根），此时挠度最大。

$$w_{\max}=w_1\left(+\frac{1}{3}\sqrt{3a^2+6ab-6b^2}\right)$$

$$=-\frac{M_e(a^2+2ab-2b^2)\sqrt{3a^2+6ab-6b^2}}{27EI(a+b)}$$

② 当 $a\leqslant b$ 时，最大挠度在 CB 段，令 $\theta_2=\frac{\mathrm{d}w_2}{\mathrm{d}x_2}=0$ ，即

$$\theta_2(x_2)=\frac{M_e[3x_2^2-6(a+b)x_2+(5a^2+4ab+2b^2)]}{6(a+b)EI}=0$$

求得，$x=a+b\pm\frac{1}{3}\sqrt{3b^2+6ab-6a^2}$（取第二个根），此时挠度最大。

$$w_{\max}=w_2\left(a+b-\frac{1}{3}\sqrt{3b^2+6ab-6a^2}\right)$$

$$=-\frac{M_e(2a^2-2ab-b^2)\sqrt{3b^2+6ab-6a^2}}{27EI(a+b)}$$

（6）力偶矩 M_e 作用点处的转角和挠度。

将 $x_1=a$（或 $x_2=a$）分别代入式（i)、(j)［或（k)、(l)］得

$$\theta_C=\theta_1(a)=\frac{M_e(a^2-ab+b^2)}{3(a+b)EI}$$

$$w_C=w_1(a)=-\frac{M_e ab(a-b)}{3(a+b)EI}$$

因此，利用二次积分法求挠曲线方程时的基本步骤为：

（1）求约束力，分段列出弯矩方程。

（2）分段列出挠曲线近似微分方程并积分。

（3）利用已知位移条件、连续条件、光滑条件，确定积分常数。

（4）求转角方程和挠曲线方程。

（5）求最大转角与挠度。

如果弯矩方程被分成 n 段，则应有 $2n$ 个积分常数，需要 $2n$ 个已知条件才能求解。

8.4 用叠加法求梁的弯曲变形

在实际工程中，梁上可能同时作用有多个不连续的载荷，此时若用积分法来计算梁的变形，其计算过程比较繁琐，计算工作量也很大，若利用常见简单载荷作用下梁的已知转角和挠度来计算就比较简便。

由于梁的变形很小且材料服从胡克定律，此时梁的转角和挠度都与载荷呈线性关系，故可用叠加原理来计算梁的变形。因此，当梁上同时作用多个载荷时，可先分别计算出各个载荷单独作用时梁的转角和挠度，然后再求它们的代数和，即为多个载荷共同作用下梁的转角和挠度。

悬臂梁、简支梁在力偶矩、集中力、均布载荷作用下的转角和挠度可以从表 8.1 中查到。

表 8.1 悬臂梁、简支梁在力偶矩、集中力、均布载荷作用下的最大转角与挠度

序号	梁的简图	挠曲轴方程	最大转角和挠度
1	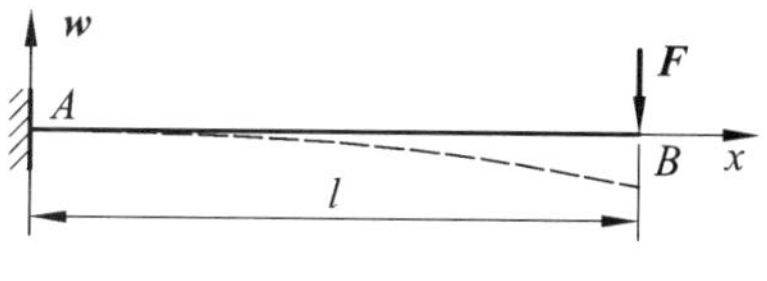	$w=\frac{Fx^2}{6EI}(x-3l)$ $(0\leqslant x\leqslant l)$	$\theta_B=-\frac{Fl^2}{2EI}$ $w_B=-\frac{Fl^3}{3EI}$
2	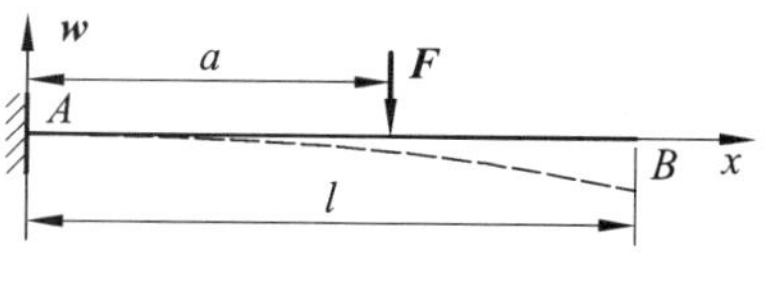	$w=\frac{Fx^2}{6EI}(x-3a)\quad(0\leqslant x\leqslant a)$ $w=\frac{Fa^2}{6EI}(a-3x)\quad(a\leqslant x\leqslant l)$	$\theta_B=-\frac{Fa^2}{2EI}$ $w_B=-\frac{Fa^2}{6EI}(3l-a)$
3	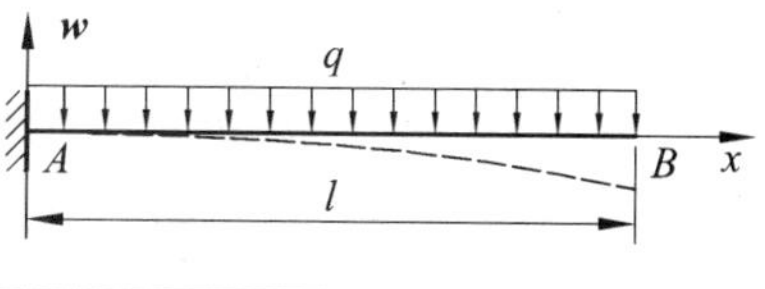	$w=\frac{qx^2}{24EI}(4lx-6l^2-x^2)$	$\theta_B=-\frac{ql^3}{6EI}$ $w_B=-\frac{ql^4}{8EI}$
4	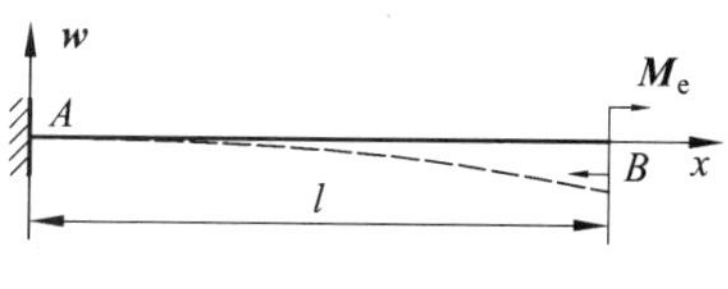	$w=-\frac{M_e x^2}{2EI}$ $(0\leqslant x\leqslant l)$	$\theta_B=-\frac{M_e l}{EI}$ $w_B=-\frac{M_e l^2}{2EI}$

续表 8.1

序号	梁的简图	挠曲轴方程	最大转角和挠度
5	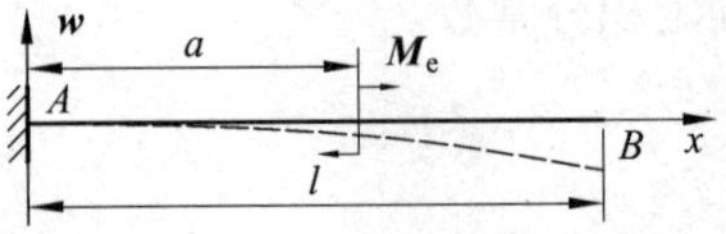	$w=-\dfrac{M_e x^2}{2EI}\quad(0\leqslant x\leqslant a)$ $w=-\dfrac{M_e a}{EI}\left(\dfrac{a}{2}-x\right)$ $(a\leqslant x\leqslant l)$	$\theta_B=-\dfrac{M_e a}{EI}$ $w_B=-\dfrac{M_e a}{EI}\left(l-\dfrac{a}{2}\right)$
6	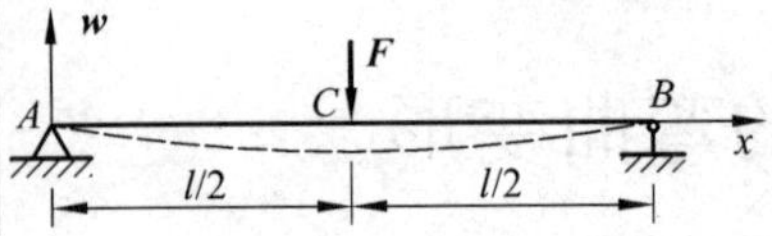	$w=\dfrac{Fx}{12EI}\left(x^2-\dfrac{3l^3}{4}\right)$ $\left(0\leqslant x\leqslant\dfrac{l}{2}\right)$	$\theta_A=-\theta_B=-\dfrac{Fl^2}{16EI}$ $w_C=-\dfrac{Fl^3}{48EI}$
7	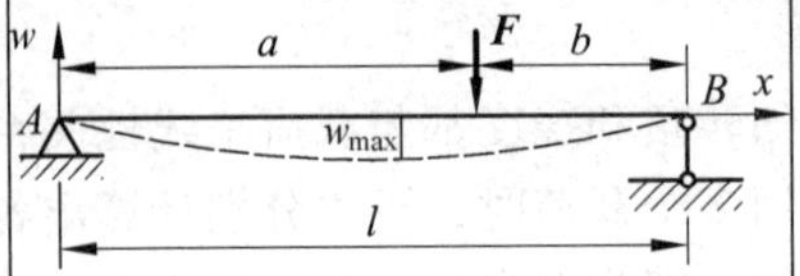	$w=\dfrac{Fbx}{6lEI}(x^2-l^2+b^2)$ $(0\leqslant x\leqslant a)$ $w=\dfrac{Fa(l-x)}{6lEI}(x^2-a^2-2lx)$ $(a\leqslant x\leqslant l)$	$\theta_A=-\dfrac{Fb(l^2-b^2)}{6lEI}$ $\theta_B=\dfrac{Fa(l^2-a^2)}{6lEI}$ $w_{\max}=-\dfrac{Fb(l^2-b^2)^{3/2}}{9\sqrt{3}lEI}$ (位于$x=\sqrt{\dfrac{l^2-b^2}{3}}$处)
8	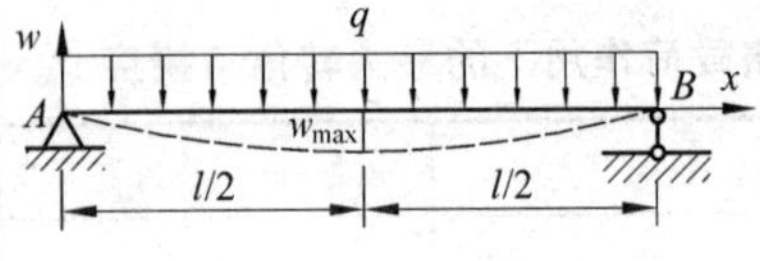	$w=\dfrac{qx}{24EI}(2lx^2-x^3-l^3)$ $(0\leqslant x\leqslant l)$	$\theta_A=-\theta_B=-\dfrac{ql^3}{24EI}$ $w_{\max}=-\dfrac{5ql^4}{384EI}$
9	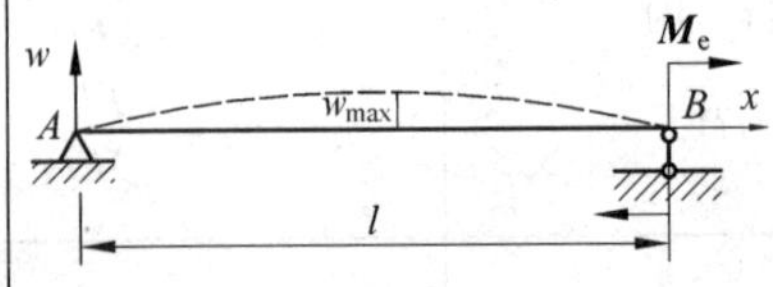	$w=\dfrac{M_e x}{6lEI}(l^2-x^3)$ $(0\leqslant x\leqslant l)$	$\theta_A=\dfrac{M_e l}{6EI},\quad\theta_B=-\dfrac{M_e l}{3EI}$ $w_{\max}=\dfrac{M_e l^2}{9\sqrt{3}EI}$ (位于$x=l/\sqrt{3}$处)
10		$w=\dfrac{M_e x}{6lEI}(l^2-3b^2-x^2)$ $(0\leqslant x\leqslant a)$ $w=\dfrac{M_e(l-x)}{6lEI}(3a^2-2lx+x^2)$ $(a\leqslant x\leqslant l)$	$\theta_A=\dfrac{M_e(l^2-3b^2)}{6lEI}$ $\theta_B=\dfrac{M_e(l^2-3a^2)}{6lEI}$ $\theta_C=\dfrac{M_e(l^2-3a^2-3b^2)}{6lEI}$ $w_{1\max}=\dfrac{M_e(l^2-3b^2)^{3/2}}{9\sqrt{3}EI}$ (位于$x=\sqrt{l^2-3b^2}/\sqrt{3}$处) $w_{2\max}=-\dfrac{M_e(l^2-3a^2)^{3/2}}{9\sqrt{3}lEI}$ (位于距 B 端 $x=\sqrt{l^2-3a^2}/\sqrt{3}$处)

例题 8.4　试用叠加法求图 8.6（a）所示简支梁的跨中挠度和支座 A 处的转角。

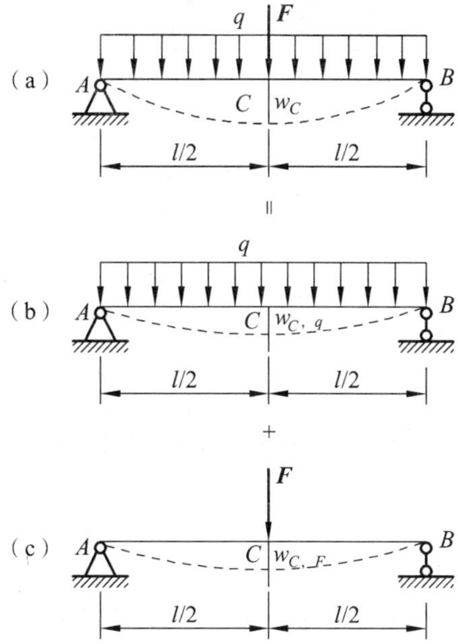

图 8.6　利用叠加法计算简支梁的弯曲变形

解： 采用载荷叠加法求简支梁的变形。

图 8.6（a）所示简支梁上的载荷相当于图 8.6（b）与图 8.6（c）两种情况的叠加。每种载荷单独作用下的跨中挠度和截面 A 的转角，由表 8.1 可查得。

均布载荷 q 单独作用时

$$w_{C,q}=\frac{5ql^4}{384EI}\ (\downarrow),\quad \theta_{A,q}=\frac{ql^3}{24EI}\ (\curvearrowright)$$

集中力 F 单独作用时

$$w_{C,F}=\frac{Fl^3}{48EI}\ (\downarrow),\quad \theta_{A,F}=\frac{Fl^2}{16EI}\ (\curvearrowright)$$

当均布载荷 q、集中力 F 共同作用时

$$w_C=w_{C,q}+w_{C,F}=\frac{5ql^4}{384EI}+\frac{Fl^3}{48EI}\ (\downarrow)$$

$$\theta_A=\theta_{A,q}+\theta_{A,F}=\frac{ql^3}{24EI}+\frac{Fl^2}{16EI}\ (\curvearrowright)$$

例题 8.5　试用叠加法求图 8.7（a）所示悬臂梁自由端截面 B 处的转角和挠度。

解： 对于图示悬臂梁，由 AC、CB 两段构成，在 AC 段有弯矩作用，要产生弯曲变形，但是 CB 段由于弯矩为零，梁本身并不产生弯曲变形，但要产生刚体位移。

先考虑 AC 段由于集中力 F 作用时，自由端 C 的挠度与转角，如图 8.7（b）所示，由表 8.1 可查得。

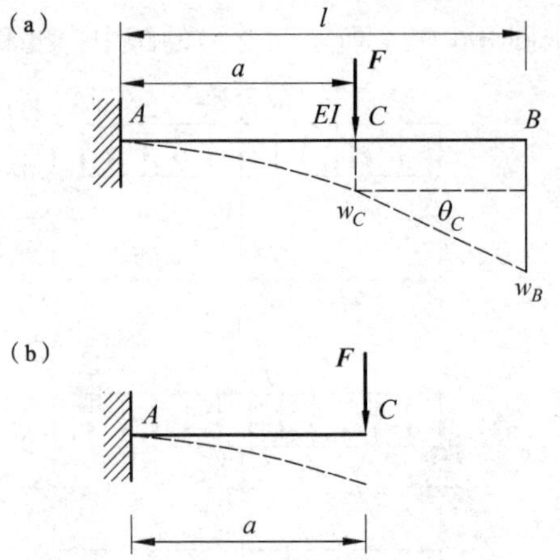

图 8.7　利用叠加法计算悬臂梁自由端的转角和挠度

$$\theta_C=\frac{Fa^2}{2EI}\ (\curvearrowright),\quad w_C=\frac{Fa^3}{3EI}\ (\downarrow)$$

截面 B 的转角等于截面 C 的转角，$\theta_B=\theta_C=\dfrac{Fa^2}{2EI}$ （$\curvearrowright$）。

在图 8.7（a）中，截面 B 的挠度由两部分构成，一部分是截面 C 竖直向下的挠度 w_C，另一部分是由于截面 C 的转角所产生的挠度，根据小变形假设，有

$$w_B=w_C+\theta_C\times\overline{CB}=\frac{Fa^3}{3EI}+\frac{Fa^2}{2EI}(l-a)=\frac{Fa^2(3l-a)}{6EI}\ (\downarrow)$$

8.5　梁的刚度条件及其应用

计算梁变形的目的之一，是对梁进行刚度校核。在建筑工程中多数情况下只校核挠度，在机械工程中对转角和挠度都要进行校核；校核挠度时，一般是以许用挠度作为标准，梁在外载荷作用下产生的最大挠度 w_{max} 不能超过梁的许用挠度 $[w]$；校核转角时，一般是以许用转角为标准，梁在外载荷作用下产生的最大转角 θ_{max} 不能超过梁的许用转角 $[\theta]$。因此，梁的刚度条件为

$$w_{max}\leqslant[w]$$
$$\theta_{max}\leqslant[\theta]$$

各类梁的许用挠度值 $[w]$ 和许用转角值 $[\theta]$，可以从有关手册中查到。

梁在承受外载荷作用时应同时满足强度条件和刚度条件，所以，梁的设计主要是由强度条件和刚度条件确定的，一般是先按强度条件选择截面尺寸，然后根据需要再进行刚度校核，若变形超过了许用值，应按刚度条件重新选择梁的截面尺寸。

例题 8.6　试选择图 8.8 所示工字钢悬臂梁的型号。已知 $F=10$ kN，$l=4$ m，$[\sigma]=160$ MPa，$E=200$ GPa，$[w]\leqslant\dfrac{1}{400}l$。

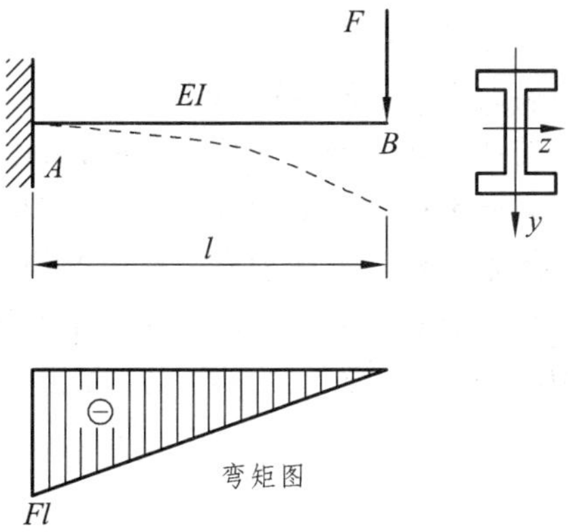

图 8.8 工字钢悬臂梁的刚度、强度计算

解：（1）按弯曲正应力强度条件选择工字钢截面型号。

作弯矩图得最大弯矩：$|M|_{\max} = Fl = 10\times 4\ \text{kN}\cdot\text{m} = 40\ \text{kN}\cdot\text{m}$

根据弯曲正应力强度条件 $\dfrac{M_{\max}}{W_z} \leqslant [\sigma]$，可得所需的抗弯截面系数

$$W_z \geqslant \frac{M_{\max}}{[\sigma]} = \frac{40\times 10^3}{160\times 10^6}\ \text{m}^3 = 0.25\times 10^{-3}\ \text{m}^3 = 250\ \text{cm}^3$$

查书后型钢表，选用№.20b 号工字钢，其 $W_z = 250\ \text{cm}^3$。

（2）按刚度条件选择工字钢截面型号。

最大挠度在自由端 B 处，查表 8.1 得 $w = \dfrac{Fl^3}{3EI}$，因此由 $w = \dfrac{Fl^3}{3EI_z} \leqslant [w]$ 得

$$I_z \geqslant \frac{Fl^3}{3E[w]} = \frac{(10\times 10^3)\times(4)^3}{3\times(200\times 10^9)\times\left(\dfrac{4}{400}\right)}\ \text{m}^4 = \frac{32\ 000}{3}\ \text{cm}^4 \approx 10\ 667\ \text{cm}^4$$

查书后型钢表，选用№.32a 工字钢，其 $I_z = 11\ 075\ \text{cm}^4$，$W_z = 692\ \text{cm}^3$。

因此该悬臂梁主要是由刚度条件来决定其工字钢型号的，选用№.32a 工字钢能同时满足强度要求和刚度要求。

读者可以自行校核，当考虑工字钢的自重时，№.32a 工字钢是否还满足强度要求、刚度要求？

8.6 简单静不定梁

8.6.1 静不定梁的概念

前面所研究的简支梁、外伸梁、悬臂梁都各有 3 个约束力，根据力学知识都可以列出 3 个独立的静力平衡方程，其约束力的数目刚好等于静力平衡方程的数目，所以，仅由静力平

衡方程就能求解出全部约束力，这种梁称为静定梁。

在实际工程中，为了提高梁的强度、刚度或由于构造上的需要，往往需要给静定梁再增加支座，从而使得梁上约束力的数目多于静力平衡方程的数目，因此仅由静力平衡方程不能求解出全部约束力，这种梁称为静不定梁，如图 8.9（a）、8.10（a）所示。

静不定梁较静定梁增加的约束，称为多余约束，相应的约束力，称为多余约束力，多余约束力的数目，称为静不定次数；显然，静不定次数等于全部约束力的数目减去静力平衡方程的数目，如图 8.9（a）、8.10（a）所示梁均为 1 次静不定梁。

8.6.2 求解静不定梁

由于静不定梁的约束力的数目多于静力平衡方程的数目，与求解轴向拉（压）静不定问题相似，为了确定静不定梁的全部约束力，除应建立静力平衡方程外，还需要利用梁在多余约束处的变形协调条件以及力与变形间的物理关系建立补充方程，补充方程的数目与静不定次数相等。

如图 8.9（a）所示梁为 1 次静不定梁，如果以支座 B 处的约束力为多余约束，设想将它去掉，用多余约束力 F_{By} 来代替，这就得到受均布载荷 q 和多余约束力 F_{By} 共同作用的静定悬臂梁，如图 8.9（b）所示。去掉多余约束后，受原来的均布载荷 q 和多余约束力 F_{By} 共同作用的静定梁，称为原静不定梁的静定基。

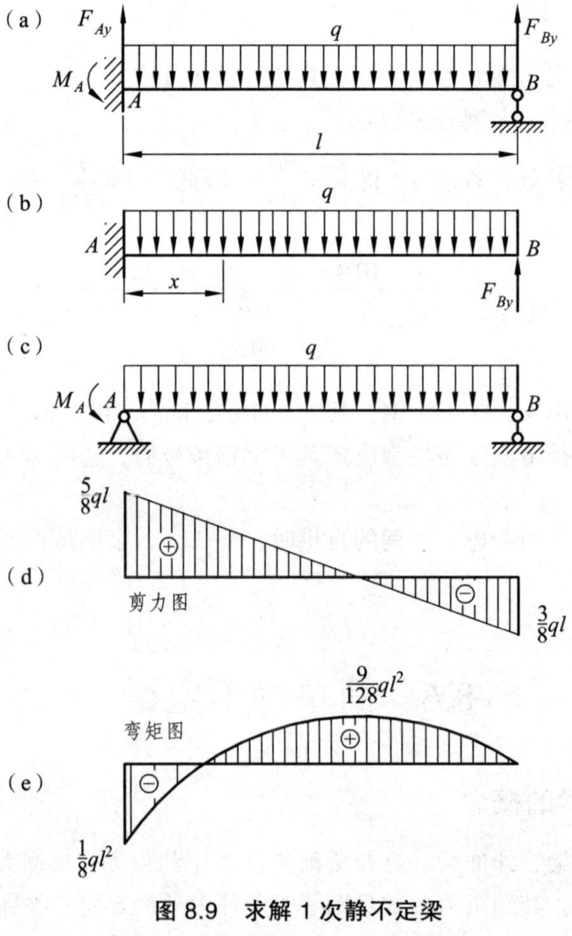

图 8.9 求解 1 次静不定梁

要使静定基与原静不定梁等效，就必须使它们两者的变形情况完全相同。由于原静不定梁在支座 B 处的挠度等于零，故静定基在 B 处的挠度也应该等于零，即变形协调条件为

$$w_B = 0$$

悬臂梁在 B 处的挠度 w_B 可以用叠加法来计算。以 $w_{B,q}$ 和 $w_{B,F_{By}}$ 分别表示均布载荷 q 和多余约束力 F_{By} 单独作用时 B 处的挠度，则有

$$w_B = w_{B,q} + w_{B,F_{By}} = 0$$

从表 8.1 中查得 $w_{B,q}$ 和 $w_{B,F_{By}}$ 分别为

$$w_{B,q} = -\frac{ql^4}{8EI}(\downarrow), \quad w_{B,F_{By}} = +\frac{F_{By}l^3}{3EI}(\uparrow)$$

因此得到补充方程为

$$w_B = -\frac{ql^4}{8EI} + \frac{F_{By}l^3}{3EI} = 0$$

从而求得多余约束力

$$F_{By} = \frac{3}{8}ql(\uparrow)$$

求出多余约束力后，根据静力平衡方程，可求出固定端处的约束力。

$$\sum F_y = 0: \quad F_{Ay} = ql - F_{By} = ql - \frac{3}{8}ql = \frac{5}{8}ql(\uparrow)$$

$$\sum M_A = 0: \quad M_A = \frac{1}{2}ql^2 - F_{By}l = \frac{1}{2}ql^2 - \frac{3}{8}ql^2 = \frac{1}{8}ql^2 \ (\circlearrowleft)$$

求出约束力后，便可作出梁的剪力图和弯矩图，如图 8.9（d）、（e）所示，进一步进行梁的应力、强度和梁的变形、刚度等计算。

8.6.3 积分法求解静不定梁

积分法不仅可以求解静定梁，而且也可以求解静不定梁，如图 8.9（a）所示的静不定梁，同样以支座 B 处的约束力 F_{By} 为多余约束力，建立图示坐标系，如图 8.9（b）所示，则有：

（1）弯矩方程。

$$M(x) = F_{By}(l-x) - \frac{q}{2}(l-x)^2 \quad (0 \leqslant x \leqslant l)$$

（2）挠曲线近似微分方程及其积分。

$$EI\frac{\mathrm{d}^2 w}{\mathrm{d}x^2} = M(x) = F_{By}(l-x) - \frac{q}{2}(l-x)^2$$

$$EI\frac{\mathrm{d}w}{\mathrm{d}x}=-\frac{1}{2}F_{By}(l-x)^2+\frac{q}{6}(l-x)^3+C \tag{a}$$

$$EIw=\frac{F_{By}}{6}(l-x)^3-\frac{q}{24}(l-x)^4+Cx+D \tag{b}$$

（3）积分常数及多余约束力 F_{By} 的求解。

梁在固定端 A 处的挠度为零、转角为零，在铰支座 B 处的挠度为零，即 $w_A=0$，$\frac{\mathrm{d}w_A}{\mathrm{d}x}=0$，$w_B=0$，由此得到

$$\begin{cases}x=0,\ w=0\\ x=0,\ \dfrac{\mathrm{d}w}{\mathrm{d}x}=0\\ x=l,\ w=0\end{cases} \tag{c}$$

将式（c）代入式（a）、（b）可得

$$C=-\frac{1}{6}ql^3,\quad D=\frac{1}{24}ql^4,\quad F_{By}=\frac{3}{8}ql$$

求出积分常数后，就可以求出相应的挠曲线方程、转角方程、弯矩方程、剪力方程及其约束力，作出相应的图线。

有时用积分法求解静不定梁更方便一些。

8.6.4 变形比较法

同一个静不定梁，可以选取不同形式的静定梁为静定基，由于选取的静定基不同，多余约束也会不同，相应的变形协调条件（或称为补充方程）也会随之发生变化，但解出的全部约束力则是相同的。例如图 8.9（a）所示的静不定梁，也可选取如图 8.9（c）所示的简支梁为静定基，此时是以固定端限制 A 截面的转动为多余约束，相应的多余约束力为固定端的约束力偶矩 M_A，因为该静不定梁 A 端为固定端，故相应的变形协调条件为

$$\theta_A=\theta_{A,q}+\theta_{A,M_A}=0$$

查表 8.1 可得

$$-\frac{ql^3}{24EI}+\frac{M_Al}{3EI}=0$$

所以

$$M_A=\frac{ql^2}{8}\ (\circlearrowleft)$$

求得的约束力与前面解答完全相同，读者可自行演算。对于这种静定基也可以用积分法求解。

以上求解静不定梁的方法，是通过比较静定基与原静不定梁在多余约束处的变形，从而找出变形协调条件解出多余约束力，这种方法称为**变形比较法**。

求解静不定梁的关键在于确定多余约束力，其方法和步骤可概述如下：

（1）确定静不定次数。用约束力的数目减去静力平衡方程的数目便得静不定次数。

（2）选取静定基。去掉多余约束并以相应的多余约束力代替其作用。

（3）列出变形协调条件。比较静定基与原静不定梁在多余约束处的变形。

（4）找出变形协调条件并解出多余约束力。分别计算静定基中各载荷及多余约束力在多余约束处的变形，由此可解出多余约束力。

多余约束力确定后，作用在静定基上的所有载荷均为已知，此时可以按照分析静定梁的方法，继续进行有关计算，例如计算内力、应力和位移、变形等。

例题 8.7 如图 8.10（a）所示双跨梁 ABC 受均布载荷 q 作用，EI 为常量。试作此梁的剪力图和弯矩图。

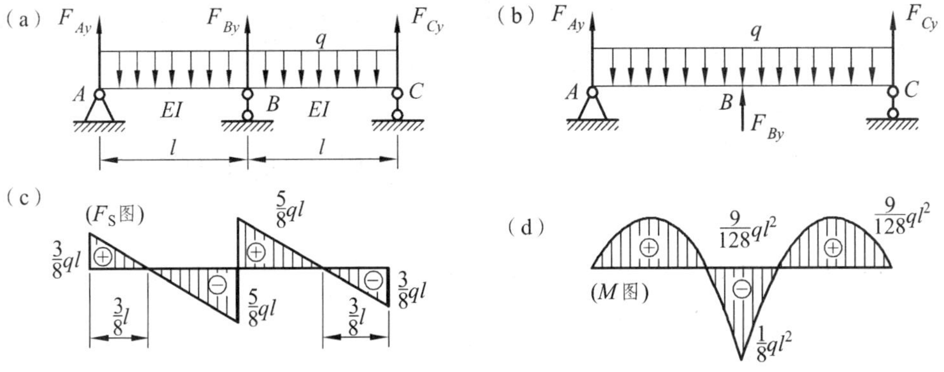

图 8.10 利用变形比较法计算静不定梁

解：（1）选取静定基。

此梁具有一个多余约束，设中间支座 B 为多余约束，多余约束力为 F_{By}，得到图 8.10（b）所示的简支梁为静定基。

（2）列出变形协调条件。

多余约束 B 处的挠度等于零，得变形协调条件为

$$w_B = 0 \tag{a}$$

B 处的挠度是由集中力 F_{By} 和均布载荷 q 的作用共同引起的，因此有

$$w_B = w_{B,q} + w_{B,F_{By}} = 0 \tag{b}$$

式中 $w_{B,q}$ 和 $w_{B,F_{By}}$ 分别表示均布载荷 q 和多余约束力 F_{By} 在 B 处引起的挠度，查表 8.1 得

$$w_{B,q} = -\frac{5(2l)^4}{384EI} = -\frac{5ql^4}{24EI} \tag{c}$$

$$w_{B,F_{By}} = +\frac{F_{By}(2l)^3}{48EI} = +\frac{F_{By}l^3}{6EI} \tag{d}$$

（3）求多余约束反力。

将式（c）、（d）代入式（b），得

$$w_B = -\frac{5ql^4}{24EI} + \frac{F_{By}l^3}{6EI} = 0$$

从而解得多余约束力为

$$F_{By} = \frac{5}{4}ql(\uparrow)$$

根据静定基的静力平衡条件，可求得其余两个约束力为

$$F_{Ay} = F_{Cy} = \frac{3}{8}ql(\uparrow)$$

支座处的约束力求出后，便可作出梁的剪力图和弯矩图，如图 8.10（c）、8.10（d）所示。

如果利用对称性，取一半结构来进行分析，因支座 B 处的转角为零，便可得到如图 8.9（a）所示的结构，从而简化计算。

8.7 提高梁的抗弯刚度的主要措施

根据上一章的式（7.6）得出弯矩 M、抗弯刚度 EI_z、中性层的曲率半径 ρ 之间有以下关系

$$\frac{1}{\rho} = \frac{M}{EI_z}$$

提高梁的抗弯刚度的目的，就是减小梁的最大弯曲变形，使中性层的曲率半径 ρ 增大，因此从上式可以看出，应增大 E、I_z，或者使梁内弯矩 M 减小，具体可采用下列措施提高梁的抗弯刚度，减小其最大弯曲变形。

8.7.1 选择合理的截面

梁的弯曲变形与截面的惯性矩 I_z 成反比，而截面形状是影响惯性矩 I_z 的主要因素，在截面面积一定的情况下，采用合理的截面形状，可增大截面惯性矩 I_z 的数值，减小梁的弯曲变形。例如常用的工字形、槽形、T 字形截面，都比面积相等的矩形截面、圆形截面有更大的惯性矩、更合理，不仅提高了梁的抗弯刚度，同时还提高了梁的抗弯强度。

8.7.2 采用高强度材料

梁的弯曲变形与所用材料的弹性模量 E 成反比，因此为了提高梁的抗弯刚度，如果可能的话，应选择弹性模量 E 较大的材料，但相应的价格较高，因此，为了提高梁的抗弯刚度而采用高强度材料是不经济的。

8.7.3 合理安排载荷的作用方式

弯矩是引起梁弯曲变形的主要因素，改变载荷的作用位置与方式，可以减小梁内最大弯矩，同时也减小梁的弯曲变形，提高了梁的抗弯刚度。例如简支梁在跨中截面处作用集中力

F 时，最大弯矩为 $\frac{Fl}{4}$，最大挠度为 $\frac{Fl^3}{48EI}$，如果将集中力分散成均布载荷，且 $F=ql$，则梁内最大弯矩为 $\frac{ql^2}{8}=\frac{Fl}{8}$，最大挠度为 $w_{2\max}=\frac{5ql^4}{384EI}$，此时的最大弯矩仅有原来的 $\frac{1}{2}$，而最大挠度仅为原来的 $\frac{5}{8}$，同时提高了梁的抗弯强度与抗弯刚度。

8.7.4 改变支座位置

改变支座的位置，可以使梁的最大变形减小，如图 8.4 所示，均布载荷作用下的简支梁，跨中挠度最大为 $\frac{5}{384}\times\frac{ql^4}{EI}$，如果能将简支梁两端的铰支座向内移动 $\frac{1}{5}l$ 使之变成如图 7.21（d）所示的外伸梁，则此时最大挠度还是在跨中，其值为 $\frac{63}{80\ 000}\times\frac{ql^4}{EI}$，仅为原来的 $\frac{189}{3\ 125}\approx 6.05\%$，不仅减小了梁内弯矩，梁的最大挠度也减小了。

8.7.5 采用静不定梁

如果对原来的静定梁增加约束，将其变为静不定梁，可以减小梁的最大变形，如图 8.4 所示，均布载荷作用下的简支梁，跨中挠度最大为 $\frac{5}{384}\times\frac{ql^4}{EI}$，如果能在跨中增加一支座，使之变成如图 8.10（a）所示的静不定梁，则此时的最大挠度为 $\frac{-39+55\sqrt{33}}{2^{20}}\times\frac{ql^4}{EI}$，仅有原来的 2.03%；或者增加约束，将简支梁一端的铰支座变成固定端，如图 8.9（a）所示，则此时的最大挠度为 $\frac{-39+55\sqrt{33}}{2^{16}}\times\frac{ql^4}{EI}$，仅有原来的 32.46%，可见，静不定梁的最大挠度比静定梁的最大挠度小了很多，同时，也减小了梁内的最大弯矩。

提高梁的弯曲刚度，应同时从合理截面、采用高强度材料、合理安排载荷的作用方式、改变支座位置、采用静不定梁等多方面综合考虑。

本章小结

1. 梁的挠曲线近似微分方程

在平面弯曲情况下，梁弯曲变形后的轴线称为挠曲线。它是一条光滑、连续、平坦的曲线，可用 $w=w(x)$ 来表示，在满足小变形假设和线弹性范围内，梁的挠曲线近似微分方程为

$$\frac{\mathrm{d}^2w}{\mathrm{d}x^2}=\frac{M(x)}{EI}$$

式中，w 为梁的横截面形心在垂直于梁轴方向的线位移，称为挠度；$\theta\approx\tan\theta=\frac{\mathrm{d}w}{\mathrm{d}x}$ 表示梁的横截面绕中性轴转过的角位移，称为转角，弯曲时梁的横截面将产生挠度和转角两种位移。梁的弯曲变形大小是用挠度 w 和转角 θ 来度量的，梁的弯曲变形和位移是两个不同的概

念，两者有区别又有联系，变形是指梁在外界因素（载荷、温度变化等）影响下，形状和尺寸的改变，位移是指梁横截面空间位置的改变。

2. 计算梁弯曲变形的方法

计算梁弯曲变形的方法很多，这章只介绍了两个方法：

（1）积分法。

积分法是根据梁挠曲线近似微分方程 $\frac{d^2w}{dx^2}=\frac{M(x)}{EI}$，直接积分两次，再确定其积分常数，从而得到梁的转角方程和挠曲线方程

$$\theta=\frac{dw}{dx}=\int\frac{M(x)}{EI}dx+C$$

$$w=\iint\frac{M(x)}{EI}dxdx+Cx+D$$

式中 C、D 为积分常数，可根据梁在支座处的已知位移边界条件和两段梁在分段点处的连续条件、光滑条件来确定，这种方法称为二次积分法，它是求梁的弯曲变形的基本方法，运用此法计算时应注意：

① 当梁上载荷不连续时，应分段列出弯矩方程和相应的挠曲线近似微分方程；

② 正确地运用位移边界条件、连续条件和光滑条件确定积分常数；

③ 为了简化计算，在积分运算中的 $(x-a)$ 项的括号最好不要打开。

（2）叠加法。

在计算较复杂载荷作用下梁的弯曲变形时，由于梁的弯曲变形很小且材料服从胡克定律，转角和挠度都与载荷成正比例关系，因此，可运用叠加原理求梁的弯曲变形，即梁上同时作用有几种载荷时，可以先分别求出每一种载荷单独作用时引起的弯曲变形，然后代数相加即为这些载荷共同作用下的弯曲变形。

应当注意，叠加时，可根据梁的弯矩图和支座情况画出每个载荷单独作用下挠曲线的大致形状，计算其相应的挠度和转角，然后叠加。使用叠加法时，先进行载荷的叠加，然后再对某一截面的位移进行叠加。

为了更好地利用叠加法进行计算，应记住悬臂梁、简支梁受力偶矩、集中力、均布载荷作用下的最大挠度和转角，如表 8.1 中的 1、3、4、6、8、9 行。

3. 静不定梁

约束力的数目比静力平衡方程的数目多的梁称为静不定梁，或简称超静定梁，静不定梁多余约束的数目称为静不定次数，求解简单静不定梁的方法，通常用变形比较法，其基本步骤为：

① 判断静不定次数；

② 选取静定基；

③ 列变形协调条件；

④ 建立补充方程并解出多余约束力；

⑤ 由静力平衡方程解出其余约束力，再进行强度和刚度计算。

应当注意，解静不定梁的主要任务是求出多余约束力，关键是列出变形协调条件并建立补充方程，所有计算均在静定基上进行。

4. 梁的刚度校核和提高抗弯刚度的措施

（1）刚度条件。

梁的最大挠度 w_{max} 和最大转角 θ_{max} 应同时满足

$$\begin{cases} w_{max} \leqslant [w] \\ \theta_{max} \leqslant [\theta] \end{cases}$$

这一条件称为刚度条件。

式中，$[w]$为梁的许用挠度；$[\theta]$为梁的许用转角。一般情况下先按梁的强度条件设计截面，再按刚度条件进行校核。

（2）提高梁的抗弯刚度的措施。

提高梁的抗弯刚度的措施通常有选择合理截面、采用高强度材料、合理安排载荷的作用方式、改变支座位置、采用静不定梁等。

思 考 题

8.1　什么是挠曲轴、挠度、转角？它们之间有什么关系？该关系成立的条件是什么？

8.2　什么是挠曲线？挠曲线近似微分方程是如何建立的？应用条件是什么？

8.3　挠曲线方程与坐标轴 x 与 w 的选取有何关系？

8.4　在建立挠曲线近似微分方程时做了哪些近似计算？

8.5　如何绘制挠曲轴的大致形状？如何判定挠曲轴的凹、凸与拐点的位置？

8.6　如何用积分法计算梁的变形？如何用梁的已知位移条件、连续条件和光滑条件确定积分常数？

8.7　如何根据挠度与转角的正负判断挠度和转角的方向？

8.8　最大挠度处所在横截面处的转角是否一定为零？

8.9　在哪些截面挠度可能取得极值？在哪些截面转角可能取得极值？

8.10　什么是求梁的变形的叠加法？成立的条件是什么？如何利用叠加法求梁的变形？

8.11　如何进行梁的刚度校核？梁的刚度有哪三方面的应用？

8.12　如何用变形比较法、积分法求解静不定梁？

8.13　提高梁的抗弯刚度的主要措施有哪些？

8.14　提高梁的抗弯刚度与提高梁的抗弯强度有哪些相同点和不同点？

习　题

8.1　图示各梁，抗弯刚度 EI 为常数，写出用积分法求梁的弯曲变形时所需的条件。

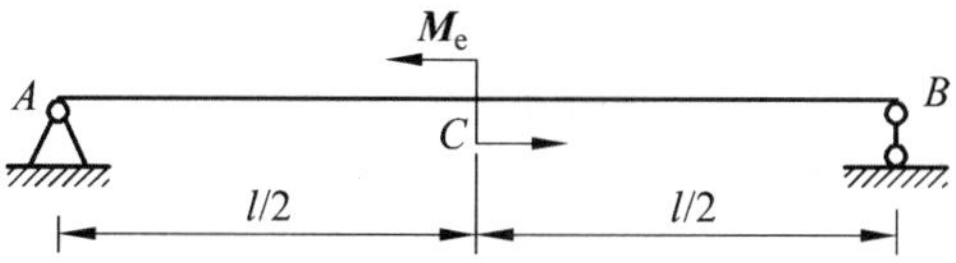

（a）

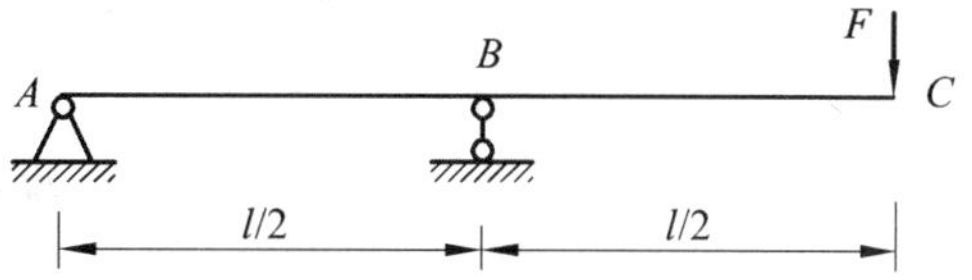

（b）

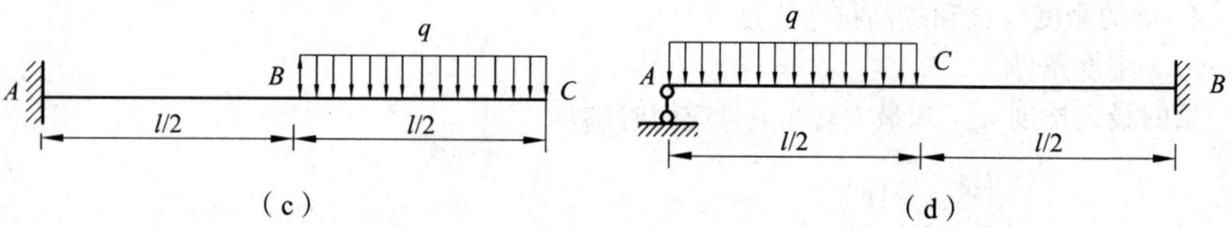

题 8.1 图

8.2 画出图示各梁挠曲线的大致形状。

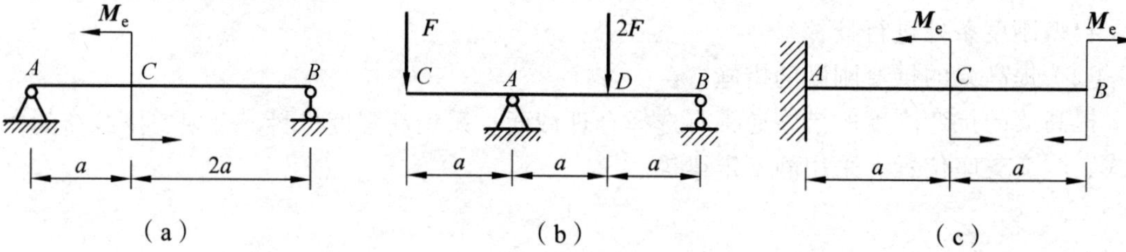

题 8.2 图

8.3 图示各梁，抗弯刚度 EI 为常数，试利用积分法求最大挠度与转角。

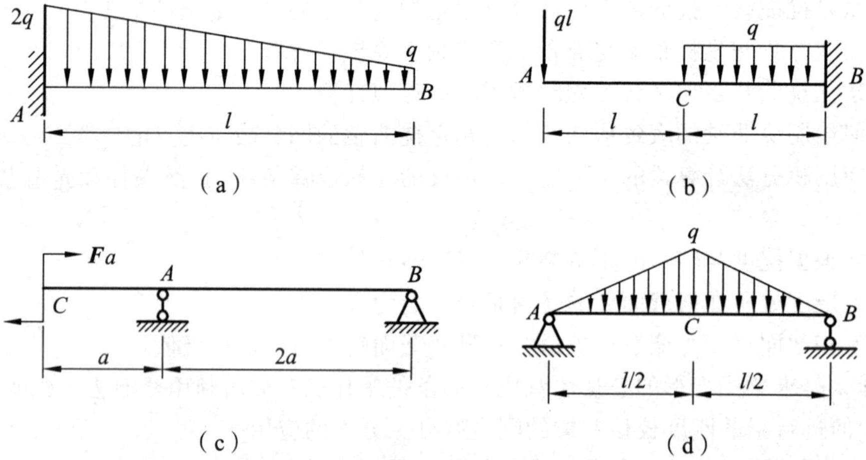

题 8.3 图

8.4 图示各梁，抗弯刚度 EI 为常数，用积分法求指定截面处的挠度与转角。

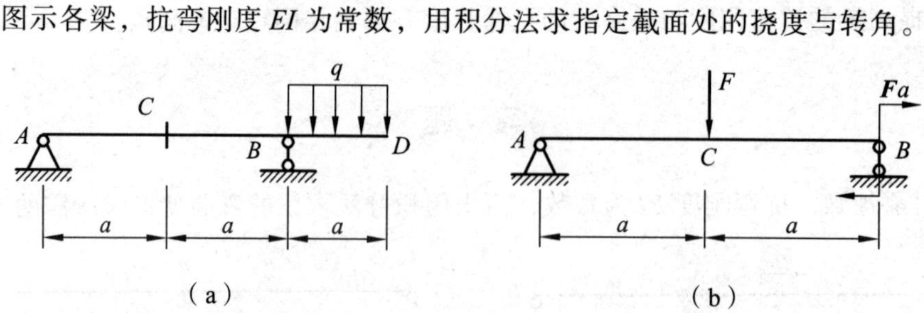

题 8.4 图

8.5 梁的抗弯刚度 EI 为常数，长度为 l，变形后该梁的挠曲线方程为

$$w(x) = -\frac{qx^2(x-l)(2x-15l)}{48EI}$$

试确定该梁上的载荷及其可能的支承情况，并画出梁的剪力图、弯矩图。

8.6　图示等截面梁，抗弯刚度 EI 为常数，设梁下有一曲面 $y=-Ax^3$（设 $A>0$），欲使梁变形后恰好与该曲面密合，且曲面不受压力，试问梁上应加什么载荷？并确定载荷的大小、方向、位置。

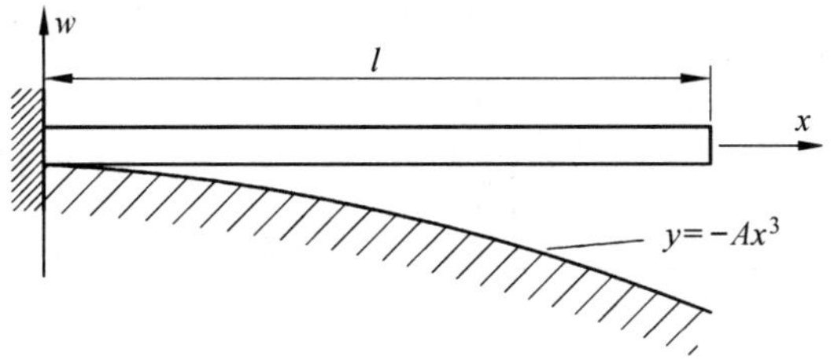

题 8.6 图

8.7　图示悬臂梁，抗弯刚度 EI 为常数，集中力 F 可沿梁轴移动，欲使载荷在移动时始终保持相同的高度，则此梁应预弯成何种形状？

8.8　重量为 W，长为 l 的等直梁，放置在水平刚性平面上，在端部施加 $\frac{1}{3}W$ 的力向上提起，此时未提起的部分保持与平面密合，试求提起部分的长度 a。

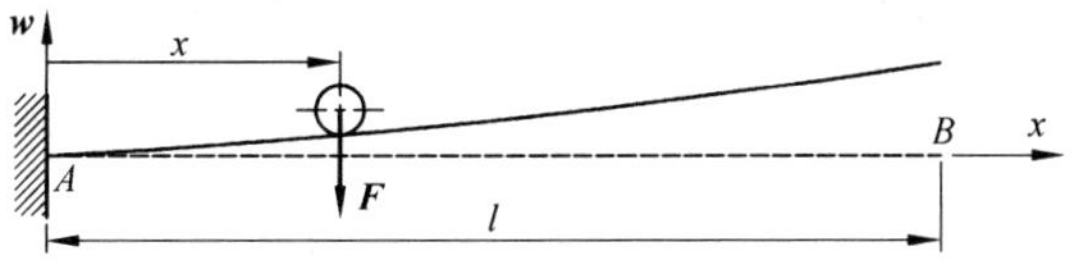

题 8.7 图

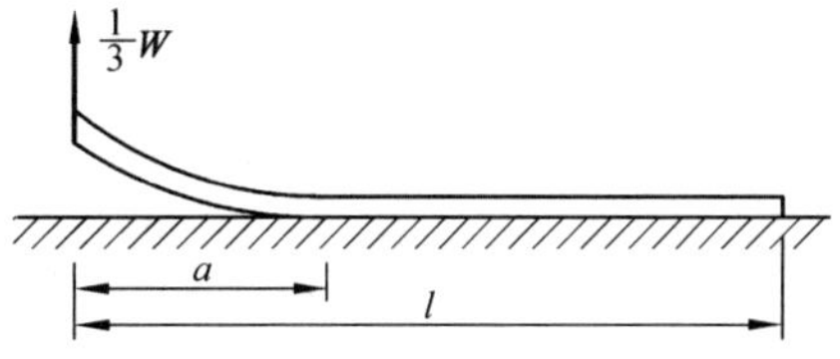

题 8.8 图

8.9　图示各梁，抗弯刚度 EI 为常数，用叠加法求截面 C 的挠度与截面 B 的转角。

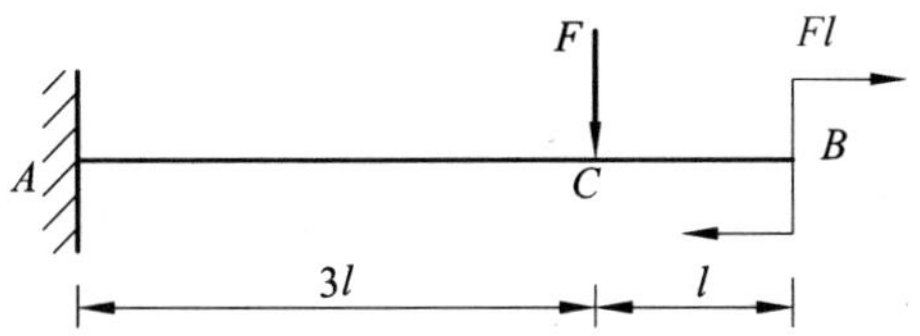

（a）

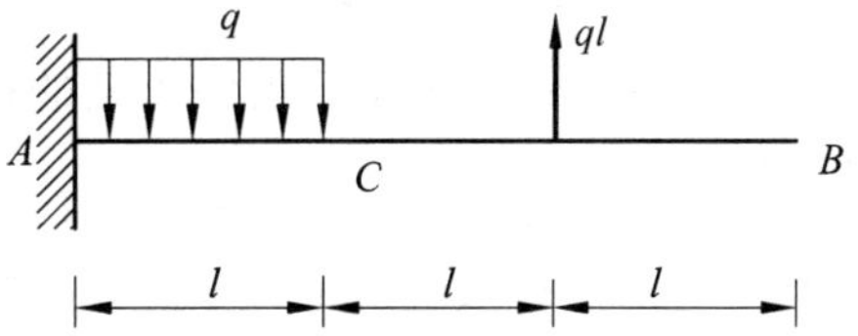

（b）

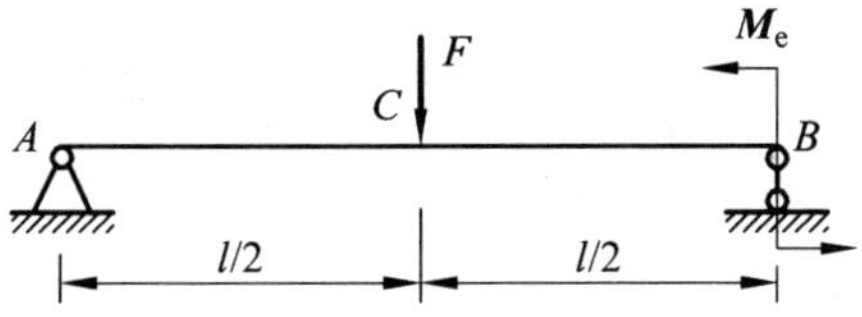

（c）

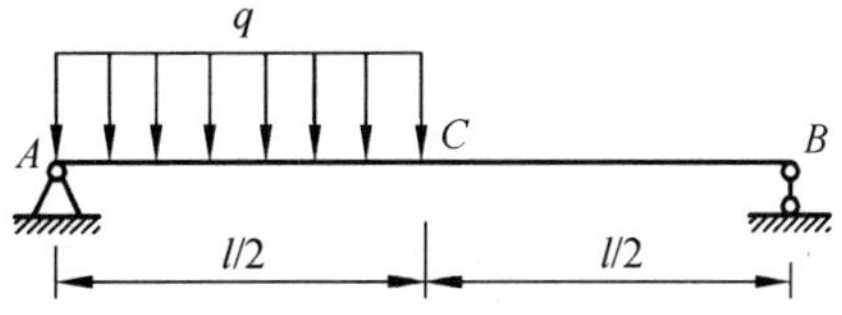

（d）

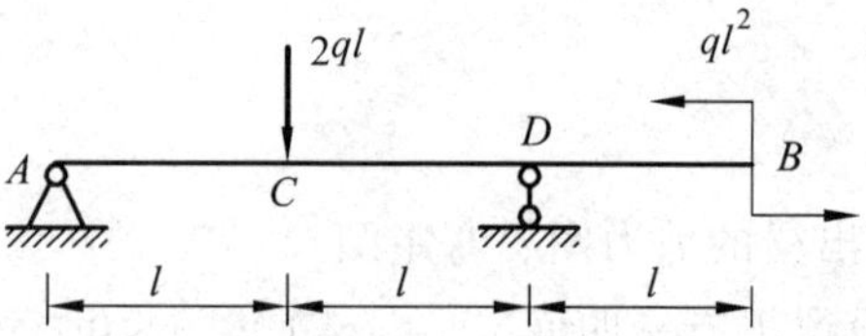

（e）

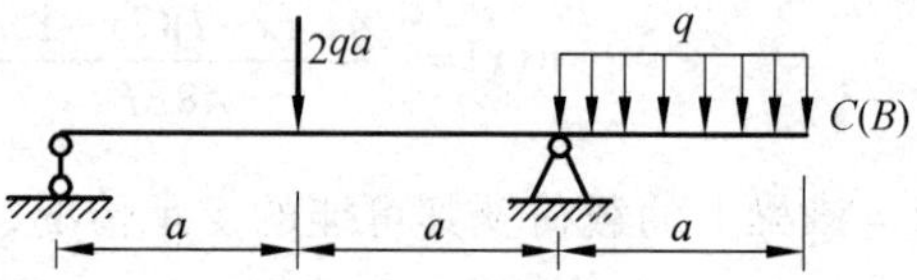

（f）

题 8.9 图

8.10　求图（a）所示悬臂梁自由端的最大挠度和最大转角，并用该结果计算图（b）所示简支梁跨中的挠度与支座处的转角。

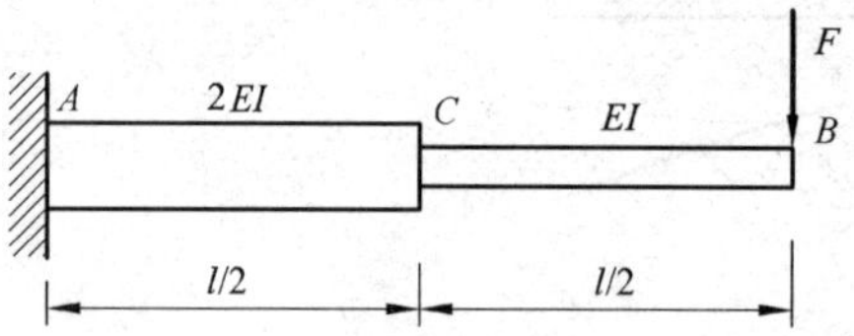

（a）

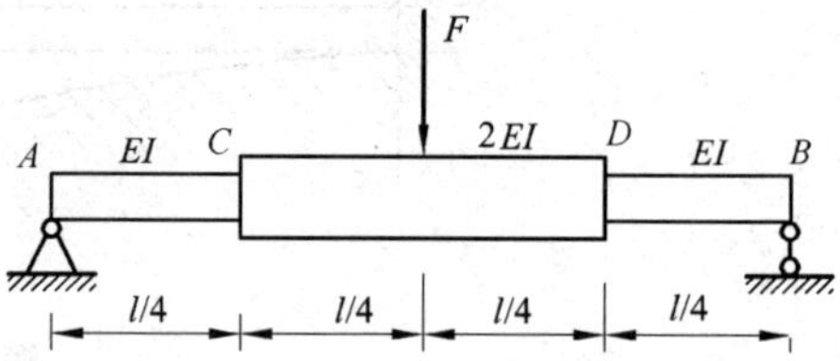

（b）

题 8.10 图

8.11　图示各梁，抗弯刚度 EI 为常数，用叠加法求跨度中点处的挠度。

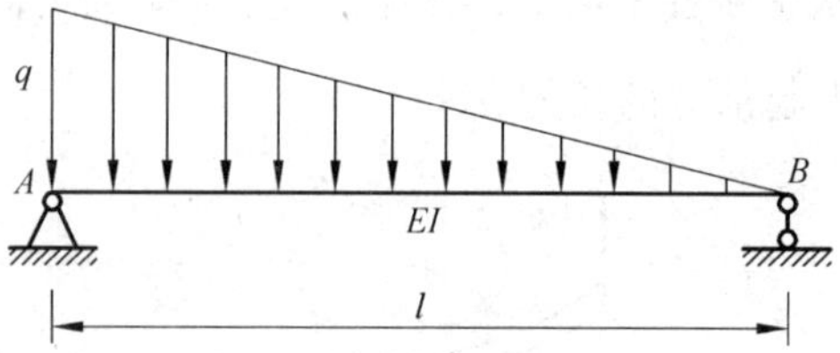

（a）

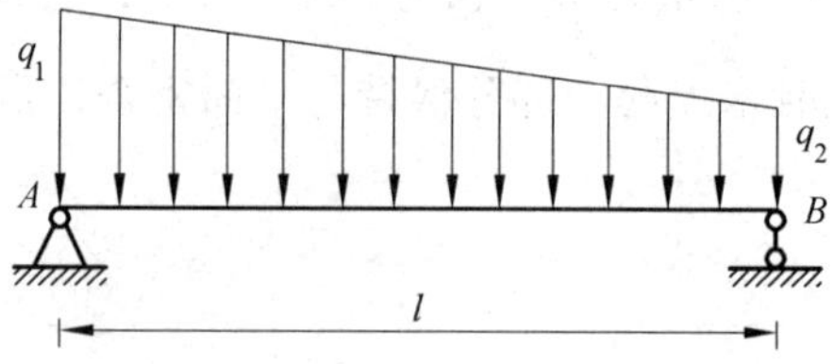

（b）

题 8.11 图

8.12　图示外伸梁，抗弯刚度 EI 为常数，两端均受载荷 F 的作用，试求：

（a）当 $\dfrac{x}{l}$ 为何值时，梁跨度中点处的挠度和自由端的挠度相等。

（b）当 $\dfrac{x}{l}$ 为何值时，梁跨度中点处的挠度最人。

8.13　图示圆截面轴，两端用轴承支持，承受载荷 $F=10\ \text{kN}$ 作用。若轴承处的许用转角 $[\theta]=0.05\ \text{rad}$，材料的弹性模量 $E=200\ \text{GPa}$，试确定轴径 d。

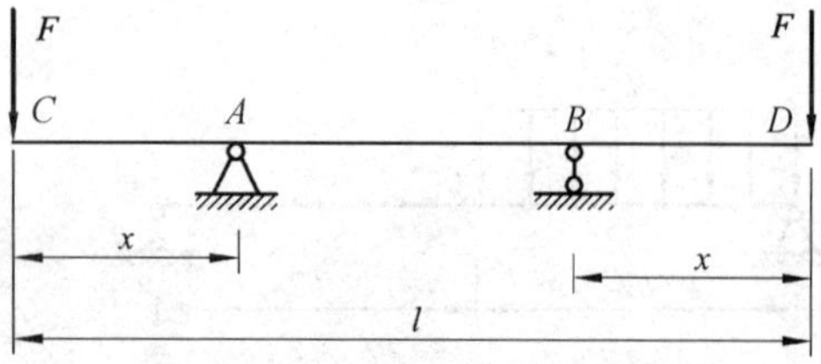

题 8.12 图

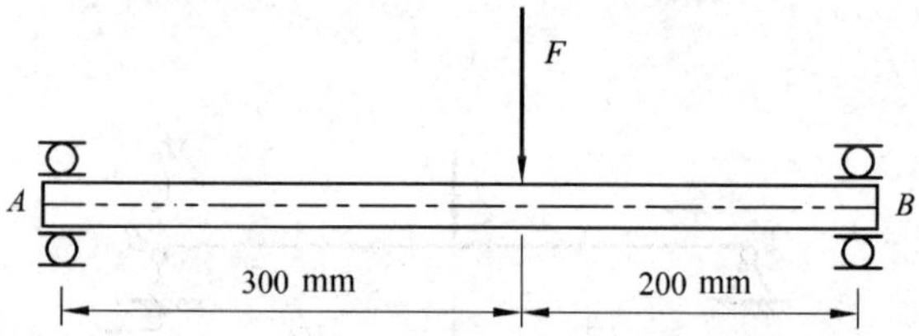

题 8.13 图

8.14　图示悬臂梁，材料的许用应力 $[\sigma]=160$ MPa， $E=200$ GPa，梁的许用挠度 $[w]\leqslant \frac{1}{400}l$，截面由两个槽钢组成，试选择槽钢的型号。

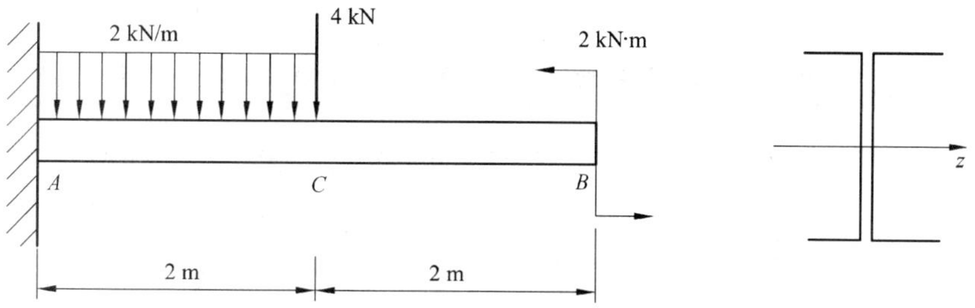

题8.14图

8.15　图示梁，抗弯刚度 EI 为常数，试比较静不定梁和静定梁的最大弯矩和最大挠度。

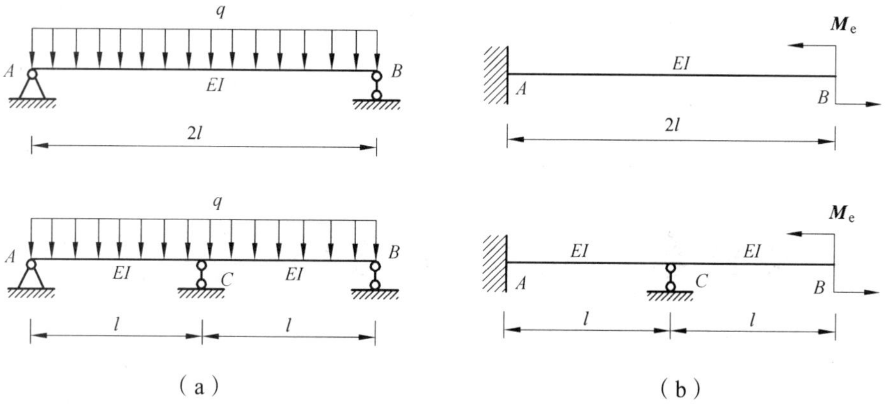

题8.15图

8.16　如图所示，梁 AB 因强度和刚度不足，用同一材料和同样截面的短梁 AC 加固。试求：（1）两梁接触处的压力；（2）加固后梁 AB 的最大弯矩和截面 B 的挠度减小的百分数。

8.17　直梁 AB 在未受载荷前搁置在支座 A、B 上，梁与支座 C 间有一间隙 Δ。当加上均布载荷 q 后，梁发生变形而在中点处与支座 C 接触，因而 3 个支座都产生约束力，如果要使这 3 个支座处的约束力相等，则 Δ 值应为多少？

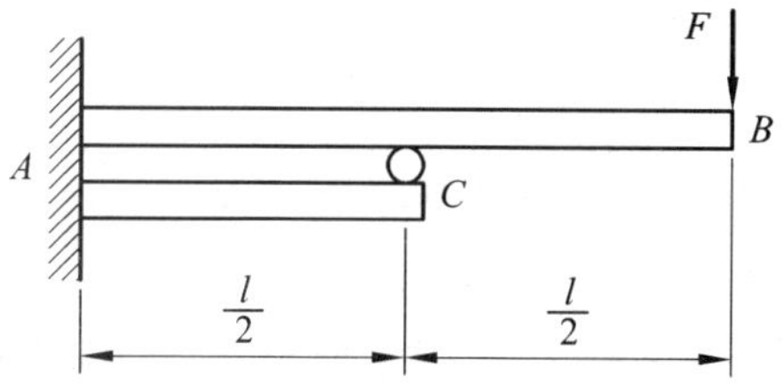

题8.16图

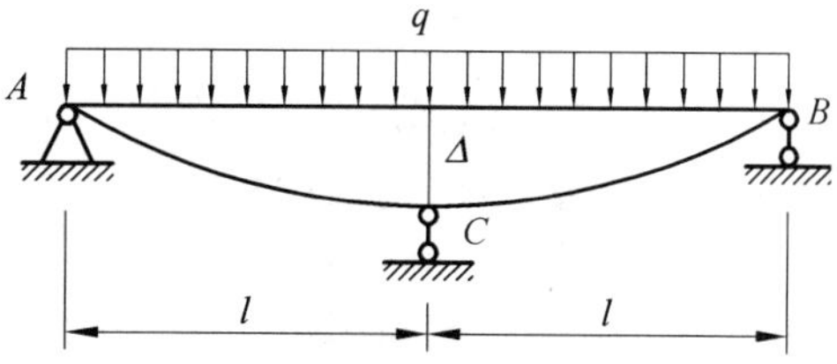

题8.17图

第3部分　杆件的组合变形与压杆稳定

第2部分介绍了杆件的4种基本变形，以及在每一种基本变形条件下的内力、应力和变形的计算方法、强度设计和刚度设计准则。在实际工程中，杆件的受力条件往往很复杂，杆件由此产生的变形形式也往往不是单一的形式，而是同时产生两种或两种以上的基本变形，即产生组合变形。还有一些受压杆件，在满足强度、刚度的条件下，还会出现稳定性问题。本部分主要是在第2部分的基础上，介绍复杂应力状态下的强度理论，杆件在组合变形条件下的分析方法和强度计算，以及压杆稳定性计算。

第9章　应力状态与强度理论

9.1　应力状态的概念

9.1.1　一点的应力状态

由前面章节知道，杆件在受轴向力作用产生变形时，通过杆件上同一点的横截面和斜截面上的应力是不相同的。在横截面上只有正应力，而斜截面上既有正应力又有切应力。这表明过同一点的不同截面上的应力是不一样的。杆件在产生横力弯曲变形时，其横截面上既有正应力又有切应力，正应力沿截面高度线性变化，切应力则按抛物线规律变化，在中性轴上正应力为零，切应力达到最大。这表明在同一个截面不同位置的点上，其应力也是不相同的。杆件上某点的应力不仅与它的受力情况有关，还与它所处的截面与位置有关。一般情况下，过同一点的不同截面上的应力是不相同的；同一截面上不同位置的点的应力也是不同的。因此，当提及应力时，须指明哪一个面上哪一点或哪一点哪个方向面上的应力。这就是应力的点和面的概念。

所谓一点的应力状态，是指受力杆件中任一点处所有各个截面上应力的集合。为了描述一点的应力状态，通常是围绕该点作一个微六面体，当六面体在3个方向的尺度趋于无穷小时，六面体便趋于所考察的点。这时的六面体称为微单元体，简称为单元体。由于单元体的各边长是微小的，所以，每个面上的应力都可以认为是均匀分布的，而且认为在相互平行的两个面上的应力等值而反向。如果知道了单元体的3个互相垂直平面上的应力，其他任一截面上的应力都可以由截面法求得，则该点处的应力状态就能确定了。因此，可以用单元体的3个互相垂直的平面上的应力来表示一点处的应力状态。图9.1所示为一般受力物体中任意点处的应力状态，它是应力状态中最一般的情形，在3个方向上都有应力，称为空间应力状态。如果单元体上的应力全部位于同一平面内，则称为平面应力状态，如图9.2（a）所示。对于平面应力状态，一般用图9.2（b）所示的平面图形来表示。

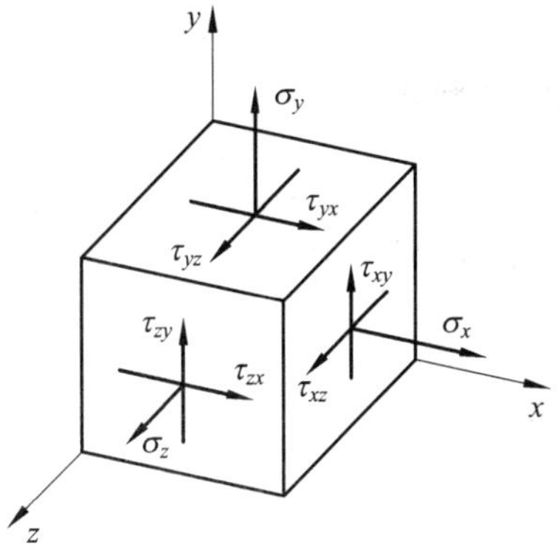

图9.1　用单元体表示一点的应力状态

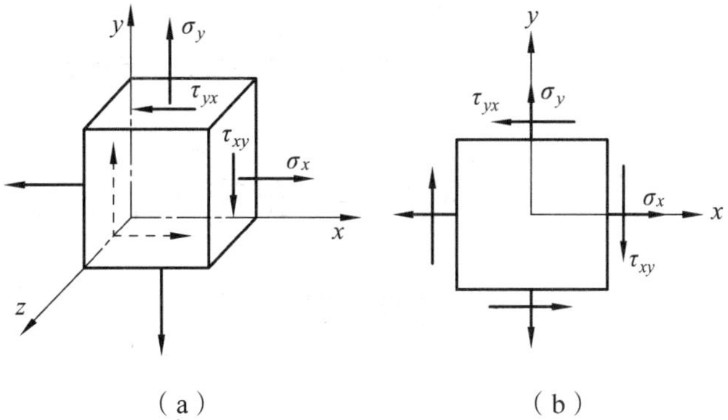

（a）　（b）

图9.2　平面应力状态

如果图9.2所示的平面应力状态中的正应力都为零，只有切应力，称为纯剪切应力状态，如图9.3所示。

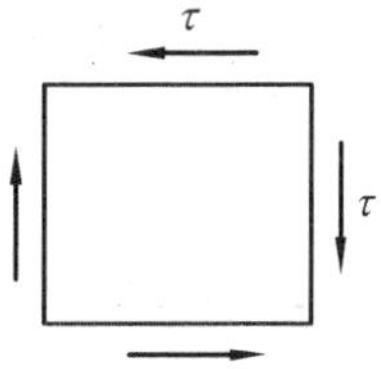

图9.3　纯剪切应力状态

9.1.2　主平面和主应力的概念

单元体上切应力为零的面称为主平面，主平面上的正应力称为主应力。根据切应力互等定理，当单元体上某个面的切应力为零时，与之垂直的另两个面的切应力也同时为零，即3个主平面是相互垂直的，因而对应的3个主应力也是相互垂直的。受力杆件中任一点都存在3个互相垂直的主平面和相应的3个主应力。围绕一点按3个主平面取出的单元体称为主应力单元体。3个主应力通常用σ_1，σ_2，σ_3表示，按其代数值的大小排列，$\sigma_1 \geqslant \sigma_2 \geqslant \sigma_3$，最大值为$\sigma_1$，最小值为$\sigma_3$。

9.1.3　用主应力表示一点的应力状态

根据主应力单元体上的3个主应力情况，一点的应力状态可分为3类：

（1）单向应力状态。两个主应力为零，一个主应力不为零的应力状态称为单向应力状态，如图9.4（a）所示。

（2）二向应力状态。一个主应力为零，两个主应力不为零的应力状态称为二向应力状态，如图9.4（b）所示。

（3）三向应力状态。3个主应力都不为零的应力状态称为三向应力状态，如图9.4（c）所示。

三向应力状态又称空间应力状态，二向应力状态又称平面应力状态，单向应力状态又称简单应力状态，三向应力状态和二向应力状态又称复杂应力状态。本章主要研究平面应力状态。

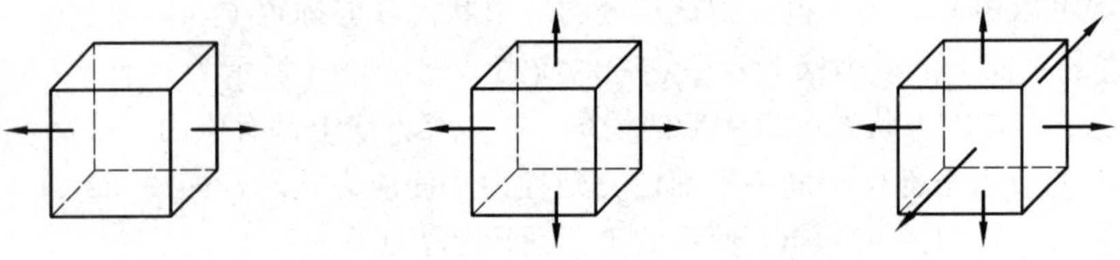

（a）单向应力状态　　（b）二向应力状态　　（c）三向应力状态

图 9.4　用主应力单元体表示一点的应力状态

9.2　平面应力状态分析的解析法

9.2.1　任意斜截面上的应力

对于图 9.5（a）所示的一般平面应力状态，若已知 σ_x，σ_y，τ_{xy}，要求出外法线与 x 轴成 α 角度的斜面 ef 上的应力，可采用截面法来求解。用假想的平面从所求截面 ef 处将单元分为两部分，取左边部分 aef 为研究对象，如图 9.5（b），（c）所示，根据该部分的平衡条件来求得斜面上的正应力和切应力。

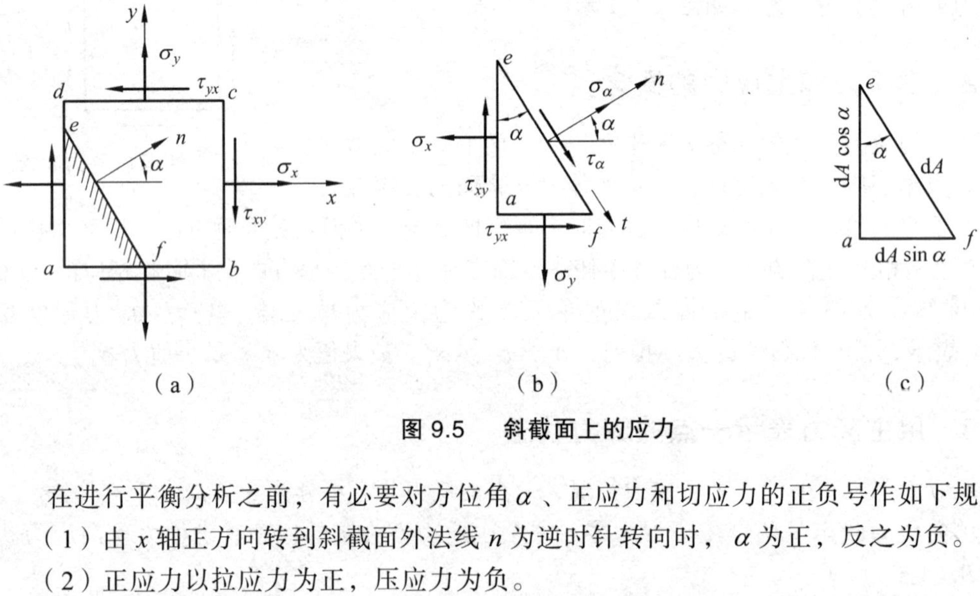

（a）　　（b）　　（c）

图 9.5　斜截面上的应力

在进行平衡分析之前，有必要对方位角 α 、正应力和切应力的正负号作如下规定：

（1）由 x 轴正方向转到斜截面外法线 n 为逆时针转向时，α 为正，反之为负。

（2）正应力以拉应力为正，压应力为负。

（3）切应力以使单元体或截开部分产生顺时针转动趋势为正，反之为负。

根据以上规定，图 9.5（a）中 σ_x，σ_y，均为正，左右面上的 τ_{xy} 为正；上下面上的 τ_{yx} 为负。现考察 aef 部分的平衡关系，如图 9.5（b）所示。设斜面上的正应力为 σ_α，切应力为 τ_α，斜面面积为 $\mathrm{d}A$，则 af 面和 ae 面的面积分别为 $\mathrm{d}A\sin\alpha$ 和 $\mathrm{d}A\cos\alpha$ 。根据 aef 的平衡条件，建立沿斜面法线方向和切线方向的平衡方程

$$\sum F_n = 0$$

$$\sigma_\alpha \mathrm{d}A - \sigma_x(\mathrm{d}A\cos\alpha)\cos\alpha + \tau_{xy}(\mathrm{d}A\cos\alpha)\sin\alpha - \sigma_y(\mathrm{d}A\sin\alpha)\sin\alpha + \tau_{yx}(\mathrm{d}A\sin\alpha)\cos\alpha = 0$$

$$\sum F_t = 0$$

$$\tau_\alpha \mathrm{d}A - \sigma_x(\mathrm{d}A\cos\alpha)\sin\alpha - \tau_{xy}(\mathrm{d}A\cos\alpha)\cos\alpha + \sigma_y(\mathrm{d}A\sin\alpha)\cos\alpha + \tau_{yx}(\mathrm{d}A_\alpha\sin\alpha)\sin\alpha = 0$$

根据切应力互等定理，τ_{yx} 与 τ_{xy} 在数值上相等，以 τ_{xy} 代换 τ_{yx}，并利用两倍角关系，简化上面两个平衡方程，最后得出平面一般应力状态下任一斜截面上应力的表达式

$$\sigma_\alpha = \frac{\sigma_x + \sigma_y}{2} + \frac{\sigma_x - \sigma_y}{2}\cos 2\alpha - \tau_{xy}\sin 2\alpha \tag{9.1}$$

$$\tau_\alpha = \frac{\sigma_x - \sigma_y}{2}\sin 2\alpha + \tau_{xy}\cos 2\alpha \tag{9.2}$$

式（9.1）和（9.2）适用于所有的平面应力状态，包括单向、纯剪等特殊的平面应力状态。

9.2.2 主应力和主平面的确定

式（9.1）和（9.2）表明，斜面上的正应力 σ_α 和切应力 τ_α 随 α 角改变而变化，即 σ_α 和 τ_α 是 α 的函数。对此，利用该公式可确定 σ_α 和 τ_α 的极值以及它们所在平面的位置。

将公式（9.1）对 α 求一阶导数并令其等于零，得

$$\frac{\mathrm{d}\sigma_\alpha}{\mathrm{d}\alpha} = -2\left(\frac{\sigma_x - \sigma_y}{2}\sin 2\alpha + \tau_{xy}\cos 2\alpha\right) = 0$$

若 $\alpha = \alpha_0$ 时，使 $\frac{\mathrm{d}\sigma_\alpha}{\mathrm{d}\alpha} = 0$，则

$$\frac{\sigma_x - \sigma_y}{2}\sin 2\alpha_0 + \tau_{xy}\cos 2\alpha_0 = 0$$

$$\tan 2\alpha_0 = -\frac{2\tau_{xy}}{\sigma_x - \sigma_y} \tag{9.3}$$

上式有两个解 α_0 和 $\alpha_0 + 90^\circ$，由这两个解确定两个互相垂直的平面，其中一个是最大正应力所在的平面，一个是最小正应力所在的平面。

将 α_0 和 $\alpha_0 + 90^\circ$ 分别代入式（9.2），得

$$\tau_{\alpha_0} = \frac{\sigma_x - \sigma_y}{2}\sin 2\alpha_0 + \tau_{xy}\cos 2\alpha_0 = 0$$

$$\tau_{\alpha_0 + 90^\circ} = -\left(\frac{\sigma_x - \sigma_y}{2}\sin 2\alpha_0 + \tau_{xy}\cos 2\alpha_0\right) = 0$$

这表明在最大和最小正应力所在的平面上，切应力等于零。而切应力为零的平面是主平面，主平面上的正应力是主应力。据此可以得到如下结论：

（1）主平面既是切应力为零的平面，又是正应力取极值的平面。

（2）主应力就是最大或最小的正应力。

由公式（9.3）求出 $\sin 2\alpha_0$，$\cos 2\alpha_0$ 以及 $\sin 2(\alpha_0+90°)$ 和 $\cos 2(\alpha_0+90°)$，分别代入式（9.1）中，可得最大和最小正应力

$$\left.\begin{matrix}\sigma_{\max}\\ \sigma_{\min}\end{matrix}\right\}=\frac{\sigma_x+\sigma_y}{2}\pm\sqrt{\left(\frac{\sigma_x-\sigma_y}{2}\right)^2+\tau_{xy}^2} \tag{9.4}$$

上式即为主应力的计算公式。

以上的分析中并没有确定与各个主应力对应的主平面。为了确定每个主应力的作用面，可以考察图 9.6 所示的单元体的平衡。设斜面上只有主应力 σ_1（或 σ_2）作用，该主平面的方位角为 α_0，由水平方向的平衡条件

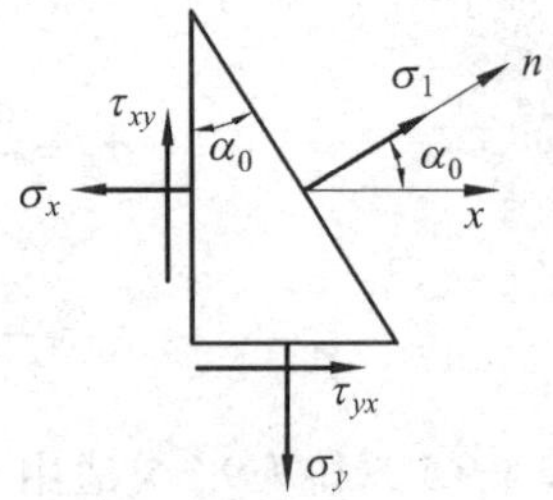

图 9.6　斜面为主平面

$$\sum F_x=0,\quad \sigma_1 \mathrm{d}A\cos\alpha_0-\sigma_x(\mathrm{d}A\cos\alpha_0)+\tau_{xy}(\mathrm{d}A\sin\alpha_0)=0$$

解得

$$\tan\alpha_0=\frac{\sigma_x-\sigma_1}{\tau_{xy}} \tag{9.5}$$

同理，如果将上式中的 σ_1 代之以 σ_2，便得到与 σ_2 对应的主平面方位角。

9.2.3　主切应力及其作用平面

将公式（9.2）对 α 求一阶导数并令其等于零，得

$$\frac{\mathrm{d}\tau_\alpha}{\mathrm{d}\alpha}=0,\quad (\sigma_x-\sigma_y)\cos 2\alpha-2\tau_{xy}\sin 2\alpha=0$$

由此得到的使 τ_α 取极值的角，用 β_0 表示，即

$$\tan 2\beta_0=\frac{\sigma_x-\sigma_y}{2\tau_{xy}} \tag{9.6}$$

上式同样有两个解 β_0 和 $\beta_0+90°$，与之对应的两个面互相垂直。在这两个互相垂直的面上有最大和最小切应力。切应力极值也称为主切应力。将 $\tan 2\beta_0$ 换算成 $\sin 2\beta_0$ 和 $\cos 2\beta_0$，代入式（9.2），得

$$\left.\begin{matrix}\tau_{\max}\\ \tau_{\min}\end{matrix}\right\}=\pm\sqrt{\left(\frac{\sigma_x-\sigma_y}{2}\right)^2+\tau_{xy}^2} \tag{9.7}$$

可见，最大切应力与最小切应力的绝对值相等，只是方向不同，它们也分别作用在相互垂直的平面上。

由式（9.4）可得

$$\left.\begin{matrix}\tau_{\max}\\ \tau_{\min}\end{matrix}\right\}=\pm\frac{\sigma_{\max}-\sigma_{\min}}{2} \tag{9.8}$$

比较式（9.3）与式（9.6）可得

$$\tan 2\alpha_0 = -\frac{1}{\tan 2\beta_0}$$

所以有

$$2\alpha_0 = 2\beta_0 + \frac{\pi}{2}, \qquad \alpha_0 = \beta_0 + \frac{\pi}{4}$$

上式表明主切应力作用面与主平面之间的夹角为 45°。

需要注意的是，在平面应力状态中，有一对面上既无正应力也无切应力作用，这一对面也是主平面，其上的主应力等于零。所以平面应力状态的 3 个主应力中，有一个始终为零。

例题 9.1 梁内某点应力单元体如图 9.7（a）所示，已知 $\sigma_x = 40\ \text{MPa}$，$\tau_{xy} = -60\ \text{MPa}$，求：

（1）该单元体 45° 斜面上的应力；

（2）该点的主应力及其方位，画主应力单元体；

（3）主切应力及其方位，画主切应力单元体。

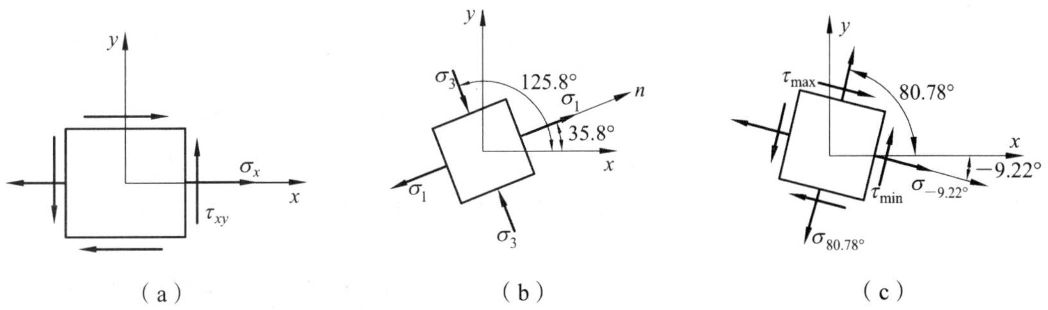

图 9.7 例题 9.1 图

解：（1）求 45° 斜面上的应力 σ_α 和 τ_α。

将 $\sigma_x = 40\ \text{MPa}$，$\tau_{xy} = -60\ \text{MPa}$，$\sigma_y = 0$ 代入式（9.1）和（9.2），得

$$\sigma_{45^\circ} = \frac{40+0}{2} + \frac{40-0}{2}\cos 90^\circ + 60\sin 90^\circ = 80\ \text{MPa}$$

$$\tau_{45^\circ} = \frac{40-0}{2}\sin 90^\circ - 60\cos 90^\circ = 20\ \text{MPa}$$

（2）求主应力及其方位。

由式（9.4）计算主应力大小，将单元体已知应力代入，得

$$\left.\begin{matrix}\sigma_{\max}\\ \sigma_{\min}\end{matrix}\right\} = \frac{40+0}{2} \pm \sqrt{\left(\frac{40-0}{2}\right)^2 + 60^2} = \left\{\begin{matrix}83.3\ \text{MPa}\\ -43.3\ \text{MPa}\end{matrix}\right.$$

平面应力状态的 3 个主应力按代数排列有：$\sigma_1 = 83.3\ \text{MPa}$，$\sigma_2 = 0$，$\sigma_3 = -43.3\ \text{MPa}$。由式（9.5）计算最大主应力 σ_1 作用的主平面方位：

$$\tan\alpha_0 = \frac{\sigma_x - \sigma_1}{\tau_{xy}} = \frac{40-83.3}{-60} = 0.72$$

$$\alpha_0 = 35.8°$$

最小主应力 σ_3 作用的主平面方位：$90° + \alpha_0 = 125.8°$

主应力单元体如图 9.7（b）所示。

（3）求主切应力及其方位。

由式（9.8）计算主切应力，将单元体已知应力代入，得

$$\left.\begin{matrix}\tau_{\max}\\ \tau_{\min}\end{matrix}\right\} = \pm\frac{\sigma_1-\sigma_3}{2} = \pm\frac{83.3-(-43.3)}{2} = \pm 63.3\ \text{MPa}$$

由式（9.6）计算主切应力作用面

$$\tan 2\beta_0 = \frac{\sigma_x - \sigma_y}{2\tau_{xy}} = \frac{40-0}{2\times(-60)} = -0.334$$

$$\beta_0 = -9.22°,\ \beta_0 + 90° = 80.78°$$

将 $\beta_0 = -9.22°$ 代入式（9.2）以确定该面上的切应力是最大切应力还是最小切应力。

$$\tau_{-9.22°} = \frac{40-0}{2}\sin 2(-9.22°) + (-60)\cos 2(-9.22°) = -63.3\ \text{MPa}$$

可见，$\beta_0 = -9.22°$ 的面上的切应力是 $\tau_{\min}$，其面上的正应力为

$$\sigma_{-9.22°} = \frac{40+0}{2} + \frac{40-0}{2}\cos 2(-9.22°) - (-60)\sin 2(-9.22°) = 20\ \text{MPa}$$

最大切应力 $\tau_{\max}$ 作用面与 x 轴的夹角为 $\beta_0 + 90° = 80.78°$，该面上的正应力为

$$\sigma_{80.78°} = \frac{40+0}{2} + \frac{40-0}{2}\cos 2(80.78°) - (-60)\sin 2(80.78°) = 20\ \text{MPa}$$

主切应力作用面上的正应力相等，这是普遍规律。主切应力单元体如图 9.7（c）所示。

例题 9.2 图 9.8（a）所示为一横力弯曲梁，试讨论梁内主应力分布规律。

解：为了讨论梁内主应力的变化规律，在梁中任意横截面 m—m 上取 5 点，如图 9.8（a）所示，围绕各点作出 5 个应力单元体，如图 9.8（b）所示。按公式 $\sigma = \frac{My}{I_z}, \tau = \frac{F_S S_z^*}{I_z b}$ 分别计算出各点的正应力 σ 和切应力 τ，然后计算各点的主应力值和主应力方向，并画出主应力单元体，如图 9.8（c）所示。分析这 5 个点的应力状态变化情况，可以发现梁上主应力的变化规律。

显然，在距中性轴最远的上下边界上各点为单向压缩或拉伸应力状态，横截面即是它们的主平面，如点 1 和点 5。

在中性轴上，各点正应力为零，只有切应力，处于纯剪切应力状态，主平面与梁轴线成 45°，如点 3。

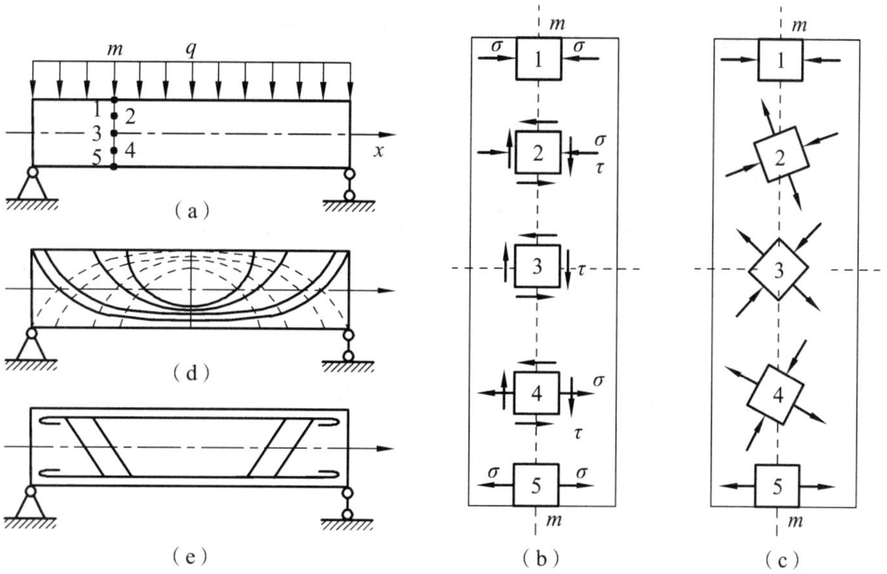

图 9.8　例题 9.2 图

从上、下边缘到中性轴之间的各点，既有正应力又有切应力，如点 2 和点 4，处于一般平面应力状态，主应力方向如图 9.8（c）所示。

由式（9.4）可得梁内任一点的主应力大小

$$\left.\begin{aligned}\sigma_1 &= \frac{\sigma}{2} + \sqrt{\left(\frac{\sigma}{2}\right)^2 + \tau^2} \\ \sigma_3 &= \frac{\sigma}{2} - \sqrt{\left(\frac{\sigma}{2}\right)^2 + \tau^2} \\ \sigma_2 &= 0\end{aligned}\right\} \tag{9.9}$$

可见，$\sigma_1 > 0$，$\sigma_3 < 0$，这表明梁内任一点的最大主应力和最小主应力中，一个必为拉应力，另一个必为压应力。

由式（9.3）知主应力方向可由下式确定

$$\tan 2\alpha_0 = -\frac{2\tau}{\sigma}$$

从主应力单元体可以看出各点主应力方向的变化情况。在求出梁截面上一点主应力的方向后，把其中一个主应力的方向延长与相邻横截面相交。求出交点的主应力方向，再将其延长与下一个相邻横截面相交。依此类推，将得到一条折线，它的极限是一条曲线。在该曲线上，任一点的切线即代表该点主应力的方向。这种曲线称为主应力迹线，表示梁内主应力方向的变化情况。经过每一点有两条相互垂直的主应力迹线。图 9.8（d）表示梁内的两组主应力迹线，虚线为主压应力迹线，实线为主拉应力迹线。在钢筋混凝土梁中，钢筋的作用是抵抗拉伸变形，所以应使钢筋尽可能地沿主拉应力迹线的方向放置，如图 9.8（e）所示。

9.3 平面应力状态分析的图解法

9.3.1 应力圆方程

在上节对平面应力状态分析的解析法中，已知单元体的σ_x、σ_y、τ_{xy}，由式（9.1）和（9.2）计算法线倾角为α的任一斜面上的应力。这两个公式可以看作是以α为参数的参数方程。为消去α，将两式改写成

$$\sigma_\alpha-\frac{\sigma_x+\sigma_y}{2}=\frac{\sigma_x-\sigma_y}{2}\cos 2\alpha-\tau_{xy}\sin 2\alpha$$

$$\tau_\alpha=\frac{\sigma_x-\sigma_y}{2}\sin 2\alpha+\tau_{xy}\cos 2\alpha$$

将上两式等号两边平方，再相加，得

$$\left(\sigma_\alpha-\frac{\sigma_x+\sigma_y}{2}\right)^2+\tau_\alpha^2=\left(\frac{\sigma_x-\sigma_y}{2}\right)^2+\tau_{xy}^2 \tag{a}$$

（a）式是一个以σ_α和τ_α为变量的圆周方程，该圆被称为应力圆。应力圆最早由德国工程师莫尔（Mohr，1835—1918）引入，故又称为莫尔应力圆。

如图 9.9 所示，若以横坐标表示σ，纵坐标表示τ，由式（a）确定的应力圆的圆心坐标为

$$\left(\frac{\sigma_x+\sigma_y}{2},\ 0\right)$$

应力圆的半径R为

$$R=\sqrt{\left(\frac{\sigma_x+\sigma_y}{2}\right)^2+\tau_{xy}^2}$$

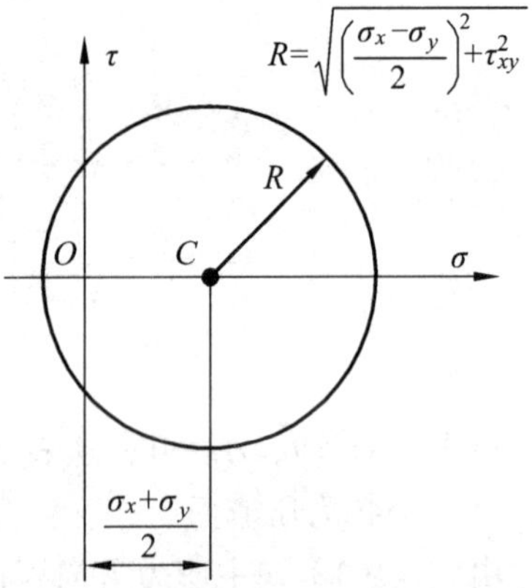

图 9.9 应力圆

9.3.2 应力圆画法

现以图 9.10（a）所示二向应力状态为例说明画应力圆的方法和步骤。

（1）以σ为横坐标，τ为纵坐标建立σ-τ坐标系。

（2）在σ-τ坐标系上，以单元体上相互垂直的两个面上的正应力σ和切应力τ为坐标值，确定两点。如图 9.10（b）中的$D(\sigma_x,\ \tau_{xy})$和$D'(\sigma_y,\ \tau_{yx})$点，这两点分别表示外法线为x和y的两个正交平面上的应力。注意$\tau_{yx}=-\tau_{xy}$。

（3）连接DD'交横坐标于C点。以C点为圆心，以CD或CD'为半径画圆，便得到表示单元体应力状态的莫尔应力圆。

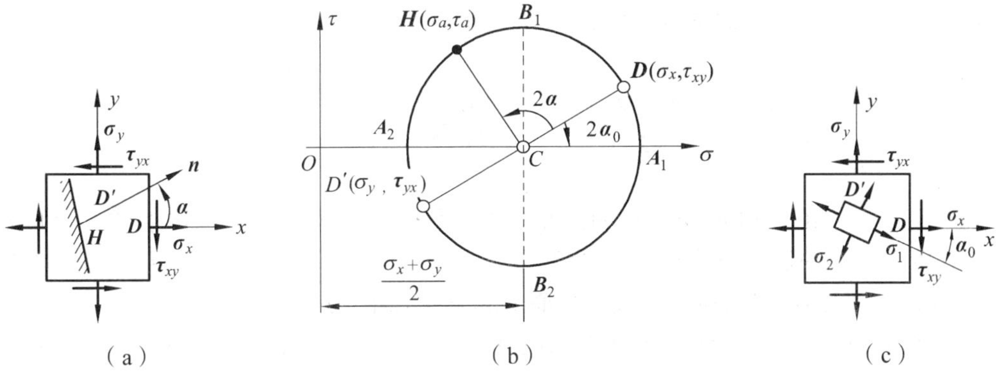

图 9.10　平面应力状态的应力圆

不难证明，应力圆上点与单元体上的面存在一一对应关系，其对应原则为：**圆上一点，体上一面；直径两端，垂直两面；点面对应，基准一致，转向相同，转角两倍。**

9.3.3　应力圆的应用

利用应力圆可以得出关于平面应力状态的很多结论。

（1）求单元体任意斜面上的应力。利用应力圆与单元体的点、面对应关系，可利用应力圆求单元体上任意斜面上的应力。

例如，利用应力圆求图 9.10（a）所示的外法线与 x 轴成 α 角的 H 斜面上的应力分量。按照应力圆和单元体的对应关系，首先在应力圆上选 $D(\sigma_x,\tau_{xy})$ 点为基准点，D 点坐标代表了单元体上外法线为 x 轴的 D 面上的应力分量；由于从 x 轴正向转到 H 斜面外法线 n 是逆时针转动 α，因此，再按照转向相同，转角两倍的关系，使 D 点沿圆周逆时针转动 2α 角到达 H 点，使圆心角 $\angle HCD=2\alpha$。那么，H 点的横、纵坐标值就是单元体中 H 斜面上的正应力 σ_α 和切应力 τ_α。

（2）求单元体的主应力数值和主平面方位。如图 9.10（b）所示，应力圆与横坐标轴的两个交点 A_1、A_2 对应的切应力等于零，所以这两点的横坐标值代表的是两个主应力值，所在的平面即是主平面。

A_1 点代表最大主应力 σ_1，A_2 点代表最小主应力 σ_2，即

$$\sigma_1=\overline{OA_1}=\overline{OC}+\overline{CA_1}=\frac{\sigma_x+\sigma_y}{2}+\sqrt{\left(\frac{\sigma_x-\sigma_y}{2}\right)^2+\tau_{xy}^2}$$

$$\sigma_2=\overline{OA_2}=\overline{OC}-\overline{CA_2}=\frac{\sigma_x+\sigma_y}{2}-\sqrt{\left(\frac{\sigma_x-\sigma_y}{2}\right)^2+\tau_{xy}^2}$$

在应力圆上由代表法线为 x 轴的平面的 D 点到 A_1 点所对应的圆心角为顺时针的 $2\alpha_0$，根据基准一致，转向相同，转角两倍的原则，在单元体中，使 x 法线也按顺时针转动 α_0，这就确定了 σ_1 主平面法线的位置，从而也就确定了 σ_1 主平面方位。根据主平面相互垂直的关系，另一个主应力 σ_2 的主平面也就确定了，如图 9.10（c）所示。

（3）求主切应力。应力圆上 B_1 和 B_2 点的纵坐标值分别是最大值和最小值，分别代表最

大和最小切应力，显然它们都等于应力圆的半径，故有

$$\left.\begin{matrix}\tau_{max}\\ \tau_{min}\end{matrix}\right\} = \pm\sqrt{\left(\frac{\sigma_x-\sigma_y}{2}\right)^2+\tau_{xy}^2} = \pm\frac{\sigma_1-\sigma_2}{2}$$

在应力圆上，由 A_1 和 B_1 所对应的圆心角为逆时针 90°，在单元体上由 σ_1 所在主平面的法线到 τ_{max} 所在平面的法线应为逆时针 45°，这也表明了主平面与最大切应力所在平面的夹角为 45°。由应力圆还可得出在主切应力的面上的正应力相等这一结论。

例题 9.3 已知单元体的应力状态如图 9.11（a）所示。$\sigma_x = 40$ MPa，$\sigma_y = -60$ MPa，$\tau_{xy} = -50$ MPa，试用图解法求主应力，并确定主平面的位置。

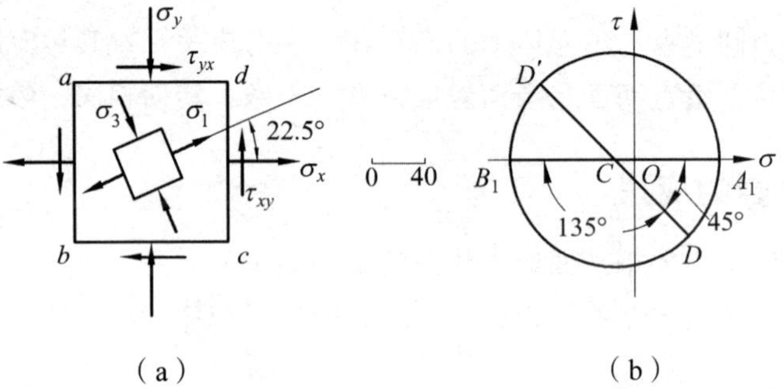

图 9.11 例题 9.3 图

解：（1）建立 σ-τ 坐标系，作应力圆。按选定的比例尺，以 $\sigma_x = 40$ MPa，$\tau_{xy} = -50$ MPa 为坐标，确定 D 点，以 $\sigma_y = -60$ MPa，$\tau_{yx} = 50$ MPa 为坐标，确定 D' 点。连接 D 和 D' 点，与横坐标轴交于 C 点。以 C 为圆心，以 CD 为半径作应力圆，如图 9.11（b）所示。

（2）求主应力及主平面的位置。在图 9.11（b）所示的应力圆上，A_1 和 B_1 点的横坐标值即为主应力值，按所用比例尺量出

$$\sigma_1 = \overline{OA_1} = 60.7\ \text{MPa},\quad \sigma_3 = \overline{OB_1} = -80.7\ \text{MPa}$$

这里另一个主应力 $\sigma_2 = 0$。

在应力圆上，由 D 点至 A_1 点为逆时针方向，且 $\angle DCA_1 = 2\alpha_0 = 40°$，所以，在单元体中，从 x 轴以逆时针方向量取 $\alpha_0 = 22.5°$，确定了 σ_1 所在主平面的方位角。而 D 至 B_1 点为顺时针方向，$\angle DCB_1 = 135°$，所以，在单元体中从 x 轴以顺时针方向量取 $\alpha_0 = 67.5°$，从而确定了 σ_3 所在主平面的方位角。

例题 9.4 用图解法定性讨论图 9.12（a）所示例题 9.2 中梁截面上 3、4、5 点的应力状态。

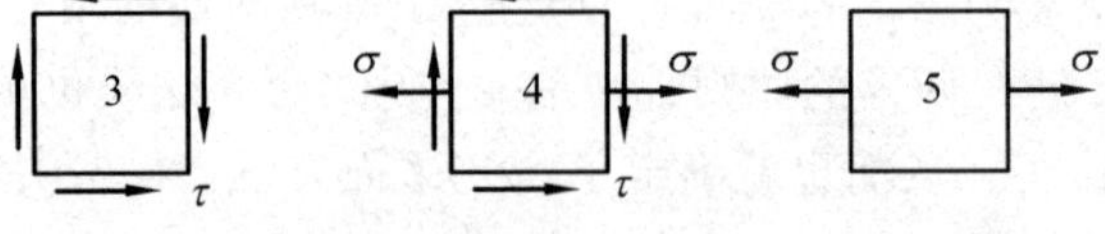

（a）

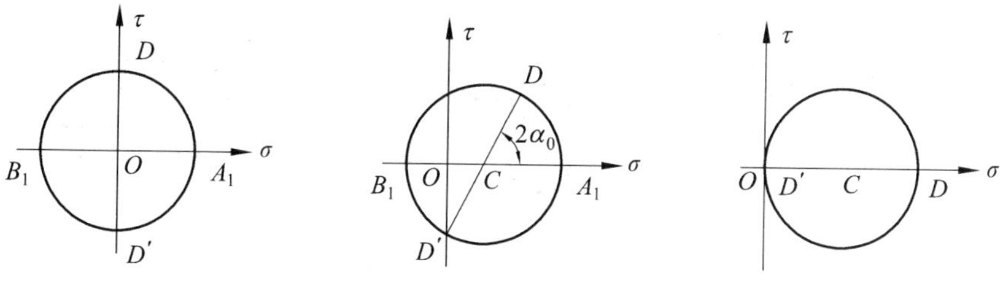

（b）　　（c）　　（d）

图 9.12　例题 9.4 图

解： 点 3 的应力状态是纯剪切应力状态。根据单元体的应力状态，可以看成 $\sigma_x = 0$，$\sigma_y = 0$，$\tau_{xy} = \tau$，在 σ-τ 坐标系由 $(\sigma_x,\ \tau_{xy})$ 确定的 D 点在 τ 轴上，而由 $(\sigma_y,\ -\tau_{xy})$ 确定的 D' 点也在 τ 轴上，但它为负值。D 与 D' 的连线与横坐标轴交于原点 O，以 O 为圆心，以 OD（或 OD'）为半径，画出应力圆如图 9.12（b）所示。由此可见，该应力圆的特点是应力圆圆心与坐标系原点重合，并且有

$$\sigma_1 = \tau,\ \ \sigma_2 = 0,\ \ \sigma_3 = -\tau,\ \ \tau_{\max} = \tau$$

对于点 4 的应力状态，同样根据 $\sigma_x = \sigma,\ \ \tau_{xy} = \tau$，在坐标系中确定的 D 点，而根据 $\sigma_y = 0$，$\tau_{xy} = -\tau$ 确定的 D'点在 τ 轴上，连接 DD'交 x 轴于 C 点，以 C 为圆心，以 CD 为半径，画出应力圆如图 9.12（c）所示。可见，该应力圆的特点是应力圆总是与 τ 轴相割，故必然有 $\sigma_1 > 0$，$\sigma_2 = 0,\ \ \sigma_3 < 0$。由式（9.9）得 3 个主应力分别为

$$\left.\begin{matrix}\sigma_1\\ \sigma_3\end{matrix}\right\} = \frac{\sigma}{2} \pm \sqrt{\left(\frac{\sigma}{2}\right)^2 + \tau^2},\ \ \sigma_2 = 0$$

点 5 的应力状态是单向应力状态，$\sigma_x = \sigma,\ \ \sigma_y = 0,\ \ \tau_{xy} = \tau_{xy} = 0$，作出应力圆如图 9.12（d）所示。其特点是该应力圆与 τ 轴相切。

9.4　空间应力状态及广义胡克定律

9.4.1　空间应力状态简介

单元体上 3 个主应力均不为零的应力状态称为空间应力状态，也称为三向应力状态。本节只讨论在已知主应力 $\sigma_1,\ \sigma_2,\ \sigma_3$ 的条件下，单元体的最大正应力和最大切应力。先研究一个与 σ_1 平行的斜截面上的应力情况，如图 9.13（a）所示。该斜面上的应力 $\sigma,\ \tau$ 与 σ_1 无关，只由主应力 $\sigma_2,\ \sigma_3$ 决定。于是，可由 $\sigma_2,\ \sigma_3$ 确定的应力圆周上的点来表示与 σ_1 平行的某个斜面上的正应力和切应力。同理，在平行于 σ_2 或 σ_3 的斜面上的应力 $\sigma,\ \tau$，也可分别由 $(\sigma_1,\ \sigma_3)$ 或 $(\sigma_1,\ \sigma_2)$ 确定的应力圆来表示。这样作出的 3 个应力圆称作三向应力圆，如图 9.13（d）所示。当与 3 个主应力均不平行的任意斜面上的正应力和切应力必然处在由这 3 个应力圆所围成的阴影范围之内的某一点 D。D 点的横纵坐标值即为该斜面上的正应力和切应力。由于 D 点的确定比较复杂且不常用，在此不作进一步介绍。

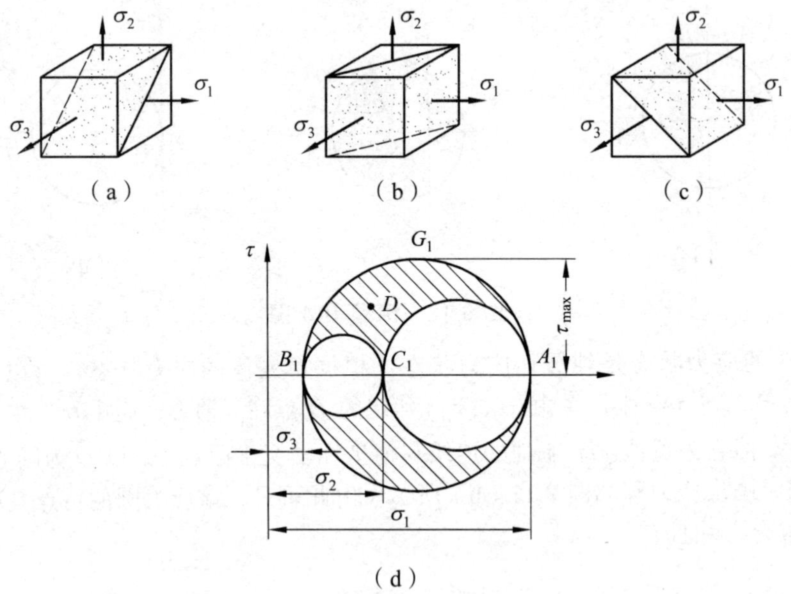

图 9.13 空间应力状态及其应力圆

9.4.2 最大、最小正应力和最大切应力

3 个应力圆圆周上的点及由它们围成的阴影部分上的点的坐标代表了空间应力状态下所有截面上的应力。从图 9.13（d）看出，在 3 个应力圆中，由 σ_1，σ_3 所确定的应力圆是这 3 个应力圆中最大的应力圆，又称极限应力圆。其横坐标的极大值为 A_1 点，而极小值为 B_1 点，因此，单元体正应力的极值为

$$\sigma_{\max}=\sigma_1,\ \sigma_{\min}=\sigma_3$$

单元体中任意斜面上的应力一定在 σ_1 和 σ_3 之间，而最大切应力则等于最大应力圆上 G_1 点的纵坐标，即等于该应力圆半径

$$\tau_{\max}=\frac{\sigma_1-\sigma_3}{2}$$

G_1 点在由 σ_1 和 σ_3 所确定的圆周上，此圆周上各点的纵横坐标就是与 σ_2 轴平行的一组斜截面上的应力，所以单元体的最大切应力所在的平面与 σ_2 平行，且与 σ_1 和 σ_3 主平面相交 45°。

9.4.3 广义胡克定律

杆件在单向拉伸与压缩变形时，在线弹性范围内，应力与应变成线性关系，满足胡克定律

$$\sigma=E\varepsilon \tag{a}$$

此外，轴向变形还将引起横向尺寸的变化，根据材料的泊松比可得出横向线应变

$$\varepsilon'=-\mu\varepsilon=-\mu\frac{\sigma}{E} \tag{b}$$

在纯剪切的情况下，根据实验结果，在切应力不超过剪切比例极限时，切应力和剪应变之间的关系服从剪切胡克定律，即

$$\tau = G\gamma \quad 或 \quad \gamma = \frac{\tau}{G} \tag{c}$$

对于复杂受力情况，描述物体一点的应力状态，通常需要 9 个应力分量，参见图 9.1。根据切应力互等定律，$\tau_{xy} = -\tau_{yx}$，$\tau_{xz} = -\tau_{zx}$，$\tau_{yz} = -\tau_{zy}$，因而，在这 9 个应力分量中只有 6 个是独立的。这种情况可以看成是 3 组单向应力（见图 9.14）和 3 组纯剪切的组合。对于各向同性材料，在线弹性范围内，处于小变形时，线应变只与正应力有关，与切应力无关；而切应变只与切应力有关，与正应力无关，并且切应力只能引起与其相对应的切应变分量的改变，而不会影响其他方向上的剪应变。因此，求线应变时，可不考虑切应力的影响，求切应变时不考虑正应力的影响。于是只要利用（a），（b），（c）3 式求出与各个应力分量对应的应变分量，然后进行叠加即可。

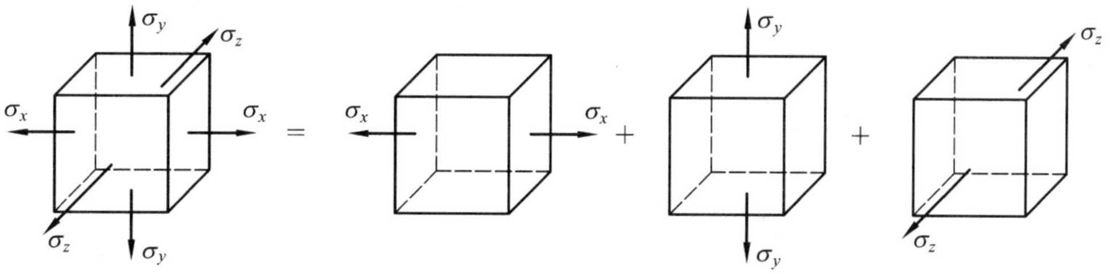

图 9.14　应力分解

如图 9.14 所示，在正应力 σ_x 单独作用时，单元体在 x 方向的线应变 $\varepsilon_{xx} = \dfrac{\sigma_x}{E}$；

在 σ_y 单独作用时，单元体在 x 方向的线应变为 $\varepsilon_{xy} = -\mu\dfrac{\sigma_y}{E}$；

在 σ_z 单独作用时，单元体在 x 方向的线应变为 $\varepsilon_{xz} = -\mu\dfrac{\sigma_z}{E}$；

在 σ_x，σ_y，σ_z 共同作用下，单元体在 x 方向的线应变为

$$\varepsilon_x = \varepsilon_{xx} + \varepsilon_{xy} + \varepsilon_{xz} = \frac{\sigma_x}{E} - \frac{\mu\sigma_y}{E} - \frac{\mu\sigma_Z}{E} = \frac{1}{E}[\sigma_x - \mu(\sigma_y + \sigma_z)]$$

同理，可求出单元体在 y 和 z 方向的线应变 ε_y 和 ε_z。最后得

$$\left.\begin{aligned} \varepsilon_x &= \frac{1}{E}[\sigma_x - \mu(\sigma_y + \sigma_z)] \\ \varepsilon_y &= \frac{1}{E}[\sigma_y - \mu(\sigma_z + \sigma_x)] \\ \varepsilon_z &= \frac{1}{E}[\sigma_z - \mu(\sigma_x + \sigma_y)] \end{aligned}\right\} \tag{9.10}$$

对于切应变与切应力之间，由于切应变只与切应力有关，并且切应力只能引起与其相对应的切应变分量的改变，而不会影响其他方向上的切应变，因而仍然是（c）式所表示的关系。这样，在 xy，yz，zx 3 个面内的切应变分别是

$$\left.\begin{aligned}\gamma_{xy}&=\frac{1}{G}\tau_{xy}=\frac{2(1+\mu)}{E}\tau_{xy}\\\gamma_{yz}&=\frac{1}{G}\tau_{yz}=\frac{2(1+\mu)}{E}\tau_{yz}\\\gamma_{zx}&=\frac{1}{G}\tau_{zx}=\frac{2(1+\mu)}{E}\tau_{zx}\end{aligned}\right\}\tag{9.11}$$

公式（9.10）和（9.11）就是三向应力状态时的广义胡克定律。

当单元体的 6 个面是主平面时，使 x，y，z 的方向分别与主应力 σ_1，σ_2，σ_3 的方向一致，这时有

$$\sigma_x=\sigma_1,\ \sigma_y=\sigma_2,\ \sigma_z=\sigma_3,\ \tau_{xy}=0,\ \tau_{yz}=0,\ \tau_{zx}=0$$

广义胡克定律化为

$$\left.\begin{aligned}\varepsilon_1&=\frac{1}{E}[\sigma_1-\mu(\sigma_2+\sigma_3)]\\\varepsilon_2&=\frac{1}{E}[\sigma_2-\mu(\sigma_3+\sigma_1)]\\\varepsilon_3&=\frac{1}{E}[\sigma_3-\mu(\sigma_1+\sigma_2)]\\\gamma_{xy}&=0,\ \gamma_{yz}=0,\ \gamma_{zx}=0\end{aligned}\right\}\tag{9.12}$$

ε_1，ε_2，ε_3 方向分别与主应力 σ_1，σ_2，σ_3 的方向一致，称为一点处的主应变。3 个主应变按代数值的大小排列，$\varepsilon_1\geqslant\varepsilon_2\geqslant\varepsilon_3$，其中，$\varepsilon_1$ 和 ε_3 分别是该点处沿各方向线应变的最大值和最小值。

例题 9.5 如图 9.15 所示钢梁，在梁的 A 点处测得线应变 $\varepsilon_x=400\times10^{-6}$，$\varepsilon_y=-120\times10^{-6}$，试求：$A$ 点处沿 x，y 方向的正应力和 z 方向的线应变。已知弹性模量 $E=200$ GPa，泊松比 $\mu=0.3$。

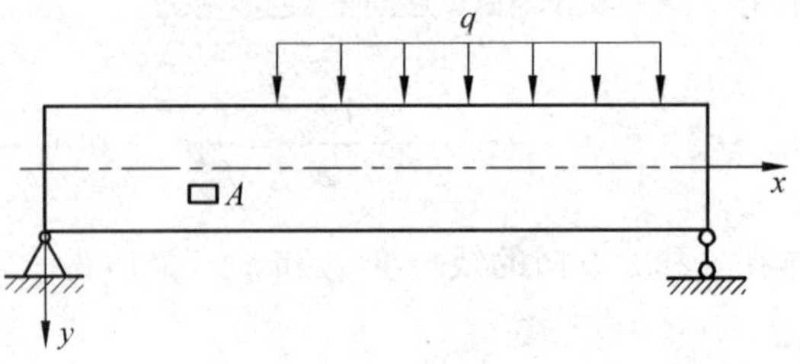

图 9.15 例题 9.5 图

解：因为 A 点的单元体上 $\sigma_z=0$，该单元体处于平面应力状态，将 ε_x，ε_y，E，μ 代入公式（9.10），得

$$400\times10^{-6}=\frac{1}{200\times10^9}(\sigma_x-0.3\sigma_y)$$

$$-1\,200\times10^{-6}=\frac{1}{200\times10^{9}}(\sigma_y-0.3\sigma_x)$$

解得

$$\sigma_x=80\text{ MPa},\ \sigma_y=0$$

于是

$$\varepsilon_z=\frac{1}{E}[\sigma_z-\mu(\sigma_x+\sigma_y)]=\frac{1}{2\,00\times10^{9}}(0-0.3\times80\times10^{6})=-120\times10^{-6}$$

9.5 强度理论

9.5.1 构件强度失效的两种基本形式

综合分析构件破坏的现象，可以认为构件由于强度失效将引起以下两种破坏形式。

（1）脆性断裂。构件破坏前无明显的塑性变形，破裂面粗糙，且多发生在最大正应力作用面上，如铸铁受拉和受扭时的破坏，均属于脆性断裂。

（2）塑性屈服（流动）。构件发生较大的塑性变形，从而导致构件失效。塑性变形达到一定程度产生破裂，破裂面较光滑，且多发生在最大切应力作用面上，如低碳钢受拉和受扭时的破坏便属于塑性屈服。

9.5.2 强度理论的概念

在前面的章节中，分别介绍了杆件在基本变形时的强度条件，如杆件在轴向拉、压时处于单向应力状态，其强度条件为

$$\sigma_{\max}=\frac{F_{\mathrm{N}}}{A}\leqslant[\sigma]$$

式中，许用应力$[\sigma]$是通过拉伸实验得出材料的极限应力再除以安全系数获得的。

圆轴扭转时，材料处于纯剪切应力状态，其强度条件为

$$\tau_{\max}=\frac{T}{W_{\mathrm{t}}}\leqslant[\tau]$$

式中，许用应力$[\tau]$也是直接通过实验得出材料的极限应力再除以安全系数获得的。

梁横力弯曲时，弯曲正应力的危险点也是处于单向应力状态，弯曲切应力的危险点处于纯剪切应力状态，弯曲正应力和切应力强度条件也是直接通过实验建立的。

但是，对于受力比较复杂的构件，其危险点上往往同时存在正应力和切应力，处于复杂应力状态。在复杂应力状态下，将正应力和切应力分开来建立强度条件是不行的。而且在复杂应力状态下，正应力和切应力有不同的组合，也不可能对每种情况都用实验方法来分析。因此，必须另辟蹊径来建立复杂应力状态下的强度条件。

强度理论就是研究材料在复杂应力状态下强度失效的原因和失效条件的理论。人们在长期的生产实践中，综合分析材料强度的失效现象，提出了各种不同的假说。各种假说尽管各

有差异，但它们都认为：材料之所以按某种方式失效（屈服或断裂），是由于应力、应变或应变能密度等诸因素中的某一因素引起的。按照这种假说，无论单向或复杂应力状态，造成失效的原因是相同的。所以可将简单应力状态的实验结果，与复杂应力状态下材料的破坏联系起来，从而建立了强度理论。

根据材料强度失效的两种形式，强度理论可分为两大类：一类是关于脆性断裂的理论；另一类是关于塑性屈服的强度理论。

9.5.3 工程中常用的几个强度理论

1. 最大拉应力理论（第一强度理论）

该理论认为最大拉应力是引起材料断裂破坏的主要原因，即认为不论材料处于简单应力状态还是复杂应力状态，引起材料破坏的原因是它的最大拉应力 σ_1 达到某一极限值，材料就会发生断裂。由于最大拉应力的极限值与应力状态无关，则可利用单向应力状态确定这一极限值。在单向拉伸时，当最大拉应力 σ_1 达到强度极限 σ_b 时，材料就会发生断裂破坏。

破坏形式：断裂

破坏条件：$\sigma_1 = \sigma_b$ （9.13）

强度条件：$\sigma_1 \leqslant [\sigma]$ （9.14）

式中，$[\sigma]=\dfrac{\sigma_b}{n}$，将极限应力 σ_b 除以安全因素 n 得到许用应力 $[\sigma]$。

实验表明，最大拉应力强度理论较好地解释了铸铁、石料等脆性材料在单向拉伸下沿拉应力最大的截面发生断裂。脆性材料的扭转也是沿拉应力最大的截面发生断裂。这些都与最大拉应力理论相符。

缺点：未考虑其他两个主应力的影响，且对于单向受压或 3 向受压等没有拉应力的情况则无法应用。

适用条件：脆性材料。

2. 最大拉应变理论（第二强度理论）

该理论认为最大拉应变是引起材料断裂破坏的主要原因，即认为无论材料处于什么应力状态，引起材料破坏的原因是它的最大拉应变 ε_1 达到某一极限值 ε_u，材料就会发生断裂。既然最大拉应变的极限值与应力状态无关，则可利用单向应力状态确定这一极限值。在单向拉伸时，假定直到断裂仍可用胡克定律计算 ε_u，则 $\varepsilon_u=\dfrac{\sigma_b}{E}$。按照该理论，在任意应力状态下，只要 ε_1 达到极限值 $\dfrac{\sigma_b}{E}$，材料就会发生断裂破坏。

破坏形式：断裂

破坏条件：$\varepsilon_1=\varepsilon_u=\dfrac{\sigma_b}{E}$ （a）

将广义胡克定律 $\varepsilon_1=\dfrac{1}{E}[\sigma_1-\mu(\sigma_2+\sigma_3)]$ 代入（a）式，得到用应力表示的破坏条件和强度条件。

破坏条件：$\sigma_1-\mu(\sigma_2+\sigma_3)=\sigma_b$ （9.15）

强度条件：$\sigma_1-\mu(\sigma_2+\sigma_3)\leqslant[\sigma]$ （9.16）

式中，$[\sigma]=\dfrac{\sigma_b}{n}$。

实验表明，该强度理论较好地解释了石料、混凝土等脆性材料在压缩时纵向开裂的现象。但是，其实验结果只与很少的材料吻合，因此该理论已经很少使用。

缺点：不能广泛解释脆断破坏一般规律。

适用范围：适于石料、混凝土等轴向受压的情况。

3. 最大切应力理论（第三强度理论）

该理论认为最大切应力是引起材料屈服的主要原因，即认为无论在什么应力状态下，只要最大切应力 τ_{max} 达到某一极限值 τ_u，材料就发生屈服。既然最大切应力的极限值与应力状态无关，则可利用单向应力状态确定这一极限值。在单向拉伸时，当 $\tau_{max}=\dfrac{\sigma_s}{2}$ 时材料出现屈服。在任意应力状态下的最大切应力 $\tau_{max}=\dfrac{\sigma_1-\sigma_3}{2}$，于是得

破坏条件：$\sigma_1-\sigma_3=\sigma_s$ （9.17）

强度条件：$\sigma_1-\sigma_3\leqslant[\sigma]$ （9.18）

实验表明，这一理论可以较好地解释塑性材料出现塑性变形的现象。如低碳钢拉伸时沿与轴线成 45° 的方向出现滑移线，而沿这一方向的斜面上切应力最大，这些滑移线正是最大切应力引起的。但是，由于没有考虑 σ_2 的影响，故按这一理论设计的构件偏于安全。

缺点：没有考虑 σ_2 对失效的影响。

适应范围：适于塑性屈服和剪断。因为一般塑性材料是由于塑性流动而导致破坏，这正是切应力所引起的。

4. 形状改变比能理论（第四强度理论）

材料在外力作用下产生变形的同时，其内部也积储了能量，称为应变能，单位体积的应变能称为比能或应变能密度。比能又分为形状改变比能和体积改变比能。形状改变比能理论简称为能量理论。它认为形状改变比能是引起材料屈服的主要原因，即认为无论材料处于什么应力状态，只要形状改变比能达到某一极限值，材料就发生屈服。

在单向拉伸时，屈服应力为 σ_s，相应的形状改变比能为

$$u_d=\frac{1+\mu}{6E}(2\sigma_s)$$

在复杂应力状态下

$$u_d=\frac{1+\mu}{6E}[(\sigma_1-\sigma_2)^2+(\sigma_2-\sigma_3)^2+(\sigma_3-\sigma_1)^2]$$

于是可得

破坏条件：$\sqrt{\dfrac{1}{2}[(\sigma_1-\sigma_2)^2+(\sigma_2-\sigma_3)^2+(\sigma_3-\sigma_1)^2]}=\sigma_s$ （9.19）

强度条件：$\sqrt{\dfrac{1}{2}[(\sigma_1-\sigma_2)^2+(\sigma_2-\sigma_3)^2+(\sigma_3-\sigma_1)^2]}\leqslant[\sigma]$ （9.20）

适用条件：塑性材料。

按该理论计算的结果比按第三强度理论计算的结果经济。

5. 莫尔强度理论

莫尔强度理论是建立在试验数据的统计分析基础之上的。1910 年莫尔提出材料的破坏主要是剪切破坏。材料在复杂应力状态下，某一斜面上的切应力达到一极限值，材料便会沿该斜面产生剪切滑移破坏，且破坏面与中间主应力 σ_2 作用方向平行（即 σ_2 不影响材料的剪切破坏），并且破坏面上的极限切应力 τ_u 是该面上正应力 σ 的函数，即 $\tau_u = f(\sigma)$。该函数在 σ-τ 坐标系中是一条曲线，称为莫尔强度曲线。莫尔强度曲线的形式与材料有关，有直线形、抛物线形、双曲线形、摆线形等。曲线上任意一点的坐标都代表材料沿某一剪切面剪切破坏所需的切应力和正应力，即任意一点都对应了一个与之相切的极限应力圆（导致材料失效的极限应力状态对应的应力圆称为极限应力圆），切点的坐标必然满足强度条件。强度曲线是这些极限应力圆的包络线，亦称莫尔包络线，如图 9.16 所示。

对一已知的应力状态 σ_1, σ_2, σ_3，若由 σ_1, σ_3 确定的应力圆在包络线之内，则这一应力状态不会引起失效；若应力圆与包络线恰好相切，则表明这一应力状态处于极限平衡状态，会引起材料失效。

在实用中，常以单向拉伸和单向压缩的两个极限应力圆的公切线代替包络线，如图 9.17 所示。由此推出莫尔强度理论的强度条件为

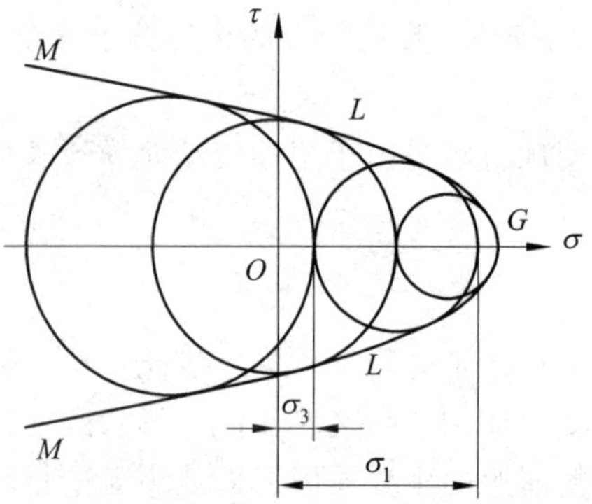

图 9.16 莫尔包络线

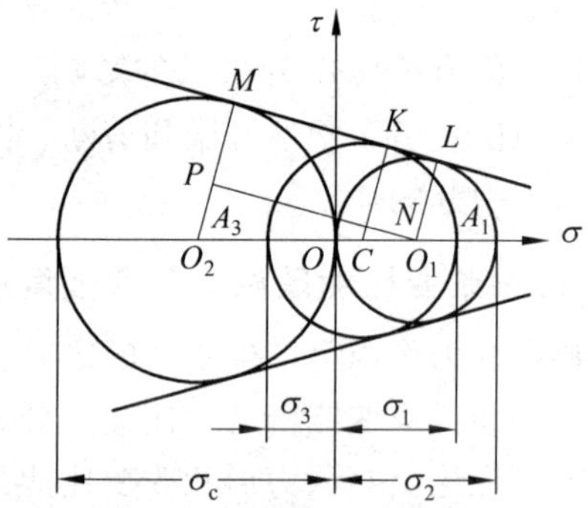

图 9.17 直线形莫尔包络线

$$\sigma_1 - \frac{[\sigma_t]}{[\sigma_c]}\sigma_3 \leqslant [\sigma_t] \tag{9.21}$$

式中，$[\sigma_t]$, $[\sigma_c]$ 分别为材料的许用拉应力和许用压应力。对抗拉强度和抗压强度相等的材料，$[\sigma_t]=[\sigma_c]=[\sigma]$，上式化为

$$\sigma_1 - \sigma_3 \leqslant [\sigma] \tag{9.22}$$

这也是最大切应力理论的强度条件。由于莫尔理论可以推出第三强度理论，所以往往把它作为第三强度理论的推广。

适用条件：脆性材料的危险点处于以压应力为主的应力状态，且 $[\sigma_t]$ 与 $[\sigma_c]$ 不相等，宜采用莫尔强度理论。

缺点：没有考虑 σ_2 对失效的影响。

9.5.4 相当应力

引入“相当应力 σ_{ri}”使强度理论的表达式简洁，强度理论的强度条件可概括为

$$\sigma_{ri} \leqslant [\sigma] \quad (i=1,\ 2,\ 3,\ 4,\ M) \tag{9.23}$$

式中，i 表示第 i 强度理论，M 代表莫尔强度理论，即

$$\sigma_{r1} = \sigma_1 \tag{9.24}$$

$$\sigma_{r2} = \sigma_1 - \mu(\sigma_2 + \sigma_3) \tag{9.25}$$

$$\sigma_{r3} = \sigma_1 - \sigma_3 \tag{9.26}$$

$$\sigma_{r4} = \sqrt{\frac{1}{2}[(\sigma_1-\sigma_2)^2 + (\sigma_2-\sigma_3)^2 + (\sigma_3-\sigma_1)^2]} \tag{9.27}$$

$$\sigma_{rM} = \sigma_1 - \frac{[\sigma_t]}{[\sigma_c]}\sigma_3 \tag{9.28}$$

相当应力是危险点的 3 个主应力按一定形式的组合，本身并不具有应力的含义，只是为了计算方便而引入的名词或符号。

9.5.5 应用强度理论时应注意的问题

1. 明确各强度理论的适用范围

各强度理论都有一定的局限性，不同情况下应采用不同的强度理论。

第一强度理论和第二强度理论是用来解释材料脆性断裂破坏的强度理论；第三强度理论和第四强度理论是用来解释材料塑性屈服的强度理论。

2. 正确判断材料失效形式（屈服或脆性断裂），然后选用适当的强度理论

（1）对于脆性材料，常因脆断而破坏，宜采用第一强度理论或莫尔理论。在单向或二向拉伸应力状态下，采用最大拉应力理论。在复杂应力状态的最大和最小主应力分别为拉应力和压应力的情况下，采用莫尔强度理论。

（2）对于塑性材料，常因塑性屈服而失去正常工作能力，故应采用第三、第四强度理论。

（3）在三向拉伸状态下，不管是脆性材料还是塑性材料，都将发生脆性断裂破坏，故应采用第一强度理论。

（4）在三向压缩状态下，不管是脆性材料还是塑性材料，通常都将发生塑性屈服破坏，故应采用第三或第四强度理论。

9.5.6 复杂应力状态下构件强度计算的一般步骤

（1）外力分析。根据平衡条件分析构件的受力状况。

（2）内力分析。画内力图，确定可能的危险截面。

（3）应力分析。从危险截面上确定危险点，并画出危险点的应力单元体，计算出主应力 σ_1，σ_2，σ_3。

（4）强度分析。选用适当的强度理论，算出相当应力 σ_{ri}，然后进行强度计算。

例题 9.6 试按第三和第四强度理论建立如图 9.18 所示应力状态的强度条件。

解：（1）求主应力。

$$\left.\begin{matrix}\sigma_1\\ \sigma_3\end{matrix}\right\}=\frac{\sigma_x+\sigma_y}{2}\pm\sqrt{\left(\frac{\sigma_x-\sigma_y}{2}\right)^2+\tau_{xy}^2}=\frac{\sigma}{2}\pm\sqrt{\left(\frac{\sigma}{2}\right)^2+\tau^2}$$

$$\sigma_2=0$$

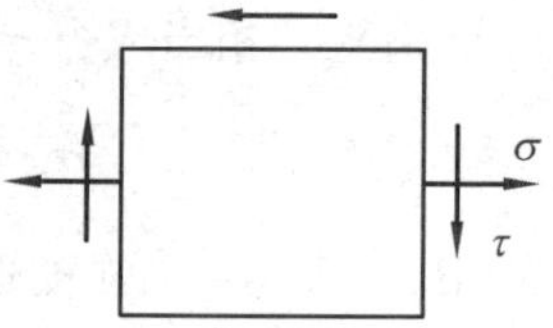

图 9.18 例题 9.6 图

（2）求相当应力。

$$\sigma_{r3}=\sigma_1-\sigma_3=\sqrt{\sigma^2+4\tau^2}$$

$$\sigma_{r4}=\sqrt{\frac{1}{2}[(\sigma_1-\sigma_2)^2+(\sigma_2-\sigma_3)^2+(\sigma_3-\sigma_1)^2]}=\sqrt{\sigma^2+3\tau^2}$$

（3）强度条件。

$$\sigma_{r3}=\sqrt{\sigma^2+4\tau^2}\leqslant[\sigma] \tag{9.29}$$

$$\sigma_{r4}=\sqrt{\sigma^2+3\tau^2}\leqslant[\sigma] \tag{9.30}$$

在横力弯曲、弯扭组合变形以及拉（压）扭组合变形中，危险点就是这种应力状态，在按第三或第四强度理论进行设计时可以直接应用公式（9.29）或（9.30）。

例题 9.7 图 9.19 所示一 T 形截面的铸铁外伸梁，试用莫尔强度理论校核 B 截面腹板与翼缘交界处 b 点的强度。铸铁的抗拉和抗压许用应力分别为 $[\sigma_t]=30$ MPa，$[\sigma_c]=160$ MPa。

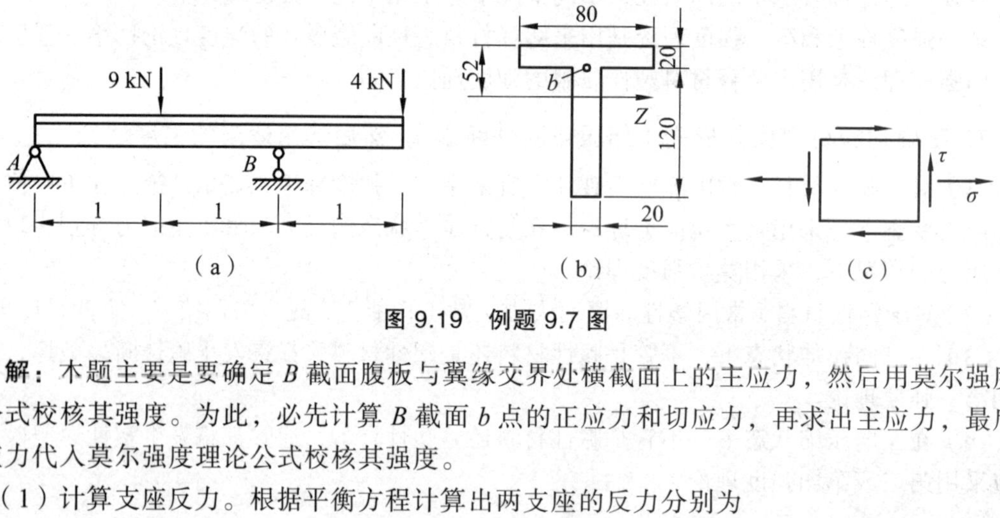

图 9.19 例题 9.7 图

解：本题主要是要确定 B 截面腹板与翼缘交界处横截面上的主应力，然后用莫尔强度理论公式校核其强度。为此，必先计算 B 截面 b 点的正应力和切应力，再求出主应力，最后将主应力代入莫尔强度理论公式校核其强度。

（1）计算支座反力。根据平衡方程计算出两支座的反力分别为

$$F_{Ay}=2.5\text{ kN}(\uparrow),\ F_{By}=10.5\text{ kN}(\uparrow)$$

（2）计算 B 截面的弯矩 M 和剪力 F_S。

$$M=4\times1=4\text{ kN}\cdot\text{m},\ F_{S\max}=|-F_{By}+4|=6.5\text{ kN}\cdot\text{m}$$

（3）计算 b 点的应力。

根据截面尺寸求得 $I_z=7.63\times10^{-6}\ \text{m}^4$，$S_z^*=6.72\times10^{-5}\ \text{m}^3$

从而算出

$$\sigma=\frac{My}{I_z}=\frac{(4\times10^3)\times(32\times10^{-3})}{7.63\times10^{-6}}\text{Pa}=16.8\ \text{MPa}$$

$$\tau=\frac{F_S S_z^*}{I_z b}=\frac{(6.5\times10^3)\times(6.72\times10^{-5})}{(7.63\times10^{-6})\times(20\times10^{-3})}\text{Pa}=2.86\ \text{MPa}$$

在截面 B 上，翼缘 b 点的应力状态如图 9.19（c）所示。求出主应力为

$$\left.\begin{matrix}\sigma_1\\ \sigma_3\end{matrix}\right\}=\frac{\sigma}{2}\pm\sqrt{\left(\frac{\sigma}{2}\right)^2+\tau^2}=\frac{16.8}{2}\pm\sqrt{\left(\frac{16.8}{2}\right)^2+2.86^2}=\begin{cases}17.3\ \text{MPa}\\ -0.47\ \text{MPa}\end{cases}$$

由于铸铁的抗拉、压强度不等，应使用莫尔强度理论，由式（9.28）有

$$\sigma_{rM}=\sigma_1-\frac{[\sigma_t]}{[\sigma_c]}\sigma_3=17.3-\frac{30}{160}\times(-0.47)=17.4\ \text{MPa}<[\sigma_t]$$

故满足莫尔强度理论的强度条件。

例题 9.8　由 Q235 钢制成的蒸汽锅炉，壁厚 $\delta=10\ \text{mm}$，内径 $D=1\ \text{m}$（见图 9.20）。蒸汽压力 $p=3\ \text{MPa}$。试计算锅炉壁内任意点处的 3 个主应力。若锅炉许用应力为 $[\sigma]=160\ \text{MPa}$，试按第四强度理论校核其强度。

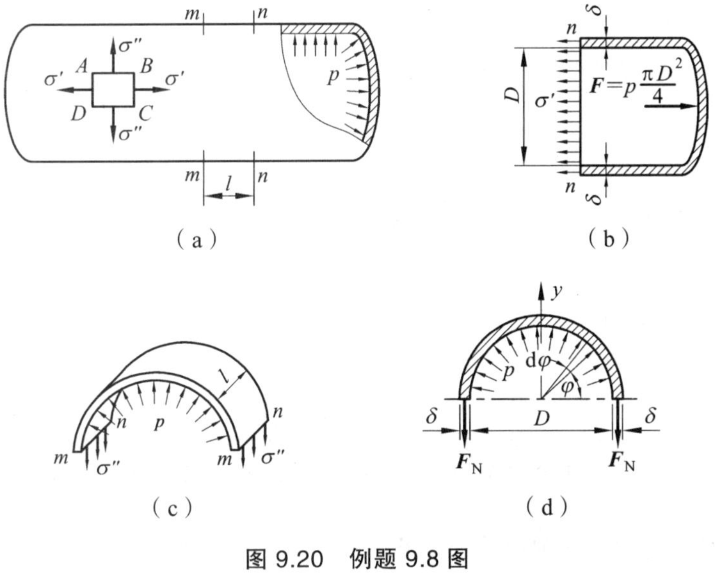

图 9.20　例题 9.8 图

解：（1）确定应力状态，计算主应力。

容器为薄壁圆筒（圆筒的壁厚 δ 远小于它的直径 D），承受压力后，在其横截面和纵截面都只产生正应力，锅炉壁内任意点属于二向应力状态。若封闭的薄壁圆筒所受内压力为 p，则沿圆筒轴线作用于筒底的总压力为 F，如图 9.20（b）所示，且

$$F=p\cdot\frac{\pi D^2}{4}$$

在 F 力作用下，圆筒横截面上应力

$$\sigma' = \frac{F}{A}$$

式中，A 为薄壁圆筒的横截面面积，$A = \pi D\delta$，故有

$$\sigma' = \frac{F}{A} = \frac{p \cdot \dfrac{\pi D^2}{4}}{\pi D\delta} = \frac{pD}{4\delta} = \frac{3\times10^6\times1}{4\times10\times10^{-3}} = 75\times10^6\ \text{Pa} = 75\ \text{MPa}$$

用相距为 l 的两个横截面和包含直径的纵向平面，从圆筒中截取一部分，如图 9.20（c），（d）所示。若在筒壁的纵向截面上应力为σ''，则内力为

$$F_{\text{N}} = \sigma''\delta l$$

在这一部分圆筒内壁的微分面积 $l\cdot\dfrac{D}{2}\text{d}\varphi$ 上，压力为 $pl\cdot\dfrac{D}{2}\text{d}\varphi$。它在 y 方向的投影为 $pl\cdot\dfrac{D}{2}\text{d}\varphi\cdot\sin\varphi$。通过积分求出上述投影的总和为

$$\int_0^{\pi} pl\cdot\frac{D}{2}\text{d}\varphi\cdot\sin\varphi = plD$$

由平衡方程 $\sum F_x = 0$，得

$$2\sigma''\delta l - plD = 0$$

$$\sigma'' = \frac{pD}{2\delta} = \frac{3\times10^6\times1}{2\times10^{-3}} = 150\times10^6\ \text{Pa} = 150\ \text{MPa}$$

于是

$$\sigma_1 = \sigma'' = 150\ \text{MPa},\quad \sigma_2 = \sigma' = 75\ \text{MPa},\quad \sigma_3 \approx 0$$

（2）校核锅炉强度。

采用第四强度理论，由式（9.27）

$$\begin{aligned}\sigma_{\text{r4}} &= \sqrt{\frac{1}{2}[(\sigma_1-\sigma_2)^2+(\sigma_2-\sigma_3)^2+(\sigma_3-\sigma_1)^2]}\\ &= \sqrt{\frac{1}{2}[(150-75)^2+(75-0)^2+(0-150)^2]} = 130\ \text{MPa} < [\sigma]\end{aligned}$$

可见，锅炉满足第四强度理论的强度条件。

本章小结

1. 一点的应力状态

所谓一点的应力状态，是指受力杆件中任一点处所有各个截面上应力的集合。一般情况下，过同一点的不同截面上的应力是不相同的；同一截面上不同位置的点的应力状态也是不同的。通常用应力单元体来描述一点的应力状态。

2. 主应力和主平面

单元体上切应力为零的面称为主平面，主平面上的正应力称为主应力。构件中的任何一点，都存在 3 个相互垂直的主平面，对应的 3 个主应力也是相互垂直的。主应力通常用 σ_1，σ_2，σ_3 表示，按其代数值的大小排列，$\sigma_1 \geqslant \sigma_2 \geqslant \sigma_3$。最大主应力 σ_1 和最小 σ_3 分别是构件中某点处的最大正应力和最小正应力。在该点其他任何方位的截面上的正应力数值一定都在 σ_1 和 σ_3 之间。

3. 平面应力状态

当有一个主应力为零时的应力状态为平面应力状态。一般已知单元体上相互垂直的两个平面上的应力，根据解析法公式可以求任意斜截面上的应力。

$$\sigma_\alpha = \frac{\sigma_x + \sigma_y}{2} + \frac{\sigma_x - \sigma_y}{2}\cos 2\alpha - \tau_{xy}\sin 2\alpha$$

$$\tau_\alpha = \frac{\sigma_x - \sigma_y}{2}\sin 2\alpha + \tau_{xy}\cos 2\alpha$$

也可以利用应力圆来求任意斜截面上的应力。应力圆上各点与单元体上的面存在一一对应关系，其对应原则为：圆上一点，体上一面；直径两端，垂直两面；点面对应，基准一致，转向相同，转角两倍。只要根据 x，y 面的应力作出应力圆，再根据点面对应关系，在应力圆上确定所求截面的点，该点的坐标值即是该斜面上的应力值。

利用解析法和图解法也可计算出主应力，主切应力，并确定主平面位置。

主应力：
$$\left.\begin{matrix}\sigma_{\max}\\ \sigma_{\min}\end{matrix}\right\} = \frac{\sigma_x + \sigma_y}{2} \pm \sqrt{\left(\frac{\sigma_x - \sigma_y}{2}\right)^2 + \tau_{xy}^2}$$

主应力方向：
$$\tan\alpha_0 = \frac{\sigma_x - \sigma_1}{\tau_{xy}}$$

主切应力：
$$\left.\begin{matrix}\tau_{\max}\\ \tau_{\min}\end{matrix}\right\} = \pm\frac{\sigma_{\max} - \sigma_{\min}}{2} = \pm\sqrt{\left(\frac{\sigma_x - \sigma_y}{2}\right)^2 + \tau_{xy}^2}$$

主切应力作用面与主平面之间的夹角为 45°。

4. 广义胡克定律

广义胡克定律建立了应力与应变之间的关系，利用这种关系，可以已知应力求应变，也可以已知应变求应力。

5. 强度理论的概念

强度理论是研究材料在复杂应力条件下强度失效的原因和失效条件的理论。脆性断裂和塑性屈服是强度失效的两种基本形式。

6. 常用的几种强度理论及相当应力

（1）最大拉应力理论（第一强度理论）：$\sigma_{r1} = \sigma_1 \leqslant [\sigma]$

（2）最大拉应变理论（第二强度理论）：$\sigma_{r2} = \sigma_1 - \mu(\sigma_2 + \sigma_3) \leqslant [\sigma]$

（3）最大切应力理论（第三强度理论）：$\sigma_{r3} = \sigma_1 - \sigma_3 \leqslant [\sigma]$

（4）形状改变比能理论（第四强度理论）：

$$\sigma_{r4} = \sqrt{\frac{1}{2}[(\sigma_1 - \sigma_2)^2 + (\sigma_2 - \sigma_3)^2 + (\sigma_3 - \sigma_1)^2]} \leqslant [\sigma]$$

（5）莫尔强度理论：$\sigma_{rM}=\sigma_1-\dfrac{[\sigma_t]}{[\sigma_c]}\sigma_3\leqslant[\sigma_t]$

7. 强度理论的适用范围

材料强度失效不仅取决于材料的性质，而且还与危险点处的应力状态有关。一般情况下，脆性材料选用脆断的强度理论与莫尔强度理论，塑性材料选用关于屈服的强度理论。无论是塑性或脆性材料，在三向受拉应力状态下将以脆性断裂形式失效，宜采用第一强度理论。在三向压应力状态下都将发生塑性屈服，宜采用第三或第四强度理论。

思考题

9.1　什么是一点处的应力状态？为什么要研究一点处的应力状态？如何研究一点处的应力状态？

9.2　什么叫主平面和主应力？主应力和正应力有什么区别？如何确定平面应力状态的3个主应力及其作用面？

9.3　二向应力状态与平面应力状态有区别吗？

9.4　在最大正应力作用面上有无切应力？在最大切应力作用面上有无正应力？

9.5　在表示一点应力状态的单元体上，可否认为：

（1）各个面上的应力都是均匀的。

（2）一对平行面上的应力相等。

（3）互相垂直的一对面上的正应力相等。

（4）互相垂直的一对面上的切应力相等。

9.6　根据广义胡克定律，判断下列说法是否正确：

（1）有正应力作用的方向必有线应变。

（2）无正应力作用的方向线应变必为零。

（3）无线应变的方向正应力为零。

（4）线应变最大的方向正应力也为最大。

9.7　判断下列说法是否正确：

（1）强度理论只适用于复杂应力状态。

（2）断裂判据只适用于脆性材料。

（3）屈服条件只适用于塑性材料。

（4）屈服条件只适用于塑性流动破坏。

9.8　确定图9.21所示应力圆表示的应力状态的性质。

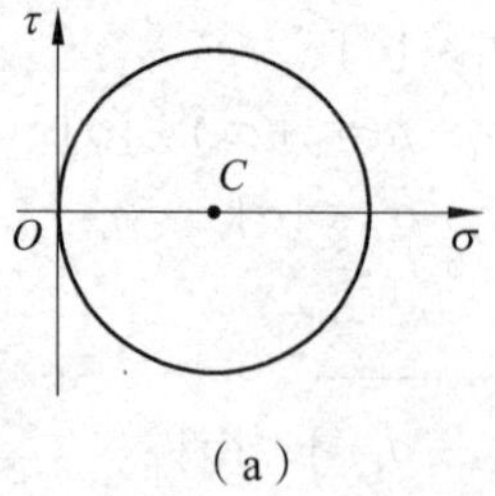

（a）

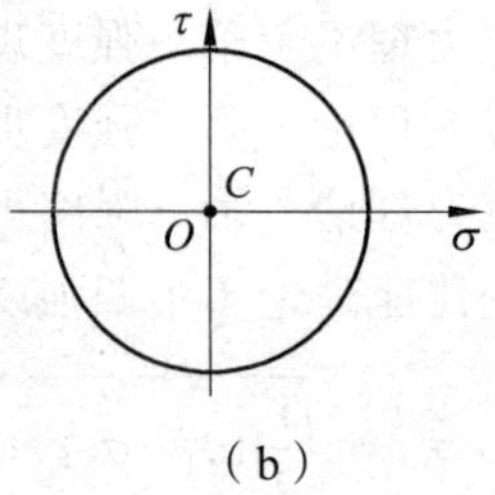

（b）

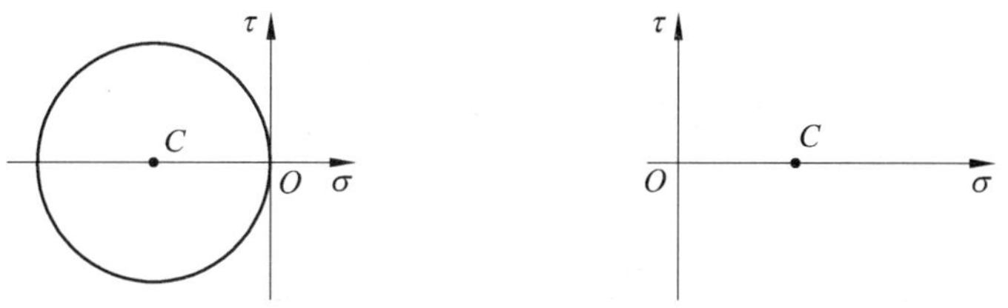

（c）　　　　（d）

图 9.21

图 9.22

9.9　水管在冬天因管内水结冰容易发生破裂，而管内的冰却没有破坏，试解释其原因。

9.10　已知一点的应力状态如图 9.22 所示，若 $\sigma \leqslant [\sigma]$，$\tau \leqslant [\tau]$，为什么不能说该点的应力满足强度条件？理由何在？

习　题

9.1　构件受力如图所示。

（1）确定危险点的位置。

（2）用单元体表示危险点的应力状态。

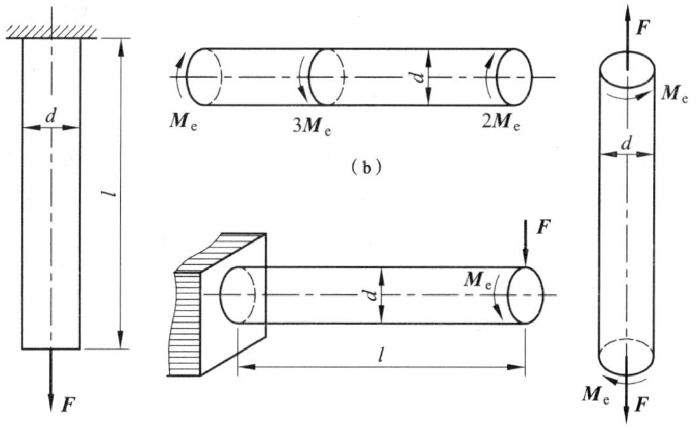

（a）　　　　（c）　　　　（d）

题 9.1 图

9.2　在图示各单元体中，试用解析法和图解法求斜截面 ab 上的应力。应力的单位为 MPa。

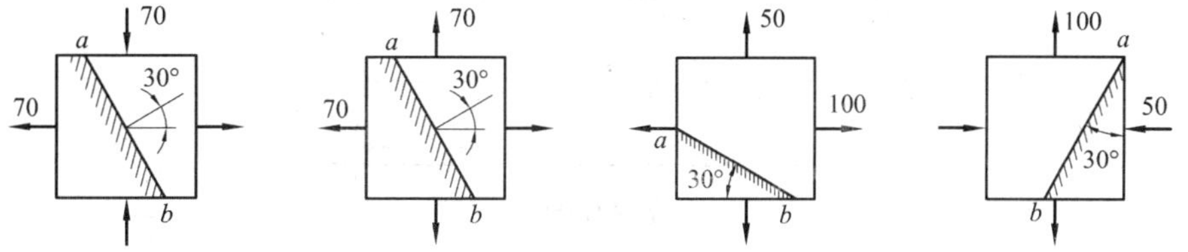

（a）　　　　（b）　　　　（c）　　　　（d）

题 9.2 图

9.3　试用解析法和图解法求如图示各单元体的主应力及主平面，并在单元体上绘出主平面位置及主应力方向（应力单位 MPa）。

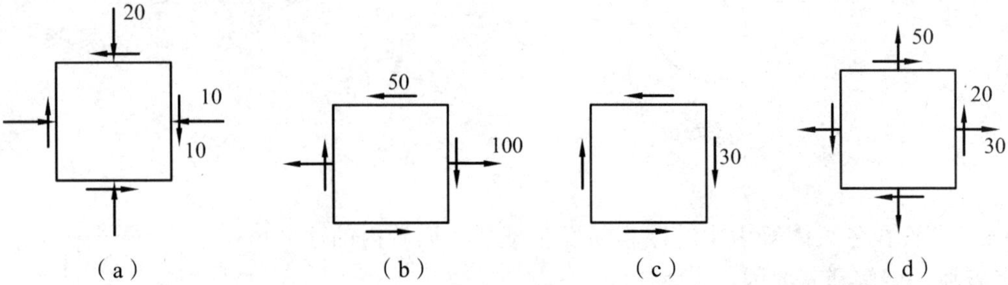

题 9.3 图

9.4　一焊接钢板梁的尺寸及受力情况如图所示，梁的自重忽略不计。试求图示 *m*-*m* 右侧截面上 *a*，*b*，*c* 三点处的主应力。

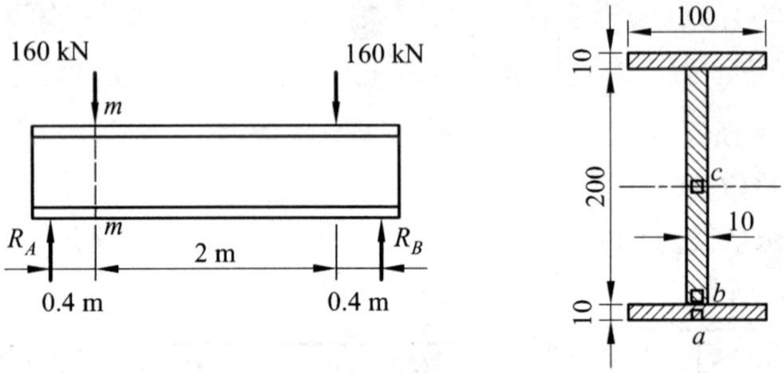

题 9.4 图

9.5　矩形截面钢杆在受轴向拉力 $F=20$ kN 时，测得试样中段 *B* 点处与其轴线成 30° 方向的线应变 $\varepsilon_{30^\circ}=3.25\times10^{-4}$。已知材料的弹性模量 $E=210$ GPa，试求泊松比 μ。

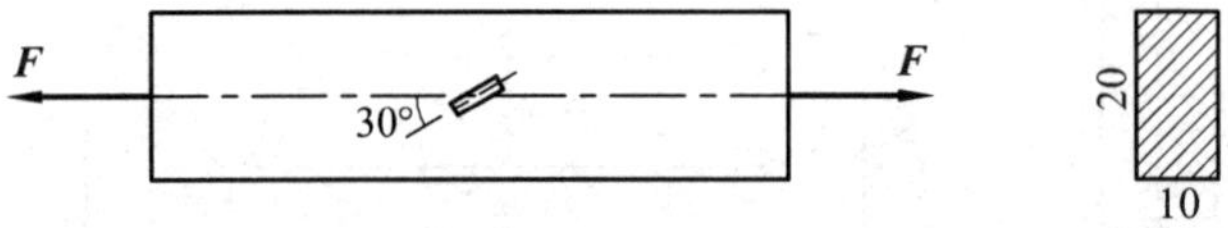

题 9.5 图

9.6　如图示空心圆轴，外径 $D=120$ mm，内径 $d=80$ mm。在轴的中部表面 *A* 点处，测得与其母线成 45° 方向的线应变 $\varepsilon_{45^\circ}=-2.6\times10^{-4}$，已知材料的弹性模量 $E=200$ GPa，泊松比 $\mu=0.3$，试求外扭转力偶矩 M_e。

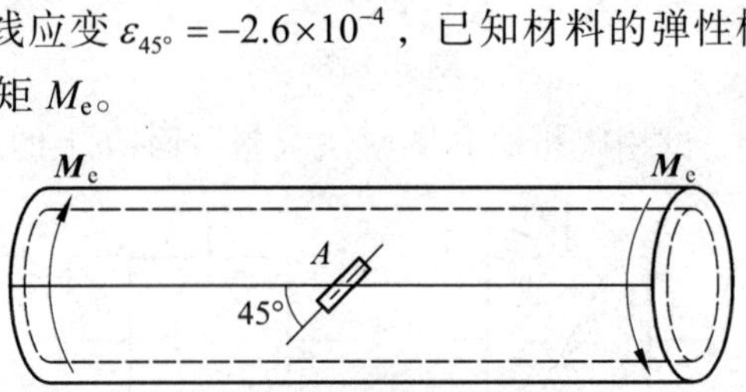

题 9.6 图

9.7　已知矩形截面梁某截面上的弯矩及剪力分别为 $M=10$ kN · m，$F_S=120$ kN，试绘出截面上 1，2，3，4 各点的应力单元体，并求其主应力。

9.8　如图所示的单元体为二向应力状态，应力单位为 MPa。试求主应力及主单元体，并作应力圆。

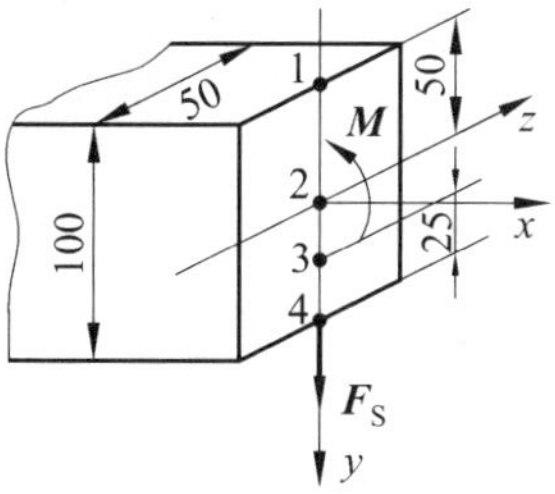

题 9.7 图

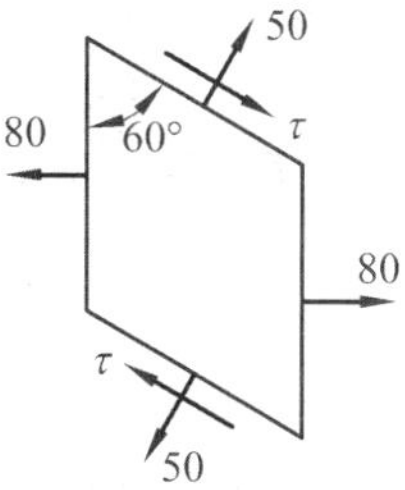

题 9.8 图

9.9　过受力构件的某点处，铅垂面上作用着正应力 $\sigma_x = 130$ MPa 和切应力 τ_{xy}，已知该点处的主应力 $\sigma_1 = 150$ MPa，最大切应力 $\tau_{\max} = 100$ MPa，试确定水平截面和铅垂截面的未知应力分量 σ_y，τ_{xy} 和 τ_{yx}。

9.10　试求如图所示各单元体的主应力及最大切应力。图中应力单位均为 MPa。

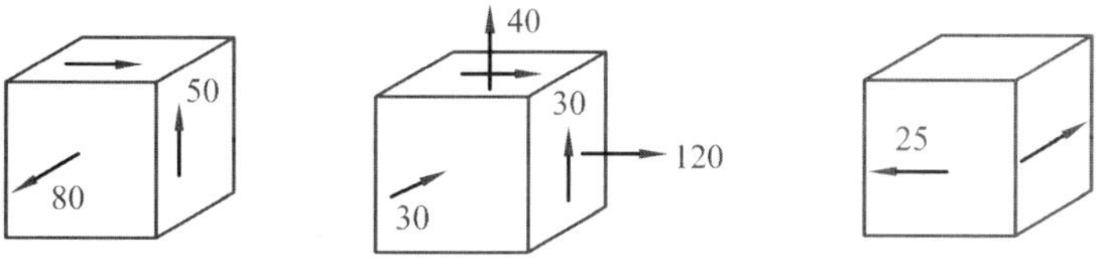

（a）　（b）　（c）

题 9.10 图

9.11　构件中危险点的应力状态如图所示，试对以下两种情况进行强度校核：

（1）构件材料为钢材，$\sigma_x = 45$ MPa，$\sigma_y = 135$ MPa，$\sigma_z = 0$，$\tau_{xy} = 0$，$[\sigma] = 160$ MPa；

（2）构件材料为铸铁，$\sigma_x = 20$ MPa，$\sigma_y = -25$ MPa，$\sigma_z = 30$ MPa，$\tau_{xy} = 0$，$[\sigma] = 30$ MPa。

9.12　平面应力状态如图所示。设有以下 4 种情况：

（1）$\sigma_x = 40$ MPa，$\sigma_y = 40$ MPa，$\tau_{xy} = 60$ MPa；

（2）$\sigma_x = 60$ MPa，$\sigma_y = -80$ MPa，$\tau_{xy} = -40$ MPa；

（3）$\sigma_x = -40$ MPa，$\sigma_y = 50$ MPa，$\tau_{xy} = 0$；

（4）$\sigma_x = 0$，$\sigma_y = 0$，$\tau_{xy} = 45$ MPa。

试按第三和第四强度理论分别计算上述 4 种情况下的相当应力。

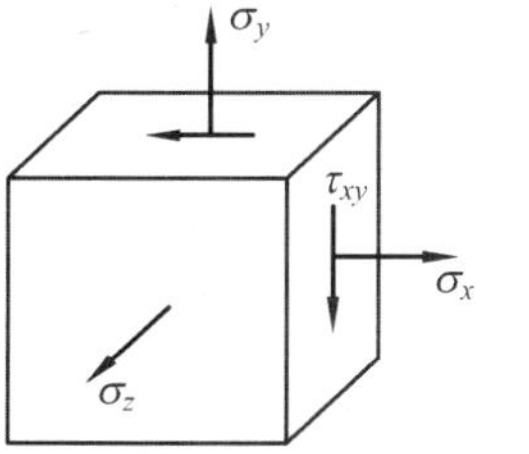

题 9.11 图

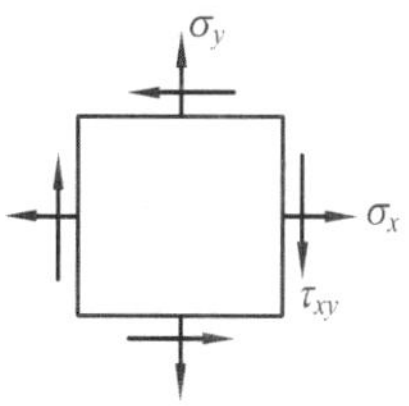

题 9.12 图

9.13　列车通过钢桥时，在钢桥横梁的 A 点用变形仪量得 $\varepsilon_x = 0.000\,4$，$\varepsilon_y = -0.000\,12$，试

求 A 点在 x 及 y 方向的正应力。设 $E=200\ \text{GPa}$ ，泊松比 $\mu=0.3$ ，并问这样能否求出 A 点的主应力?

9.14　在一厚钢板上挖了一个尺寸为 $1\ \text{cm}^3$ 的立方孔穴，在这孔内紧密无隙地嵌入一铝质立方块。若铝块受有 $F=7\ \text{kN}$ 的压力，试求铝块内的 3 个主应力。假设厚钢板为刚体，铝立方块的泊松比为 $\mu=0.3$ ， $E=200\ \text{GPa}$ 。

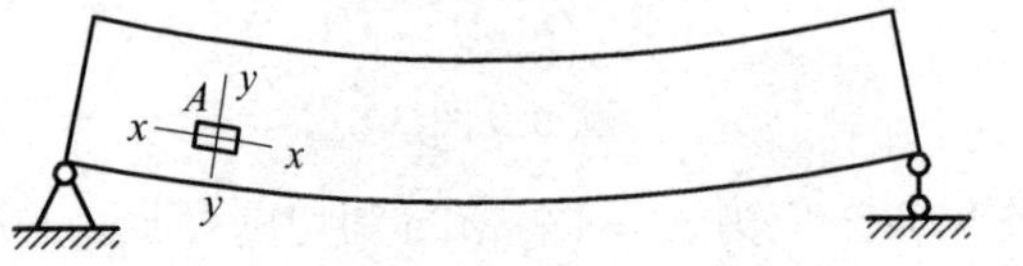

题 9.13 图

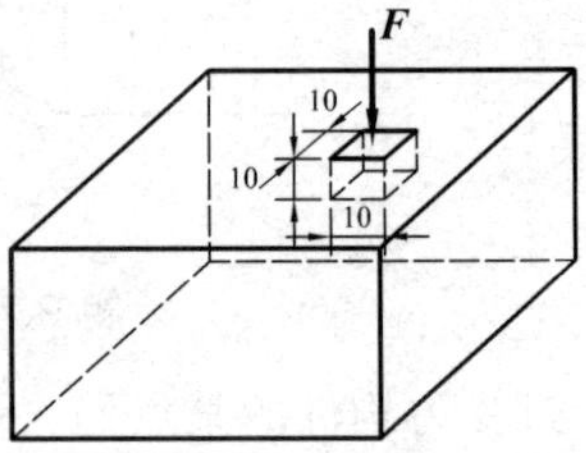

题 9.14 图

9.15　从钢构件内某点取出一单元体如图所示。已知 $\sigma=30\ \text{MPa}$ ， $\tau=15\ \text{MPa}$ ，材料弹性模量 $E=200\ \text{GPa}$ ，泊松比 $\mu=0.3$ 。试求对角线 AC 的长度改变量 ΔL_{AC} 。

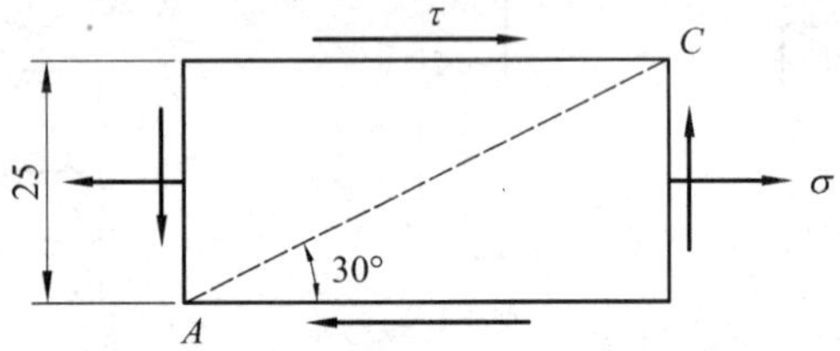

题 9.15 图

9.16　在平面应力状态下，设已知最大切应变 $\gamma=5\times10^{-4}$ ，并已知两个互相垂直方向上的正应力之和为 27.5 MPa。材料的泊松比为 $\mu=0.25,\ E=200\ \text{GPa}$ 。试计算主应力的大小。

提示： $\sigma_\alpha+\sigma_{\alpha+90^\circ}=\sigma_x+\sigma_y=\sigma_1+\sigma_2$

9.17　钢制圆柱形薄壁容器，直径为 800 mm，壁厚 $\delta=4\ \text{mm}$ ， $[\sigma]=120\ \text{MPa}$ 。试用强度理论确定可能承受的内压力 p。

第 10 章　组合变形

10.1　组合变形的概念及分析方法

10.1.1　组合变形的概念

在前面各章中，分别讨论了杆件在拉压、剪切、扭转、平面弯曲 4 种基本变形条件下的强度及刚度问题。但在工程实际中，受力构件所发生的变形往往是由两种或两种以上的基本变形所构成。例如图 10.1 中，长江三峡大坝在水压力和自身重力和载荷作用下，将产生压缩和弯曲的组合变形；图 10.2 所示的钻床立柱在产生轴向拉伸变形的同时还有弯曲变形；图 10.3 所示的绞车传动轴产生扭转和弯曲的组合变形；图 10.4 所示坡屋顶上的横梁则产生斜弯曲变形；图 10.5 所示工厂厂房吊车梁的牛腿柱，受偏心压力作用将产生压缩与弯曲变形等。将这种由两种或两种以上的基本变形所组成的变形称为**组合变形**。

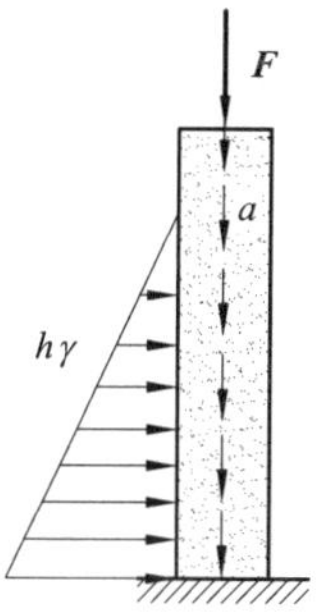

图 10.1　长江三峡大坝

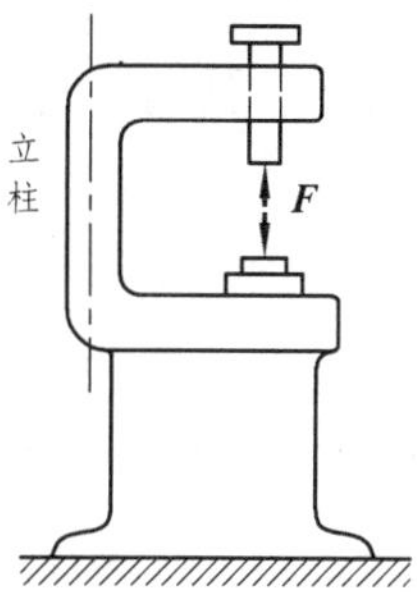

图 10.2　钻床及计算简图

图 10.3　传动轴的扭转和弯曲组合变形

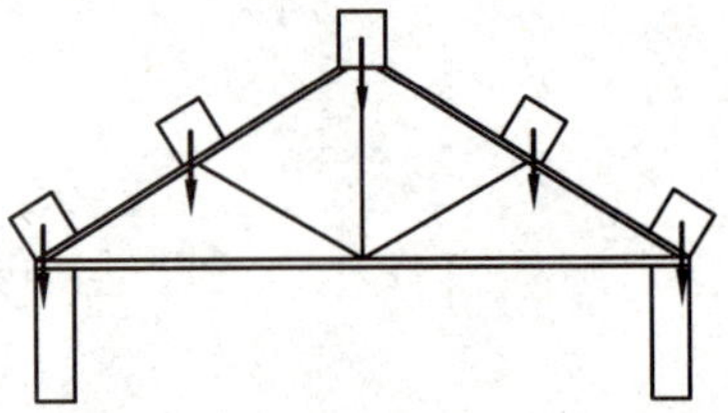

图 10.4　屋顶横梁产生斜弯曲变形

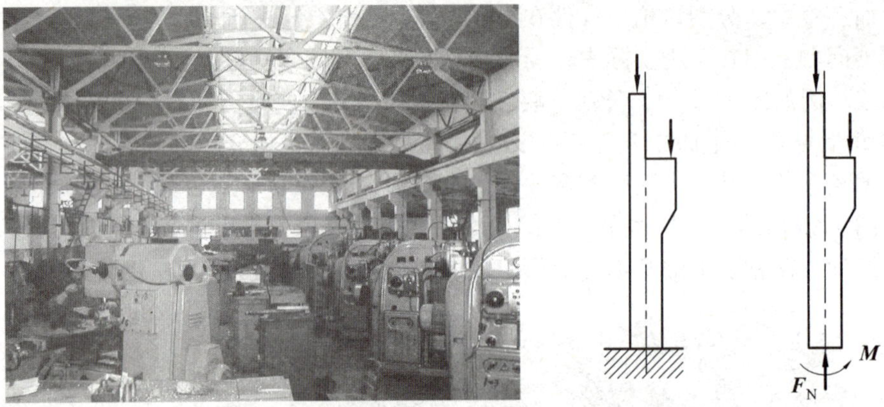

图 10.5　吊车梁的牛腿柱受偏心压力作用产生压缩与弯曲组合变形

常见组合变形的类型：

（1）斜弯曲。

（2）拉伸（压缩）与弯曲组合变形。

（3）弯曲与扭转组合变形。

10.1.2　组合变形的分析方法

对组合变形构件，在线弹性范围内、小变形条件下，可采用叠加法进行分析。先将构件所受载荷进行简化或分解，使每一组载荷对应一种基本变形，再分别计算构件在每一种基本变形下的内力、应力和变形。然后根据叠加原理，将各种基本变形的计算结果进行叠加即得组合变形的结果。综合考虑在组合变形情况下构件危险截面的位置以及危险点的应力状态，据此进行强度计算。

在采用叠加原理对组合变形杆件进行内力和应力分析时，无须引入新的概念和新的方法。关键问题在于，如何分解力，使其只对应一种基本变形；以及怎样将各种基本变形下的计算结果进行叠加，这是学习本章内容时必须注意的重点。

10.2 斜弯曲

在前面章节的弯曲问题中，研究的是平面弯曲的问题。即梁所受外力或外力偶均作用在梁的纵向对称平面内，梁变形后的挠曲线也在其纵向对称平面内。在工程实际中，常常会遇到梁上的横向力并不在梁的对称平面内,而是与其纵向对称平面有一夹角的情况。例如图 10.4 所示屋顶檩条倾斜安置时，梁所承受的铅垂方向的外力并不在其纵向对称平面内，在这种情况下，梁变形后的挠曲线将与外力不在同一平面内。工程上将这种弯矩作用面与主轴平面不重合的弯曲称为斜弯曲。它通常包括下列两种情形：一是所有外力都作用在通过轴线的同一平面内，但这一平面不是对称面（或主轴平面），如图 10.6（a）所示的情况；二是所有外力都作用在通过轴线的两个不同的对称面（或主轴平面）内，如图 10.6（b）所示的情况。这两种情形都将在梁的横截面上同时产生两个弯矩 M_y 和 M_z，如图 10.6（c）所示。斜弯曲是两个平面弯曲的组合。

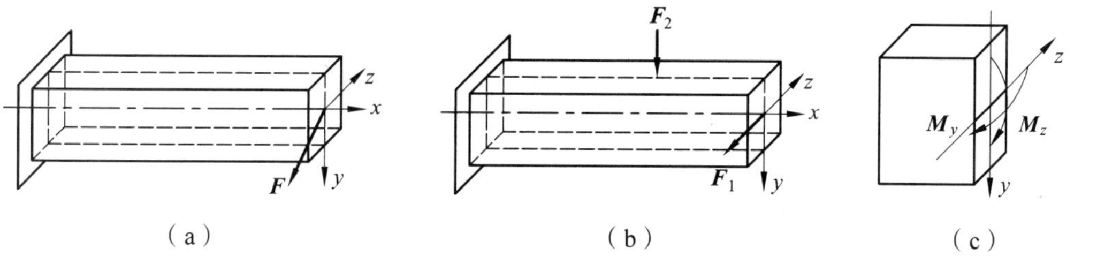

图10.6　斜弯曲

10.2.1　斜弯曲的特点

受力特点：外力垂直杆轴且通过形心但未作用在纵向对称面内；或所有外力都作用在通过轴线的两个不同的对称面（或主轴平面）内。

变形特点：杆件的挠曲线不在外力作用平面内，是一条空间曲线。

10.2.2　斜弯曲梁的内力与应力的计算

将斜弯曲分解为两个主轴平面内的弯曲。为此，可将横向力沿截面的两个主轴方向分解，也可以先求出截面上的总内力矩，然后将其矢量向两个主轴方向分解。

以图 10.7 所示矩形截面悬臂梁的斜弯曲为例，其自由端受一与 y 轴夹角为 φ 的集中力 F 作用。可将力 F 先分解为产生平面弯曲的两个分力 F_y 和 F_z，它们分别为

$$F_y = F\cos\varphi \qquad \text{(a)}$$

$$F_z = F\sin\varphi \qquad \text{(b)}$$

在分力 F_y、F_z 作用下，梁将分别在铅垂纵向对称平面内（xOy 面内）和水平纵向对称平面内（xOz 面内）发生平面弯曲。在距左端点为 x 的截面上，由 F_y 和 F_z 引起的截面上的弯矩值分别为

$$M_z = F_y(L-x) = F(L-x)\cos\varphi = M\cos\varphi \qquad \text{(c)}$$

$$M_y = F_z(L-x) = F(L-x)\sin\varphi = M\sin\varphi \tag{d}$$

式中 M 为合弯矩，$M=\sqrt{M_z^2+M_y^2}$。

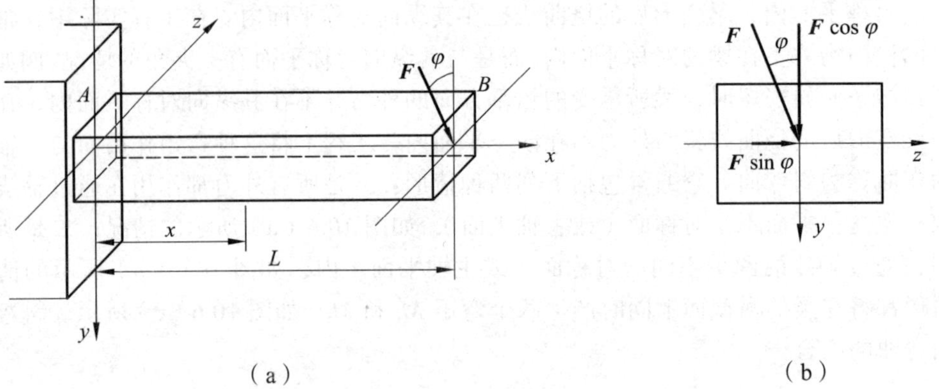

图10.7　将斜弯曲分解为两个平面弯曲

截面上与弯矩 M_y 对应的正应力 σ' 沿 z 轴线性分布，如图 10.8（b）所示，

$$\sigma' = \frac{M_y z}{I_y} = \frac{M\sin\varphi z}{I_y} \tag{e}$$

与弯矩 M_z 对应的正应力 σ'' 沿 y 轴线性分布，如图 10.8（c）所示，

$$\sigma'' = \frac{M_z y}{I_z} = \frac{M\cos\varphi y}{I_z} \tag{f}$$

根据叠加原理，截面上的正应力分布如图 10.8（a）所示，某点处（y，z）正应力为

$$\sigma = \sigma' + \sigma'' = \frac{M_z y}{I_z} + \frac{M_y z}{I_y} = M\left(\frac{y\cos\varphi}{I_z} + \frac{z\sin\varphi}{I_y}\right) \tag{10.1}$$

式中，I_z 和 I_y 分别为截面对 z 轴和 y 轴的惯性矩；z 和 y 分别为所求应力点的坐标值。

式（10.1）为梁斜弯曲时横截面任一点的正应力计算公式。计算正应力时，可将式中的 M_z，M_y，y，z 以绝对值代入计算，求得的 σ' 和 σ'' 的正负则根据梁的变形和所求应力点的位置直接判定（拉为正、压为负）。也可根据 M_z，M_y，y，z 的正负确定应力的正负。

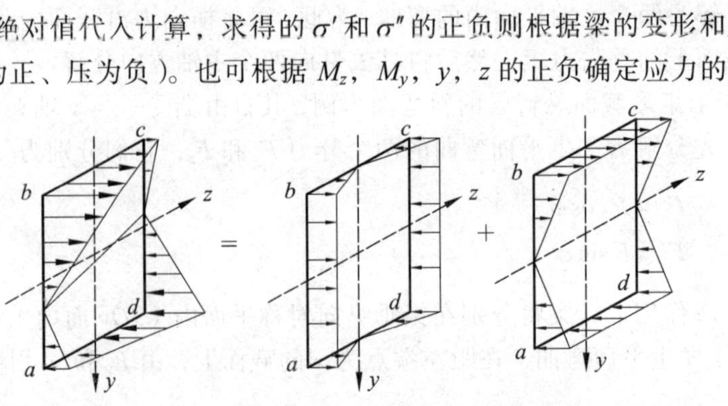

图10.8　斜弯曲横截面上的应力分布情况

10.2.3 斜弯曲的中性轴

中性轴上各点的弯曲正应力均为零。若设截面中性轴上任一点的坐标为（z_0，y_0），且由式（10.1）可得

$$\sigma = M\left(\frac{y_0\cos\varphi}{I_z}+\frac{z_0\sin\varphi}{I_y}\right)=0$$

中性轴方程为

$$\frac{y_0\cos\varphi}{I_z}+\frac{z_0\sin\varphi}{I_y}=0 \tag{10.2}$$

可见中性轴方程为一条过原点的直线，如图 10.9 所示。中性轴的斜率为

$$\tan\alpha = -\frac{y_0}{z_0}=\frac{I_z}{I_y}\tan\varphi \tag{10.3}$$

根据中性轴与 z 轴的夹角 α 即可确定中性轴的位置。中性轴通过截面形心，将截面划分为受拉区和受压区。

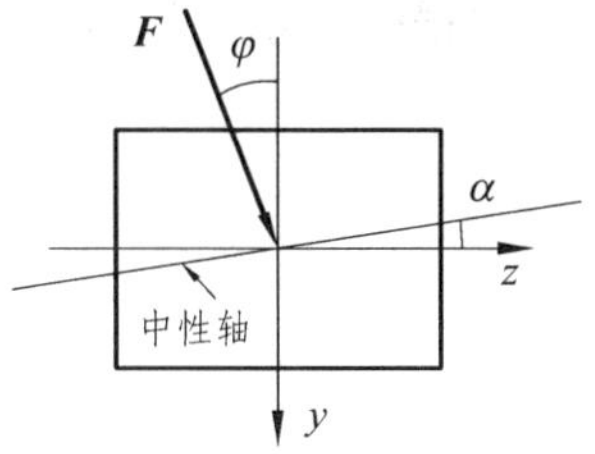

图 10.9 斜弯曲的中性轴

10.2.4 斜弯曲的最大正应力与强度条件

中性轴将截面分为两部分，在中性轴一侧截面上各点的弯曲正应力均为正，在另一侧截面上各点的弯曲正应力均为负，中性轴上则为零。在离中性轴最远的点应力最大，这些点即是截面上的危险点。在进行强度计算时，首先要正确找出危险截面，在危险截面上正确找出危险点。对于具有棱角的矩形截面梁，危险点均在危险截面的顶点，但对于无棱角的截面，要先确定中性轴的位置，才能确定危险点的位置。如图 10.10 所示，在确定了中性轴的位置后，作平行于中性轴的两直线，分别与横截面周边相切于 D_1、D_2 两点，这两点的应力分别为截面上的最大拉应力和最大压应力。D_1、D_2 两点即为危险点。

于是由式（10.1）可得危险截面上危险点的正应力为

$$\sigma_{\max}=\frac{M_{z\max}y_0}{I_z}+\frac{M_{y\max}z_0}{I_y}=M_{\max}\left(\frac{y_0\cos\varphi}{I_z}+\frac{z_0\sin\varphi}{I_y}\right) \tag{10.4}$$

式中，$M_{\max}$ 和 $M_{z\max}$、$M_{y\max}$ 分别为危险截面上的总弯矩和对 z 轴和 y 轴的弯矩；y_0 和 z_0 为危险点的坐标。

工程中常用的工字形、矩形等对称截面梁，斜弯曲时梁内最大正应力都发生在危险截面的角点处。如图 10.7（a）所示的矩形梁的最大弯矩在 A 端截面，该截面上弯曲正应力分布如图 10.8 所示。可见，最大压应力出现在 d 点，而最大拉应力在 b 点。b，d 两点都是危险点，其正应力为

$$\sigma_{t\max}=\frac{M_{z\max}}{W_z}+\frac{M_{y\max}}{W_y} \tag{10.5a}$$

$$\sigma_{\mathrm{c\,max}} = -\left(\frac{M_{z\max}}{W_z} + \frac{M_{y\max}}{W_y}\right) \tag{10.5b}$$

由于危险点只有正应力，是单向应力状态，故斜弯曲梁的强度条件为

$$\sigma_{\max} = \left|\frac{M_{z\max}}{W_z}\right| + \left|\frac{M_{y\max}}{W_y}\right| \leqslant [\sigma] \tag{10.6}$$

对于抗拉和抗压强度不等的材料，强度条件为

$$\sigma_{\mathrm{t\,max}} \leqslant [\sigma_{\mathrm{t}}] \tag{10.7a}$$

$$\sigma_{\mathrm{c\,max}} \leqslant [\sigma_{\mathrm{c}}] \tag{10.7b}$$

根据强度条件，同样可以解决工程中常见的 3 类问题，即强度校核、截面设计和确定许可载荷。

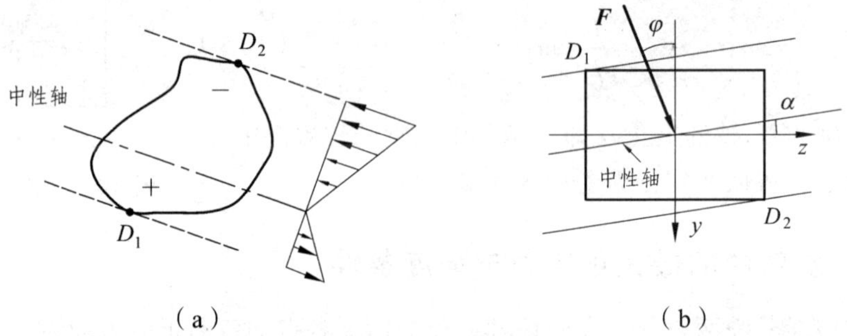

图 10.10　危险点的位置

10.2.5　斜弯曲的变形

梁在斜弯曲时的挠度也可利用叠加原理进行计算。仍以图 10.7 所示矩形悬臂梁为例说明斜弯曲的变形计算。悬臂梁自由端在力 F 作用下，沿 y 方向的挠度 w_y 和沿 z 方向的挠度 w_z 分别为

$$w_y = \frac{F_y l^3}{3EI_z} = \frac{F\cos\varphi l^3}{3EI_z} \tag{10.8a}$$

$$w_z = \frac{F_z l^3}{3EI_y} = \frac{F\sin\varphi l^3}{3EI_y} \tag{10.8b}$$

根据叠加原理，自由端总挠度就是 w_y 和 w_z 的矢量和，其大小为

$$w = \sqrt{w_y^2 + w_z^2} \tag{10.9}$$

斜弯曲时梁的刚度条件为

$$w_{\max} \leqslant [w] \tag{10.10}$$

例题 10.1　如图 10.11 所示的悬臂梁，在全梁纵向对称平面内承受均布载荷 $q = 5\ \mathrm{kN/m}$，

在自由端的水平对称平面内受集中力 $F = 2$ kN 的作用。已知截面为 25a 工字钢，材料的弹性模量 $E = 2\times10^5$ MPa，试求：

（1）梁的最大拉、压应力。

（2）若 $[\sigma] = 160$ MPa，校核梁的强度是否安全。

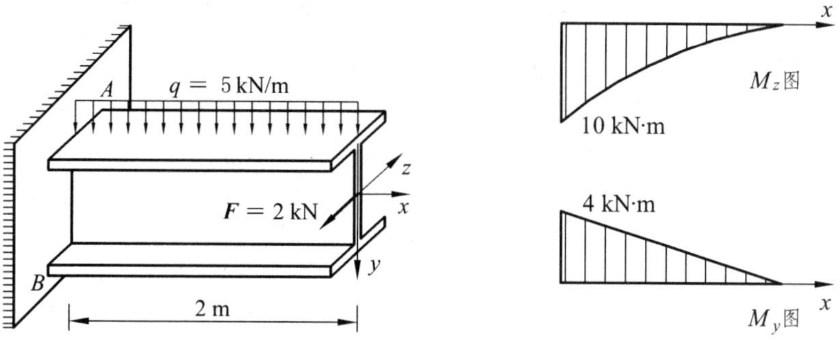

（a）（b）

图 10.11 例题 10.1 图

解：（1）作梁的弯矩图［图 10.11（b）］，根据弯矩图确定危险截面，计算危险点的应力。显然，固定端截面为危险截面，其弯矩为

$$M_{z\max} = \frac{1}{2}ql^2 = \frac{1}{2}\times5\times2^2 = 10\ \text{kN·m}$$

$$M_{y\max} = Fl = 2\times2 = 4\ \text{kN·m}$$

查表得

$$W_y = 48.283\ \text{cm}^3,\ W_z = 401.883\ \text{cm}^3$$

由于截面对称，最大拉、压应力相等。

$$\sigma_{\text{t}\max} = |\sigma_{\text{c}\max}| = \frac{M_{z\max}}{W_z} + \frac{M_{y\max}}{W_y}$$

$$= \left(\frac{10\times10^3}{401.883\times10^{-6}} + \frac{4\times10^3}{48.283\times10^{-6}}\right)\text{Pa} = 108\ \text{MPa}$$

（2）校核梁的强度。

$$\sigma_{\max} = 108\ \text{MPa} < [\sigma] = 160\ \text{MPa}$$

可见梁的强度是安全的。

10.3 弯曲与拉伸（压缩）组合变形

杆件在受作用线与杆件轴线重合的轴向力作用时产生轴向拉伸或压缩变形，在受与轴线垂直的横向力作用时，产生弯曲变形。在下述两类载荷作用下，杆件将产生拉伸（压缩）与弯曲组合变形。

（1）杆件受轴向力和横向力共同作用。如图 10.12 所示杆件为拉弯组合变形。

（2）杆件受作用线与轴线平行但不通过截面形心的外力作用，即受偏心力作用。如图 10.5 所示的吊车梁的牛腿柱为偏心压弯组合变形。

10.3.1　轴向力和横向力共同作用的弯曲与拉伸（压缩）组合变形

在轴向力和横向力共同作用下，杆件横截面上将产生轴力、弯矩和剪力。由于与剪力相应的切应力较小，一般不予考虑，因而只讨论与弯矩和轴力相关的正应力。

拉伸与弯曲组合变形的正应力计算方法仍然可以采用叠加法。如图 10.12 所示矩形截面杆件在轴向力 $\boldsymbol{F}_1$ 和横向力 $\boldsymbol{F}_2$ 作用下，杆件危险横截面上的内力有轴力 $\boldsymbol{F}_N$ 和弯矩 M_z，M_y。

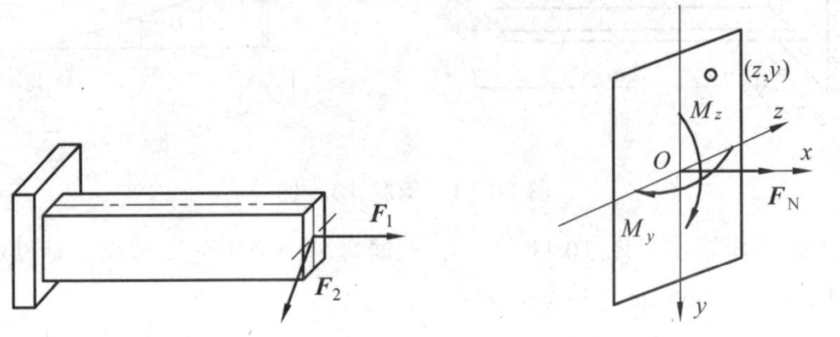

图 10.12　拉弯组合变形

与轴力 F_N 对应的正应力在截面上均匀分布，其值为

$$\sigma' = \frac{F_N}{A}$$

与弯矩 W_z，W_y 对应的正应力在截面上线性分布，其最大值分别为

$$\sigma'' = \frac{M_z}{W_z}, \qquad \sigma''' = \frac{M_y}{W_y}$$

将以上 3 式叠加得到矩形截面杆危险点最大正应力计算公式

$$\sigma_{t\max} = \frac{F_N}{A} + \frac{M_z}{W_z} + \frac{M_y}{W_y} \tag{10.11a}$$

$$\sigma_{c\max} = \frac{F_N}{A} - \frac{M_z}{W_z} - \frac{M_y}{W_y} \tag{10.11b}$$

显然，矩形截面杆的最大拉、压应力的绝对值是不相同的。危险点为单向应力状态，强度条件为

$$\sigma_{\max} \leqslant [\sigma] \tag{10.12}$$

例题 10.2　图 10.13（a）所示起重架最大起重量 $G = 4\text{ kN}$，结构自重不计，横梁 AB 由两根 N0.18 号槽钢组成，跨长为 $l = 3.5\text{ m}$，其 $[\sigma] = 120\text{ MPa}$，$E = 200\text{ GPa}$。试校核 AB 梁的

强度是否安全。

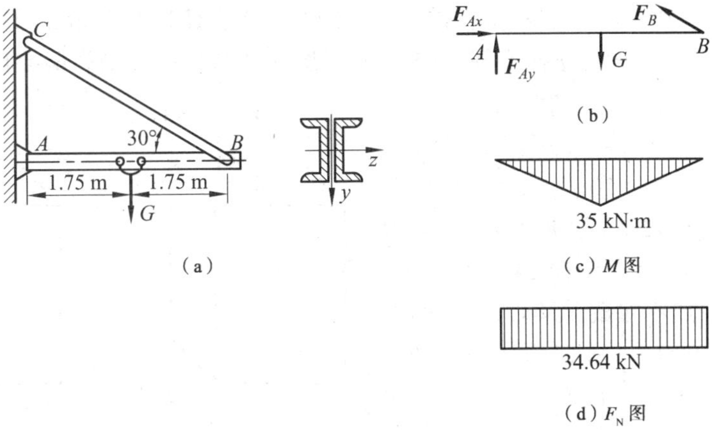

图 10.13　例题 10.2 图

解：（1）作出 AB 梁的受力图，如图 10.13（b）所示，以便确定其变形形式。根据受力情况可确定横梁 AB 应为压弯组合变形。

（2）确定危险截面和危险点，计算危险点应力。

当载荷 G 移动到梁中点时，横梁 AB 处于最危险状态。其弯矩及轴力图如图 10.13（c），（d）所示，据此可判断出危险截面应为梁的中点截面，其内力分量为

$$F_N = \frac{G}{2\tan 30^\circ} = \frac{40}{2\tan 30^\circ} = 34.6\ \text{kN}$$

$$M_z = \frac{Gl}{4} = \frac{40\times 3.5}{4} = 35\ \text{kN}\cdot\text{m}$$

因为在危险截面的上边缘有最大压应力，所以应以此点进行计算。查型钢表得

$$W_z = 152.2\ \text{cm}^3,\ A' = 29.29\ \text{cm}^2$$

最大正应力

$$\sigma_{\max} = \frac{F_N}{A} + \frac{M_z}{W_z} = \frac{34.64\times 10^3}{2\times 29.29\times 10^{-4}} + \frac{35\times 10^3}{2\times 152.2\times 10^{-6}}$$
$$= 1.209\times 10^8\ \text{Pa} = 120.9\ \text{MPa}$$

虽然 $\sigma_{\max} > [\sigma] = 120\ \text{MPa}$，但

$$\frac{\sigma_{\max} - [\sigma]}{[\sigma]} = \frac{120.9 - 120}{120} = 0.75\% < 5\%$$

在工作应力超过许用应力不足 5% 的情况下，工程上仍然认为满足强度要求。因此梁 AB 是安全的。

10.3.2　偏心载荷引起的压缩（拉伸）与弯曲组合变形

当杆件受到与杆轴线平行但不重合的外力作用时，将会使杆产生偏心压缩或偏心拉伸现象。例如图 10.2 所示钻床的立柱及图 10.5 所示厂房立柱的变形分别为偏心拉伸和偏心压缩变形。将不通过杆件截面形心的纵向载荷称为偏心载荷，力作用线与轴线间的垂直距离称为偏心距，用 e 表示。如图 10.14（a）所示，偏心载荷 F 的作用点在截面某一形心轴上，称为单向偏心压缩（拉伸）。如图 10.14（b）所示，偏心载荷 F 的作用点不在截面形心轴上，称为双向偏心压缩（拉伸）。下面以图 10.15（a）所示的双向偏心压缩矩形截面杆为例来说明偏心压缩杆件的强度计算问题。

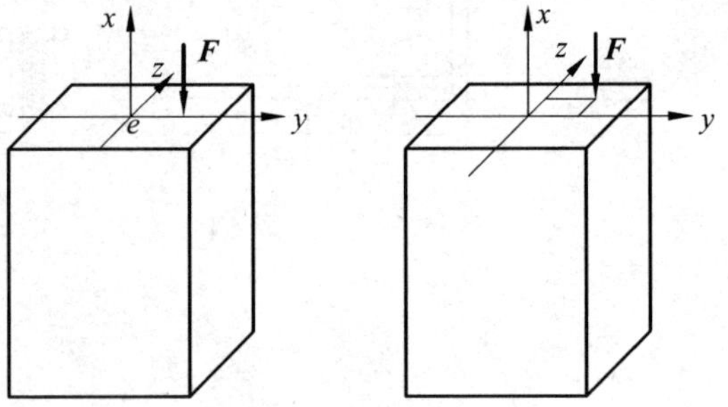

（a）　　（b）

图 10.14　单向偏心与双向偏心受压杆件

设偏心载荷 F 的作用点 A 的坐标为（y_F、z_F）。将力 F 向截面形心 O 点简化后得到轴向力 F 和力偶 M_y、M_z。$M_y = Fz_F$，$M_z = Fy_F$。在这些力作用下，杆件将产生压缩与斜弯曲的组合变形。双向偏心力 F 对杆件作用的效果等同于图 10.15（b），（c），（d）所示 3 种情况的叠加，对应的应力分布规律如图 10.16 所示

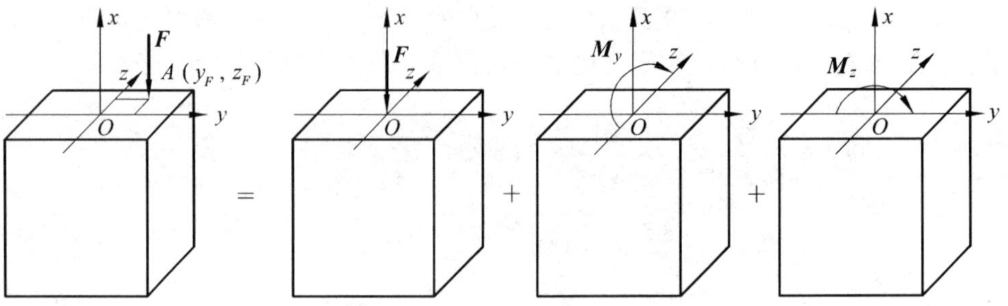

（a）　　（b）　　（c）　　（d）

图 10.15　双向偏心压缩的分析方法

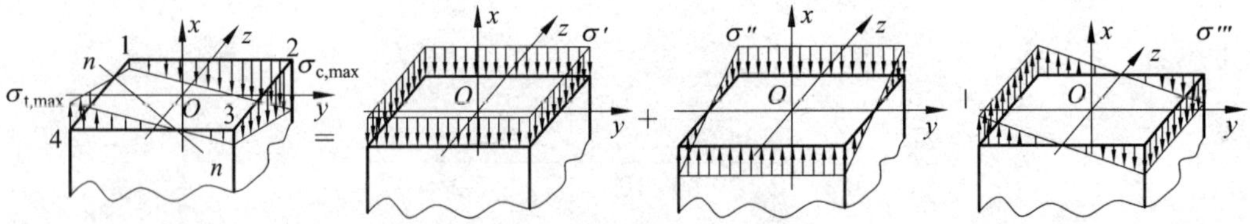

（a）　　（b）　　（c）　　（d）

图 10.16　双向偏心载荷作用下横截面上的正应力分布情况

根据叠加原理，横截面上某一点（y，z）处的应力为

$$\sigma = \sigma' + \sigma'' + \sigma''' = -\frac{F}{A} + \frac{M_z y}{I_z} + \frac{M_y z}{I_y} = -\frac{F}{A} + \frac{Fy_F}{I_z} y + \frac{Fz_F}{I_y} z \qquad (10.13)$$

最大拉、压应力在截面对角点，分别为

$$\sigma_{\mathrm{t\,max}}=-\frac{F}{A}+\frac{M_y}{W_y}+\frac{M_z}{W_z} \tag{10.14}$$

$$\sigma_{\mathrm{c\,max}}=-\frac{F}{A}-\frac{M_y}{W_y}-\frac{M_z}{W_z} \tag{10.15}$$

在双向偏心载荷作用下的强度条件仍可表示为

$$\sigma_{\max}\leqslant[\sigma] \tag{10.16}$$

例题 10.3 钻床立柱为空心铸铁管，管的外径为 $D=140\ \mathrm{mm}$，内、外直径之比 $d/D=0.75$。铸铁的拉伸许用应力 $[\sigma_{\mathrm{t}}]=35\ \mathrm{MPa}$，压缩许用应力 $[\sigma_{\mathrm{c}}]=90\ \mathrm{MPa}$。钻孔时钻头和工作台面的受力如图 10.17 所示，已知 $F=15\ \mathrm{kN}$，力 F 作用线与立柱轴线之间的距离（偏心距）$e=400\ \mathrm{mm}$。试校核立柱的强度是否安全。

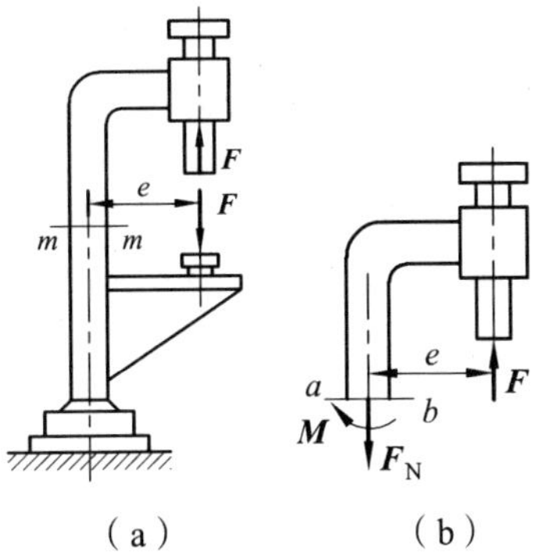

图 10.17 例题 10.3 图

解：（1）确定立柱横截面上的内力分量。

$$F_{\mathrm{N}}=F=15\ \mathrm{kN}$$
$$M=F\cdot e=15\times0.4=6\ \mathrm{kN\cdot m}$$

（2）确定危险截面并计算最大应力。

立柱的任一横截面都可能是危险截面。

最大拉应力

$$\begin{aligned}\sigma_{\mathrm{t\,max}}&=\frac{M}{W}+\frac{F_{\mathrm{N}}}{A}=\frac{M}{\dfrac{\pi D^3(1-\alpha^4)}{32}}+\frac{F_{\mathrm{N}}}{\dfrac{\pi(D^2-d^2)}{4}}\\&=\frac{32\times6\times10^3}{\pi(140\times10^{-3})^3(1-0.75^4)}+\frac{4\times15\times10^3}{\pi[(140\times10^{-3})^2-(0.75\times140\times10^{-3})^2]}\\&=34.84\times10^6\ \mathrm{Pa}=34.84\ \mathrm{MPa}\end{aligned}$$

$$\sigma_{\mathrm{t\,max}}<[\sigma_{\mathrm{t}}]=35\ \mathrm{MPa}$$

最大压应力

$$\begin{aligned}\sigma_{\mathrm{c\,max}}&=-\frac{M}{W}+\frac{F_{\mathrm{N}}}{A}=-\frac{M}{\dfrac{\pi D^3(1-\alpha^4)}{32}}+\frac{F_{\mathrm{N}}}{\dfrac{\pi(D^2-d^2)}{4}}\\&=-\frac{32\times6\times10^3}{\pi(140\times10^{-3})^3(1-0.75^4)}+\frac{4\times15\times10^3}{\pi[(140\times10^{-3})^2-(0.75\times140\times10^{-3})^2]}\\&=-30.38\times10^6\ \mathrm{Pa}=-30.38\ \mathrm{MPa}\end{aligned}$$

$$|\sigma_{\mathrm{c\,max}}|<[\sigma_c]=90\ \mathrm{MPa}$$

可见：立柱的拉伸和压缩强度都是安全的。

例题 10.4 图 10.18（a）所示为中间开有切槽的短柱，未开槽部分的横截面是边长为 $2a$ 的正方形，开槽部分的横截面为图中有阴影线的 $a\times2a$ 矩形。若沿未开槽部分的中心线作用轴向压力 P，试确定开槽部分横截面上的最大正应力与未开槽时的比值。

解：（1）未开槽时的应力。

$$\sigma=\frac{F_{\mathrm{N}}}{A}=-\frac{P}{(2a)^{2}}=-\frac{P}{4a^{2}} \tag{a}$$

（2）开槽后的应力。

开槽后，柱内的最大压应力将发生在开槽处的横截面上。这时，外力 P 虽然作用在未开槽部分的截面形心上，但对于开槽部分，如图 10.18（b）所示，其总内力 F 并不通过截面形心。因而需将 F 向截面形心简化，得到一个轴力 F_{N} 和一个弯矩 M_y，其数值分别为

$$F_{\mathrm{N}}=P,\ M_{y}=\frac{Pa}{2}$$

其方向如图 10.18（c）所示。

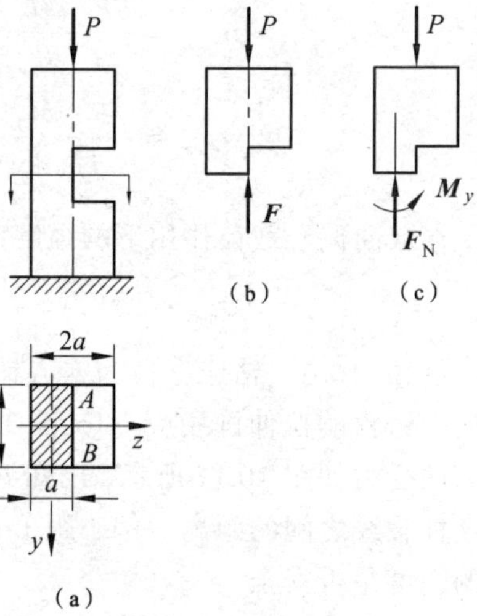

图 10.18　例题 10.4 图

根据 F_{N} 和 M_y 的方向以及它们所对应的应力分布，可判断出最大压应力发生在 AB 边，其值为

$$\sigma_{\mathrm{c\,max}}=-\left(\frac{M_{y}}{W_{y}}+\frac{F_{\mathrm{N}}}{A}\right)=-\left(\frac{\frac{Pa}{2}}{\frac{2a\cdot a^{2}}{6}}+\frac{P}{2a^{2}}\right)=-\frac{2P}{a^{2}} \tag{b}$$

将式（a）与式（b）相比，得开槽部分的最大压应力与未开槽时的比值为

$$\frac{\sigma_{\mathrm{c\,max}}}{\sigma}=\frac{2P}{a^{2}}\times\frac{4a^{2}}{P}=8$$

10.4　弯曲与扭转组合变形

如图 10.19 所示的传动轴，在不通过截面形心的横向力作用下，将产生弯曲与扭转的组合变形。如图 10.20 所示折杆在其自由端受一铅垂方向的集中力 F 作用下，杆件 BC 段只发生横力弯曲变形，而 AB 段则发生扭转和弯曲的组合变形。

机械中的传动轴通常发生弯扭组合变形，而传动轴大都是圆截面，因此本节主要介绍圆轴弯曲与扭转组合变形的强度计算。

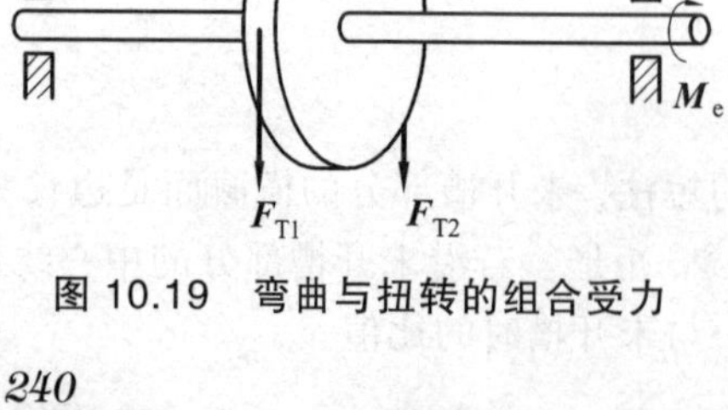

图 10.19　弯曲与扭转的组合受力

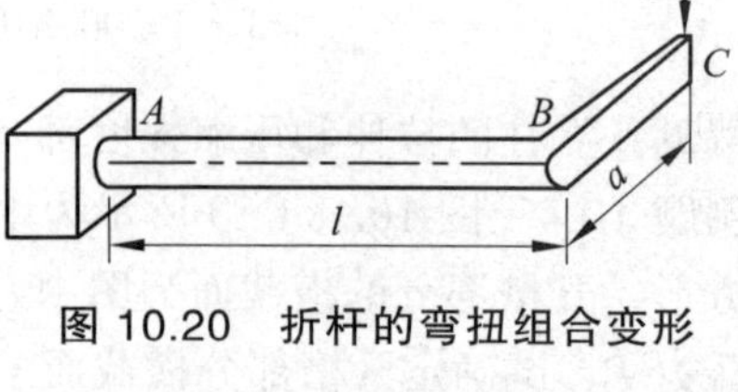

图 10.20　折杆的弯扭组合变形

10.4.1 弯曲与扭转组合变形的内力和应力

在弯曲和扭转组合变形的计算中，弯曲所产生的切应力与扭转切应力相比要小得多，可忽略不计，故只考虑弯曲所产生的正应力和扭转产生的切应力，对应的内力为弯矩 M 和扭矩 T。弯扭组合变形圆轴的危险截面在弯矩和扭矩都较大的截面，而弯曲正应力和扭转切应力均在截面边缘达到最大值，故危险点位于危险截面边缘上。弯扭组合变形截面应力分布规律如图 10.21（a）所示，它是由图 10.21（b），（c）叠加而成。

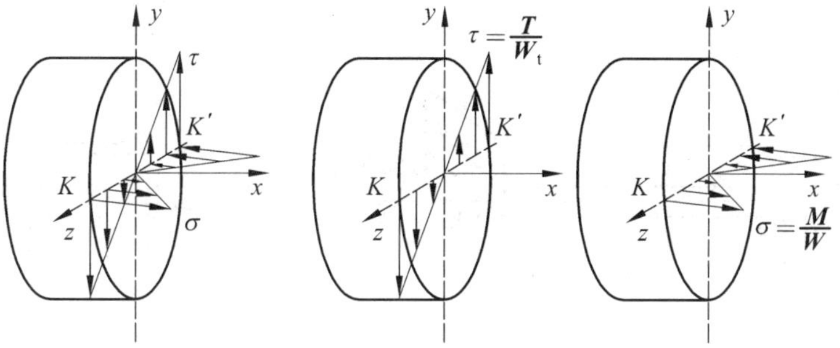

（a）（b）（c）

图 10.21 圆轴弯扭组合变形横截面的应力分布

危险点的弯曲正应力 σ 和扭转切应力 τ 分别为

$$\sigma=\frac{M}{W},\quad \tau=\frac{T}{W_t} \tag{10.17}$$

10.4.2 弯曲与扭转组合变形的强度计算

由前面分析可知，弯扭组合变形的圆轴危险点上既有正应力又有切应力，其应力状态如图 10.22 所示，属于平面应力状态。不论 σ 是拉应力还是压应力，危险点的 3 个主应力均为

$$\left\{\begin{matrix}\sigma_1\\ \sigma_3\end{matrix}\right.=\frac{\sigma}{2}\pm\sqrt{\left(\frac{\sigma}{2}\right)^2+\tau^2}=\frac{\sigma}{2}\pm\frac{1}{2}\sqrt{\sigma^2+4\tau^2},\quad \sigma_2=0$$

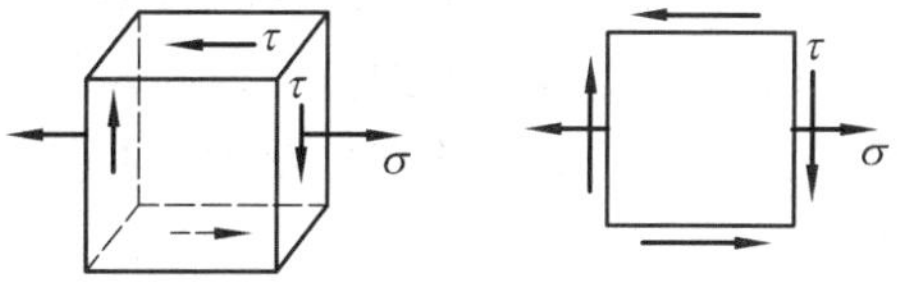

图 10.22 危险点的应力状态

传动轴材料大都是钢等塑性材料，在强度设计时一般都选用最大切应力强度理论（第三强度理论）或形状改变比能理论（第四强度理论）建立强度设计准则。

$$\sigma_{r3}=\sigma_1-\sigma_3=\sqrt{\sigma^2+4\tau^2}\leqslant[\sigma] \tag{10.18}$$

$$\sigma_{r4}=\sqrt{\frac{1}{2}[(\sigma_1-\sigma_2)^2+(\sigma_2-\sigma_3)^2+(\sigma_3-\sigma_1)^2]}=\sqrt{\sigma^2+3\tau^2}\leqslant[\sigma] \tag{10.19}$$

将式（10.17）中的 σ、τ 代入式（10.18）、（10.19），对于圆截面有 $W_t=2W$，于是得

$$\sigma_{r3}=\frac{1}{W}\sqrt{M^2+T^2}\leqslant[\sigma] \tag{10.20}$$

$$\sigma_{r4}=\frac{1}{W}\sqrt{M^2+0.75T^2}\leqslant[\sigma] \quad (10.21)$$

式中，W 为圆杆的抗弯截面系数；M、T 为分别为危险截面的弯矩和扭矩。

公式（10.20）和（10.21）只适用于弯扭组合变形下的圆截面杆。

例题 10.5 曲拐受力如图 10.23（a）所示，已知 AB 段是实心圆杆，直径 $d=20\ \text{mm}$，$l=300\ \text{mm}$，臂长 $a=200\ \text{mm}$，材料的许用应力 $[\sigma]=120\ \text{MPa}$。试按第三强度理论校核 AB 段的强度。

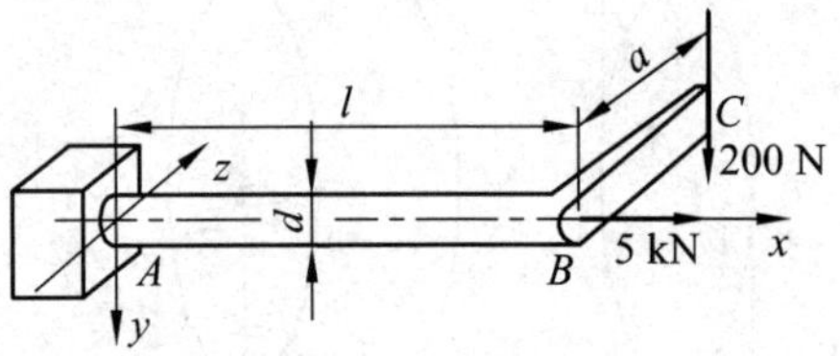

（a）

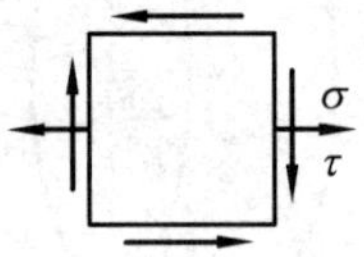

（b）

图 10.23 例题 10.5 图

解：（1）判断 AB 杆的变形。

在 B 处作用着 5 kN 的轴向拉力使 AB 杆产生轴向伸长变形，在 C 点处作用的 200 N 的竖向力使得 AB 杆产生弯曲变形和扭转变形。因此，AB 杆产生拉伸、弯曲和扭转的组合变形。

（2）计算危险截面的内力。

固定端截面 A 是危险截面，其上的内力有：

轴力 $F_N=5\ \text{kN}$

弯矩 $M=200\times0.3=60\ \text{N}\cdot\text{m}$

扭矩 $T=200\times0.2=40\ \text{N}\cdot\text{m}$

（3）计算危险点的应力，并校核强度。

危险点的应力状态如图 10.23（b）所示。

$$\sigma=\frac{F_N}{A}+\frac{M}{W}=\frac{4\times5\times10^3}{\pi\times(20\times10^{-3})^2}+\frac{32\times60}{\pi\times(20\times10^{-3})^3}=92.35\times10^6\ \text{Pa}=92.35\ \text{MPa}$$

$$\tau=\frac{T}{W_t}=\frac{16\times40}{\pi\times(20\times10^{-3})^3}\ \text{Pa}=25.47\ \text{MPa}$$

由第三强度理论得

$$\sigma_{r3}=\sqrt{\sigma^2+4\tau^2}=\sqrt{92.35^2+4\times25.47^2}=105.5\ \text{MPa}\leqslant[\sigma]=120\ \text{MPa}$$

说明该曲拐强度是安全的。

例题 10.6 图 10.24 所示传动轴，传递功率 $P=7.5\ \text{kW}$，轴的转速 $n=100\ \text{r/min}$。皮带轮 A 的皮带为水平的，皮带轮 B 的皮带为铅直的。两轮直径均为 $D=600\ \text{mm}$，张力 $F_1>F_2$，$F_2=1.5\ \text{kN}$，轴材料的许用应力 $[\sigma]=80\ \text{MPa}$，根据第三强度理论设计传动轴的直径 d。

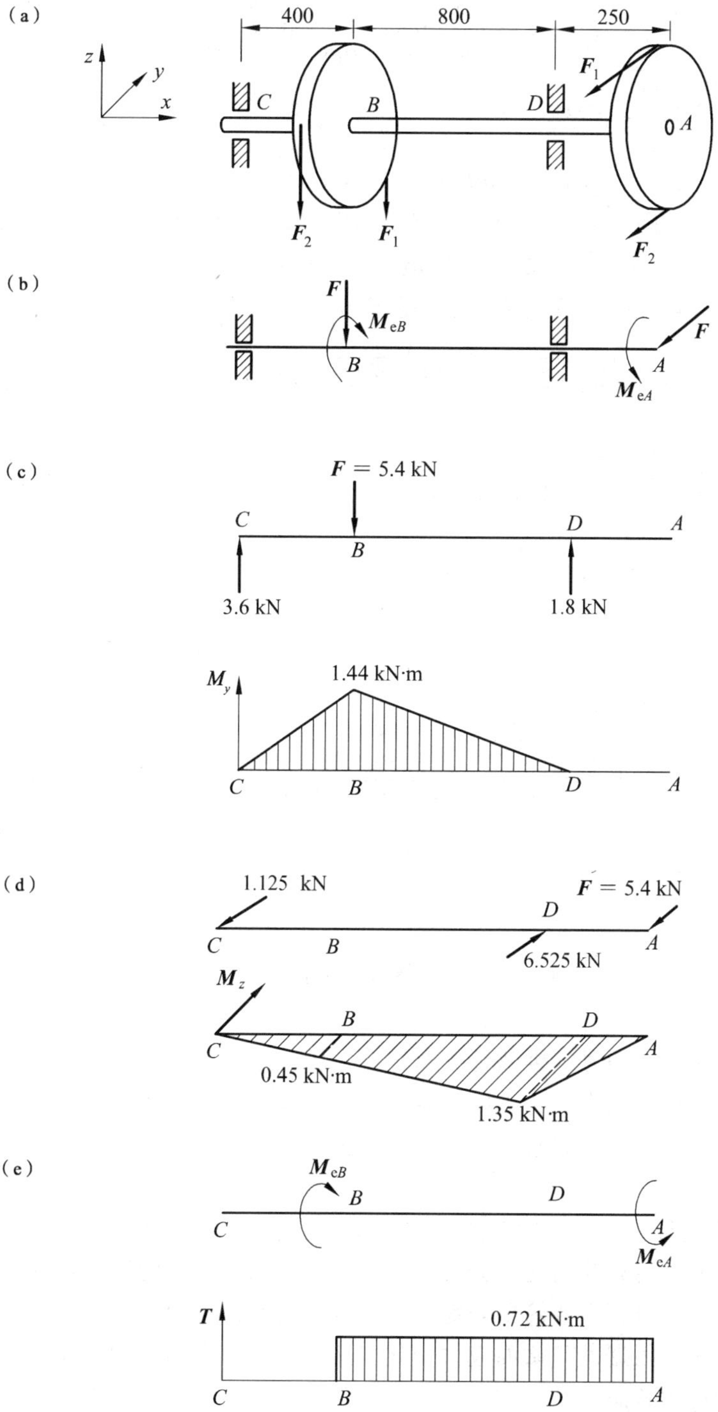

图 10.24　例题 10.6 图

解：（1）传动轴的受力分析。作用在皮带上的力都是横向力，且不通过轴截面形心。将皮带张力向轴线处简化，得到作用于轴线的横向力 F 和力偶矩 M_e。简化后的轴的受力简图如图 10.24（b）所示。其中作用在轴上的扭转外力矩 M_{eA}，M_{eB} 为

$$M_{eA}=M_{eB}=9.55\times\frac{P}{n}=9.55\times\frac{7.5}{100}=0.72\ \text{kN}\cdot\text{m}$$

而 $$M_{eA}=F_1\frac{D}{2}-F_2\frac{D}{2}$$

解得 $$F_1=3.9\ \text{kN},\quad F=F_1+F_2=5.4\ \text{kN}$$

（2）画内力图，确定危险截面。根据受力图可以看出，传动轴受力图如图 10.24（c），（d），（e）所示。可见 B 截面上的总弯矩最大，而扭矩在 AB 段等大，在 CB 段为零。因此可以确定 B 截面为危险截面。危险截面上的总弯矩为

$$M=\sqrt{M_y^2+M_z^2}=\sqrt{1.44^2+0.45^2}=1.51\ \text{kN}\cdot\text{m}$$

扭矩 $$T=0.72\ \text{kN}\cdot\text{m}$$

（3）按第三强度条件设计轴直径 d。

$$\sigma_{r3}=\frac{1}{W}\sqrt{M^2+T^2}\leqslant[\sigma]$$

将 $W=\dfrac{\pi d^3}{32}$ 代入上式，得

$$d\geqslant\sqrt[3]{\frac{32\sqrt{M^2+T^2}}{\pi[\sigma]}}=\sqrt[3]{\frac{32\times\sqrt{1.51^2+0.72^2}\times10^3}{3.14\times(80\times10^6)}}=0.059\ 7\ \text{m}=59.7\ \text{mm}$$

可取 $d=60$ mm。

本章小结

杆件在外力作用下同时产生两种或两种以上同数量级的基本变形称为**组合变形**。叠加原理是分析组合变形杆件内力和应力的基本方法。叠加原理的适用条件是构件在外力作用下处于线弹性状态，产生的变形非常微小。组合变形时杆件的强度计算在工程力学中具有广泛实用的意义。

1. 分析组合变形杆件强度问题的方法和步骤

（1）外力分析。将载荷简化或分解成只产生一种基本变形的简单载荷。

（2）内力分析。计算出各简单载荷作用下的内力并作出内力图，确定危险截面。

（3）应力分析。根据危险截面应力变化规律确定危险点的位置及应力分量，并按叠加原理确定危险点的应力状态。

（4）强度分析。根据材料性质及危险点的应力状态选用适当的强度理论建立强度条件，进行强度计算。

2. 各种组合变形杆件的特点及强度条件

（1）斜弯曲。

斜弯曲是两个平面弯曲的组合。

受力特点：外力垂直杆轴且通过形心但未作用在纵向对称面内；或所有外力都作用在通过轴线的两个不同的对称面（或主轴平面）内。

变形特点：杆轴弯曲平面与外力作用平面不重合。

危险点应力状态：危险点只有正应力，属于单向应力状态。

强度条件：$$\sigma_{\max}=\left|\frac{M_{z\max}}{W_z}\right|+\left|\frac{M_{y\max}}{W_y}\right|\leqslant[\sigma]$$

（2）弯曲与拉伸（压缩）组合变形。

受力特点：杆件受轴向力和横向力共同作用或受不通过截面形心的纵向力（偏心载荷）作用。

变形特点：轴向拉伸或压缩变形与弯曲变形同时存在。

危险点应力状态：危险点只有正应力，属于单向应力状态。

强度条件：$$\sigma_{\max}=\frac{F_z}{A}+\frac{M_z}{W_z}+\frac{M_y}{W_y}\leqslant[\sigma]$$

（3）弯曲与扭转的组合变形

受力特点：杆件受作用线不通过截面形心的横向力作用。

变形特点：扭转变形与弯曲变形同时存在。

危险点应力状态：危险点上既有正应力又有切应力，属于平面应力状态。

强度条件：$$\sigma_{\mathrm{r3}}=\sqrt{\sigma^2+4\tau^2}\leqslant[\sigma]$$

$$\sigma_{\mathrm{r4}}=\sqrt{\sigma^2+3\tau^2}\leqslant[\sigma]$$

或：$$\sigma_{\mathrm{r3}}=\frac{1}{W}\sqrt{M^2+T^2}\leqslant[\sigma]$$

$$\sigma_{\mathrm{r4}}=\frac{1}{W}\sqrt{M^2+0.75T^2}\leqslant[\sigma]$$

思 考 题

10.1　分析组合变形的基本方法是叠加法，它的应用条件是什么？为什么？

10.2　悬臂梁的横截面形状分别如图 10.25 所示。若作用于自由端的载荷 F 垂直于梁的轴线，其作用方向如图中虚线所示。试问各梁将发生什么变形？

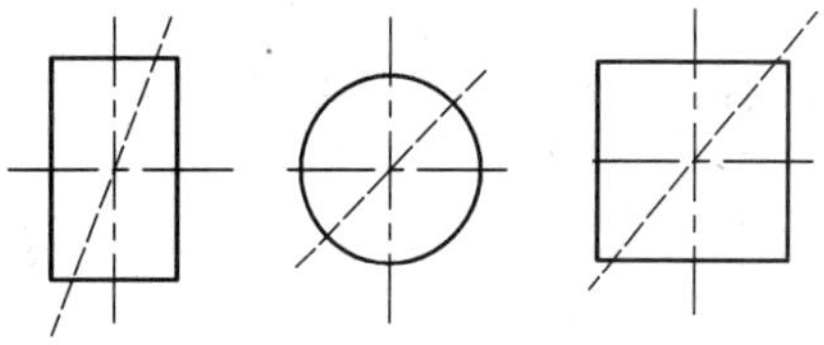

图 10.25

10.3　矩形截面梁同时承受弯矩 M_y 和 M_z 作用，为什么在求截面上一点的弯曲正应力时，不应将 M_y 和 M_z 合成，而应分别求出该点与 M_y 和 M_z 对应的正应力，再叠加？

10.4　圆截面梁同时承受弯矩 M_y 和 M_z 作用，则该截面上的最大弯曲正应力为 $\sigma_{\max}=\dfrac{M_z}{W_z}+\dfrac{M_y}{W_y}$。试问上述计算是否正确？

10.5 公式 $\sigma_{r3}=\dfrac{1}{W}\sqrt{M^2+T^2}\leqslant[\sigma]$ 和 $\sigma_{r4}=\dfrac{1}{W}\sqrt{M^2+0.75T^2}\leqslant[\sigma]$ 的应用条件是什么？

习 题

10.1 试求图示各构件在指定截面上的内力分量。

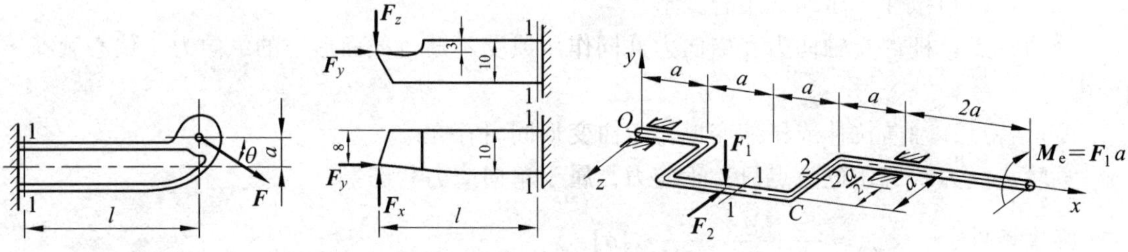

（a）机械构件　（b）车刀　（c）曲柄轴

题 10.1 图

10.2 如图所示，悬臂梁受到 F_1 和 F_2 两个作用在对称面内的横向力的作用。已知 $F_1=800\ \text{N}$，$F_2=1\ 650\ \text{N}$，$L=1\ \text{m}$，$b=90\ \text{mm}$，$h=180\ \text{mm}$，$E=10\ \text{GPa}$。试求梁中最大正应力及其作用点的位置，并求该梁的最大挠度。若横截面改为圆形，直径 $d=130\ \text{mm}$，试求其最大正应力。

10.3 No.14 号工字钢悬臂梁受力情况如图所示。已知 $l=0.8\ \text{m}$，$F_1=2.5\ \text{kN}$，$F_2=1\ \text{kN}$，F_1，F_2 都作用在对称面内。试求危险截面上的最大正应力。

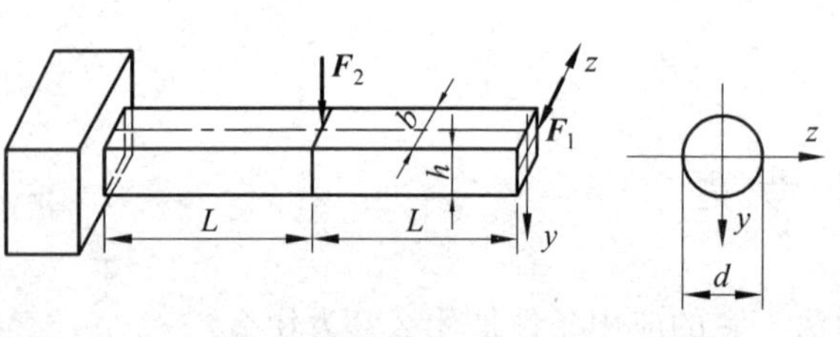

题 10.2 图

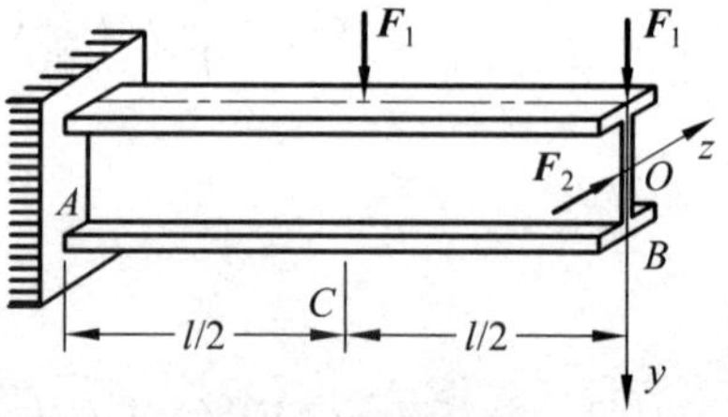

题 10.3 图

10.4 人字架及承受的载荷如图所示。试求截面 $m—m$ 上的最大正应力和 A 点的正应力。

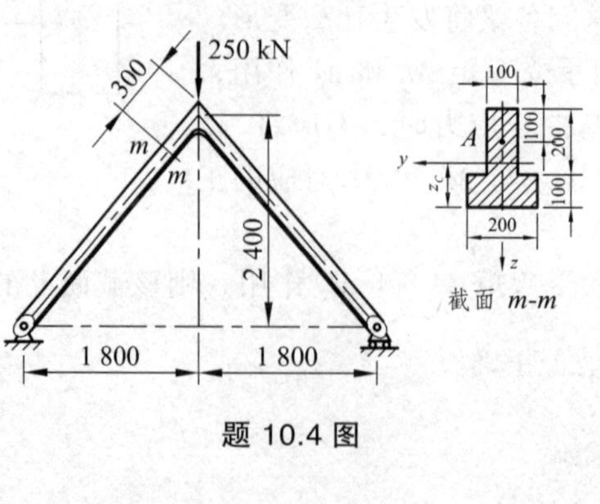

题 10.4 图

10.5　如图所示为屋架檩条计算简图。已知檩条跨度 $l = 4$ m，均布载荷 $q = 2$ kN/m，矩形截面 $b = 120$ mm，$h = 160$ mm，所用松木的弹性模量 $E = 10$ GPa，许用应力 $[\sigma] = 12$ MPa，檩条许用挠度 $[w] = l/150$，试校核檩条的强度和刚度。

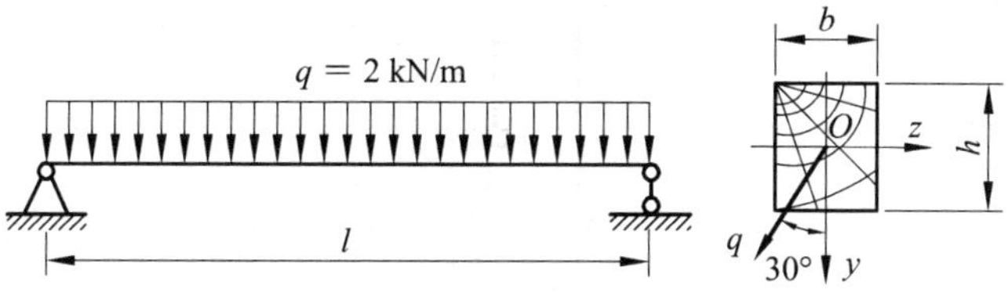

题 10.5 图

10.6　作用于如图所示悬臂梁上自由端截面 z 轴上的水平载荷 $F_1 = 800$ N，在中间截面 y 轴上的竖向载荷 $F_2 = 1\,650$ N，材料的许用应力 $[\sigma] = 10$ MPa，若矩形截面 $h/b = 2$，试确定该梁的截面尺寸。

10.7　如图所示为悬臂滑车架，杆 AB 为 18 号工字钢，其长度为 $l = 2.6$ m。试求当载荷 $F = 25$ kN 作用在 AB 的中点 D 处时，杆内的最大正应力。

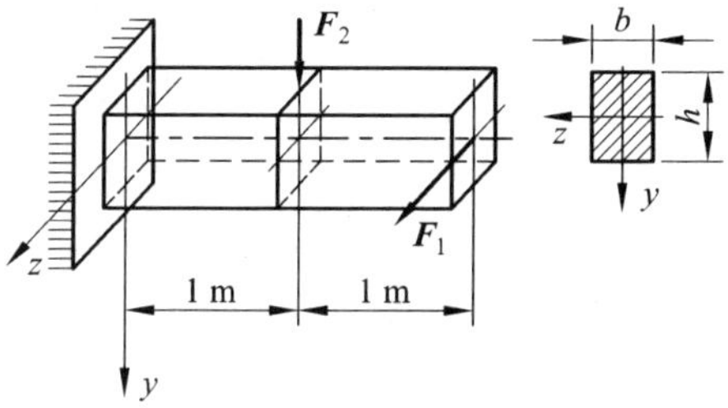

题 10.6 图

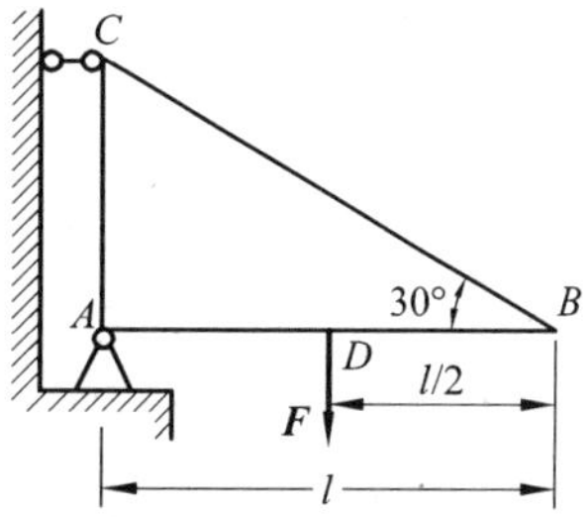

题 10.7 图

10.8　图示起重架的最大起吊重量（包括行走小车等）为 $W = 40$ kN，横梁 AC 由两根 No.18 槽钢组成，材料为 Q235 钢，许用应力 $[\sigma] = 120$ MPa。试校核横梁的强度。

10.9　松木矩形截面柱受力如图所示，已知 $F_1 = 50$ kN，$F_2 = 5$ kN，$e = 2$ cm，$[\sigma_c] = 12$ MPa，$[\sigma_t] = 10$ MPa，$H = 1.2$ m，$b = 12$ cm，$h = 20$ cm，此柱容许出现拉应力。试校核柱的强度。

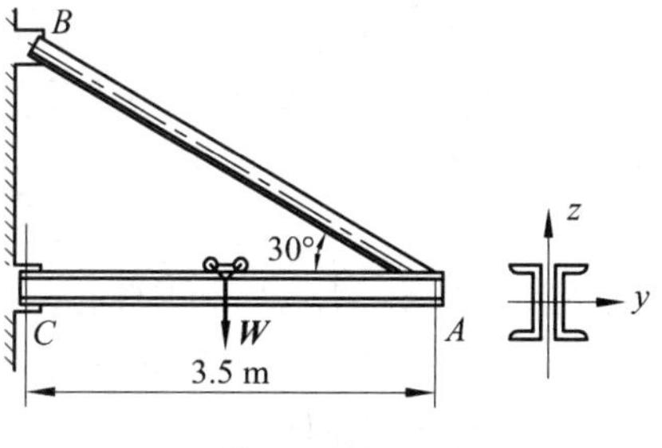

题 10.8 图

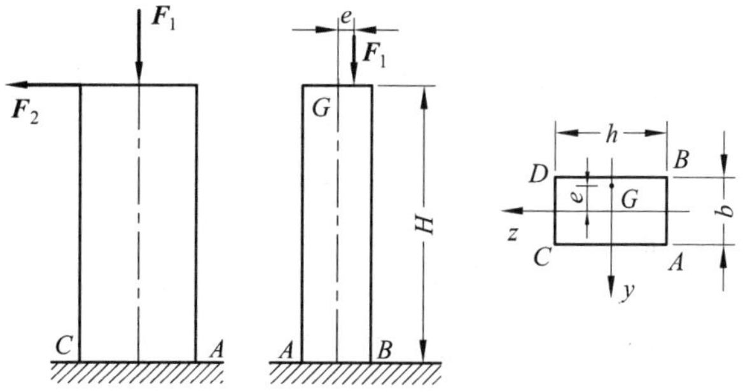

题 10.9 图

10.10　如图所示的拆卸工具的爪由 45 钢制成，其许用应力 $[\sigma] = 180$ MPa。试按爪的强度，确定工具的最大顶压力 F_{max}。

10.11　单臂液压机机架及其立柱的横截面尺寸如图所示。$F=1\ 600\ \text{kN}$，材料的许用应力$[\sigma]=160\ \text{MPa}$。试校核机架立柱的强度。

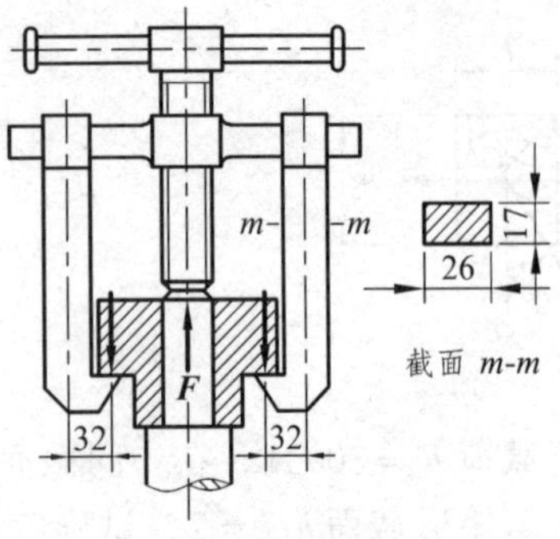

题 10.10 图

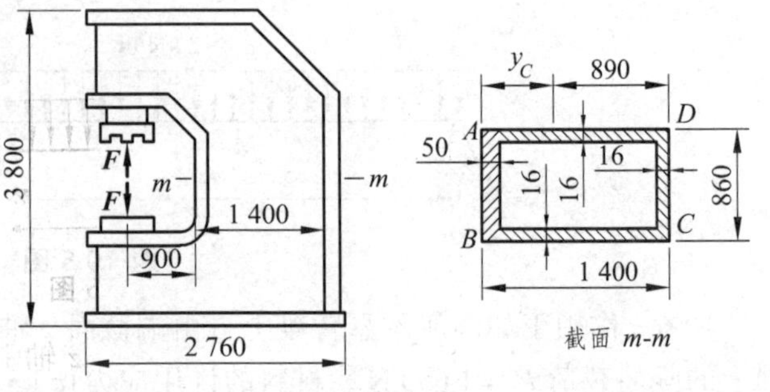

题 10.11 图

10.12　图示钻床的立柱为铸铁制成，$F=15\ \text{kN}$，许用拉应力$[\sigma_t]=35\ \text{MPa}$。试确定立柱所需直径 d。

10.13　图示为一厂房的牛腿柱，设由房顶传来的压力 $P_1=100\ \text{kN}$，由吊车梁传来的压力 $P_2=30\ \text{kN}$，已知 $e=0.2\ \text{m}$，$b=0.18\ \text{m}$，问截面边 h 为多少时，截面不出现拉应力。并求出这时的最大压应力。

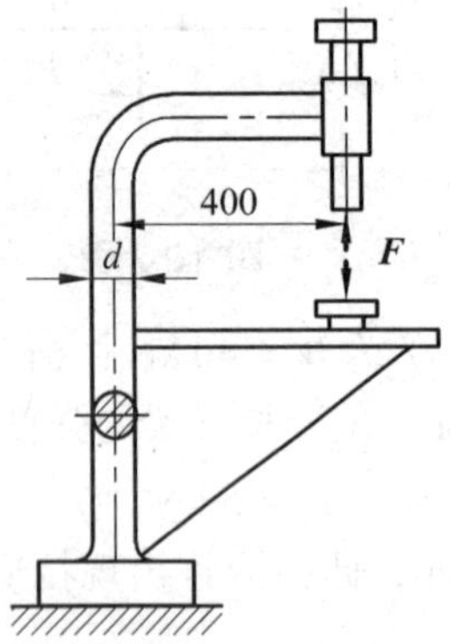

题 10.12 图

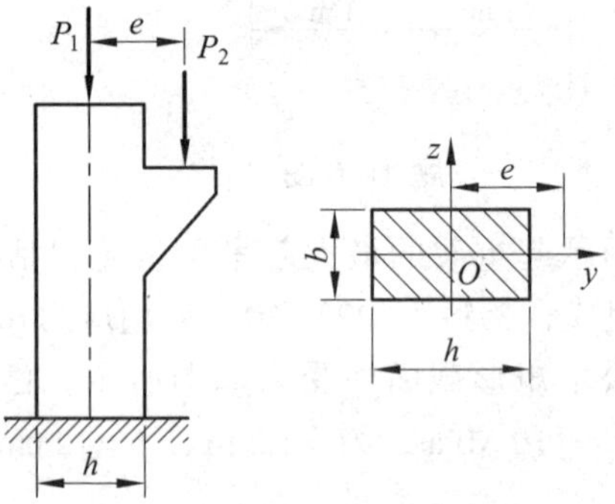

题 10.13 图

10.14　如图所示高 $H=1.2\ \text{m}$，厚 $b=0.3\ \text{m}$ 的钢筋混凝土墙，浇筑于牢固的基础上，作挡水坝用。已知水的密度 $\rho_0=1\ 000\ \text{kg/m}^3$，混凝土的密度 $\rho_1=2\ 450\ \text{kg/m}^3$，试求：(1) 当水位达到坝顶时，坝底部截面处的最大拉、压应力；(2) 如果要求底部截面不出现拉应力，问最大允许水深为多少？

10.15　图示短柱受载荷 F_1 和 F_2 的作用，试求固定端截面上角点 A，B，C 及 D 的正应力。

10.16　图示钢制圆截面折杆 ABC，其直径 $d=100\ \text{mm}$，AB 杆长 2 m，材料的许用应力 $[\sigma]=135\ \text{MPa}$。不计杆横截面上的剪力影响，试按第三强度理论校核 AB 杆的强度。

10.17　如图所示电动机的功率为 9 kW，转速 715 r/min，带轮直径 $D=250\ \text{mm}$，主轴外伸部分长度为 $l=120\ \text{mm}$，主轴直径 $d=40\ \text{mm}$。若 $[\sigma]=60\ \text{MPa}$，试用第三强度理论校核轴的强度。

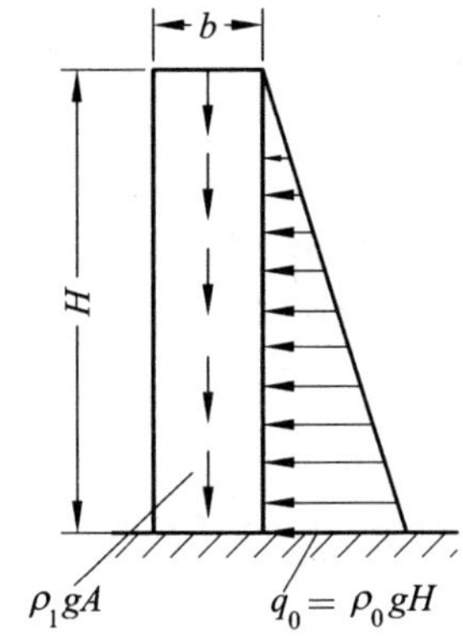

题 10.14 图

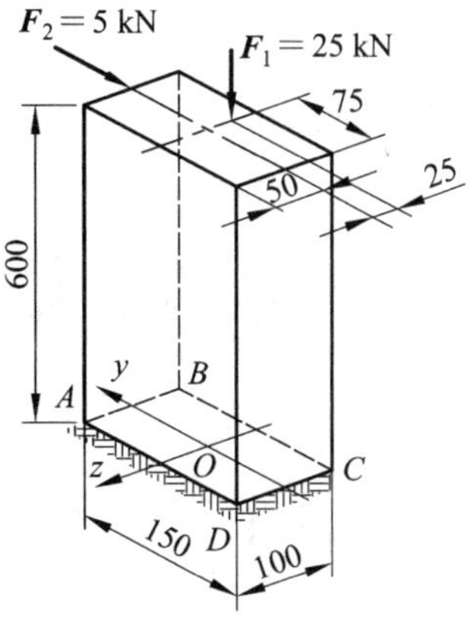

题 10.15 图

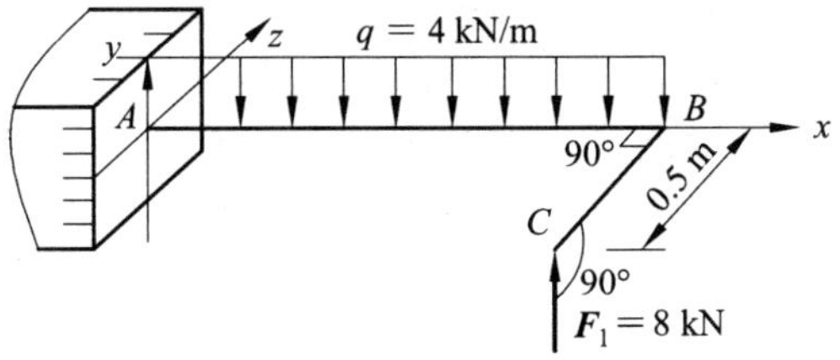

题 10.16 图

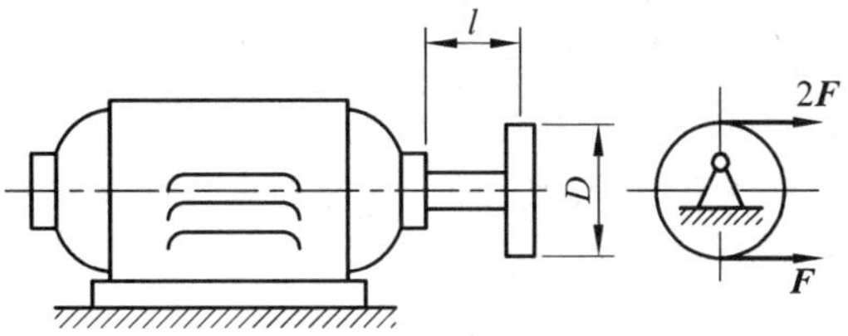

题 10.17 图

10.18　试根据第三强度理论确定图示手摇卷扬机能起吊的最大容许载荷 F_2 的数值。已知机轴的横截面为直径 $d=30$ mm 的圆形，材料的容许应力 $[\sigma]=160$ MPa 。

10.19　图示为操纵装置水平杆，截面为空心圆形，内径 $d=24$ mm ，外径 $D=30$ mm 。材料 Q235 钢，$[\sigma]=100$ MPa 。控制片受力 $F_1=600$ N 。试用第三强度理论校核杆的强度。

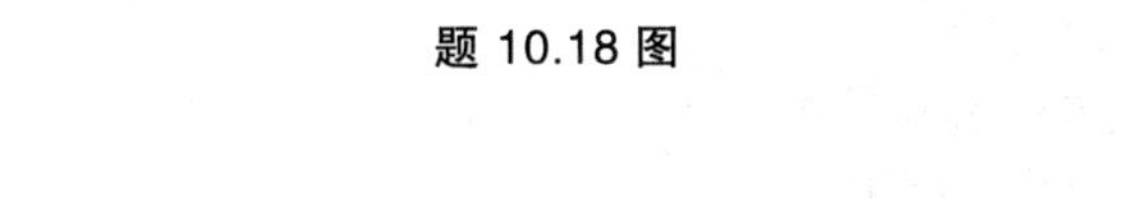

题 10.18 图

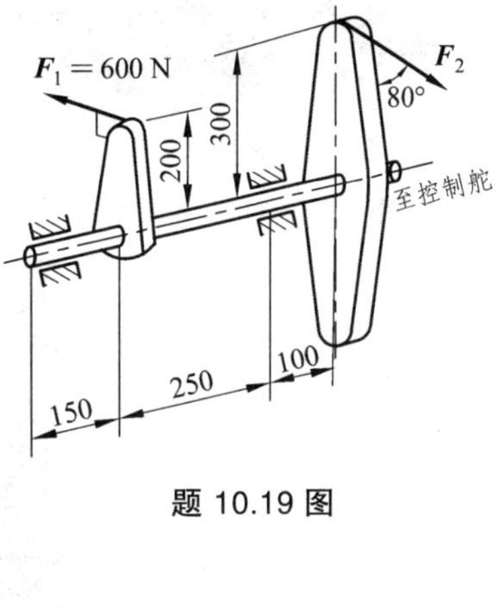

题 10.19 图

第 11 章　压杆稳定

11.1　工程中的压杆稳定问题

工程上经常遇到轴向受压的直杆，如翻斗货车的液压顶杆（图 11.1），桥梁、房屋等桁架中的受压杆（图 11.2），修建房屋用的脚手架中的压杆（图 11.3）等等。这些承受轴向压力的细长杆，即使具有足够的强度、刚度，也不一定能安全可靠地工作。当压力达到某一值但远小于材料的抗压强度所允许的压力时，杆件就可能发生弯曲，从而丧失正常工作能力，甚至引起整个结构的倒塌。这种现象表明压杆原有的直线平衡形式是不稳定的，压杆的稳定性不够，产生了稳定失效。

图 11.1　翻斗货车的液压顶杆

图 11.2　桁架桥

图 11.3　脚手架

稳定失效与强度和刚度失效有着本质的差异。强度失效是由于构件的应力达到材料的极限应力而造成材料破坏，破坏是从局部开始，逐步产生的。刚度失效是指构件产生过大的弹性变形，使其不能正常工作。稳定失效是由于压杆受到的压力超过了临界压力，其直线平衡形式发生突然变化导致产生过大的弯曲变形，从而使构件丧失承载能力。其失效的载荷远低于强度失效的载荷，并且往往是突发性的，整体性的，常造成灾难性后果。例如在 19 世纪末，当一辆客车通过瑞士的一座铁路桥时，桥桁架压杆失稳，致使桥发生灾难性坍塌，大约有 200 人遇难。1907 年北美的圣劳伦斯河上一座 548 m 的钢桥在施工中突然倒塌，就是由于桥下弦压杆失稳造成的，而该杆的强度却是足够的。虽然人们对这类灾害进行了大量研究，采取了许多预防措施，但直到现在还不能完全阻止这种灾害的发生。例如 2010 年 1 月 3 日下午 14：20，在昆明新机场的配套引桥工程在混凝土浇筑施工中，突然发生了支架垮塌事故，造成多人伤亡。其原因是桥下支撑体系突然失稳，8m 高的桥面随即垮塌下来。工程上出现的较大的工程事故中，有相当一部分是因受压构件失稳所致，因此，对受压杆件平衡状态的稳定问题不容忽视。

11.2 压杆的稳定平衡与不稳定平衡

为了说明压杆平衡状态的稳定性，取两端铰支的细长杆件，其上作用轴向压力 F。在受压后杆件保持直线形状。压杆的平衡形式将随着轴向压力 F 发生变化，如图 11.4 所示。

（1）当 F 较小，小于某一值 F_{cr} 时，如果施加一侧向干扰力使杆产生微弯，撤去横向干扰力以后，杆件便会来回摆动，最后恢复到原来的直线位置而稳定下来。说明在较小的压力 F 作用时，杆件原有的直线平衡状态是稳定的平衡状态。

（2）当 F 增大到 F_{cr} 时，压杆只要受到一微小的横向干扰力便会变弯，即使将干扰力立即去除，也不能回复到原来的直线状态，而保持曲线形状的平衡状态。说明压杆原有的直线平衡状态是不稳定的平衡状态。

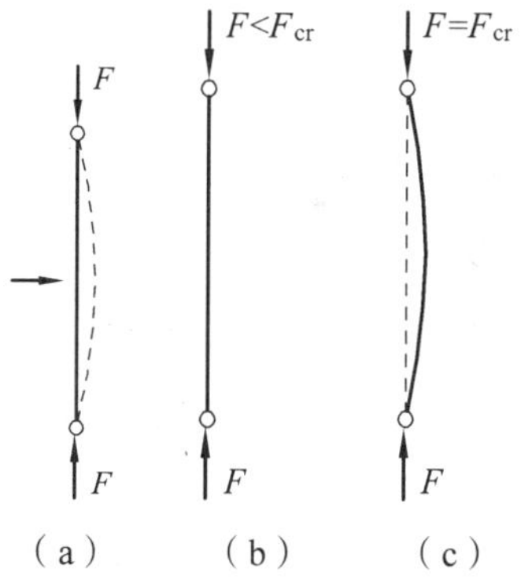

图 11.4 压杆的平衡形式

（3） 当继续增大压力 F，使 F 大于 F_{cr}，杆件会产生明显的弯曲以至最后折断。

压杆从直线平衡形式转变为弯曲平衡形式，称为失稳或屈曲。使压杆保持微弯状态下平衡的轴向压力 F_{cr} 称为临界压力或临界力。压杆原有的直线状态的平衡是否稳定，取决于压力 F 的大小。当 F 小于临界压力 F_{cr} 时，直线状态的平衡是稳定的，当 F 大于或等于临界压力 F_{cr} 时，直线状态的平衡是不稳定的，即发生失稳现象。可见，解决压杆稳定问题的关键是确定其临界压力 F_{cr}。如果将压杆的工作压力控制在由临界压力所确定的许可范围内，压杆就不会失稳。工程上要求压杆在外力作用下始终保持其原有的直线形状的平衡，否则，将会导致结构的破坏。

11.3 细长压杆的临界压力

11.3.1 两端铰支细长压杆的临界压力

压杆处于临界状态时，有两种可能的平衡状态：直线平衡状态、微弯平衡状态。

以两端铰支（球铰）的等截面中心压杆为例来推导其临界力的计算公式。设两端铰支长度为 l 的一细长压杆在临界压力 F_{cr} 作用下处于微弯平衡状态，如图 11.5（a）所示。取杆轴线为 x 轴，与之垂直的为 w 轴，原点在铰支座 B，建立坐标系。如图 11.5（b）所示，设在距原点为 x 的任意横截面上的挠度为 w，则弯矩为

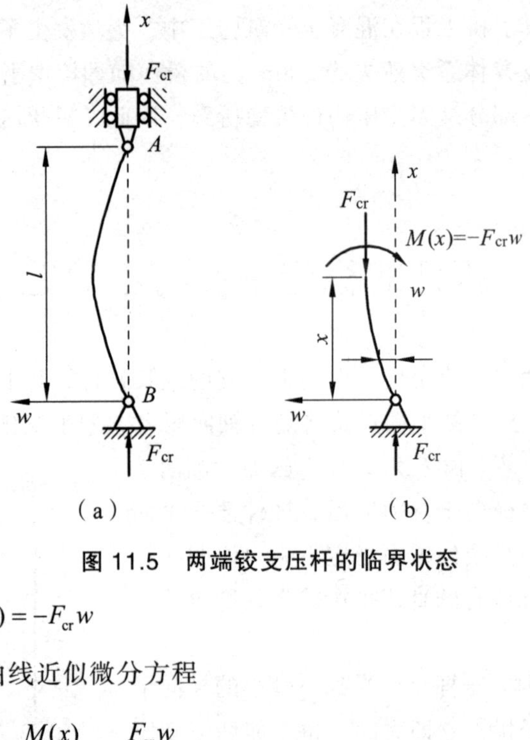

（a）　　（b）

图 11.5　两端铰支压杆的临界状态

$$M(x) = -F_{cr} w \tag{a}$$

将式（a）代入挠曲线近似微分方程

$$\frac{d^2 w}{dx^2} = \frac{M(x)}{EI} = -\frac{F_{cr} w}{EI} \tag{b}$$

令

$$k^2 = \frac{F_{cr}}{EI} \tag{c}$$

则式（b）可写为

$$\frac{d^2 w}{dx^2} + k^2 w = 0 \tag{d}$$

上式微分方程的通解为

$$w = A\sin kx + B\cos kx \tag{e}$$

式中，A，B 为积分常数，与压杆的边界条件有关。两端铰支的边界条件为

$$w(0) = w(l) = 0$$

即 $$\begin{cases}A\times 0+B=0\\A\sin kL+B\cos kL=0\end{cases} \tag{f}$$

A，B 不全为零的条件是

$$\begin{vmatrix}0 & 1\\ \sin kl & \cos kl\end{vmatrix}=0$$

由此解得 $\sin kL=0$

这要求 $kl=n\pi$（$n=1$，2，3…） （g）

所以 $$k=\frac{n\pi}{l} \tag{h}$$

将式（h）代入式（c）得

$$k=\frac{n\pi}{l}=\sqrt{\frac{F_{cr}}{EI}}$$

临界压力 F_{cr} 是微弯下的最小压力，故只能取 $n=1$，于是得到

$$F_{cr}=\frac{\pi^2EI}{l^2} \tag{11.1}$$

公式（11.1）就是两端铰支等截面直杆临界压力的计算公式。这一计算式最早由欧拉提出，因而也称为欧拉临界压力公式。此式表明压杆的临界压力 F_{cr} 与抗弯刚度 EI 成正比，与杆长度 l 的平方成反比。

11.3.2 其他支承情况下细长压杆的临界压力

细长压杆的临界压力随两端的支承条件不同而异，对于各种不同支承情况下压杆的临界压力计算公式，都可以采取与两端铰支相同的方法导出。为简化起见，通常将各种不同支承条件下的压杆在临界状态时的微弯变形曲线，与两端简支压杆的临界微弯变形曲线（一个正弦半波）相比较，确定这些压杆微弯时与一个正弦半波相当部分的长度，并用 μl 表示。然后用 μl 代替式（11.1）中的 l，便得到计算各种不同支承条件下压杆临界压力的一般公式

$$F_{cr}=\frac{\pi^2EI}{(\mu l)^2} \tag{11.2}$$

式中，μ 为长度因数，反映了支承对压杆临界压力的影响。两端铰支 $\mu=1$；一端固定一端自由 $\mu=2$；一端固定另端铰支 $\mu=0.7$；两端固定 $\mu=0.5$。μl 为相当长度或计算长度。l 为压杆的实际长度。I 为弯曲时截面对中性轴的惯性矩。

现将 4 种常见支承情况下细长压杆的临界压力计算公式列于表 11.1 中。

表 11.1 列出的只是几种典型的支承情况，工程实际问题的支承情况是比较复杂的。因此，必须根据压杆的实际支承情况，将其简化为典型形式，或参照有关的设计规范中的规定，从而确定出适当的长度因素。

表 11.1　各种不同支承情况下压杆临界压力计算公式

支承情况	两端铰支	一端自由 一端固定	两端固定	一端铰支 一端固定
挠曲线形状	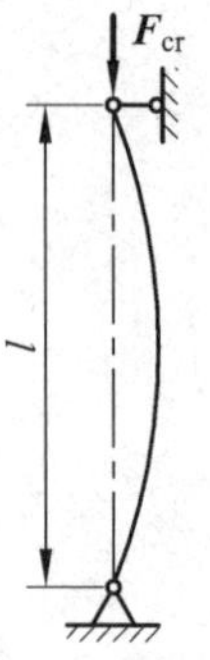	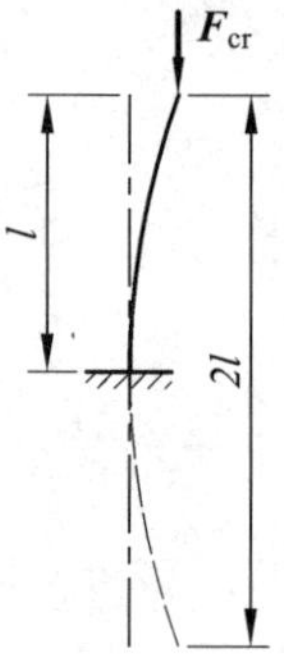	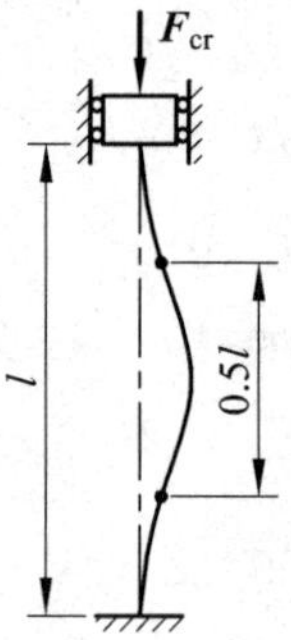	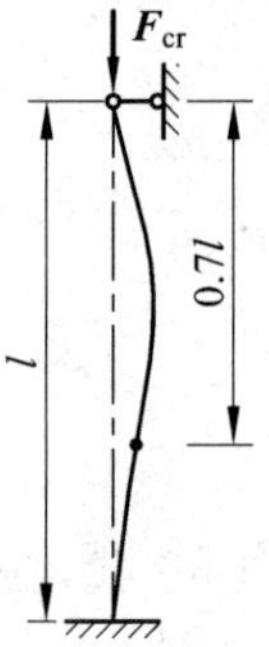
临界压力公式	$F_{cr}=\dfrac{\pi^2 EI}{l^2}$	$F_{cr}=\dfrac{\pi^2 EI}{(2l)^2}$	$F_{cr}=\dfrac{\pi^2 EI}{(0.5l)^2}$	$F_{cr}=\dfrac{\pi^2 EI}{(0.7l)^2}$
相当长度	l	$2l$	$0.5l$	$0.7l$
长度因数	$\mu=1$	$\mu=2$	$\mu=0.5$	$\mu=0.7$

应用公式（11.2）时，应注意以下两点：一是欧拉公式只适用于弹性范围，即只适用于弹性稳定问题；二是公式中的 I 为压杆失稳发生弯曲时，截面对其中性轴的惯性矩。若杆端在各个方向的约束情况相同（如球铰约束），I 取截面的最小惯性矩 I_{min}；若杆端在不同方向的约束情况不同（如柱铰），则应首先判断失稳时的弯曲方向，从而确定截面的中性轴以及相应的惯性矩 I。

例题 11.1　两端铰支压杆受力如图 11.6 所示。杆的直径 $d=40\ \text{mm}$，长度 $l=2\ 000\ \text{mm}$，材料为 Q235 钢，$E=206\ \text{GPa}$。求压杆的临界压力 F_{cr}。

解： 根据式（11.2）的欧拉公式

$$F_{cr}=\frac{\pi^2 EI}{(\mu l)^2}$$

两端铰支，$\mu=1.0$，圆截面对形心轴的惯性矩均相等，为 $I=\dfrac{\pi d^4}{64}$，代入上式得

$$F_{cr}=\frac{\pi^2 EI}{(\mu l)^2}=\frac{\pi^2\times(206\times10^9)}{(1\times2)^2}\times\frac{\pi\times(40\times10^{-3})^4}{64}$$

$$=63.9\times10^3\ \text{N}=63.9\ \text{kN}$$

图 11.6　例题 11.1

在临界压力作用下，压杆横截面上的应力为

$$\sigma_{cr}=\frac{F_{cr}}{A}=\frac{63.9\times10^3}{\dfrac{\pi\times(40\times10^{-3})^2}{4}}=50.8\times10^6\ \text{Pa}=50.8\ \text{MPa}$$

该值远小于 Q235 钢的比例极限 $\sigma_p=200\ \text{MPa}$，表明压杆仍处于弹性状态。

11.4 临界应力

11.4.1 临界应力与柔度

压杆处于临界状态时横截面上的平均应力称为临界应力，用 σ_{cr} 表示。根据欧拉临界压力公式，临界应力为

$$\sigma_{cr}=\frac{F_{cr}}{A}=\frac{\pi^2 EI}{(\mu l)^2 A} \tag{a}$$

将横截面的惯性矩 I 表示为

$$I=i^2 A \tag{b}$$

式中，i 为压杆截面的惯性半径；A 为压杆横截面面积。

于是式（a）可写为

$$\sigma_{cr}=\frac{\pi^2 E}{\left(\dfrac{\mu l}{i}\right)^2}=\frac{\pi^2 E}{\lambda^2} \tag{11.3}$$

其中

$$\lambda=\frac{\mu \cdot l}{i} \tag{11.4}$$

式（11.3）就是欧拉临界应力的计算公式。λ 称为压杆的柔度或长细比，它与压杆截面形状和尺寸、杆长度及支承情况有关。

11.4.2 欧拉公式的适用范围

欧拉临界压力公式是假设材料在线弹性范围内的条件下导出的，因此，压杆失稳前的应力不得大于材料的比例极限 σ_p，否则应力与应变不成正比，挠曲线的近似微分方程不成立，当然临界压力公式也不成立。因此，欧拉公式只适用于线弹性范围。欧拉临界压力或临界应力公式的适用范围可用压杆的柔度 λ 来判别。

$$\sigma_{cr}=\frac{\pi^2 E}{\lambda^2}\leqslant\sigma_p \text{ 或 } \quad \lambda\geqslant\sqrt{\frac{\pi^2 E}{\sigma_p}}, \tag{c}$$

令

$$\lambda_p=\sqrt{\frac{\pi^2 E}{\sigma_p}} \tag{11.5}$$

则条件（c）可写成

$$\lambda \geqslant \lambda_p \tag{11.6}$$

式（11.6）表明了欧拉公式（11.2）或（11.3）的适用条件。λ_p 为柔度界限值,它与材料性能有关，材料不同，λ_p 的数值也不同。

满足 $\lambda \geqslant \lambda_p$ 的杆称为大柔度杆，其临界压力和临界应力用欧拉公式求解。欧拉公式只适用于大柔度压杆。

满足 $\lambda < \lambda_p$ 的杆称为中小柔度杆，其临界压力和临界应力不能用欧拉公式求解。

11.4.3　三类不同的压杆

根据压杆柔度 λ 的大小，可将压杆分为三类。

1. 大柔度杆

大柔度杆也称为细长杆，其柔度 λ 大于柔度界限值 λ_p，即满足

$$\lambda \geqslant \lambda_p \tag{11.7}$$

这类压杆容易发生弹性失稳，属于弹性屈曲，临界压力或临界应力由欧拉公式计算。

2. 中柔度杆

中柔度杆也称为中长杆，其柔度 λ 满足

$$\lambda_s \leqslant \lambda < \lambda_p \tag{11.8}$$

λ_s 是指压杆在临界应力 $\sigma_{cr} = \sigma_s$（对于脆性材料 $\sigma_{cr} = \sigma_b$）时的柔度。这类压杆可能发生失稳，但临界应力超过比例极限，局部呈塑性，属于弹塑性屈曲，其临界应力一般按经验公式确定。其中有在机械工程中常用的直线形经验公式和在钢结构中常用的抛物线形经验公式。

（1）直线形经验公式

$$\sigma_{cr} = a - b\lambda \tag{11.9}$$

式中，a，b 是与材料有关的常数。表 11.2 中列出了常用材料的 a，b 值。

λ_s 可由下式计算

$$\lambda_s = \frac{a - \sigma_s}{b} \tag{11.10}$$

（2）抛物线形经验公式

$$\sigma_{cr} = a_1 - b_1\lambda^2 \tag{11.11}$$

式中，$a_1 = \sigma_s$，$b_1 = \sigma_s^2/(4\pi^2 E)$，也是与材料有关的常数，单位用 MPa。例如，对于 Q235 钢，$\sigma_s = 235\ \text{MPa}$，$E = 206\ \text{GPa}$，则有 $a_1 = 235\ \text{MPa}$、$b_1 = 0.006\,8\ \text{MPa}$；对于 16Mn 钢，$\sigma_s = 343\ \text{MPa}$，$E = 206\ \text{GPa}$，则有 $a_1 = 343\ \text{MPa}$、$b_1 = 0.001\,61\ \text{MPa}$。

3. 小柔度杆

小柔度杆也称粗短杆，其柔度 λ 满足

$$\lambda < \lambda_s \tag{11.12}$$

这类压杆不发生失稳，在压力作用下发生屈服或破裂,属于强度问题。其临界应力为

$$\sigma_{cr} = \begin{cases} \sigma_s(\text{塑性材料}) \\ \sigma_b(\text{脆性材料}) \end{cases} \tag{11.13}$$

表 11.2　几种常见材料的 a，b 值及柔度 λ_s，λ_p

材料（σ_s，σ_b 的单位为 MPa）	a（MPa）	b（MPa）	λ_p	λ_s
Q235 钢（$\sigma_s = 235$，$\sigma_b \geqslant 372$）	304	1.12	100	61.4
优质碳钢（$\sigma_s = 306$，$\sigma_b \geqslant 471$）	461	2.57	100	60
硅钢（$\sigma_s = 353$，$\sigma_b \geqslant 510$）	578	3.74	100	60
铬钼钢	9 807	5.3	55	40
硬　铝	373	2.15	50	
铸　铁	332	1.45	80	
木　材	39	0.2	50	

11.4.4　临界应力总图

从欧拉公式适用范围的分析可知，根据柔度的大小可以将压杆分为三类，并按不同公式确定其临界应力。大柔度（$\lambda \geqslant \lambda_p$），用欧拉公式（11.2）或（11.3）计算临界力；对于中柔度杆（$\lambda_s \leqslant \lambda < \lambda_p$），用经验公式（11.9）或（11.11）计算临界应力；对于小柔度杆（$\lambda < \lambda_s$），这类压杆一般不会失稳，而可能发生屈服或断裂，按强度问题处理，用公式（11.13）计算临界应力。无论压杆处于弹性阶段或弹塑性阶段，其临界应力均为杆柔度的函数。图 11.7 表示塑性材料压杆的临界应力随其柔度变化的情况，称为临界应力总图。

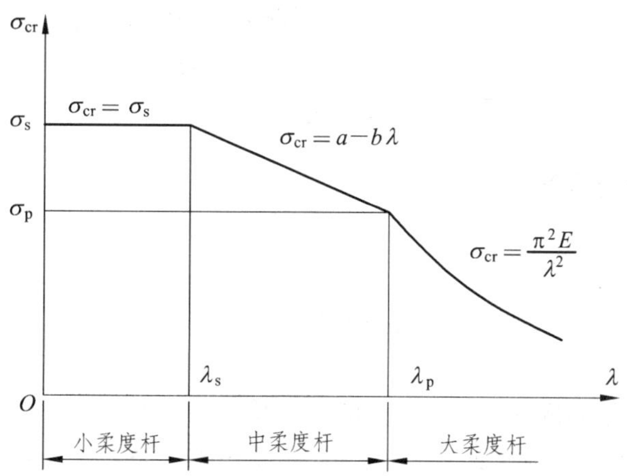

图11.7　临界应力总图

例题 11.2 如图 11.8 所示 3 根圆截面压杆，其直径、长度和材料均相同。已知长度 $l=2.5\ \text{m}$，直径 $d=160\ \text{mm}$，材料的 $\lambda_p=101$，$\lambda_s=57$，$\sigma_s=240\ \text{MPa}$，$E=200\ \text{GPa}$，$a=304\ \text{MPa}$，$b=1.12\ \text{MPa}$。试判断哪根杆最容易失稳？哪根最不容易失稳？并求这 3 根杆的临界压力 F_{cr}。

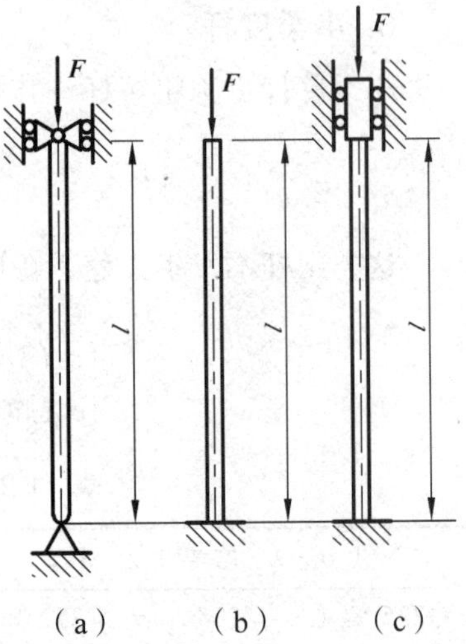

图 11.8 例题 11.2 图

解：(1) 判断这 3 根杆的稳定性。

本题 3 根压杆的材料、长度、直径均相同，只是杆端约束不同。因而，要判断它们的稳定性的好和差，只要比较其柔度值即可。

$$\lambda=\frac{\mu l}{i}=\frac{4\mu l}{d}$$

(a) 杆：两端铰链约束 $\mu=1$，$\lambda_a=\dfrac{4\mu l}{d}=\dfrac{4\times1\times2.5}{0.16}=62.5$

(b) 杆：一端固定，一端自由 $\mu=2$，$\lambda_b=\dfrac{4\mu l}{d}=\dfrac{4\times2\times2.5}{0.16}=125$

(c) 杆：两端均固定 $\mu=0.5$，$\lambda_c=\dfrac{4\mu l}{d}=\dfrac{4\times0.5\times2.5}{0.16}=31.25$

可见，$\lambda_b>\lambda_a>\lambda_p$，故 (b) 杆最易失稳，(c) 杆最不易失稳。

(2) 计算临界压力。

需要判断每根杆的类型，然后根据相应的临界压力计算公式计算 F_{cr}。

(a) 杆：$\lambda_s<\lambda_a<\lambda_p$ 属中柔度杆，临界应力按直线经验公式计算。

$$\sigma_{cr}=a-b\lambda_a=304-1.12\times62.5=234\ \text{MPa}$$

$$F_{cr}=\sigma_{cr}A=\sigma_{cr}\frac{\pi d^2}{4}=234\times10^6\times\frac{3.14\times0.16^2}{4}=4.702\times10^6\ \text{N}=4\ 702\ \text{kN}$$

(b) 杆：$\lambda_b>\lambda_p$ 属大柔度杆，由欧拉公式计算 F_{cr}。

$$F_{cr}=\frac{\pi^2EA}{\lambda_b^2}=\frac{\pi^2E}{\lambda_b^2}\times\frac{\pi d^2}{4}=\frac{3.14^3\times(200\times10^9)\times(0.16)^2}{4\times125^2}$$
$$=2.530\times10^6\ \text{N}=2\ 530\ \text{kN}$$

(c) 杆：$\lambda_c<\lambda_s$ 属小柔度杆。

$$\sigma_{cr}=\sigma_s=240\ \text{MPa}$$

$$F_{cr}=\sigma_{cr}A=\sigma_{cr}\frac{\pi d^2}{4}=240\times10^6\times\frac{3.14\times0.16^2}{4}=4.823\times10^6\ \text{N}=4\ 823\ \text{kN}$$

例题 11.3 Q235 钢制成的矩形截面杆的受力及两端约束情况如图 11.9 所示，其中图 11.9 (a) 为正视图，图 11.9 (b) 为俯视图。在 A，B 两处用螺栓夹紧。已知 $l=2.3\ \text{m}$，$b=40\ \text{mm}$，$h=60\ \text{mm}$，材料的弹性模量 $E=205\ \text{GPa}$。试求此杆的临界压力。

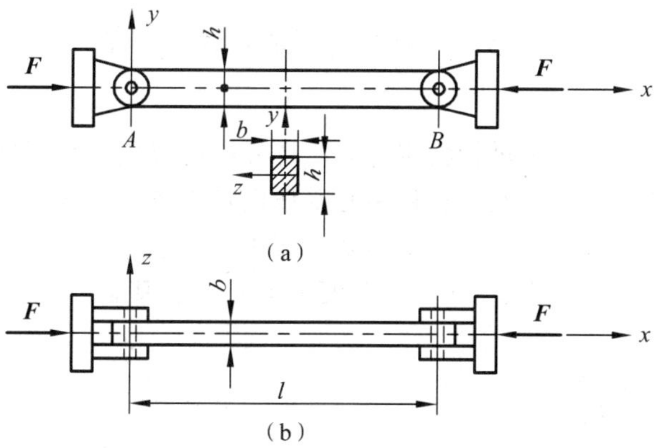

图 11.9　例题 11.3 图

解：压杆在 A，B 两端的约束不同于球铰。在正视图所在的 xOy 平面内失稳时，AB 杆绕 z 轴弯曲，A，B 两处可以自由转动，相当于铰链约束。在俯视图所在的 xOz 平面内失稳时，AB 杆绕 y 轴弯曲，A，B 两处不能转动，相当于固定端约束。因此，压杆在两个平面内失稳时，其柔度不同。为确定临界压力，需先计算压杆在两个平面内的柔度并加以比较，判定压杆在哪一平面内容易失稳。

（1）在 xOy 平面内

$$\mu=1,\quad i_z=\sqrt{\frac{I_Z}{A}}=\frac{h}{\sqrt{12}}=\frac{60}{\sqrt{12}}=17.32\ \text{mm}$$

于是有

$$\lambda_z=\frac{\mu\, l}{i_z}=\frac{1\times 2300}{17.32}=132.8$$

（2）在 xOz 平面内

$$\mu=0.5,\quad i_y=\sqrt{\frac{I_y}{A}}=\frac{b}{\sqrt{12}}=\frac{40}{\sqrt{12}}=11.55\ \text{mm}$$

于是有

$$\lambda_y=\frac{\mu l}{i_y}=\frac{0.5\times 2\,300}{11.55}=99.6$$

（3）计算 F_{cr}。

由于 $\lambda_z>\lambda_y$，因此压杆将在 xoy 平面内失稳。对于 Q235 钢，$\lambda_{\text{p}}=100$，$\lambda_z=132.8>\lambda_{\text{p}}$，属于细长压杆，用欧拉公式计算临界压力。即

$$F_{\text{cr}}=\frac{\pi^2 EA}{\lambda^2}=\frac{\pi^2\times(205\times10^9)\times(0.04\times0.06)}{132.8^2}=2.762\times10^5\ \text{N}=276.2\ \text{kN}$$

11.5 压杆的稳定计算

压杆除了考虑强度外，必须进行稳定计算。压杆的临界应力是压杆具有稳定性的极限应力，欧拉临界应力的计算公式是在等直杆中心受压的理想条件下导出的，但实际上由于压杆初曲率、压力偏心、材料内部缺陷等因素对临界压力的影响非常大，所以，需要将由欧拉公式或经验公式计算出的临界应力 σ_{cr} 除以一个大于 1 的安全因素 n_{st}，即压杆的稳定许用应力

$$[\sigma]_{st}=\frac{\sigma_{cr}}{n_{st}} \tag{11.14}$$

式中，n_{st} 为稳定安全因数，可查相关手册或规范。为了防止压杆失稳，必须使压杆的工作应力小于或等于稳定许用应力。因此压杆的稳定条件可表示为

$$\sigma=\frac{F}{A}\leqslant[\sigma]_{st} \tag{11.15}$$

或

$$F\leqslant\frac{F_{cr}}{n_{st}} \tag{11.16}$$

临界压力 F_{cr} 与压杆工作压力 F 的比值，表示压杆工作时的实际稳定性储备，称为压杆的工作稳定安全因数，用 n 表示。于是得到用安全因数表示的压杆稳定条件

$$n=\frac{F_{cr}}{F}\geqslant n_{st} \tag{11.17}$$

稳定安全因数 n_{st} 一般大于强度计算时的安全因数。这是因为压杆的初弯曲、压力偏心、材料不均匀等缺陷，都会严重影响压杆稳定性，降低临界压力。而这些因素对强度的影响不像对稳定性影响那样严重。

例 11.4 油管托架如图 11.10 所示，杆 AB 直径 $d=15$ mm，长 $l=400$ mm，材料为 Q235 钢，$\sigma_p=200$ MPa，$E=200$ GPa。如果取稳定安全因数 $n_{st}=3$，试根据 AB 杆的稳定性确定托架 D 端的许用载荷 P 的大小。

解：（1）计算 AB 杆所承受的压力 F。

杆 AB 两端可简化为铰支，忽略其自重，则可视为二力杆，受轴向压力 F 作用。

以杆 CD 为研究对象，其受力图见图 11.10（b），列平衡方程

$$\sum M_C=0,\ P(240+80)-F\cdot CE=0$$

由几何关系（相似三角形）可得

$$CE=240\times320/400=192\ \text{mm}$$

由平衡方程解出

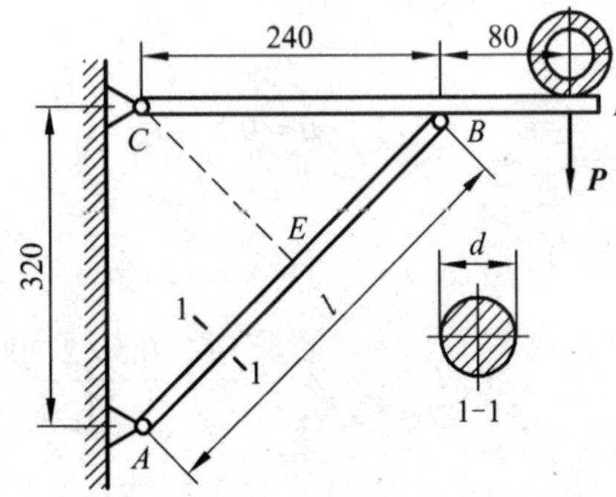

（a）

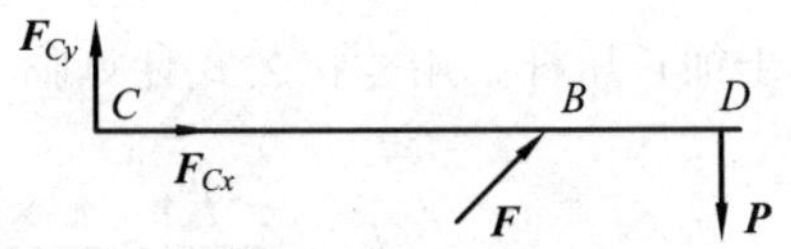

（b）

图 11.10 例题 11.4 图

$$F=(240+80)P/192=1.67P$$

（2）计算 AB 杆的柔度 λ 和 λ_p。

由式（11.4）得

$$\lambda=\frac{\mu l}{i}=\frac{4\mu l}{d}=\frac{4\times1\times400}{15}=106.7$$

由式（11.5）得

$$\lambda_p=\sqrt{\frac{\pi^2E}{\sigma_p}}=\sqrt{\frac{3.14^2\times210\times10^9}{200\times10^6}}\approx100$$

（3）计算 F_{cr} 和许可载荷 $[P]$。

$\lambda>\lambda_p$ 故 AB 杆为大柔度杆。临界压力由欧拉公式计算

$$F_{cr}=\frac{\pi^2EA}{\lambda^2}=\frac{\pi^2\times(200\times10^9)}{106.7^2}\times\frac{\pi\times(0.015)^2}{4}\ \text{N}=30.59\ \text{kN}$$

根据稳定条件：$n=\frac{F_{cr}}{F}\geqslant n_{st}$

则 $$F=1.67P\leqslant\frac{F_{cr}}{n_{st}}$$

于是得 $$P\leqslant\frac{F_{cr}}{1.67n_{st}}=\frac{30.59}{1.67\times3}=6.1\ \text{kN}$$

可见托架 D 端的许用载荷为 $[P]=6.1\ \text{kN}$。

例题 11.5 图 11.11 所示的结构中，梁 AB 为 No.14 普通热轧工字钢，CD 为圆截面直杆，其直径为 $d=20\ \text{mm}$，二者材料均为 Q235 钢，A，C，D 三处均为球铰约束。已知 $F=25\ \text{kN}$，$l_1=1.25\ \text{m}$，$l_2=0.55\ \text{m}$，$\sigma_s=235\ \text{MPa}$，$E=206\ \text{GPa}$，强度安全因数 $n_s=1.45$，稳定安全因数 $n_{st}=1.8$。试校核此结构是否安全。

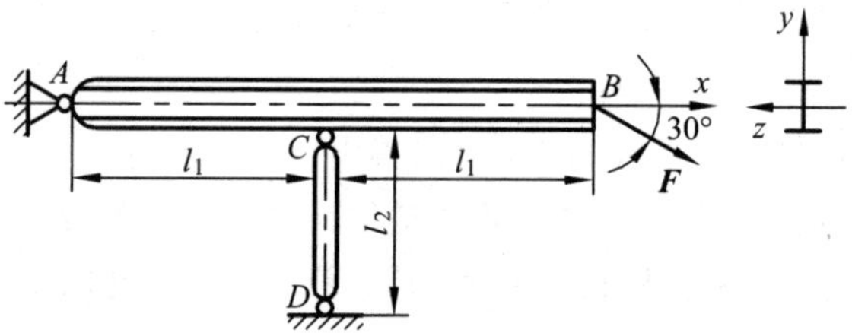

图 11.11 例题 11.5 图

解： 在给定的结构中，梁 AB 承受拉伸与弯曲的组合作用，属于强度问题；杆 CD 承受压力，可能出现稳定问题。应分别校核梁 AB 的强度和压杆 CD 的稳定性。

（1）梁 AB 的强度校核。

梁 AB 在截面 C 处弯矩最大，该处横截面为危险截面，其上的弯矩和轴力分别为

$$M_{max} = (F\sin 30°)l_1 = 25\times 0.5\times 1.25 = 15.63\ \text{kN·m}$$
$$F_N = F\cos 30° = 25\times 0.866 = 21.65\ \text{kN}$$

由型钢表查得 No.14 普通热轧工字钢的 W_z 和 A 为

$$W_z = 102\times 10^{-6}\ \text{m}^3,\ A = 21.5\times 10^{-4}\ \text{m}^2$$

由此得到

$$\sigma_{max} = \frac{M_{max}}{W_z} + \frac{F_N}{A} = \frac{15.63\times 10^3}{102\times 10^{-6}} + \frac{21.65\times 10^3}{21.5\times 10^{-4}} = 163.2\times 10^6\ \text{Pa} = 163.2\ \text{MPa}$$

Q235 钢的许用应力

$$[\sigma] = \frac{\sigma_s}{n_s} = \frac{235}{1.45} = 162\ \text{MPa}$$

σ_{max} 略大于 $[\sigma]$，但 $\frac{\sigma_{max} - [\sigma]}{[\sigma]}\times 100\% = \frac{163.2-162}{162}\times 100\% = 0.7\% < 5\%$，工程上仍认为是安全的。

（2）校核压杆 CD 的稳定性。

由平衡方程求得压杆 CD 的轴向压力 $F_{CD} = 2F\sin 30° = F = 25\ \text{kN}$

CD 杆的柔度 $\lambda = \frac{\mu l}{i} = \frac{4\mu l}{d} = \frac{4\times 1\times 0.55}{20\times 10^{-3}} = 110 > \lambda_p = 100$

这表明 CD 压杆为细长杆，应采用欧拉公式计算其临界压力

$$F_{cr} = \frac{\pi^2 EA}{\lambda^2} = \frac{\pi^2 E}{\lambda^2}\times\frac{\pi d^2}{4} = \frac{\pi^3\times(206\times 10^9)\times(20\times 10^{-3})^2}{110^2\times 4}\text{N} = 52.8\ \text{kN}$$

于是，压杆的工作安全因数 $n = \frac{F_{cr}}{F} = \frac{52.8}{25} = 2.11 > n_{st} = 1.8$

这一结果说明压杆的稳定性是安全的。上述两项计算结果表明，整个结构的强度和稳定性都是安全的。

11.6 提高压杆稳定性的措施

分析压杆临界压力的欧拉公式（11.2）可以得出，临界压力 F_{cr} 与 E 和 I 成正比，与 μl 成反比。显然，F_{cr} 越大稳定性越好。在条件许可的情况下，应尽量提高 F_{cr} 值。为了提高压杆承载能力，防止失稳，必须综合考虑杆长、支承性质、截面的合理性以及材料性能等因素的影响。

1. 减小压杆长度

对于细长杆，其临界压力与杆长的平方成反比。因此，减小压杆长度，可以显著地提高压杆的承载能力。在某些情况下，由于客观条件限制，杆长不能减小，杆件的稳定性又达不到要求，则可考虑在杆件中部增加支座，以达到减小压杆长度、提高压杆承载能力的目的。例如在如图 11.12（a）所示的压杆中部加一可动铰支座，见图 11.12（b），就能达到减小压杆长度，提高压杆稳定性的目的。

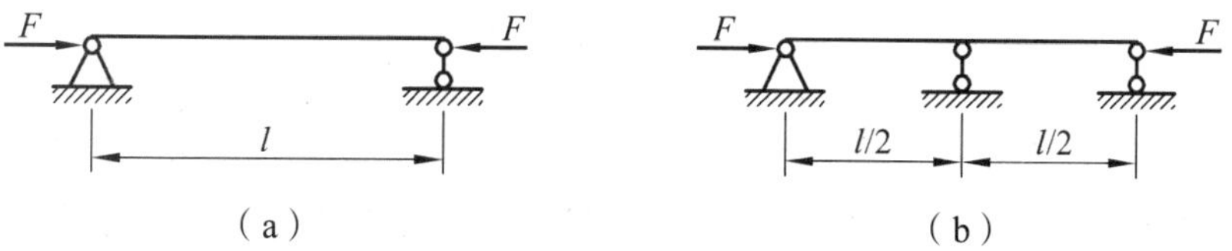

图 11.12　减小压杆长度

2. 增强约束以减小长度系数 μ

支承的约束性质对压杆临界压力的影响具体反映在压杆长度系数μ值上。μ越低，临界压力也就越大。因此，可以通过增强约束以减小长度系数μ，从而达到提高压杆承载力的目的。例如图 11.13 中，将两端铰支约束的细长杆，变成两端固定约束的情形，其μ值由 1 减小为 0.5，相应地临界压力提高为原来的 4 倍。

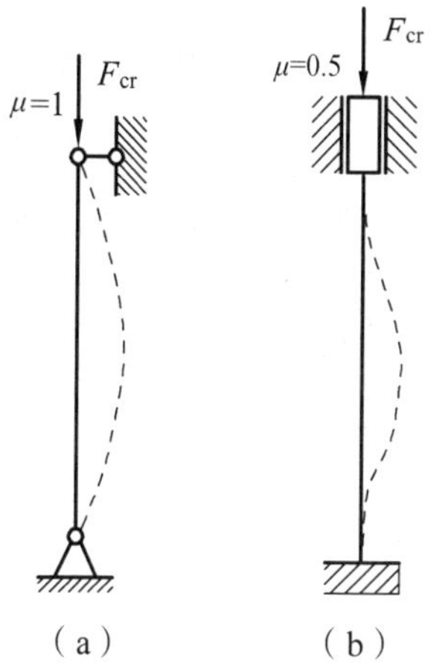

图 11.13　改变压杆支座形式

3. 合理选择截面形状，增大截面惯性矩

在压杆横截面面积 A 一定的情况下，应尽可能使材料远离截面形心，以增大截面惯性矩 I。如图 11.14 所示，在面积相同时，截面（b）比截面（a）合理，截面（d）比（c）合理。

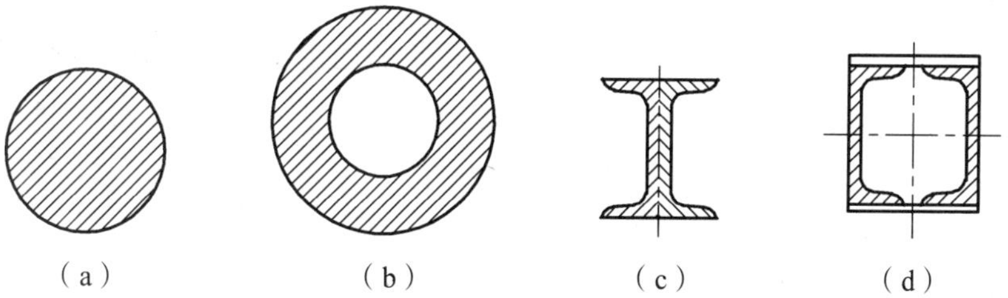

图 11.14　压杆截面形状对稳定性的影响

4. 合理选用材料

在其他条件均相同的情形下，选用弹性模量 E 数值大的材料，可以提高大柔度压杆的承载能力。例如钢杆临界压力大于铜、铸铁或铝制压杆的临界压力。但是，普通碳素钢、合金钢以及高强度钢的弹性模量均在 200 ~ 240 GPa，数值相差不大。因此，对于细长钢制压杆，用高强度钢代替普通钢做压杆，对提高其稳定性意义不大，反而会造成材料的浪费。但是，对于粗短杆或中长杆，其临界压力与材料的比例极限和屈服强度有关，选用高强度钢会使临界压力有所提高，有利于压杆的稳定。

本章小结

1. 压杆在外界扰动力撤出情况下若能够保持原来的直线平衡状态，则原有的直线平衡状态是稳定的，否则是不稳定的。压杆从直线平衡形式到弯曲平衡形式的转变称为失稳或屈曲。使压杆保持微弯状态下平衡的轴向压力 F_{cr} 称为临界压力或临界力。压杆直线状态的平衡是否稳定，取决于压力 F 的大小。

2. 欧拉临界压力或应力公式只适用于压杆处于线弹性范围。压杆的柔度 $\lambda=\dfrac{\mu\cdot l}{i}$ 综合反映了压杆杆端约束情况、压杆截面形状、尺寸和杆长度对压杆临界应力的影响。根据 λ 值可将压杆分为三类。

（1）大柔度杆，其柔度满足 $\lambda\geqslant\lambda_p$。这类压杆容易发生弹性失稳，属于弹性屈曲，临界压力或临界应力由欧拉公式 $F_{cr}=\dfrac{\pi^2 EI}{(\mu l)^2}$ 或 $\sigma_{cr}=\dfrac{\pi^2 E}{\lambda^2}$ 计算。

（2）中柔度杆，其柔度即满足 $\lambda_s\leqslant\lambda<\lambda_p$。这类压杆可能发生失稳，但临界应力超过比例极限，局部呈塑性，属于弹塑性屈曲，其临界应力一般按经验公式确定。其中有在机械工程中常用的直线形经验公式和在钢结构中常用的抛物线形经验公式。

直线形经验公式：$\sigma_{cr}=a-b\lambda$

抛物线形经验公式 ：$\sigma_{cr}=a_1-b_1\lambda^2$

（3）小柔度杆。其柔度满足 $\lambda<\lambda_s$。这类压杆不容易发生失稳，在压力作用下发生屈服或破裂，属于强度问题。其临界应力为

$$\sigma_{cr}=\begin{cases}\sigma_s(\text{塑性材料})\\ \sigma_b(\text{脆性材料})\end{cases}$$

4. 压杆的稳定性条件

压杆的工作稳定安全因数 n 必须大于或等于规定的稳定安全因素 n_{st}，即

$$n=\frac{F_{cr}}{F}\geqslant n_{st}$$

5. 提高压杆稳定性的措施

（1）尽量减小压杆长度。

（2）增强约束以减小长度系数 μ。

（3）合理选择截面形状，增大截面惯性矩。

（4）合理选用材料。

思考题

11.1 构件的强度、刚度和稳定性有什么区别？

11.2 压杆的强度失效和屈曲失效有何区别与联系？

11.3 压杆因失稳产生的弯曲变形与梁在横向力作用下产生的弯曲变形在性质上有何区别？

11.4 试说明压杆的临界压力和临界应力的含义。其临界压力是否与压杆所受作用力有关？压杆的临界压力越大越容易失稳吗？

11.5 影响细长压杆临界应力大小的因素有哪些？

11.6 为什么梁通常采用矩形截面，压杆则宜采用方形或圆形截面？

11.7　压杆柔度与哪些因素有关？压杆的柔度越大其临界应力也越大吗？

11.8　说明欧拉公式的适用范围，若超过这一范围时如何计计算压杆的临界应力和临界压力？

11.9　在其他条件不变的情况下，若将细长压杆的长度增加一倍，其临界压力和临界应力将有何变化？若将圆截面压杆的直径增加一倍，其临界压力和临界应力的值又有何变化？

11.10　在其他条件不变的情况下，若将一细长压杆的圆截面改为等面积的正方形截面，压杆的临界压力是增大还是减小？

11.11　在稳定性计算中，可能发生两种情况：一是用细长压杆的公式计算中长压杆的临界压力，二是用中长压杆的公式计算细长压杆的临界压力。试问哪种情况偏于安全？

11.12　提高压杆稳定性的措施有哪些？

11.13　由 1，2 两根杆件按照两种不同的方式组成的结构分别如图 11.15（a）、（b）所示，试问它们的承载力是否相等？

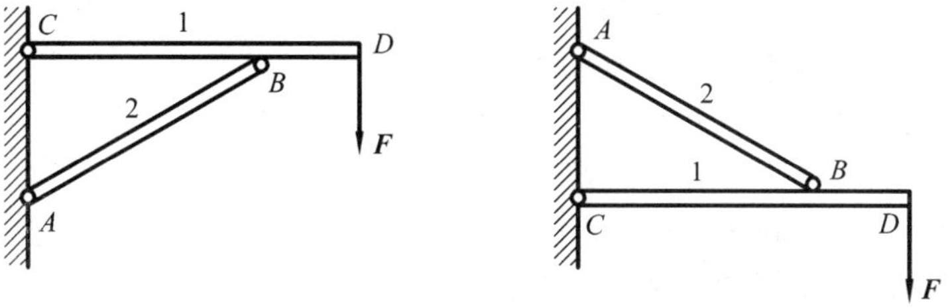

图 11.15

习　题

11.1　如图示各细长压杆的材料和截面均相同，试问哪根杆能承受的压力最大？哪一根最小？

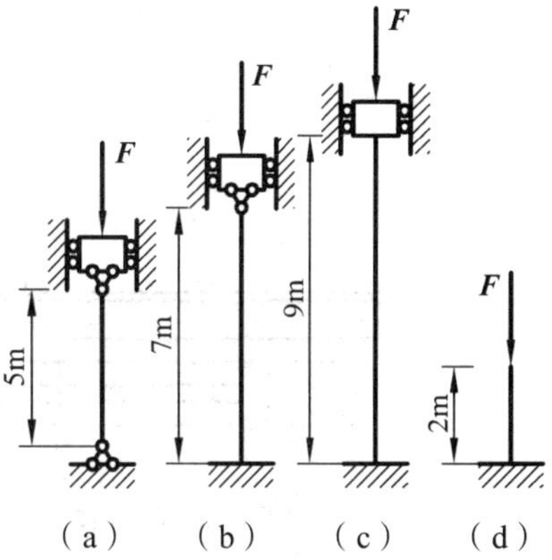

题 11.1 图

11.2　试用欧拉公式计算下列细长压杆的临界压力。杆件两端均为球铰支座，弹性模量均为 $E = 200$ GPa 。

（1）圆截面，$d = 25$ mm ，$l = 2.0$ m 。

（2）矩形截面，$h = 2b = 40$ mm ，$l = 1.0$ m 。

（3）NO.18 工字钢，$l = 2.0$ m 。

11.3　截面为 100 mm × 150 mm 的矩形木柱，一端固定，另一端铰支，杆长 $l = 5.0$ m ，材料的弹性模量 $E = 10$ GPa ，$\lambda_p = 110$ 。试求此木柱的临界载荷。

11.4　如图所示托架中杆 AB 的直径 $d = 40$ mm ，长度 $l = 800$ mm ，两端可视为球铰链约束，材料为 Q235 钢。

（1）根据 AB 杆的稳定性求托架的临界压力。

（2）若已知工作载荷 $F = 70$ kN ，并要求杆 AB 的稳定安全因数 $n_{st} = 2.0$ ，校核托架是否安全。

（3）若横梁为 No.18 普通热轧工字钢，$[\sigma] = 160$ MPa ，AB 杆的稳定安全因素 $n_{st} = 2.0$ ，求托架的许可载荷。

11.5　如图所示正方形桁架，各杆的抗弯刚度均为 EI，且均为细长杆。试问当载荷 F 为何值时结构中的个别杆件将失稳？如果将载荷 F 的方向改为向内，则使杆件失稳的载荷 F 又为何值？

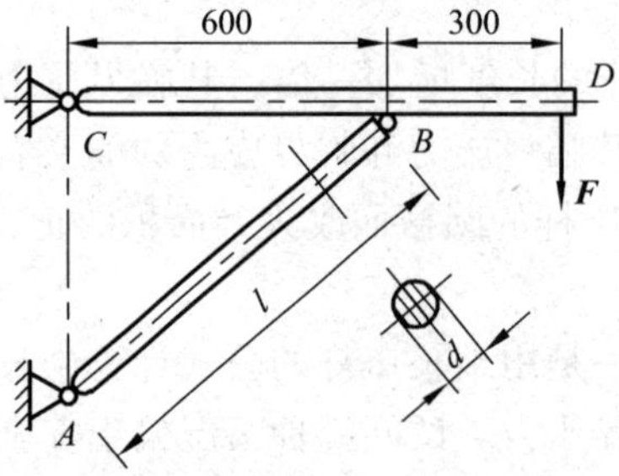

题 11.4 图

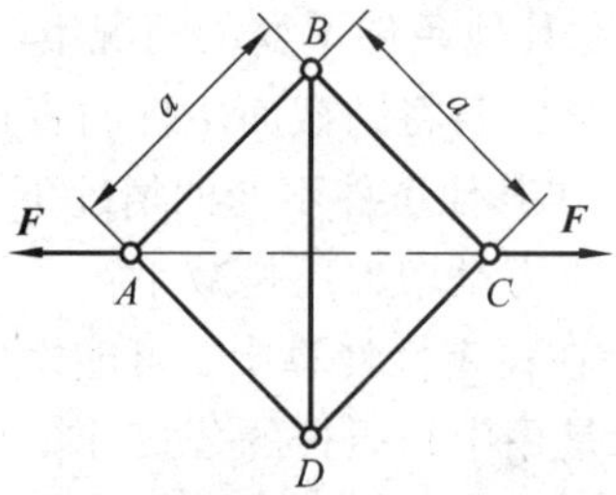

题 11.5 图

11.6　平面磨床的工作台液压驱动装置如图所示。油缸活塞直径 $d = 65$ mm，油压 $p =$ 1.2 MPa，活塞杆长度 $l = 1\ 250$ mm，材料的 $E = 210$ GPa，$\sigma_p = 220$ MPa，$n_{st} = 6$。活塞杆可简化为两端铰支的压杆，试确定活塞杆的直径。

11.7　石油工程中为了钻直井在钻柱上安装扶正器，如图所示。当钻井压力和下部钻铤尺寸一定时，上扶正器与钻头之间的距离超过某一最大值就会导致钻柱失稳。设钻压为 245 kN，钻铤直径为 $d = 178$ mm，钢钻铤的弹性模量 $E = 206$ GPa。上扶正器和钻头之间的钻铤可视为两端铰支的大柔度压杆，求上扶正器与钻头间的最大临界距离。

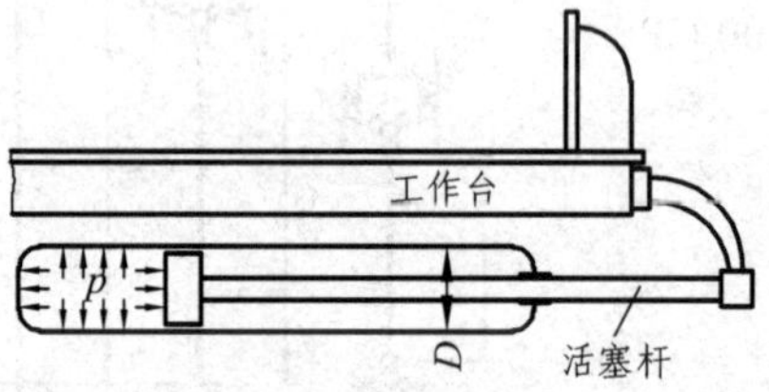

题 11.6 图

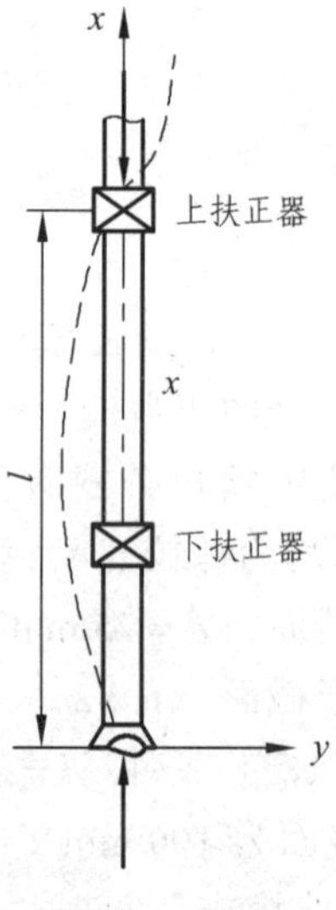

题 11.7 图

11.8　如图所示为某型飞机起落架中承受轴向压力的斜撑杆。杆为空心圆管，外径 $D =$ 52 mm，内径 $d = 44$ mm，$l = 950$ mm。撑杆材料参数为 $\sigma_b = 1\ 600$ MPa，$\sigma_p = 1\ 200$ MPa，$E = 210$ GPa。试求斜撑杆的临界压力 F_{cr}。

11.9　矩形截面钢质连杆长 $l = 0.6$ m，截面尺寸如图所示。连杆在图示 xy 平面（摆动平面）内可视为两端铰支，在 xz 平面内可视为两端固支。材料为 Q235 钢，两端用柱形铰支承。求连杆的临界压力。

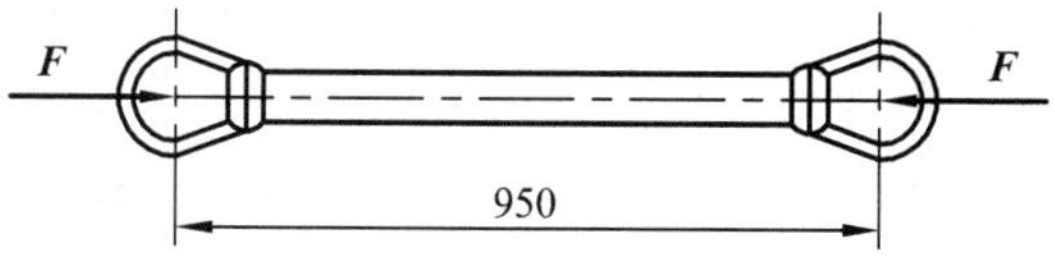

题 11.8 图

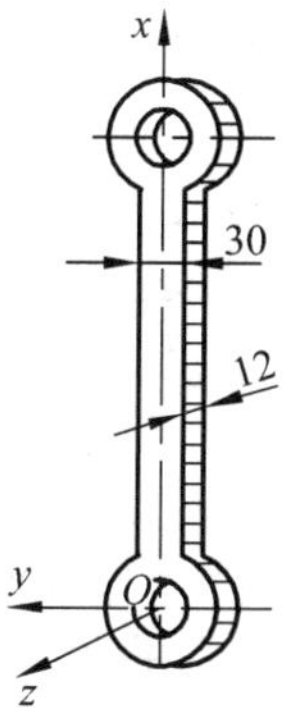

题 11.9 图

11.10　移动式起重机的起重臂 AB 长 $l = 5.6$ m，截面外径 $D = 115$ mm，内径 $d = 105$ mm，如图所示。材料为 Q235 钢，弹性模量 $E = 206$ GPa，试求起重臂能承受的最大压力。

11.11　如图所示工字钢直杆在温度 $t = 20$ °C 时安装，此时杆不受力。已知杆长 $l = 6$ m，材料为 Q235 钢，$E = 200$ GPa。试问：当温度升高到多少摄氏度时，杆将失稳（材料的线膨胀系数 $\alpha = 12.5 \times 10^{-6}$ °C^{-1}）？

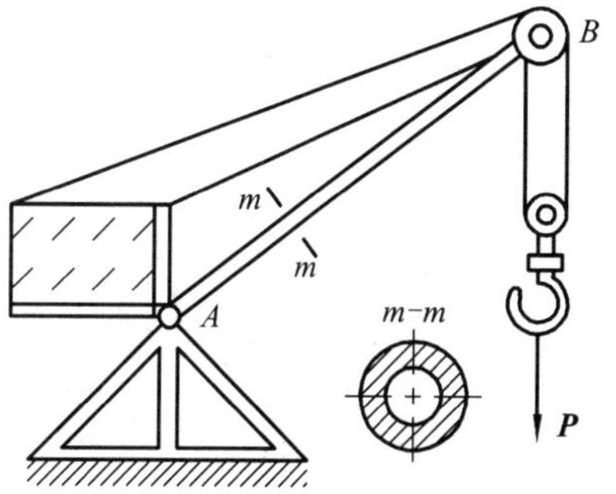

题 11.10 图

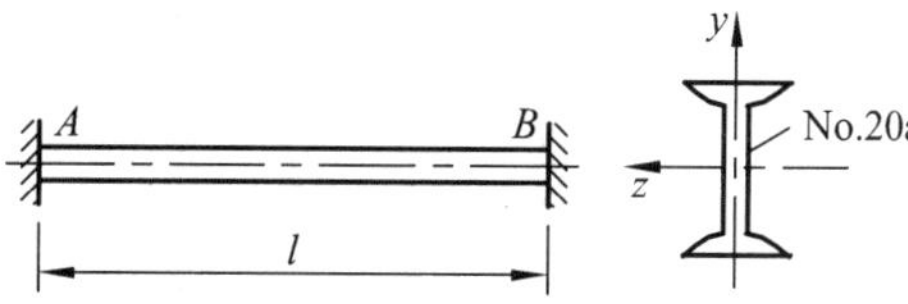

题 11.11 图

11.12　如图所示活塞杆，用硅钢制成，其直径 $d = 40$ mm，外伸部分的最大长度 $l = 1$ m，弹性模量 $E = 210$ GPa，$\lambda_p = 100$。试确定活塞杆的临界压力。

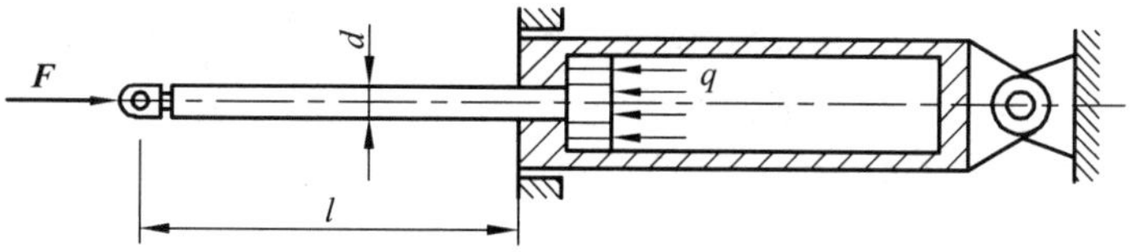

题 11.12 图

11.13　如图所示蒸汽机的活塞杆 AB，所受的压力 $F = 120$ kN，$l = 1\,800$ mm，横截面为圆形，直径 $d = 75$ mm。材料为 Q255 钢，$E = 210$ GPa，$\sigma_p = 240$ MPa，$n_{st} = 8$，试校核活塞杆的稳定性。

11.14　图示结构中杆 AC 与 CD 的材料均为 Q235 钢，C、D 两处为球铰。已知 $d = 20$ mm，$b = 100$ mm，$h = 180$ mm，$E = 200$ GPa，$\sigma_p = 200$ MPa，$\sigma_s = 235$ MPa，$\sigma_b = 400$ MPa，强度安全因数 $n = 2.0$，稳定安全因数 $n_{st} = 3.3$。试确定该结构的许可载荷。

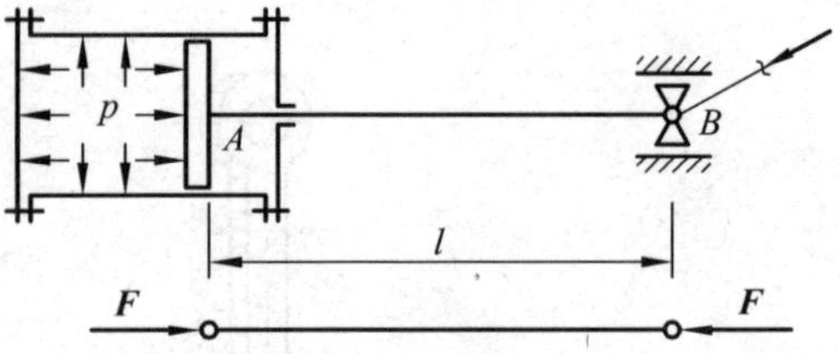

题 11.13 图

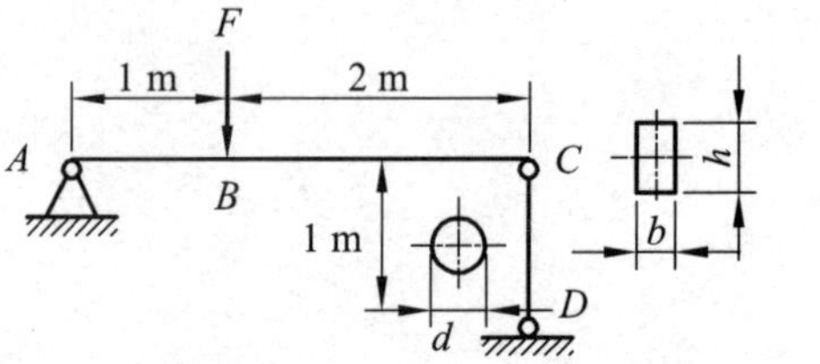

题 11.14 图

11.15　如图所示柴油机挺杆是钢制空心圆管，外径 $D=12\ \text{mm}$，内径 $d=10\ \text{mm}$，杆长 $l=383\ \text{mm}$，钢的 $E=210\ \text{GPa}$，挺杆所受的最大压力 $F=2.29\ \text{kN}$。规定的稳定安全因数 $n_{\text{st}}=3\sim5$。试校核该挺杆的稳定性。

11.16　如图所示螺旋千斤顶丝杠的最大承载 $F=150\ \text{kN}$，直径 $d=52\ \text{mm}$，最大升高长度 $l=500\ \text{mm}$，材料为 Q235 钢。可以认为丝杠下端是固定的，上端是自由的。试计算丝杠的工作安全因数。

11.17　如图所示结构中，横梁 AB 与立柱 CD 的材料均为 Q235 钢，$E=200\ \text{GPa}$，$\sigma_{\text{s}}=240\ \text{MPa}$，均匀分布载荷集度 $q=40\ \text{kN/m}$。立柱由两根 $63\ \text{mm}\times63\ \text{mm}\times5\ \text{mm}$ 等边角钢连接而成。试确定梁与立柱的工作安全因数。

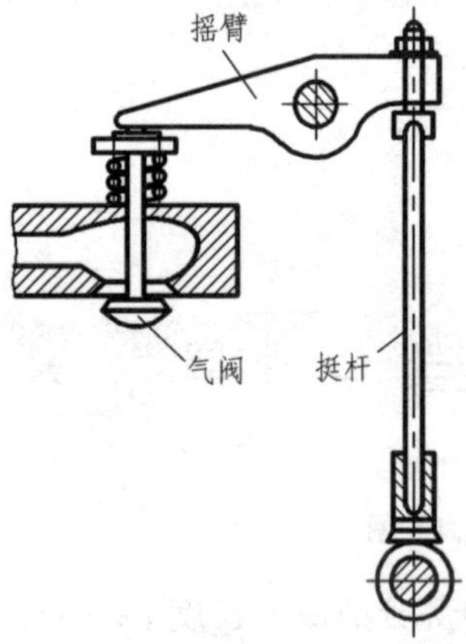

题 11.15 图

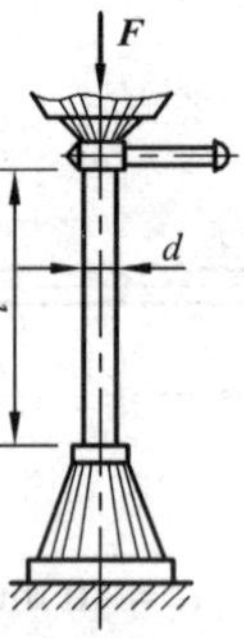

题 11.16 图

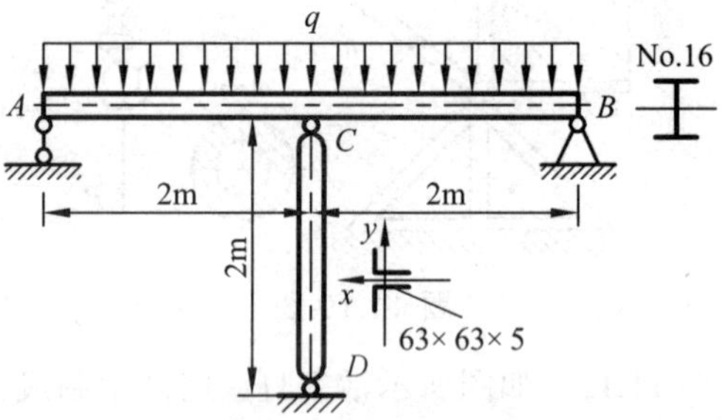

题 11.17 图

11.18　如图所示结构中，CF 为铸铁圆杆，直径 $d_1=100\ \text{mm}$，许用压应力 $[\sigma_{\text{c}}]=120\ \text{MPa}$；$BE$ 为 Q235 钢圆杆，直径 $d_2=50\ \text{mm}$，许用应力 $[\sigma]=160\ \text{MPa}$；横梁 $ABCD$ 可视为刚体。试求结构的许可载荷 $[F]$。已知铸铁的 $E_1=120\ \text{GPa}$，钢的 $E_2=200\ \text{GPa}$。

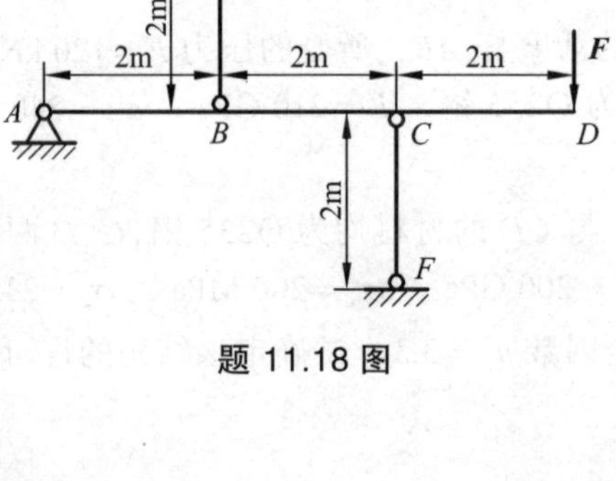

题 11.18 图

附录Ⅰ　平面图形的几何性质

Ⅰ.1　一次矩

任意形状的平面图形如图Ⅰ.1所示，设其面积为 A。在该平面图形所在平面内建立坐标系 Oyz，在坐标点 (z,y) 处取一微面积 $\mathrm{d}A$，那么，在整个平面图形上的积分

$$\begin{cases} S_z = \int_A y\mathrm{d}A \\ S_y = \int_A z\mathrm{d}A \end{cases} \tag{1}$$

则分别定义为该平面图形对 z 轴和 y 轴的一次矩，也称为静矩或面积矩。

从式（1）中可以看出，平面图形的静矩是对某一定轴而言的，同一平面图形对不同的坐标轴，其静矩也不同。因此，静矩的数值可能为正、可能为负、也可能等于零。静矩的量纲是长度的三次方。

设有一均质薄板，其形状与图Ⅰ.1所示的平面图形相同，则该均质薄板的重心与该平面图形的形心是重合的。由合力矩定理可知，均质薄板的重心坐标 $(\bar{z},\bar{y})$ 是

$$\begin{cases} \bar{z} = \dfrac{\int_A z\mathrm{d}A}{A} \\ \bar{y} = \dfrac{\int_A y\mathrm{d}A}{A} \end{cases}, \tag{2}$$

式（2）是确定平面图形形心的坐标公式。

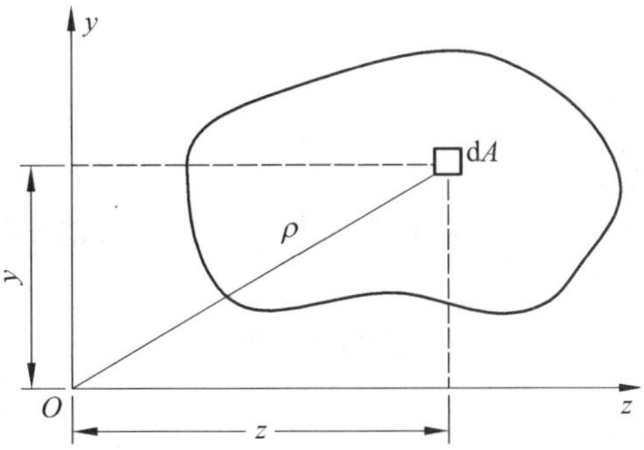

图Ⅰ.1　平面图形的静矩

1. 静矩与形心之间的关系

利用式（1）可以把式（2）改写为

$$\begin{cases} \bar{z} = \dfrac{S_y}{A} \\ \bar{y} = \dfrac{S_z}{A} \end{cases} \tag{3}$$

所以，分别将平面图形对 z 轴和 y 轴的静矩除以平面图形的面积 A，就可得到该平面图形的形心坐标 $(\bar{z},\bar{y})$。若将式（3）改写为

$$\begin{cases} S_z = A\bar{y} \\ S_y = A\bar{z} \end{cases} \tag{4}$$

式（4）表明，平面图形对坐标轴的静矩，可以利用该平面图形的面积乘以形心坐标来计算。

从式（3）和（4）看出，若平面图形对于某坐标轴的静矩等于零，则该坐标轴必通过平面图形的形心；反之，若某一坐标轴通过形心，则平面图形对该坐标轴的静矩等于零。

2. 组合截面的静矩与形心

当某平面图形是由若干简单图形（如矩形、圆形、三角形等）组合而成时，由静矩的定义公式（1）可知，平面图形各组成部分对该坐标轴静矩的代数和等于该组合图形对同一坐标轴的静矩，即

$$\begin{cases} S_z = \sum\limits_{i=1}^{n} A_i\bar{y}_i \\ S_y = \sum\limits_{i=1}^{n} A_i\bar{z}_i \end{cases} \tag{5}$$

式中，A_i 和 $\bar{z}_i$、$\bar{y}_i$ 分别表示该平面图形任一组成部分的面积及其形心坐标；n 为组成此平面图形的简单图形的个数。

由于各简单图形的面积及形心坐标都容易确定，所以按式（5）计算简单组合截面的静矩较方便。

将式（5）中的静矩 S_z 和 S_y 代入式（3），则得组合图形的形心坐标公式

$$\begin{cases} \bar{z} = \dfrac{\sum\limits_{i=1}^{n} A_i\bar{z}_i}{\sum\limits_{i=1}^{n} A_i} \\ \bar{y} = \dfrac{\sum\limits_{i=1}^{n} A_i\bar{y}_i}{\sum\limits_{i=1}^{n} A_i} \end{cases} \tag{6}$$

例题 I.1 试计算图 I.2 所示三角形截面对与其底边重合的 z 轴的静矩和形心。

解：（1）确定微面积。

取平行于 z 轴的狭长条 $b(y)$ 作为微面积 $\mathrm{d}A$，则有

$$\frac{b(y)}{b} = \frac{h-y}{h}$$

$$\mathrm{d}A = b(y)\mathrm{d}y = \frac{b}{h}(h-y)\mathrm{d}y$$

（2）计算静矩。

三角形对 z 轴的静矩为

$$S_z = \int_A y\mathrm{d}A = \int_0^h \frac{b}{h}(h-y)y\mathrm{d}y = \frac{bh^2}{6}$$

由此得到：三角形对其底边的静矩只与三角形的底边宽度 b 和高度 h 有关。

（3）计算形心。

将三角形的面积 $A=\frac{1}{2}bh$ 和对 z 轴的静矩 $S_z=\frac{bh^2}{6}$ 代入公式（3），得形心坐标

$$\bar{y} = \frac{S_z}{A} = \frac{h}{3}$$

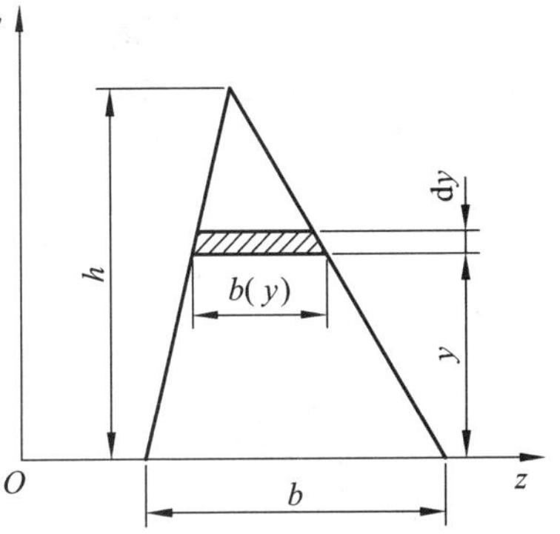

图 I.2　三角形截面的静矩与形心

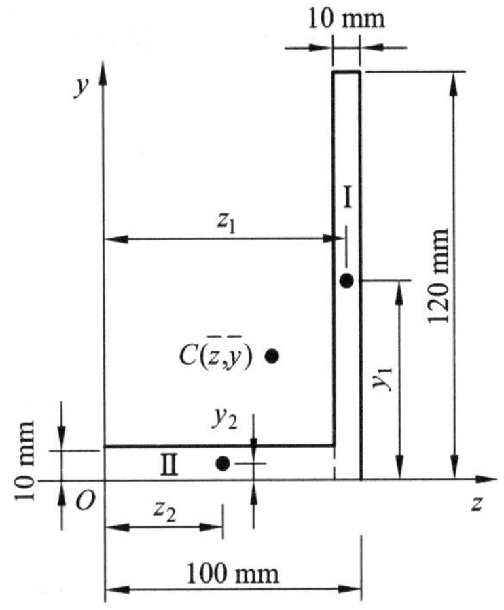

图 I.3　组合图形的形心

例题 I.2　试确定图 I.3 所示组合图形形心 C 的位置。

解：（1）将该图形分解为简单图形的组合。

将该图形分解为如图 I.3 所示的两个矩形 Ⅰ 和 Ⅱ 。

（2）确定各简单图形的面积及形心坐标。

建立图示的坐标系 Ozy。每一矩形的面积及形心坐标分别为：

矩形 Ⅰ ：$A_1 = 120\ \text{mm} \times 10\ \text{mm} = 1\,200\ \text{mm}^2$，$\bar{z}_1 = 105\ \text{mm}$，$\bar{y}_1 = 60\ \text{mm}$

矩形 Ⅱ ：$A_2 = 90\ \text{mm} \times 10\ \text{mm} = 900\ \text{mm}^2$，$\bar{z}_2 = 45\ \text{mm}$，$\bar{y}_2 = 5\ \text{mm}$

（3）计算组合图形的形心坐标。

应用式（6）求出组合图形形心 C 的坐标为

$$\bar{z} = \frac{A_1\bar{z}_1 + A_2\bar{z}_2}{A_1 + A_2} = \frac{1\,200\times105 + 900\times45}{1\,200+900}\ \text{mm} = \frac{555}{7}\ \text{mm} \approx 79.29\ \text{mm}$$

$$\bar{y} = \frac{A_1\bar{y}_1 + A_2\bar{y}_2}{A_1 + A_2} = \frac{1\,200\times60 + 900\times5}{1\,200+900}\ \text{mm} = \frac{255}{7}\ \text{mm} \approx 36.43\ \text{mm}$$

因此，用积分法求平面图形的形心、静矩是万能的，对于较简单的组合图形，则可以用例题 I.2 所示的方法来求解。读者也可以将例题 I.2 所示的组合截面通过一个大的矩形减去一个小矩形来构成，同样可以求得相应的形心坐标。

I.2 二次矩

平面图形的二次矩，通常包括极惯性矩、惯性矩和惯性积，下面分别予以说明。

1. 极惯性矩

设任一形状的平面图形如图 I.1 所示，其面积为 A。在该平面图形内选取坐标系 Ozy，在坐标点 (z,y) 处取微面积 $\mathrm{d}A$，ρ 表示微面积 $\mathrm{d}A$ 到坐标原点 O 的距离。定义在整个平面图形上的积分

$$I_{\mathrm{p}}=\int_A \rho^2 \mathrm{d}A \tag{7}$$

为该平面图形对坐标原点 O 的极惯性矩。

从式（7）可以看出，平面图形的极惯性矩是对某一坐标原点而言的，同一平面图形对不同的坐标原点，其极惯性矩不同，极惯性矩的数值恒为正，其量纲是长度的四次方。

例题 I.3 计算图 I.4 所示实心圆形截面对圆心 O 的极惯性矩和抗扭截面系数。

解：（1）建立图示坐标系 Ozy，利用极坐标法计算，微面积

$$\mathrm{d}A=\rho \mathrm{d}\varphi \mathrm{d}\rho$$

（2）计算极惯性矩。

根据公式（7）可得

$$I_{\mathrm{p}}=\int_A \rho^2 \mathrm{d}A=\int_0^R \rho^3 \mathrm{d}\rho \int_0^{2\pi} \mathrm{d}\varphi=\frac{\pi}{2}R^4$$

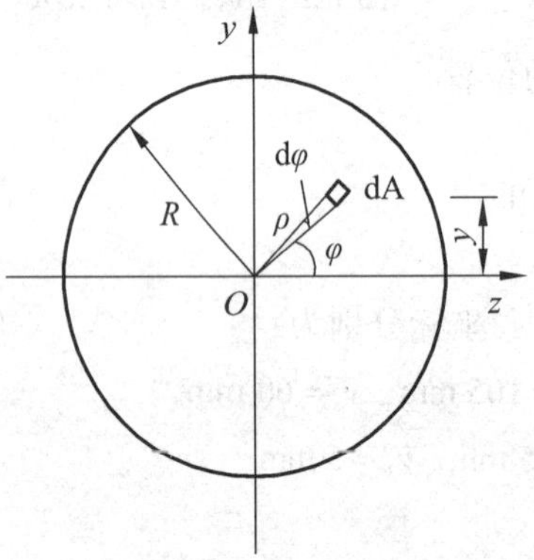

图 I.4 实心圆形截面

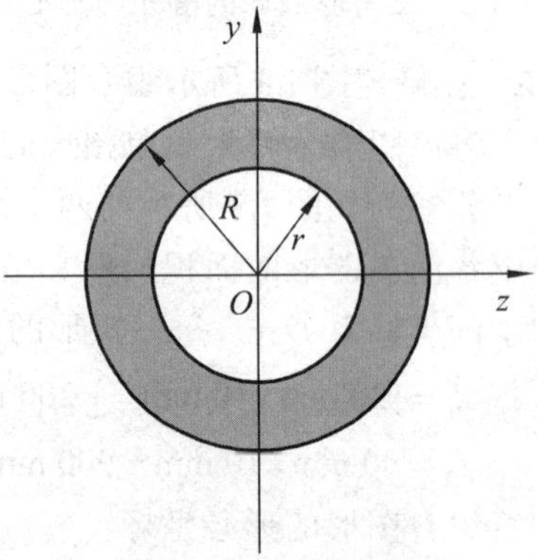

图 I.5 圆环形截面

例题 I.4 计算图 I.5 所示圆环形截面对圆心 O 的极惯性矩和抗扭截面系数。

解：（1）利用极坐标法计算极惯性矩。

与例题 I.3 的计算方法相同，只是将积分区间变为从 r 到 R。

$$\mathrm{d}A=\rho \mathrm{d}\varphi \mathrm{d}\rho$$

$$I_{\mathrm{p}}=\int_A \rho^2 \mathrm{d}A=\int_r^R \rho^3 \mathrm{d}\rho \int_0^{2\pi} \mathrm{d}\varphi=\frac{\pi}{2}(R^4-r^4)$$

（2）利用叠加法计算极惯性矩。

圆环形截面可以看成是从一个半径为 R 的实心圆形截面挖去一个半径为 r 的实心圆形截面而得到的，因此，可以用其极惯性矩相减来计算圆环形截面的极惯性矩

$$I_{\mathrm{p}}=\frac{\pi}{2}R^{4}-\frac{\pi}{2}r^{4} \tag{8}$$

2. 惯性矩

与极惯性矩的定义相似，设微面积 $\mathrm{d}A$ 到 z、y 坐标轴的距离分别为 y、z，则积分

$$\begin{cases}I_{z}=\int_{A}y^{2}\mathrm{d}A\\I_{y}=\int_{A}z^{2}\mathrm{d}A\end{cases} \tag{9}$$

分别称为该平面图形对 y 轴的惯性矩，该平面图形对 z 轴的惯性矩。

从式（9）可以看出，平面图形的惯性矩是对某一坐标轴而言的，同一平面图形对不同的坐标轴，其惯性矩不同，惯性矩的数值恒为正，其量纲是长度的四次方。

从图 I.1 可以看出，$\rho^{2}=y^{2}+z^{2}$，于是有

$$I_{\mathrm{p}}=\int_{A}\rho^{2}\mathrm{d}A=\int_{A}(z^{2}+y^{2})\mathrm{d}A=\int_{A}z^{2}\mathrm{d}A+\int_{A}y^{2}\mathrm{d}A=I_{y}+I_{z}$$

所以，平面图形对任意一对互相垂直的坐标轴的惯性矩之和，等于它对该两轴交点的极惯性矩，因此，尽管过一点可以作出无穷多对相互垂直的坐标轴，但平面图形对其中每一对相互垂直的坐标轴的两个惯性矩之和始终是不变的，且等于该平面图形对坐标原点的极惯性矩。

有时把惯性矩表示为该平面图形的截面面积 A 与某一长度的平方的乘积，即

$$\begin{cases}I_{z}=\int_{A}y^{2}\mathrm{d}A=Ai_{z}^{2}\\I_{y}=\int_{A}z^{2}\mathrm{d}A=Ai_{y}^{2}\end{cases}$$

由此得到

$$\begin{cases}i_{z}=\sqrt{\dfrac{I_{z}}{A}}\\i_{y}=\sqrt{\dfrac{I_{y}}{A}}\end{cases}$$

则 i_{z}、i_{y} 分别称为平面图形对 z 轴、y 轴的惯性半径，其量纲是长度的一次方，其值恒为正。

3. 惯性积

与极惯性矩、惯性矩的定义相似，设微面积 $\mathrm{d}A$ 处的坐标为 (z,y)，则积分

$$I_{zy}=\int_{A}zy\mathrm{d}A \tag{10}$$

称为该平面图形对 z、y 轴的惯性积。

从式（10）可以看出，同一平面图形对不同坐标系的惯性积不同，由于 z、y 的取值可正、可负，也可能为零，因此惯性积的数值可能为正、为负或者为零，其量纲是长度的四次方。

如图 I.6 所示的平面图形，有一根对称坐标轴 y 轴，在 y 轴的对称位置，各取一个微面积 dA，显然，它们的 y 坐标相同，z 坐标数值相等，但是符号相反，一正一负，因而两个微面积与坐标 z、y 的乘积在积分中数值相等，符号相反，其结果为零，最后也导致在整个面积上的积分为零。即

$$I_{zy} = \int_A zy\mathrm{d}A = 0$$

由此得出结论：坐标系的两坐标轴中只要有一根对称坐标轴，则平面图形对该坐标系的惯性积等于零，根据惯性积是否为零，可以确定该平面图形是否有对称坐标轴。

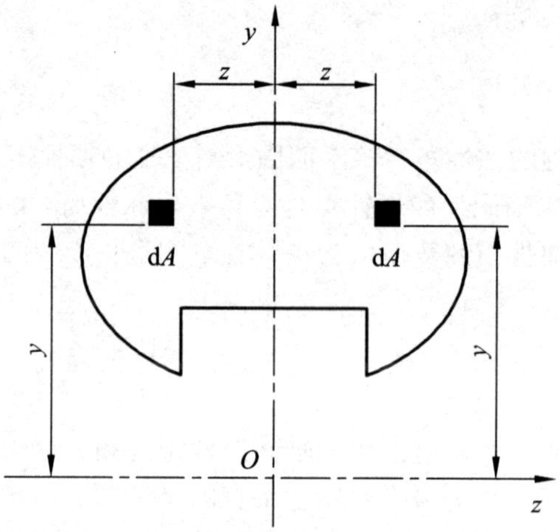

图 I.6　矩形截面

4. 几种常见图形的惯性矩

（1）矩形截面。

如图 I.7 所示的矩形，宽、高分别为 b、h，z 轴和 y 轴分别为其对称坐标轴（通过截面形心），取平行于 z 轴的狭长条，则其微面积 $\mathrm{d}A = b\mathrm{d}y$。

对 z 轴的惯性矩、惯性半径分别为：

惯性矩

$$I_z = \int_A y^2\mathrm{d}A = \int_{-\frac{1}{2}h}^{+\frac{1}{2}h} y^2 b\mathrm{d}y = \frac{bh^3}{12} \tag{11a}$$

惯性半径

$$i_z = \sqrt{\frac{I_z}{A}} = \frac{h}{2\sqrt{3}} \tag{11b}$$

同理，对 y 轴的惯性矩、惯性半径分别为：

惯性矩

$$I_y = \int_A z^2\mathrm{d}A = \int_{-\frac{1}{2}b}^{+\frac{1}{2}b} z^2 h\mathrm{d}z = \frac{hb^3}{12}$$

惯性半径

$$i_y=\sqrt{\frac{I_y}{A}}=\frac{b}{2\sqrt{3}}$$

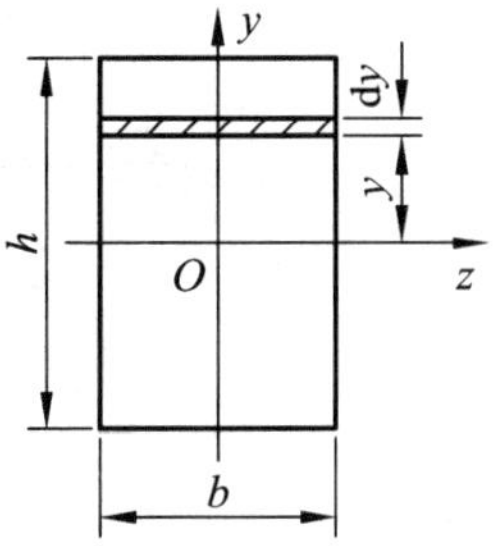

图 I.7　矩形截面

惯性积、极惯性矩分别为：

惯性积

$$I_{zy}=\int_A zy\mathrm{d}A=\int_{-\frac{1}{2}h}^{+\frac{1}{2}h}yb\mathrm{d}y\int_{-\frac{1}{2}b}^{+\frac{1}{2}b}z\mathrm{d}z=0$$

极惯性矩

$$I_{\mathrm{p}}=I_z+I_y=\frac{bh^3}{12}+\frac{hb^3}{12}$$

（2）圆形截面。

如图 I.4 所示的圆形截面，设半径为 R，z 轴和 y 轴分别为其对称坐标轴（通过截面形心），利用极坐标法进行计算，取微面积为 $\mathrm{d}A$，则 $\mathrm{d}A=\rho\mathrm{d}\varphi\mathrm{d}\rho$， $y=\rho\sin\varphi$。

对 z 轴的惯性矩、惯性半径、惯性积分别为：

惯性矩

$$I_z=\int_A y^2\mathrm{d}A=\int_0^R\rho^3\mathrm{d}\rho\int_0^{2\pi}\sin^2\varphi\,\mathrm{d}\varphi=\frac{\pi}{4}R^4 \tag{12a}$$

惯性半径

$$i_z=\sqrt{\frac{I_z}{A}}=\sqrt{\frac{\pi R^4/4}{\pi R^2}}=\frac{R}{2} \tag{12b}$$

惯性积

$$I_{zy}=\int_A zy\mathrm{d}A=0$$

同理：　　$I_y=\frac{\pi}{4}R^4$， $i_y=\frac{R}{2}$

（3）圆环形截面。

积分的几何意义就是求和，如图 I.5 所示的圆环，可以用半径为 R 的圆形截面的惯性矩 $\frac{\pi}{4}R^4$ 减去半径为 r 的圆形截面的惯性矩 $\frac{\pi}{4}r^4$，因此，惯性矩为

$$I_y=I_z=\frac{\pi}{4}R^4-\frac{\pi}{4}r^4 \tag{13a}$$

惯性半径

$$i_y = i_z = \sqrt{\frac{I_y}{A}} = \sqrt{\frac{\pi(R^4 - r^4)/4}{\pi(R^2 - r^2)}} = \frac{1}{2}\sqrt{R^2 + r^2} \tag{13b}$$

通常设圆环形截面的内外半径 r、R 之比为 α，即 $\alpha = r/R$，此时

$$I_y = I_z = \frac{\pi}{4}R^4 - \frac{\pi}{4}r^4 = \frac{\pi}{4}R^4(1-\alpha^4)$$

$$i_y = i_z = \frac{R}{2}\sqrt{1+\alpha^2}$$

以上 3 种图形，有一个共同特点，它们的 z、y 轴就是其对称坐标轴。

（4）组合图形。

对于组合图形，可以将其分解为若干个基本图形，然后按叠加法计算

$$\begin{cases} I_z = \sum_{i=1}^{n} I_{zi} \\ I_y = \sum_{i=1}^{n} I_{yi} \end{cases} \tag{14}$$

即：组合图形对某一坐标轴的惯性矩等于它的各个组成部分对同一坐标轴的惯性矩之和。

例题 I.5 计算图 I.8 所示工字形截面对形心对称轴的惯性矩。

解：（1）计算 I_{z_c}。

将工字形截面看成是由一个宽 B、高 H 的矩形减去两个宽为 $\frac{B-t}{2}$、高为 h 的对称小矩形，则其每个组成部分的形心坐标轴都是对称坐标轴 z_c 轴，因此有

$$I_{z_c} = \frac{BH^3}{12} - \frac{(B-t)/2}{12} \times h^3 \times 2 = \frac{BH^3}{12} - \frac{B-t}{12}h^3$$

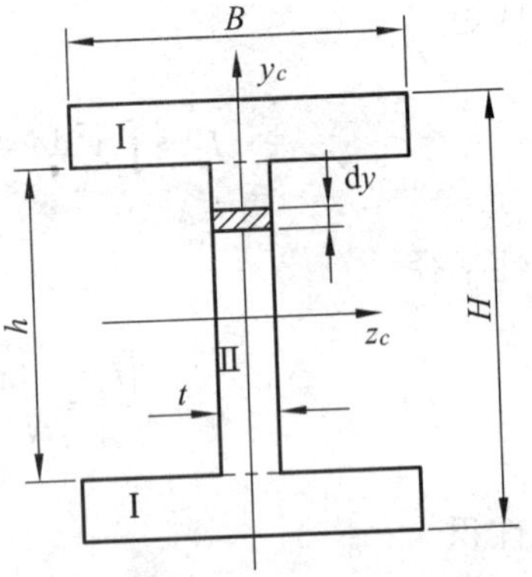

图 I.8 工字形截面

（2）计算 I_{y_c}。

工字形截面由上、下翼缘和腹板所组成，则它们对 y_C 轴的惯性矩为

$$I_{y_c} = \frac{(H-h)/2 \times B^3}{12} \times 2 + \frac{ht^3}{12} = \frac{(H-h)B^3}{12} + \frac{ht^3}{12}$$

常见的工字钢、槽钢、角钢等型钢的惯性矩、惯性半径见附录 II。

I.3 平行移轴公式

无论多么复杂的图形，都可以按式（9）、（10）的定义计算其惯性矩 I_z、I_y，惯性积 I_{zy}，但是计算工作量比较大，利用平行移轴公式，能使计算过程大大简化。

在图 I.9 所示图形中，C 为平面图形的形心，z'轴、y'轴通过平面图形的形心 C，因此其惯性矩和惯性积分别为

$$\begin{cases} I_{z_C} = \int_A (y')^2 \mathrm{d}A \\ I_{y_C} = \int_A (z')^2 \mathrm{d}A \\ I_{z_C y_C} = \int_A z'y' \mathrm{d}A \end{cases} \tag{a}$$

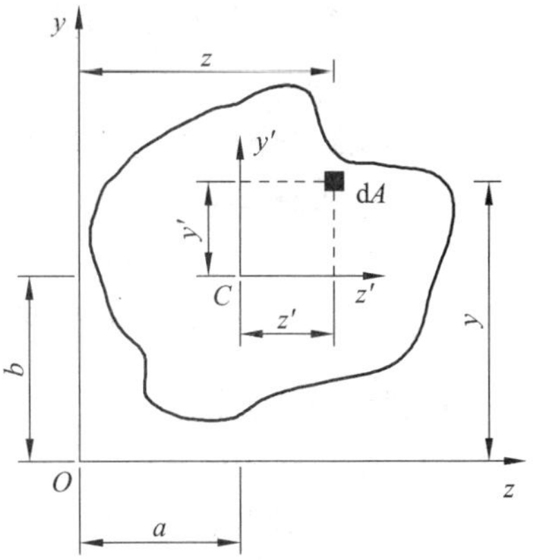

图 I.9　平行移轴公式的定义

z 轴、y 轴分别与 z' 轴、y' 轴平行，微面积 dA 在 Ozy 坐标系下的坐标 (z,y)，由以下关系确定

$$\begin{cases} z = z' + a \\ y = y' + b \end{cases}$$

根据惯性矩的定义，平面图形对坐标轴的惯性矩和惯性积分别为

$$\begin{cases} I_z = \int_A y^2 \mathrm{d}A = \int_A (y'+b)^2 \mathrm{d}A = \int_A (y')^2 \mathrm{d}A + \int_A b^2 \mathrm{d}A + \int_A 2by' \mathrm{d}A \\ I_y = \int_A z^2 \mathrm{d}A = \int_A (z'+a)^2 \mathrm{d}A = \int_A (z')^2 \mathrm{d}A + \int_A a^2 \mathrm{d}A + \int_A 2az' \mathrm{d}A \\ I_{zy} = \int_A zy \mathrm{d}A = \int_A (z'+a)(y'+b) \mathrm{d}A = \int_A y'z' \mathrm{d}A + \int_A ay' \mathrm{d}A + \int_A bz' \mathrm{d}A + \int_A ab \mathrm{d}A \end{cases} \tag{b}$$

在给定的两平行坐标系 Ozy 和 $Cz'y'$ 中，距离 a、b 为常数，可将其提到积分号之外，因此式（b）变为

$$\begin{cases} I_z = \int_A (y')^2 \mathrm{d}A + b^2 \int_A 1 \mathrm{d}A + 2b \int_A y' \mathrm{d}A \\ I_y = \int_A (z')^2 \mathrm{d}A + a^2 \int_A 1 \mathrm{d}A + 2a \int_A z' \mathrm{d}A \\ I_{zy} = \int_A z'y' \mathrm{d}A + a \int_A y' \mathrm{d}A + b \int_A z' \mathrm{d}A + ab \int_A 1 \mathrm{d}A \end{cases} \tag{c}$$

同时注意到 z'、y' 坐标轴是其形心坐标轴，因此有

$$S_{z'} = \int_A y' \mathrm{d}A = 0, \quad S_{y'} = \int_A z' \mathrm{d}A = 0 \tag{d}$$

将式（d）代入式（c），并注意到 $\int_A 1 \mathrm{d}A = A$，因此得到

$$\begin{cases} I_z = I_{z_C} + b^2 A \\ I_y = I_{y_C} + a^2 A \\ I_{zy} = I_{z_C y_C} + abA \end{cases} \tag{15}$$

这就是平行移轴公式，它表明：平面图形对平行于形心轴的任意坐标轴的惯性矩，等于该图形对其本身形心轴的惯性矩，加上两个坐标轴之间距离的平方与该图形面积的乘积；平面图形对平行于形心轴的任意坐标轴的惯性积，等于该图形对其本身形心轴的惯性积，加上该平面图形的形心在新坐标系中的坐标 a、b 与该图形面积的乘积。

其中 a、b 是平面图形的形心 C 在 z、y 坐标系中的坐标。式中 a、b 可正、可负，可为零，因此平面图形对通过形心轴的惯性矩是所有对其平行轴的惯性矩中最小的。

例题 I.6 计算图 I.8 所示工字形截面对形心对称轴 z_c 的惯性矩 I_{z_c}。

解： 工字形截面的惯性矩 I_{z_c} 可以用积分法、平行移轴公式来计算。

（1）积分法。

取图 I.8 所示的狭长条形微元体，则在中间的腹板和上、下翼缘部分的微面积分别为 $t\mathrm{d}y$、$B\mathrm{d}y$，根据积分定义式（9）有

$$I_{z_c}=\int_{-h/2}^{+h/2} y^2 t\mathrm{d}y+2\times\int_{+h/2}^{+H/2} y^2 B\mathrm{d}y=\frac{BH^3}{12}-\frac{B-t}{12}h^3$$

在利用积分关系进行计算时，注意积分的上、下限。

（2）平行移轴公式。

工字形截面由上、下翼缘Ⅰ和腹板Ⅱ组成，利用平行移轴公式得到

$$I_{z_c}=\frac{t\times h^3}{12}+2\times\left[\frac{B}{12}\times\left(\frac{H}{2}-\frac{h}{2}\right)^3\right]+2\times\left[B\times\left(\frac{H}{2}-\frac{h}{2}\right)\times\left(\frac{H}{4}+\frac{h}{4}\right)^2\right]=\frac{BH^3}{12}-\frac{B-t}{12}h^3$$

例题 I.7 计算图 I.10 所示 T 形截面对形心坐标轴 z_c 的惯性矩 I_{z_c}。

解： 不管采用哪种方法计算，首先需要确定形心坐标轴 z_c 的位置。

（1）形心坐标的计算。

T形截面可以看成是由横放的矩形Ⅰ和竖放的矩形Ⅱ构成，选择参考坐标轴 z，则矩形Ⅰ、Ⅱ的面积和形心坐标分别为

矩形Ⅰ：$A_1=Bh$，$y_1'=H+\frac{1}{2}h$

矩形Ⅱ：$A_2=Ht$，$y_2'=\frac{1}{2}H$

整个图形的形心坐标为

$$y_1=\frac{A_1y_1'+A_2y_2'}{A_1+A_2}=\frac{Bh\times(H+h/2)+Ht\times H/2}{Bh+Ht}$$

$$y_2=H+h-y_1$$

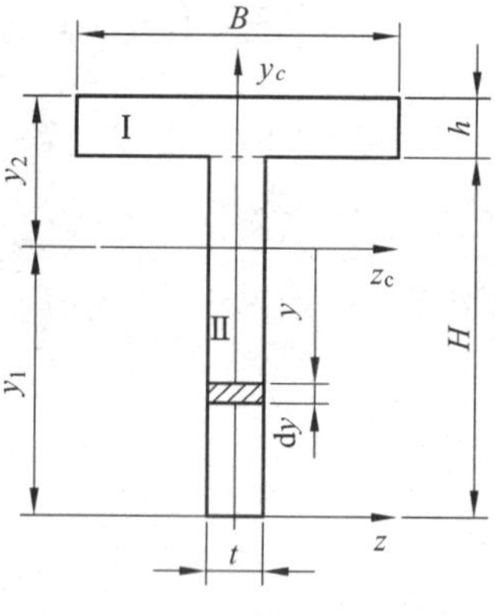

图 I.10　T 字形截面

（2）利用平行移轴公式计算。

$$I_{z_c}=\frac{tH^3}{12}+tH\times\left(y_1-\frac{H}{2}\right)^2+\frac{Bh^3}{12}+Bh\times\left(y_2-\frac{h}{2}\right)^2=\frac{1}{12}\cdot\frac{t^2H^4+4BthH^3+6Bth^2H^2+4Bth^3H+B^2h^4}{Ht+Bh}$$

（3）利用积分法计算。

取图 I.10 所示的狭长条形微元体，则在矩形Ⅱ、Ⅰ部分的微面积分别为 $t\mathrm{d}y$、$B\mathrm{d}y$，根据积分定义式（9）有

$$I_{z_c}=\int_{-y_1}^{H-y_1} y^2 t\mathrm{d}y+\int_{H-y_1}^{y_2} y^2 B\mathrm{d}y=\frac{1}{12}\cdot\frac{t^2H^4+4BthH^3+6Bth^2H^2+4Bth^3H+B^2h^4}{Ht+Bh}$$

在利用积分关系进行计算时，注意积分的上、下限。

从这里可以看出利用积分法计算比用平行移轴公式方便一些，只是改变积分的上、下限即可。当然也可以采用叠加法来计算，留给有兴趣的读者去完成。

习　题

I.1　计算图示各图形中阴影部分的形心坐标。

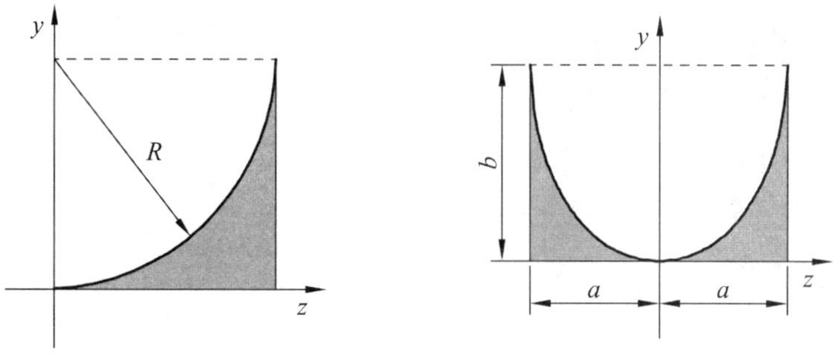

（a）圆　　　　（b）二次抛物线

题 I.1 图

I.2　用积分法求图示各对称图形对水平形心坐标轴的惯性矩。

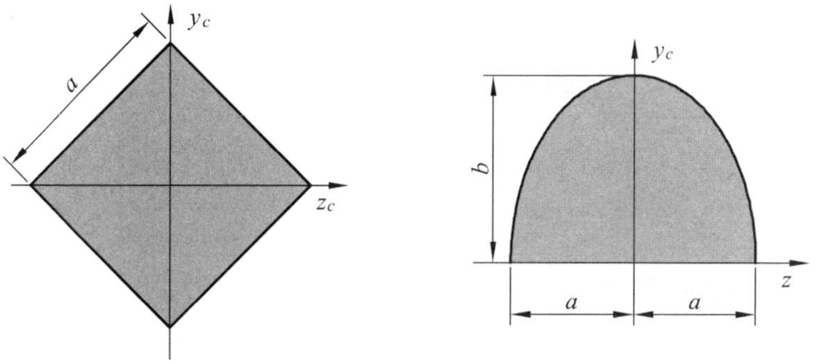

（a）正方形　　　　（b）二次抛物线

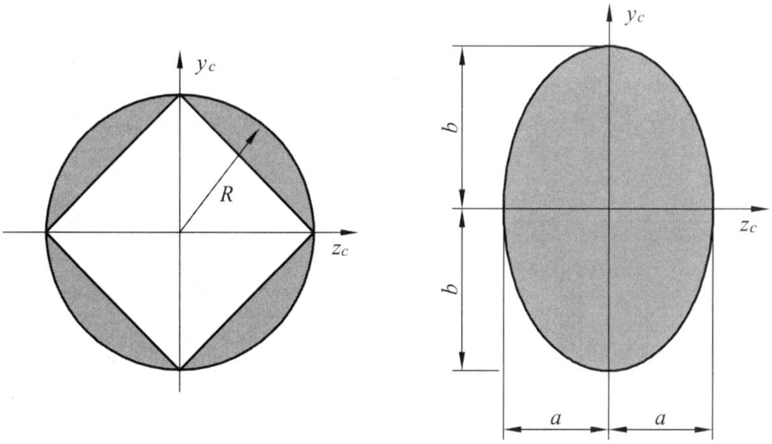

（c）圆与正方形的组合　　　　（d）椭圆

题 I.2 图

I.3　用平行移轴公式求图示各对称图形对水平形心坐标轴的惯性矩。

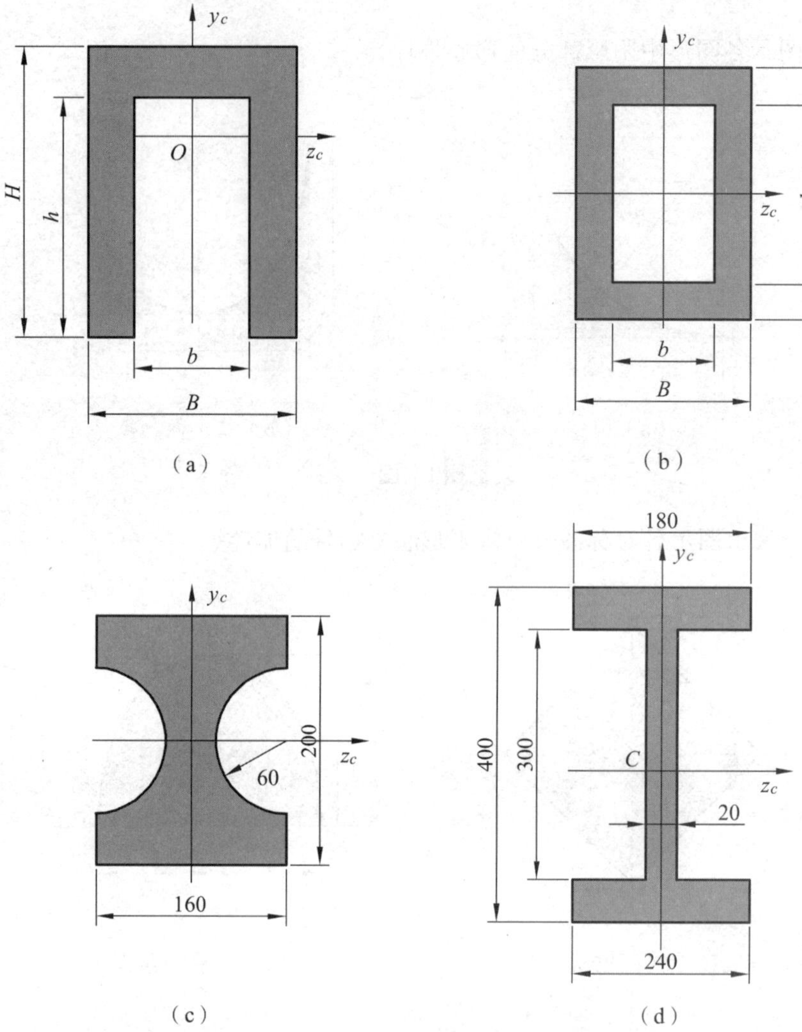

题I.3图

I.4　用叠加法求图示各对称图形对水平形心坐标轴的惯性矩。

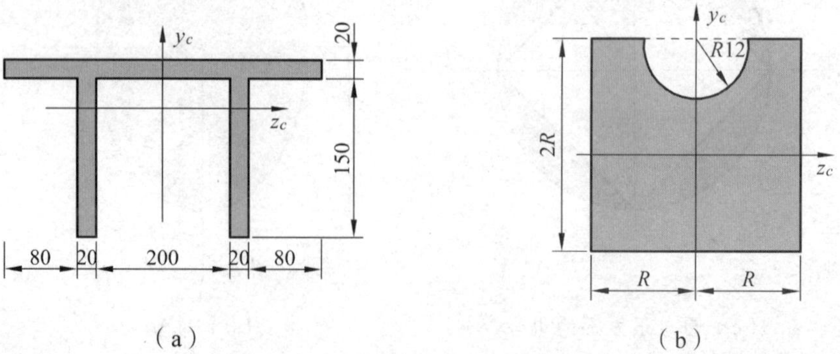

题 I.4 图

I.5 求图示各对称图形对形心坐标轴 z_c 轴的惯性矩 I_{z_c}（不限方法）。

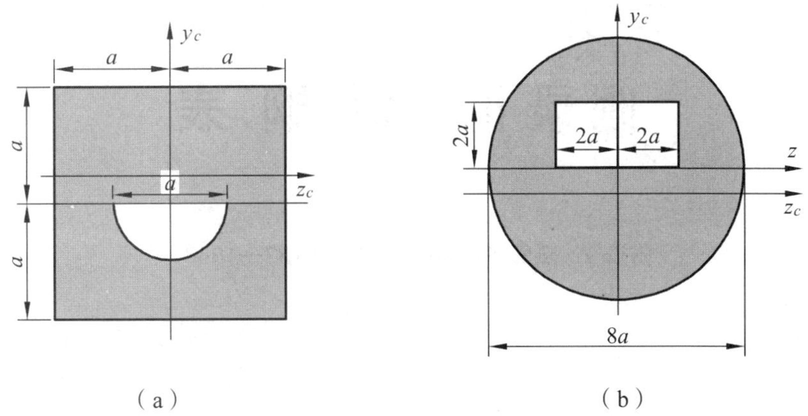

题 I.5 图

I.6 求图示太极图对 z 、y 坐标轴及其形心坐标轴的惯性矩。

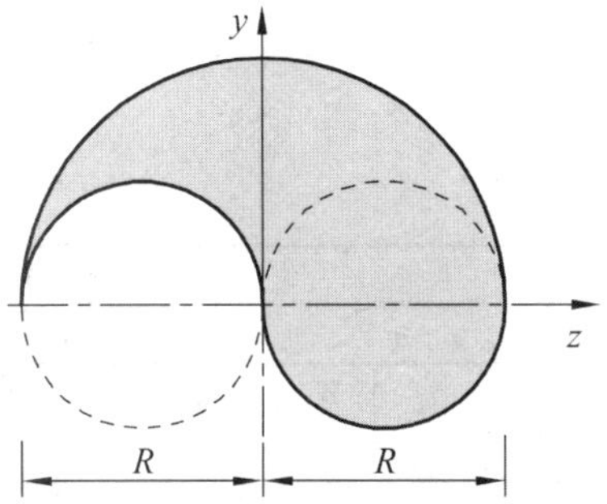

题 I.6 图

附录Ⅱ　型钢表

附表 1　热轧等边角钢（GB/T 9787—1988）

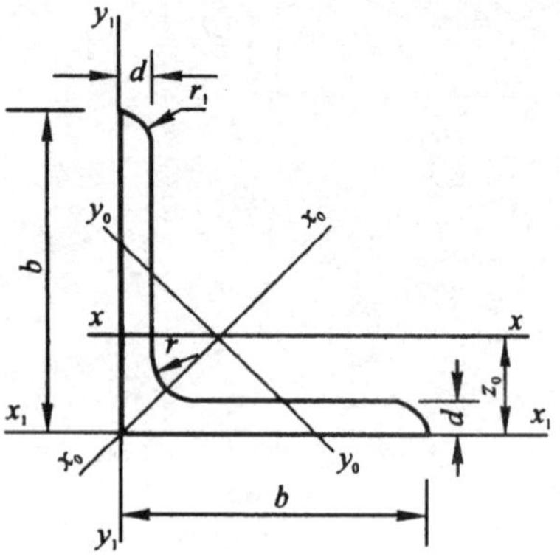

符号意义：

b——边宽度；　　I——惯性矩；

d——边厚度；　　i——惯性半径；

r——内圆弧半径；　　W——截面系数；

r_1——边端内圆弧半径；　　z_0——重心距离。

角钢号数	尺寸 mm			截面面积	理论质量	外表面积	参考数值										z_0
							$x-x$			x_0-x_0			y_0-y_0			x_1-x_1	
	b	d	r	cm^2	kg/m	m^2/m	I_x cm^4	i_x cm	W_x cm^3	I_{x_0} cm^4	i_{x_0} cm	W_{x_0} cm^3	I_{y_0} cm^4	i_{y_0} cm	W_{y_0} cm^3	I_{x_1} cm^4	cm
2	20	3	3.5	1.132	0.889	0.078	0.40	0.59	0.29	0.63	0.75	0.45	0.17	0.39	0.20	0.81	0.60
		4		1.459	1.145	0.077	0.50	0.58	0.36	0.78	0.73	0.55	0.22	0.38	0.24	1.09	0.64
2.5	25	3		1.432	1.124	0.098	0.82	1.76	0.46	1.29	0.95	0.73	0.34	0.49	0.33	1.57	0.73
		4		1.859	1.459	0.097	1.03	0.74	0.59	1.62	0.93	0.92	0.43	0.48	0.40	2.11	0.76
3.0	30	3	4.5	1.749	1.373	0.117	1.46	0.91	0.68	2.31	1.15	1.09	0.61	0.59	0.51	2.71	0.85
		4		2.276	1.786	0.117	1.84	0.90	0.87	2.92	1.13	1.37	0.77	0.58	0.62	3.63	0.89
3.6	36	3		2.109	1.656	0.141	2.58	1.11	0.99	4.09	1.39	1.61	1.07	0.71	0.76	4.68	1.00
		4		2.756	2.163	0.141	3.29	1.09	1.28	5.22	1.38	2.05	1.37	0.70	0.93	6.25	1.04
		5		3.382	2.654	0.141	3.95	1.08	1.56	6.24	1.36	2.45	1.65	0.70	1.09	7.84	1.07
4.0	40	3	5	2.359	1.852	0.157	3.59	1.23	1.23	5.69	1.55	2.01	1.49	0.79	0.96	6.41	1.09
		4		3.086	2.422	0.157	4.60	1.22	1.60	7.29	1.54	2.58	1.91	0.79	1.19	8.56	1.13
		5		3.791	2.976	0.156	5.53	1.21	1.96	8.76	1.52	3.10	2.30	0.78	1.39	10.74	1.17
4.5	45	3		2.659	2.088	0.177	5.17	1.40	1.58	8.20	1.76	2.58	2.14	0.89	1.24	9.12	1.22
		4		3.486	2.736	0.177	6.65	1.38	2.05	10.56	1.74	3.32	2.75	0.89	1.54	12.18	1.26
		5		4.292	3.369	0.176	8.04	1.37	2.51	12.74	1.72	4.00	3.33	0.88	1.81	15.25	1.30
		6		5.076	3.985	0.176	9.33	1.36	2.95	14.76	1.70	4.64	3.89	0.88	2.06	18.36	1.33
5	50	3	5.5	2.971	2.332	0.197	7.18	1.55	1.96	11.37	1.96	3.22	2.98	1.00	1.57	12.50	1.34
		4		3.897	3.059	0.197	9.26	1.54	2.56	14.70	1.94	4.16	3.82	0.99	1.96	16.69	1.38
		5		4.803	3.770	0.196	11.21	1.53	3.13	17.79	1.92	5.03	4.64	0.98	2.31	20.90	1.42
		6		5.688	4.465	0.196	13.05	1.52	3.68	20.68	1.91	5.85	5.42	0.98	2.63	25.14	1.46

续附表1

角钢号数	尺寸 mm			截面面积	理论质量	外表面积	参考数值										z_0
							$x-x$			x_0-x_0			y_0-y_0			x_1-x_1	
	b	d	r				I_x	i_x	W_x	I_{x_0}	i_{x_0}	W_{x_0}	I_{y_0}	i_{y_0}	W_{y_0}	I_{x_1}	cm
				cm^2	kg/m	m^2/m	cm^4	cm	cm^3	cm^4	cm	cm^3	cm^4	cm	cm^3	cm^4	
5.6	56	3	6	3.343	2.624	0.221	10.19	1.75	2.48	16.14	2.20	4.08	4.24	1.13	2.02	17.56	1.48
		4		4.390	3.446	0.220	13.18	1.73	3.24	20.92	2.18	5.28	5.46	1.11	2.52	23.43	1.53
		5		5.415	4.251	0.220	16.02	1.72	3.97	25.42	2.17	6.42	6.61	1.10	2.98	29.33	1.57
		8		8.367	6.568	0.219	23.63	1.68	6.03	37.37	2.11	9.44	9.89	1.09	4.16	47.24	1.68
6.3	63	4	7	4.978	3.907	0.248	19.03	1.96	4.13	30.17	2.46	6.78	7.89	1.26	3.29	33.35	1.70
		5		6.143	4.822	0.248	23.17	1.94	5.08	36.77	2.45	8.25	9.57	1.25	3.90	41.73	1.74
		6		7.288	5.721	0.247	27.12	1.93	6.00	43.03	2.43	9.66	11.20	1.24	4.46	50.14	1.78
		8		9.515	7.469	0.247	34.46	1.90	7.75	54.56	2.40	12.25	14.33	1.23	5.47	67.11	1.85
		10		11.657	9.151	0.246	41.09	1.88	9.39	64.85	2.36	14.56	17.33	1.22	6.36	84.31	1.93
7	70	4	8	5.570	4.372	0.275	26.39	2.18	5.14	41.80	2.74	8.44	10.99	1.40	4.17	45.74	1.86
		5		6.875	5.397	0.275	32.21	2.16	6.32	51.08	2.73	10.32	13.34	1.39	4.95	57.21	1.91
		6		8.160	6.406	0.275	37.77	2.15	7.48	59.93	2.71	12.11	15.61	1.38	5.67	68.73	1.95
		7		9.424	7.398	0.275	43.09	2.14	8.59	68.35	2.69	13.81	17.82	1.38	6.34	80.29	1.99
		8		10.667	8.373	0.274	48.17	2.12	9.68	76.37	2.68	15.43	19.98	1.37	6.98	91.92	2.03
7.5	75	5	9	7.412	5.818	0.295	39.97	2.33	7.32	63.30	2.92	11.94	16.63	1.50	5.77	70.56	2.04
		6		8.797	6.905	0.294	46.95	2.31	8.64	74.38	2.90	14.02	19.51	1.49	6.67	84.55	2.07
		7		10.160	7.976	0.294	53.57	2.30	9.93	84.96	2.89	16.02	22.18	1.48	7.44	98.71	2.11
		8		11.503	9.030	0.294	59.96	2.28	11.20	95.07	2.88	17.93	24.86	1.47	8.19	112.97	2.15
		10		14.126	11.089	0.293	71.98	2.26	13.64	113.92	2.84	21.48	30.05	1.46	9.56	141.71	2.22
8	80	5	9	7.912	6.211	0.315	48.79	2.48	8.34	77.33	3.13	13.67	20.25	1.60	6.66	85.36	2.15
		6		9.397	7.376	0.314	57.35	2.47	9.87	90.98	3.11	16.08	23.72	1.59	7.65	102.50	2.19
		7		10.860	8.525	0.314	65.58	2.46	11.37	104.07	3.10	18.40	27.09	1.58	8.58	119.70	2.23
		8		12.303	9.658	0.314	73.49	2.44	12.83	116.60	3.08	20.61	30.39	1.57	9.46	136.97	2.27
		10		15.126	11.874	0.313	88.43	2.42	15.64	140.09	3.04	24.76	36.77	1.56	11.08	171.74	2.35
9	90	6	10	10.637	8.350	0.354	82.77	2.79	12.61	131.26	3.51	20.63	34.28	1.80	9.95	145.87	2.44
		7		12.301	9.656	0.354	94.83	2.78	14.54	150.47	3.50	23.64	39.18	1.78	11.19	170.30	2.48
		8		13.944	10.946	0.353	106.47	2.76	16.42	168.97	3.48	26.55	43.97	1.78	12.35	194.80	2.52
		10		17.167	13.476	0.353	128.58	2.74	20.07	203.90	3.45	32.04	53.26	1.76	14.52	244.07	2.59
		12		20.306	15.940	0.352	149.22	2.71	23.57	236.21	3.41	37.12	62.22	1.75	16.49	293.76	2.67
10	100	6	12	11.932	9.366	0.393	114.95	3.01	15.68	181.98	3.90	25.74	47.92	2.00	12.69	200.07	2.67
		7		13.796	10.830	0.393	131.86	3.09	18.10	208.97	3.89	29.55	54.74	1.99	14.26	233.54	2.71
		8		15.638	12.276	0.393	148.24	3.08	20.47	235.07	3.88	33.24	61.41	1.98	15.75	267.09	2.76
		10		19.261	15.120	0.392	179.51	3.05	25.06	284.68	3.84	40.26	74.35	1.96	18.54	334.48	2.84
		12		22.800	17.898	0.391	208.90	3.03	29.48	330.95	3.81	46.80	86.84	1.95	21.08	402.34	2.91
		14		26.256	20.611	0.391	236.53	3.00	33.73	374.06	3.77	52.90	99.00	1.94	23.44	470.75	2.99
		16		29.627	23.257	00.390	262.53	2.98	37.82	414.16	3.74	58.57	110.89	1.94	25.63	539.80	3.06

续附表1

角钢号数	尺寸 mm			截面面积	理论质量	外表面积	参考数值										
							$x-x$			x_0-x_0			y_0-y_0			x_1-x_1	z_0
	b	d	r				I_x	i_x	W_x	I_{x_0}	i_{x_0}	W_{x_0}	I_{y_0}	i_{y_0}	W_{y_0}	I_{x_1}	cm
				cm^2	kg/m	m^2/m	cm^4	cm	cm^3	cm^4	cm	cm^3	cm^4	cm	cm^3	cm^4	
11	110	7	12	15.196	11.928	0.433	177.16	3.41	22.05	280.94	4.30	36.12	73.38	2.20	17.51	310.64	2.96
		8		17.238	13.532	0.433	199.46	3.40	24.95	316.49	4.28	40.69	82.42	2.19	19.39	355.20	3.01
		10		21.261	16.690	0.432	242.19	3.38	30.60	384.39	4.25	49.42	99.98	2.17	22.91	444.65	3.09
		12		25.200	19.782	0.431	282.55	3.35	36.05	448.17	4.22	57.62	116.93	2.15	26.15	534.60	3.16
		14		29.056	22.809	0.431	320.71	3.32	41.31	508.01	4.18	65.31	133.40	2.14	29.14	625.16	3.24
12.5	125	8	14	19.750	15.504	0.492	297.03	3.88	32.52	470.89	4.88	53.28	123.16	2.50	25.86	521.01	3.37
		10		24.373	19.133	0.491	361.67	3.85	39.97	573.89	4.85	64.93	149.46	2.48	30.62	651.93	3.45
		12		28.912	22.696	0.491	423.16	3.83	41.17	671.44	4.82	75.96	174.88	2.46	35.03	783.42	3.53
		14		33.367	26.193	0.490	481.65	3.80	54.16	763.73	4.78	86.41	199.57	2.45	39.13	915.61	3.61
14	140	10		27.373	21.488	0.551	514.65	4.34	50.58	817.27	5.46	82.56	212.04	2.78	39.20	915.11	3.82
		12		32.512	25.522	0.551	603.68	4.31	59.80	958.79	5.43	96.85	248.57	2.76	45.02	1099.28	3.90
		14		37.567	29.490	0.550	688.81	4.28	68.75	1093.56	5.40	110.47	284.06	2.75	50.45	1284.22	3.98
		16		42.539	33.393	0.549	770.24	4.26	77.46	1221.81	5.36	123.42	318.67	2.74	55.55	1470.07	4.06
16	160	10	16	31.502	24.729	0.630	779.53	4.98	66.70	1237.30	6.27	109.36	321.76	3.20	52.76	1365.33	4.31
		12		37.441	29.391	0.630	916.58	4.95	78.98	1455.68	6.24	128.67	377.49	3.18	60.74	1639.57	4.39
		14		43.296	33.987	0.629	1048.36	4.92	90.95	1665.02	6.02	147.17	431.70	3.16	68.24	1914.68	4.47
		16		49.067	38.518	0.629	1175.08	4.89	102.63	1865.57	6.17	164.89	484.59	3.14	75.31	2190.82	4.55
18	180	12		42.241	33.159	0.710	1321.35	5.59	100.82	2100.10	7.05	165.00	542.61	3.58	78.41	2332.80	4.89
		14		48.896	38.383	0.709	1514.48	5.56	116.25	2407.42	7.02	189.14	625.53	3.56	88.38	2723.48	4.97
		16		55.467	43.542	0.709	1700.99	5.54	131.13	2703.37	6.98	212.40	698.60	3.55	97.83	3115.29	5.05
		18		61.955	48.634	0.708	1875.12	5.50	145.64	2988.24	6.94	234.78	762.01	3.51	105.14	3502.43	5.13
20	200	14	18	54.642	42.894	0.788	2103.55	6.20	144.70	3343.26	7.82	236.40	863.83	3.98	111.82	3734.10	5.46
		16		62.013	48.680	0.788	2366.15	6.18	163.65	3760.89	7.79	265.93	971.41	3.96	123.96	4270.39	5.54
		18		69.301	54.401	0.787	2620.64	6.15	182.22	4164.54	7.75	294.48	1076.74	3.94	135.52	4808.13	5.62
		20		76.505	60.056	0.787	2867.30	6.12	200.42	4554.55	7.72	322.06	1180.04	3.93	146.55	5347.51	5.69
		24		90.661	71.168	0.785	3338.25	6.07	236.17	5294.97	7.64	374.41	1381.53	3.90	166.65	6457.16	5.87

注：截面图中的 $r_1=1/3d$ 及表中 r 值的数据用于孔型设计，不做交货条件。

附表2　热轧不等边角钢（GB/T 9788—1988）

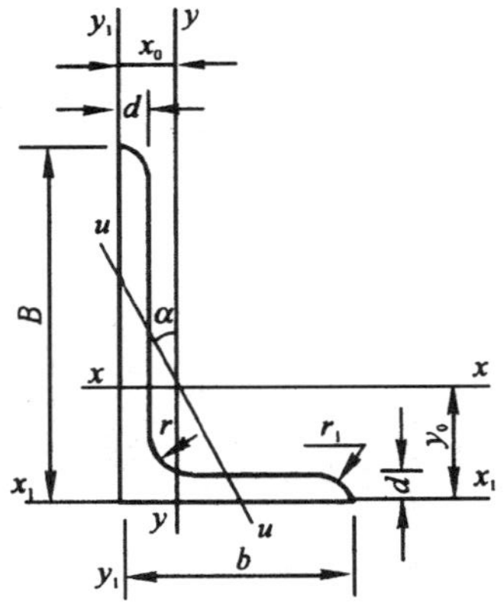

符号意义：

B——长边宽度；　b——短边宽度；

d——边厚度；　r——内圆弧半径；

r_1——边端内圆弧半径；　I——惯性矩；

i——惯性半径；　W——截面系数；

x_0——重心距离；　y_0——重心距离。

角钢号数	尺寸 mm				截面面积	理论质量	外表面积	参考数值															
								$x-x$			$y-y$			x_1-x_1		y_1-y_1		$u-u$			
	B	b	d	r				I_x	i_x	W_x	I_y	i_y	W_y	I_{x_1}	y_0	I_{y_1}	x_0	I_u	i_u	W_u	tan α
					cm^2	kg/m	m^2/m	cm^4	cm	cm^3	cm^4	cm	cm^3	cm^4	cm	cm^4	cm	cm^4	cm	cm^3	
2.5/1.6	25	16	3	3.5	1.162	0.912	0.080	0.70	0.78	0.43	0.22	0.44	0.19	1.56	0.86	0.43	0.42	0.14	0.34	0.16	0.392
			4		1.499	1.176	0.079	0.88	0.77	0.55	0.27	0.43	0.24	2.09	0.90	0.59	0.46	0.17	0.34	0.20	0.381
3.2/2	32	20	3		1.492	1.171	0.102	1.53	1.01	0.72	0.46	0.55	0.30	3.27	1.08	0.82	0.49	0.28	0.43	0.25	0.382
			4		1.939	1.522	0.101	1.93	1.00	0.93	0.57	0.54	0.39	4.37	1.12	1.12	0.53	0.35	0.42	0.32	0.374
4/2.5	40	25	3	4	1.890	1.484	0.127	3.08	1.28	1.15	0.93	0.70	0.49	5.39	1.32	1.59	0.59	0.56	0.54	0.40	0.385
			4		2.467	1.936	0.127	3.93	1.26	1.49	1.18	0.69	0.63	8.53	1.37	2.14	0.63	0.71	0.54	0.52	0.381
4.5/2.8	45	28	3	5	2.149	1.687	0.143	4.45	1.44	1.47	1.34	0.79	0.62	9.10	1.47	2.23	0.64	0.80	0.61	0.51	0.383
			4		2.806	2.203	0.143	5.69	1.42	1.91	1.70	0.78	0.80	12.13	1.51	3.00	0.68	1.02	0.60	0.66	0.380
5/3.2	50	32	3	5.5	2.431	1.908	0.161	6.24	1.60	1.84	2.02	0.91	0.82	12.49	1.60	3.31	0.73	1.20	0.70	0.68	0.404
			4		3.177	2.494	0.160	8.02	1.59	2.39	2.58	0.90	1.06	16.65	1.65	4.45	0.77	1.53	0.69	0.87	0.402
5.6/3.6	56	36	3	6	2.743	2.153	0.181	8.88	1.80	2.32	2.92	1.03	1.05	17.54	1.78	4.70	0.80	1.73	0.79	0.87	0.408
			4		3.590	2.818	0.180	11.45	1.79	3.03	3.76	1.02	1.37	23.39	1.82	6.33	0.85	2.23	0.79	1.13	0.408
			5		4.415	3.466	0.180	13.86	1.77	3.71	4.49	1.01	1.65	29.25	1.87	7.94	0.88	2.67	0.78	1.36	0.404

续附表2

角钢号数	尺寸 mm				截面面积	理论质量	外表面积	参考数值													
								$x-x$			$y-y$			x_1-x_1		y_1-y_1		$u-u$			
	B	b	d	r	cm²	kg/m	m²/m	I_x cm⁴	i_x cm	W_x cm³	I_y cm⁴	i_y cm	W_y cm³	I_{x_1} cm⁴	y_0 cm	I_{y_1} cm⁴	x_0 cm	I_u cm⁴	i_u cm	W_u cm³	tan α
6.3/4	63	40	4	7	4.058	3.185	0.202	16.49	2.02	3.87	5.23	1.14	1.70	33.30	2.04	8.63	0.92	3.12	0.88	1.40	0.398
			5		4.993	3.920	0.202	20.02	2.00	4.74	6.31	1.12	2.71	41.63	2.08	10.86	0.95	3.76	0.87	1.71	0.396
			6		5.908	4.638	0.201	23.36	1.96	5.59	7.29	1.11	2.43	49.98	2.12	13.12	0.99	4.34	0.86	1.99	0.393
			7		6.802	5.339	0.201	26.53	1.98	6.40	8.24	1.10	2.78	58.07	2.15	15.47	1.03	4.97	0.86	2.29	0.389
7/4.5	70	45	4	7.5	4.547	3.570	0.226	23.17	2.26	4.86	7.55	1.29	2.17	45.92	2.24	12.26	1.02	4.40	0.98	1.77	0.410
			5		5.609	4.403	0.225	27.95	2.23	5.92	9.13	1.28	2.65	57.10	2.28	15.39	1.06	5.40	0.98	2.19	0.407
			6		6.647	5.218	0.225	32.54	2.21	6.95	10.62	1.26	3.12	68.35	2.32	18.58	1.09	6.35	0.98	2.59	0.404
			7		7.657	6.011	0.225	37.22	2.20	8.03	12.01	1.25	3.57	79.99	2.36	21.84	1.13	7.16	0.97	2.94	0.402
(7.5/5)	75	50	5	8	6.125	4.808	0.245	34.86	2.39	6.83	12.61	1.44	3.30	70.00	2.40	21.04	1.17	7.41	1.10	2.74	0.435
			6		7.260	5.699	0.245	41.12	2.38	8.12	14.70	1.42	3.88	84.30	2.44	25.37	1.21	8.54	1.08	3.19	0.435
			8		9.467	7.431	0.244	52.39	2.35	10.52	18.53	1.40	4.99	112.50	2.52	34.23	1.29	10.87	1.07	4.10	0.429
			10		11.590	9.098	0.244	62.71	2.33	12.79	21.96	1.38	6.04	140.80	2.60	43.43	1.36	13.10	1.06	4.99	0.423
8/5	80	50	5		6.375	5.005	0.255	41.96	2.56	7.78	12.82	1.42	3.32	85.21	2.60	21.06	1.14	7.66	1.10	2.74	0.388
			6		7.560	5.935	0.255	49.49	2.56	9.25	14.95	1.41	3.91	102.53	2.65	25.41	1.18	8.85	1.08	3.20	0.387
			7		8.724	6.848	0.255	56.16	2.54	10.58	16.96	1.39	4.48	119.33	2.69	29.82	1.21	10.18	1.08	3.70	0.384
			8		9.867	7.745	0.254	62.83	2.52	11.92	18.85	1.38	5.03	136.41	2.73	34.32	1.25	11.38	1.07	4.16	0.381

续附表2

9/5.6	90	56	5	9	7.212	5.661	0.287	60.45	2.90	9.92	18.32	1.59	4.21	121.32	2.91	29.53	1.25	10.98	1.23	3.49	0.385
			6		8.557	6.717	0.286	71.03	2.88	11.74	21.42	1.58	4.96	145.59	2.95	35.58	1.29	12.90	1.23	4.13	0.384
			7		9.880	7.756	0.286	81.01	2.86	13.49	24.36	1.57	5.70	169.60	3.00	41.71	1.33	14.67	1.22	4.72	0.382
			8		11.183	8.779	0.286	91.03	2.85	15.27	27.15	1.56	6.41	194.17	3.04	47.93	1.36	16.34	1.21	5.29	0.380
10/6.3	100	63	6	10	9.617	7.550	0.320	99.06	3.21	14.64	30.94	1.79	6.35	199.71	3.24	50.50	1.43	18.42	1.38	5.25	0.394
			7		11.111	8.722	0.320	113.45	3.20	16.88	35.26	1.78	7.29	233.00	3.28	59.14	1.47	21.00	1.38	6.02	0.394
			8		12.584	9.878	0.319	127.37	3.18	19.08	39.39	1.77	8.21	266.32	3.32	67.88	1.50	23.50	1.37	6.78	0.391
			10		15.467	12.142	0.319	153.81	3.15	23.32	47.12	1.74	9.98	333.06	3.40	85.73	1.58	28.33	1.35	8.24	0.387
10/8	100	80	6		10.637	8.350	0.354	107.04	3.17	15.19	61.24	2.40	10.16	199.83	2.95	102.68	1.97	31.65	1.72	8.37	0.627
			7		12.301	9.656	0.354	122.73	3.16	17.52	70.08	2.39	11.71	233.20	3.00	119.98	2.01	36.17	1.72	9.60	0.626
			8		13.944	10.946	0.353	137.92	3.14	19.81	78.58	2.37	13.21	266.61	3.04	137.37	2.05	40.58	1.71	10.80	0.625
			10		17.167	13.476	0.353	166.87	3.12	24.24	94.65	2.35	16.12	333.63	3.12	172.48	2.13	49.10	1.69	13.12	0.622
11/7	110	70	6		10.637	8.350	0.354	133.37	3.54	17.85	42.92	2.01	7.90	265.78	3.53	69.08	1.57	25.36	1.54	6.53	0.403
			7		12.301	9.656	0.354	153.00	3.53	20.60	49.01	2.00	9.09	310.07	3.57	80.82	1.61	28.95	1.53	7.50	0.402
			8		13.944	10.946	0.353	172.04	3.51	23.30	54.87	1.98	10.25	354.39	3.62	92.70	1.65	32.45	1.53	8.45	0.401
			10		17.167	13.476	0.353	208.39	3.48	28.54	65.88	1.96	12.48	443.13	3.70	116.83	1.72	39.20	1.51	10.29	0.397
12.5/8	125	80	7	11	14.096	11.066	0.403	227.98	4.02	26.86	74.42	2.30	12.01	454.99	4.01	120.32	1.80	43.81	1.76	9.92	0.408
			8		15.989	12.551	0.403	256.77	4.01	30.41	83.49	2.28	13.56	519.99	4.06	137.85	1.84	49.15	1.75	11.18	0.407
			10		19.712	15.474	0.402	312.04	3.98	37.33	100.67	2.26	16.56	650.09	4.14	173.40	1.92	59.45	1.74	13.64	0.404
			12		23.351	18.330	0.402	364.41	3.95	44.01	116.67	2.24	19.43	780.39	4.22	209.67	2.00	69.35	1.72	16.01	0.400

续附表2

角钢号数	尺寸 mm				截面面积	理论质量	外表面积	参考数值														
								x - x			y - y			$x_1 - x_1$		$y_1 - y_1$		u - u				
	B	b	d	r	cm^2	kg/m	m^2/m	I_x cm^4	i_x cm	W_x cm^3	I_y cm^4	i_y cm	W_y cm^3	I_{x_1} cm^4	y_0 cm	I_{y_1} cm^4	x_0 cm	I_u cm^4	i_u cm	W_u cm^3	tan α
14/9	140	90	8	12	18.038	14.160	0.453	365.64	4.50	38.48	120.69	2.59	17.34	730.53	4.50	195.79	2.04	70.83	1.98	14.31	0.411
			10		22.261	17.475	0.452	445.50	4.47	47.31	140.03	2.56	21.22	913.20	4.58	245.92	2.12	85.82	1.96	17.48	0.409
			12		26.400	20.724	0.451	521.59	4.44	55.87	169.79	2.54	24.95	1096.09	4.66	296.89	2.19	100.21	1.95	20.54	0.406
			14		30.456	23.908	0.451	594.10	4.42	64.18	192.10	2.51	28.54	1279.26	4.74	348.82	2.27	114.13	1.94	23.52	0.403
16/10	160	100	10	13	25.315	19.872	0.512	668.69	5.14	62.13	205.03	2.85	26.56	1362.89	5.24	336.59	2.28	121.74	2.19	21.92	0.390
			12		30.054	23.592	0.511	784.91	5.11	73.49	239.06	2.82	31.28	1635.56	5.32	405.94	2.36	142.33	2.17	25.79	0.388
			14		34.709	27.247	0.510	896.30	5.08	84.56	271.20	2.80	35.83	1908.50	5.40	476.42	2.43	162.23	2.16	29.56	0.385
			16		39.281	30.835	0.510	1003.04	5.05	95.33	301.60	2.77	40.24	2181.79	5.48	548.22	2.51	182.57	2.16	33.44	0.382
18/11	180	110	10	14	28.373	22.273	0.571	956.25	5.80	78.96	278.11	3.13	32.49	1940.40	5.89	447.22	2.44	166.50	2.42	26.88	0.376
			12		33.712	26.464	0.571	1124.72	5.78	93.53	325.03	3.10	38.32	2328.38	5.98	538.94	2.52	194.87	2.40	31.66	0.374
			14		38.967	30.589	0.570	1286.91	5.75	107.76	369.55	3.08	43.97	2716.60	6.06	631.95	2.59	222.30	2.39	36.32	0.372
			16		44.139	34.649	0.569	1443.06	5.72	121.64	411.85	3.06	49.44	3105.15	6.14	726.46	2.67	248.94	2.38	40.87	0.369
20/12.5	200	125	12		37.912	29.761	0.641	1570.90	6.44	116.73	483.16	3.57	49.99	3193.85	6.54	787.74	2.83	285.79	2.74	41.23	0.392
			14		43.867	34.436	0.640	1800.97	6.41	134.65	550.83	3.54	57.44	3726.17	6.02	922.47	2.91	326.58	2.73	47.34	0.390
			16		49.739	39.045	0.639	2023.35	6.38	152.18	615.44	3.52	64.69	4258.86	6.70	1058.86	2.99	366.21	2.71	53.32	0.388
			18		55.526	43.588	0.639	2238.30	6.35	169.33	677.19	3.49	71.74	4792.00	6.78	1197.13	3.06	404.83	2.70	59.18	0.385

注：1. 括号内型号不推荐使用。

2. 截面图中的 $r_1 = 1/3d$ 及表中 r 的数据用于孔型设计，不做交货条件。

附表3 热轧槽型钢（GB/T 707—1988）

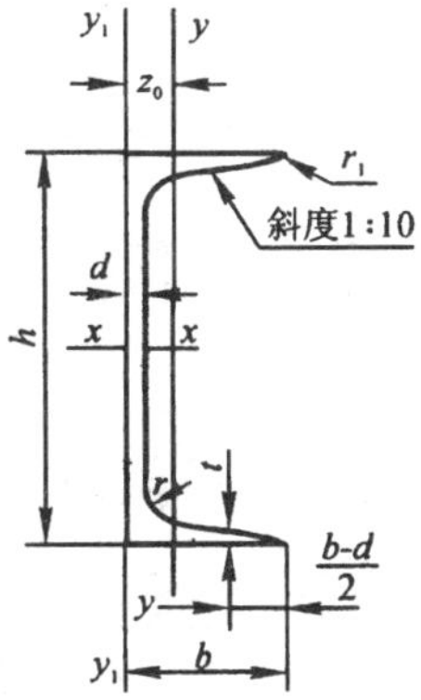

符号意义

h——高度；

b——腿宽度；

d——腰厚度；

t——平均腿厚度；

r——内圆弧半径；

r_1——腿端圆弧半径；

I——惯性矩；

W——截面系数；

i——惯性半径；

z_0——$y-y$ 轴与 y_1-y_1 轴间距。

型号	尺寸 mm						截面面积	理论质量	参考数值							
									$x-x$			$y-y$			y_1-y_1	z_0
	h	b	d	t	r	r_1	cm^2	kg/m	W_x cm^3	I_x cm^4	i_x cm	W_y cm^3	I_y cm^4	i_y cm	I_{y1} cm^4	cm
5	50	37	4.5	7	7.0	3.5	6.928	5.438	10.4	26.0	1.94	3.55	8.30	1.10	20.9	1.35
6.3	63	40	4.8	7.5	7.5	3.8	8.451	6.634	16.1	50.8	2.45	4.50	11.9	1.19	28.4	1.36
8	80	43	5.0	8	8.0	4.0	10.248	8.045	25.3	101	3.15	5.79	16.6	1.27	37.4	1.43
10	100	48	5.3	8.5	8.5	4.2	12.748	10.007	39.7	198	3.95	7.8	25.6	1.41	54.9	1.52
12.6	126	53	5.5	9	9.0	4.5	15.692	12.318	62.1	391	4.95	10.2	38.0	1.57	77.1	1.59
14 a	140	58	6.0	9.5	9.5	4.8	18.516	14.535	80.5	564	5.52	13.0	53.2	1.70	107	1.71
14 b	140	60	8.0	9.5	9.5	4.8	21.316	16.733	87.1	609	5.35	14.1	61.1	1.69	121	1.67
16 a	160	63	6.5	10	10.0	5.0	21.962	17.240	108	866	6.28	16.3	73.3	1.83	144	1.80
16	160	65	8.5	10	10.0	5.0	25.162	19.752	117	935	6.10	17.6	83.4	1.82	161	1.75
18 a	180	68	7.0	10.5	10.5	5.2	25.699	20.174	141	1 270	7.04	20.0	98.6	1.96	190	1.88
18	180	70	9.0	10.5	10.5	5.2	29.299	23.000	152	1 370	6.84	21.5	111	1.95	210	1.84
20 a	200	73	7.0	11	11.0	5.5	28.837	22.637	178	1 780	7.86	24.2	128	2.11	244	2.01
20	200	75	9.0	11	11.0	5.5	32.837	25.777	191	1 910	7.46	25.9	144	2.09	268	1.95
22 a	220	77	7.0	11.5	11.5	5.8	31.846	24.999	218	2 390	8.67	28.2	158	2.23	298	2.10
22	220	79	9.0	11.5	11.5	5.8	36.246	28.453	234	2 570	8.42	30.1	176	2.21	326	2.03
25 a	250	78	7.0	12	12.0	6.0	34.917	27.410	270	3 370	9.82	30.6	176	2.24	322	2.07
25 b	250	80	9.0	12	12.0	6.0	39.917	31.335	282	3 530	9.41	32.7	196	2.22	353	1.98
25 c	250	82	11.0	12	12.0	6.0	44.917	35.260	295	3 690	9.07	35.9	218	2.21	384	1.92
28 a	280	82	7.5	12.5	12.5	6.2	40.034	31.427	340	4 760	10.9	35.7	218	2.33	388	2.10
28 b	280	84	9.5	12.5	12.5	6.2	45.634	35.823	366	5 130	10.6	37.9	242	2.30	428	2.02
28 c	280	86	11.5	12.5	12.5	6.2	51.234	40.219	393	5 500	10.4	40.3	268	2.29	463	1.95
32 a	320	88	8.0	14	14.0	7.0	48.513	38.083	475	7 600	12.5	46.5	305	2.50	552	2.24
32 b	320	90	10.0	14	14.0	7.0	54.913	43.107	509	8 140	12.2	49.2	336	2.47	593	2.16
32 c	320	92	12.0	14	14.0	7.0	61.313	48.131	543	8 690	11.9	52.6	374	2.47	643	2.09
36 a	360	96	9.0	16	16.0	8.0	60.910	47.814	660	11 900	14.0	63.5	455	2.73	818	2.44
36 b	360	98	11.0	16	16.0	8.0	68.110	53.466	703	12 700	13.6	66.9	497	2.70	880	2.37
36 c	360	100	13.0	16	16.0	8.0	75.310	59.118	746	13 400	13.4	70.0	536	2.67	948	2.34
40 a	400	100	10.5	18	18.0	9.0	75.068	58.928	879	17 600	15.3	78.8	592	2.81	1 070	2.49
40 b	400	102	12.5	18	18.0	9.0	83.068	65.208	932	18 600	15.0	82.5	640	2.78	1 140	2.44
40 c	400	104	14.5	18	18.0	9.0	91.068	71.488	986	19 700	14.7	86.2	688	2.75	1 220	2.42

注：截面图和表中标注的圆弧半径 r、r_1 的数据用于孔型设计，不做交货条件。

附表4　热轧工字钢（GB/T 706—1988）

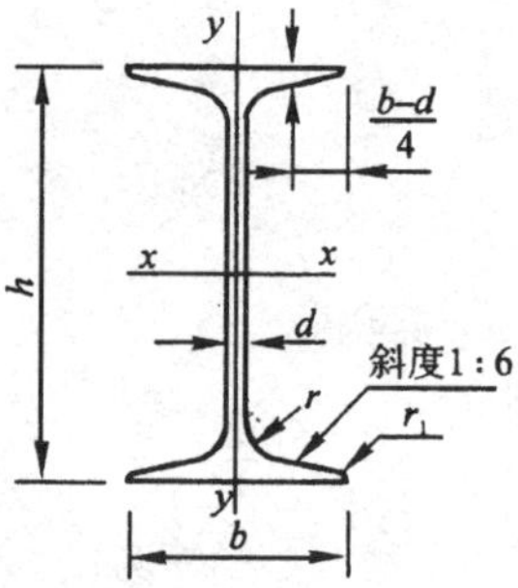

符号意义

h——高度；

b——腿宽度；

d——腰厚度；

t——平均腿厚度；

r——内圆弧半径；

r_1——腿端圆弧半径；

I——惯性矩；

W——截面系数；

i——惯性半径；

S——半截面的面积一次矩。

型号	尺寸 mm						截面面积	理论质量	参考数值						
									$x-x$				$y-y$		
	h	b	d	t	r	r_1	cm^2	kg/m	I_x cm^4	W_x cm^3	i_x cm	$I_x:S_x$ cm	I_y cm^4	W_y cm^3	i_y cm
10	100	68	4.5	7.6	6.5	3.3	14.345	11.261	245	49.0	4.14	8.59	33.0	9.72	1.52
12.6	126	74	5.0	8.4	7.0	3.5	18.118	14.223	488	77.5	5.20	10.8	46.9	12.7	1.61
14	140	80	5.5	9.1	7.5	3.8	21.516	16.890	712	102	5.76	12.0	64.4	16.1	1.73
16	160	88	6.0	9.9	8.0	4.0	26.131	20.513	1 130	141	6.58	13.8	93.1	21.2	1.89
18	180	94	6.5	10.7	8.5	4.3	30.756	24.143	1 660	185	7.36	15.4	122	26.0	2.00
20 a	200	100	7.0	11.4	9.0	4.5	35.578	27.929	2 370	237	8.15	17.2	158	31.5	2.12
20 b	200	102	9.0	11.4	9.0	4.5	39.578	31.069	2 500	250	7.96	16.9	169	33.1	2.06
22 a	220	110	7.5	12.3	9.5	4.8	42.128	33.070	3 400	309	8.99	18.9	225	40.9	2.31
22 b	220	112	9.5	12.3	9.5	4.8	46.528	36.524	3 570	325	8.78	18.7	239	42.7	2.27
25 a	250	116	8.0	13.0	10.0	5.0	48.541	38.105	5 020	402	10.2	21.6	280	48.3	2.40
25 b	250	118	10.0	13.0	10.0	5.0	53.541	42.030	5 280	423	9.94	21.3	309	52.4	2.40
28 a	280	122	8.5	13.7	10.5	5.3	55.404	43.492	7 110	508	11.3	24.6	345	56.6	2.50
28 b	280	124	10.5	13.7	10.5	5.3	61.004	47.888	7 480	534	11.1	24.2	379	61.2	2.49
32 a	320	130	9.5	15.0	11.5	5.8	67.156	52.717	11 100	692	12.8	27.5	460	70.8	2.62
32 b	320	132	11.5	15.0	11.5	5.8	73.556	57.741	11 600	726	12.6	27.1	502	76.0	2.61
32 c	320	134	13.5	15.0	11.5	5.8	79.956	62.765	12 200	760	12.3	26.8	544	81.2	2.61
36 a	360	136	10.0	15.8	12.0	6.0	76.480	60.037	15 800	875	14.4	30.7	552	81.2	2.69
36 b	360	138	12.0	15.8	12.0	6.0	83.680	65.689	16 500	919	14.1	30.3	582	84.3	2.64
36 c	360	140	14.0	15.8	12.0	6.0	90.880	71.341	17 300	962	13.8	29.9	612	87.4	2.60
40 a	400	142	10.5	16.5	12.5	6.3	86.112	67.598	21 700	1 090	15.9	34.1	660	93.2	2.77
40 b	400	144	12.5	16.5	12.5	6.3	94.112	73.878	22 800	1 140	15.6	33.6	692	96.2	2.71
40 c	400	146	14.5	16.5	12.5	6.3	102.112	80.158	23 900	1 190	15.2	33.2	727	99.6	2.65
45 a	450	150	11.5	18.0	13.5	6.8	102.446	80.420	32 200	1 430	17.7	38.6	855	114	2.89
45 b	450	152	13.5	18.0	13.5	6.8	111.446	87.485	33 800	1 500	17.4	38.0	894	118	2.84
45 c	450	154	15.5	18.0	13.5	6.8	120.446	94.550	35 300	1 570	17.1	37.6	938	122	2.79
50 a	500	158	12.0	20.0	14.0	7.0	119.304	93.654	46 500	1 860	19.7	42.8	1 120	142	3.07
50 b	500	160	14.0	20.0	14.0	7.0	129.304	101.504	48 600	1 940	19.4	42.4	1 170	146	3.01
50 c	500	162	16.0	20.0	14.0	7.0	139.304	109.354	50 600	2 080	19.0	41.8	1 220	151	2.96
56 a	560	166	12.5	21.0	14.5	7.3	135.435	106.316	65 600	2 340	22.0	47.7	1 370	165	3.18
56 b	560	168	14.5	21.0	14.5	7.3	146.635	115.108	68 500	2 450	21.6	47.2	1 490	174	3.16
56 c	560	170	16.5	21.0	14.5	7.3	157.835	123.900	71 400	2 550	21.3	46.7	1 560	183	3.16
63 a	630	176	13.0	22.0	15.0	7.5	154.658	121.407	93 900	2 980	24.5	54.2	1 700	193	3.31
63 b	630	178	15.0	22.0	15.0	7.5	167.258	131.298	98 100	3 160	24.2	53.5	1 810	204	3.29
63 c	630	180	17.0	22.0	15.0	7.5	179.858	141.189	102 000	3 300	23.8	52.9	1 920	214	3.27

注：截面图和表中标注的圆弧半径 r、r_1 的数据用于孔型设计，不做交货条件。

参考文献

[1] 刘鸿文. 材料力学 1[M]. 5 版. 北京：高等教育出版社，2010.

[2] 范钦珊. 材料力学[M]. 2 版. 北京：高等教育出版社，2005.

[3] 范钦珊. 工程力学（静力学和材料力学）[M]. 北京：高等教育出版社，1989.

[4] 罗迎社. 工程力学[M]. 北京：北京大学出版社，2006.

[5] 金康宁. 材料力学[M]. 北京：北京大学出版社，2006.

[6] 蒋平. 工程力学基础[M]. 北京：高等教育出版社，2006.

[7] 周国瑾. 建筑力学[M]. 4 版. 上海：同济大学出版社，2012.

[8] 邱棣华，秦飞，王亲猛等. 材料力学学习指导书[M]. 北京：高等教育出版社，2004.

[9] 荀文选. 材料力学（浙大·第3版）导教·导学·导考·第1卷[M]. 西安：西北工业大学出版社，2002.

[10] 梁枢平，邓训等. 材料力学题解[M]. 武汉：华中理工大学出版社，2002.

[11] 陈升平，蔡洁. 材料力学题解精粹[M]. 武汉：中国地质大学出版社，2004.

[12] 赵诒枢，吴胜军，尹长城. 材料力学习题详解[M]. 武汉：华中科技大学出版社，2004.

[13] 吴永生，顾志荣. 材料力学学习方法及解题指导[M]. 上海：同济大学出版社，1989.

[14] 陈乃立，陈倩. 材料力学学习指导书[M]. 北京：高等教育出版社，2004.

[15] 梅凤翔. 工程力学（上册）[M]. 北京：高等教育出版社，2003.

[16] 徐广民. 工程力学[M]. 成都：西南交通大学出版社，2004.

[17] 陈送财，史怀飚等. 工程力学[M]. 合肥：合肥工业大学出版社，2004.

[18] 王永跃，徐光文. 工程力学[M]. 天津：天津大学出版社，2005.

[19] 陈传尧. 工程力学[M]. 北京：高等教育出版社，2006.

[20] 刘耀乙. 工程力学基础Ⅱ材料力学[M]. 北京：北京理工大学出版社，2004.

[21] 单辉祖. 材料力学 1[M]. 2 版. 北京：高等教育出版社，2004.

[22] 王振波，孔宪宾. 工程力学（上册）[M]. 北京：中国水利水电出版社，知识产权出版社，2006.

[23] 单辉祖，谢传锋. 工程力学（静力学与材料力学）习题详解[M]. 武汉：华中科技大学出版社，2006.

[24] 胡如夫，周梅芳，叶振弘. 工程力学[M]. 杭州：浙江大学出版社，2004.

[25] 刘静香，张春梅，李宏德. 工程力学[M]. 郑州：河南科学技术出版社，2006.

[26] 李春凤，钟卫，周晓邑. 工程力学[M]. 大连：大连理工大学出版社，2004.

[27] 刘锋，禹奇才. 工程力学·材料力学部分[M]. 广州：华南理工大学出版社，2004.